高等学校“十三五”规划教材

现代仪器分析

干　宁　沈昊宇　贾志舰　林建原　主编

化学工业出版社

·北京·

本教材除绪论外共分13章，重点介绍了仪器分析中常用的伏安法和极谱分析法、基本电位分析法、气相色谱法、高效液相色谱法、流动注射分析法、原子光谱法、紫外-可见分光光度法、荧光光谱法、红外吸收光谱法、核磁共振波谱法、质谱分析以及样品前处理技术和数据的处理等。全书涉及的仪器分析方法内容比较全面，使用者可根据需要进行选择。

本书适用于高等院校，特别是应用型本科院校与仪器分析相关专业的教学，也可供生物、医学、水产、化工等各专业的师生参考。

图书在版编目（CIP）数据

现代仪器分析/干宁，沈昊宇，贾志舰，林建原主编．—北京：化学工业出版社，2015.8（2025.1重印）
高等学校“十三五”规划教材
ISBN 978-7-122-24367-6

Ⅰ.①现…　Ⅱ.①干…②沈…③贾…④林…　Ⅲ.①仪器分析-高等学校-教材　Ⅳ.①O657

中国版本图书馆CIP数据核字（2015）第135687号

责任编辑：宋林青　陆雄鹰　　文字编辑：李　玦
责任校对：王素芹　　装帧设计：王晓宇

出版发行：化学工业出版社（北京市东城区青年湖南街13号　邮政编码100011）
印　　刷：三河市航远印刷有限公司
装　　订：三河市宇新装订厂
787mm×1092mm　1/16　印张16½　字数398千字　　2025年1月北京第1版第9次印刷

购书咨询：010-64518888　　售后服务：010-64518899
网　　址：http://www.cip.com.cn
凡购买本书，如有缺损质量问题，本社销售中心负责调换。

定　　价：39.80元

前　言

本书是根据应用型本科院校《仪器分析》的基本要求和课程标准，总结多年的教改和教学经验及当今仪器分析发展情况的基础上编写而成的。本教材除绪论外共分13章，重点介绍了仪器分析中最常用的伏安法和极谱分析法、基本电位分析法、气相色谱法、高效液相色谱法、流动注射分析法、原子光谱法、荧光光谱法、紫外-可见分光光度法、红外吸收光谱法、核磁共振波谱法、质谱分析以及样品前处理技术和数据的处理等。全书涉及的仪器分析方法内容比较全面，使用者可根据需要进行相应的选择。本书适用于高等院校，特别是应用型本科院校与仪器分析有关专业的教学，也可供生物、医学、水产、化工等各专业的师生参考。

本教材紧扣应用型本科院校培养高素质产品质量检验人才的目标，体现了以能力培养、注重实践为本位的特色，尽力做到选材面广，内容新颖、实用。所介绍的各类仪器分析方法主要包括方法原理、仪器的使用维护方法和实验技术等知识点。为加强学生对仪器分析在实际生活应用中的感知，培养学生的实际动手能力，每种方法均编写了以掌握基本操作为目的的典型实用案例。在编写过程中，自始至终渗透了以学生为主体的教学思想，例如：为拓宽学生的知识面，激发学生的求知欲，培养学生的创新能力，教材编写了具有科学性、趣味性和前瞻性的阅读材料；为便于学习者自我测试学习效果，在每章后附有题型多样且具有启发性的思考与练习题。本书还专门设置了一章来讲述各种仪器分析方法中样品前处理和制备的方法，期望读者在今后进行样品分析检测时能获得更加准确可靠的数据。

本书由干宁、沈昊宇、贾志舰、林建原任主编，干宁编写绪论、第1、2、3、11、12章，张怀荣进行了补充修改；应丽艳编写第4章；沈昊宇、应丽艳、贾志舰编写第5章；贾志舰编写第6章；周赛春编写第7章；陈飞编写第8、9章；沈昊宇编写第10章；林建原编写第13章；全书由干宁完成统稿、定稿工作。在本书编写过程中，贾志舰、付志强、李勰、张颖鑫和胡敏杰等参与了校对工作，各参编院校其他老师也给予了大力支持和帮助，在此一并表示感谢。本教材在编写过程中参阅了国内外的一些优秀教材，在此向原著作者表示感谢。

由于水平所限，本书疏漏之处在所难免，希望读者不吝指正。

编　者

2015年于宁波大学

目　录

绪论 …… 1
0.1　仪器分析的发展和特点 …… 1
0.2　仪器分析的分类 …… 2
第1章　电化学分析概论 …… 4
1.1　原电池和电解池 …… 6
1.2　能斯特方程 …… 7
1.2.1　能斯特方程 …… 7
1.2.2　活度和活度系数 …… 8
1.3　标准电极电位和条件电位 …… 9
1.4　电极 …… 12
1.4.1　金属电极、膜电极、微电极和化学修饰电极 …… 12
1.4.2　指示电极、参比电极、极化和去极化电极 …… 13
1.5　电极-溶液界面的传质过程 …… 14
1.5.1　对流、电迁移和扩散传质 …… 14
1.5.2　Cottrell 方程 …… 15
1.6　法拉第定律 …… 15
习题 …… 16
第2章　伏安法和极谱分析法 …… 17
2.1　极谱法 …… 18
2.1.1　基本装置 …… 18
2.1.2　极谱电流，极谱波类型及方程（直流） …… 18
2.1.3　极谱分析方法 …… 22
2.2　循环伏安法 …… 27
2.2.1　循环伏安法的基本原理 …… 27
2.2.2　循环伏安法的应用 …… 28
2.3　溶出伏安法 …… 29
2.3.1　阳极溶出伏安法 …… 29
2.3.2　阴极溶出伏安法 …… 30

2.3.3 溶出伏安法实验条件的选择…… 30
习题 …… 31
第 3 章 基本电位分析法 …… 34
3.1 电位分析法的基本原理…… 34
3.2 离子选择性电极的类型及响应机理…… 35
3.2.1 晶体膜电极…… 35
3.2.2 玻璃膜电极…… 36
3.2.3 液膜电极…… 37
3.2.4 敏化电极…… 38
3.3 离子选择电极的性能参数…… 39
3.3.1 检测限与响应斜率…… 39
3.3.2 电位选择性系数…… 39
3.3.3 响应时间…… 39
3.4 电位分析法的实际应用…… 39
3.4.1 直接电位法…… 39
3.4.2 电位滴定…… 41
习题 …… 42
第 4 章 气相色谱法 …… 44
4.1 色谱分析法…… 45
4.1.1 色谱分析法的分类…… 45
4.1.2 色谱法的特点…… 46
4.2 色谱法基本理论…… 47
4.2.1 色谱图及有关术语…… 47
4.2.2 色谱分离相关的一些参数…… 49
4.2.3 色谱分析的基本理论…… 52
4.3 色谱定性定量分析…… 57
4.3.1 定性分析…… 57
4.3.2 定量分析…… 58
4.4 气相色谱仪…… 60
4.4.1 载气系统…… 60
4.4.2 进样系统…… 61
4.4.3 温度控制系统…… 61
4.4.4 分离系统…… 61
4.4.5 检测系统…… 64
4.4.6 数据处理系统…… 68
习题 …… 69

第 5 章　高效液相色谱法 …… 70
5.1　高效液相色谱法的特点 …… 71
5.2　高效液相色谱仪简介 …… 71
5.2.1　高压输液系统 …… 72
5.2.2　进样系统 …… 72
5.2.3　分离系统 …… 73
5.2.4　检测系统 …… 76
5.3　高效液相色谱分离方法的选择 …… 78
5.4　高效液相色谱分析主要流程 …… 79
5.5　高效液相色谱应用实例 …… 79
5.6　液质联用仪简介 …… 80
5.7　毛细管电泳 …… 81
5.7.1　基本原理 …… 81
5.7.2　毛细管电泳的特点 …… 82
5.7.3　毛细管电泳仪 …… 83
5.7.4　毛细管电泳的分离模式 …… 84
5.7.5　毛细管电泳分离应用实例 …… 85
5.7.6　毛细管电泳与色谱 …… 85
5.8　HPLC 技术发展前沿 …… 86
5.8.1　超高效液相色谱 …… 86
5.8.2　毛细管电色谱 …… 87
5.8.3　芯片电泳 …… 88
习题 …… 89
第 6 章　流动注射分析法 …… 90
6.1　流动注射分析法基本原理 …… 91
6.1.1　FIA 的范畴和定义 …… 91
6.1.2　FIA 的特点 …… 92
6.1.3　FIA 的基本系统 …… 92
6.1.4　FIA 输出与峰参数 …… 93
6.1.5　FIA 的试样区带分散过程 …… 93
6.1.6　区带分散的影响因素 …… 96
6.1.7　分散因子、采样频率 …… 98
6.2　流动注射常用流路及分析仪器基本装置与组件 …… 99
6.2.1　流动注射常用流路 …… 99
6.2.2　流动注射分析仪器基本装置与组件 …… 100
6.3　流动注射分析法常用技术及应用 …… 106

6.3.1 试样注入技术 …… 106
6.3.2 停流技术 …… 108
6.3.3 稀释技术 …… 108
6.3.4 梯度技术 …… 110
6.3.5 分离与预浓集技术 …… 110
6.3.6 流动注射分析应用 …… 111
6.4 流动注射分析发展前沿 …… 113
6.4.1 顺序注射 …… 113
6.4.2 集成化 FIA …… 114
习题 …… 114
第7章 原子光谱法 …… 115
7.1 原子发射光谱 …… 116
7.1.1 原理 …… 116
7.1.2 原子发射光谱仪主要部件 …… 119
7.1.3 发射光谱定性、半定量及定量分析 …… 126
7.1.4 原子发射光谱分析的发展和应用 …… 129
7.2 原子吸收光谱法 …… 130
7.2.1 原理 …… 130
7.2.2 原子吸收光谱仪 …… 132
7.2.3 原子吸收光谱法分析干扰及抑制 …… 136
7.2.4 原子吸收光谱法实验技术 …… 137
7.2.5 原子吸收光谱法的应用 …… 139
习题 …… 140
第8章 紫外-可见分光光度法 …… 141
8.1 紫外-可见吸收光谱法的基本原理 …… 142
8.1.1 紫外-可见吸收光谱的产生机理 …… 142
8.1.2 各类化合物的紫外-可见吸收光谱 …… 143
8.1.3 影响化合物紫外-可见吸收光谱的因素 …… 146
8.1.4 朗伯-比尔定律 …… 147
8.1.5 偏离朗伯-比尔定律的主要因素及减免方法 …… 147
8.2 紫外-可见分光光度计的应用 …… 149
8.2.1 分光光度计的类型 …… 149
8.2.2 分光光度计的主要组成部件 …… 149
8.2.3 紫外-可见分光光度法的应用 …… 151
习题 …… 153
第9章 荧光光谱法 …… 156

9.1 分子荧光光谱的原理 …… 157
9.1.1 分子荧光的产生 …… 157
9.1.2 荧光光谱 …… 158
9.1.3 荧光光谱的特征 …… 160
9.1.4 影响荧光强度的因素 …… 161
9.2 分子荧光光谱的应用 …… 163
9.2.1 分子荧光光谱仪 …… 163
9.2.2 分子荧光光谱法的应用 …… 164
习题…… 166
第10章 红外吸收光谱法 …… 169
10.1 红外吸收光谱分析法的基本原理…… 170
10.1.1 红外吸收光谱产生的条件…… 170
10.1.2 物质的基本振动形式…… 171
10.1.3 影响基团吸收频率的因素…… 174
10.2 红外吸收光谱谱图解析的基本步骤与实例…… 176
10.2.1 确定未知物的不饱和度…… 177
10.2.2 红外吸收光谱解析程序…… 177
10.2.3 标准红外吸收谱图的使用…… 179
10.2.4 红外吸收谱图解析示例…… 179
10.3 红外吸收光谱仪与实验技术简介…… 180
10.3.1 色散型红外吸收光谱仪…… 181
10.3.2 傅里叶变换红外吸收光谱仪…… 181
10.3.3 红外吸收光谱实验技术简介…… 182
10.3.4 红外吸收光谱实验技术进展…… 182
10.4 红外吸收光谱的应用…… 184
10.4.1 定性分析…… 184
10.4.2 定量分析…… 186
习题…… 187
第11章 核磁共振波谱法 …… 189
11.1 核磁共振原理…… 190
11.1.1 原子核自旋现象…… 190
11.1.2 核磁共振现象…… 191
11.1.3 弛豫过程…… 192
11.2 核磁共振波谱仪…… 193
11.3 ^{1}H 核磁共振波谱 …… 195
11.3.1 化学位移…… 195

11.3.2　化学位移的表示方法……………………………………………………… 196
11.3.3　影响化学位移的因素……………………………………………………… 196
11.3.4　积分曲线及常见有机化合物中质子的化学位移………………………… 199
11.4　自旋偶合与自旋裂分……………………………………………………… 200
11.4.1　相邻氢的偶合……………………………………………………………… 200
11.4.2　自旋-自旋偶合 …………………………………………………………… 201
11.5　^{13}C NMR 谱 …………………………………………………………… 202
11.5.1　^{13}C NMR 谱的特点 …………………………………………………… 202
11.5.2　^{13}C NMR 谱的主要影响因素 ………………………………………… 203
11.6　谱图解析……………………………………………………………………… 206
习题……………………………………………………………………………… 209
第 12 章　质谱分析 …………………………………………………………… 211
12.1　质谱法原理和仪器………………………………………………………… 211
12.1.1　进样系统…………………………………………………………………… 212
12.1.2　离子化室…………………………………………………………………… 212
12.1.3　质量分析器………………………………………………………………… 214
12.1.4　离子检测器………………………………………………………………… 215
12.1.5　记录仪……………………………………………………………………… 216
12.2　质谱仪的性能指标………………………………………………………… 216
12.3　常见质谱仪的种类………………………………………………………… 217
12.4　色谱-质谱联用技术 ……………………………………………………… 219
12.5　质谱图中的主要离子峰…………………………………………………… 221
12.5.1　分子离子峰………………………………………………………………… 222
12.5.2　碎片离子峰………………………………………………………………… 222
12.5.3　重排离子峰………………………………………………………………… 224
12.5.4　同位素离子峰……………………………………………………………… 225
12.5.5　亚稳离子峰………………………………………………………………… 226
12.5.6　多电荷离子峰……………………………………………………………… 227
12.6　主要化合物的质谱图……………………………………………………… 227
12.7　化合物相对分子量的测定………………………………………………… 230
12.8　分子结构的确定…………………………………………………………… 231
12.9　质谱法的其他运用和新技术……………………………………………… 234
习题……………………………………………………………………………… 235
第 13 章　样品前处理技术和数据的处理 …………………………………… 239
13.1　样品前处理技术…………………………………………………………… 239
13.1.1　样品的采集………………………………………………………………… 239

13.1.2 样品的保存 240
13.1.3 样品的分解 240
13.1.4 待测组分的分离 242
13.2 数据及分析结果的处理 244
13.2.1 概述 244
13.2.2 可疑值的检验 247
13.2.3 准确度的检验和评定方法 248
13.2.4 实验数据及分析结果的表示方法 249
13.2.5 有效数字及运算规则 249
习题 250
参考文献 251

绪　论

分析化学（Analytical Chemistry）的主要任务是鉴定物质的化学组成（元素、离子、官能团或化合物）、测定物质有关组分的含量、确定物质的结构（化学结构、晶体结构、空间分布）和存在形态（价态、配位态、结晶态）及其与物质性质之间的关系等，主要进行结构分析、形态分析、能态分析。分析化学包括化学分析、仪器分析两部分，化学分析是基础，仪器分析是新世纪的发展方向，它们之间的区别如表 0-1 所示。仪器分析是根据物质的物理和化学等性质来获得物质的组成、含量、结构以及相关的信息。仪器分析测量时使用各种类型的价格较贵的特殊分析仪器，具有灵敏、简便、快速且易于实现自动化等特点。仪器分析的应用范围比化学分析广泛，已成为分析化学的重要组成部分。

表 0-1　化学分析与仪器分析方法比较

项　目	化学分析法(经典分析法)	仪器分析法(现代分析法)
物质性质	化学性质	物理、物理化学性质
测量参数	体积、质量	吸光度、电位、发射强度等
误差	0.2%～1%	1%～2%或更高
组分含量	1%～100%	<1%～单分子、单原子
理论基础	化学、物理化学(溶液四大平衡)	化学、物理、数学、电子学、生物等
解决问题	定性、定量	定性、定量、结构、形态、能态、动力学等全面的信息

分析化学的发展程度是衡量国家科学技术水平的重要标志。分析化学是科学技术的眼睛，也是工农业生产的眼睛。当代科学领域的“四大理论”即天体、地球、生命以及人类的起源和演化，人类社会面临的“五大危机”即资源、能源、人口、粮食以及环境诸问题的解决，与分析化学密切相关，分析化学起着极其重要的作用。

0.1 仪器分析的发展和特点

分析化学的发展经历了三次重大变革。

第一次是 20 世纪初，物理化学的发展在分析化学中引入了物理化学的溶液理论等基本概念，使分析化学由一种操作技术变为一门科学。

第二次是 20 世纪 40 年代，分析化学中采用了电子技术和物理学概念，促进了各类仪器分析方法的发展，使以经典的化学分析为主的分析化学发展为仪器分析的新时代。

第三次是当前，分析化学处在巨大的变革时期。计算机和数理统计向分析化学渗透，生命科学、环境科学和材料科学的发展对分析化学提出了新的课题和挑战，它们促进了分析化学的发展。

仪器分析包括光谱学、质谱学、分光光度法和比色法、色谱法和电泳法、结晶学和显微镜技术。仪器分析方法具有以下特点。

(1) 灵敏度高 大多数仪器分析法适用于微量、痕量分析。例如，原子吸收分光光度法测定某些元素的绝对灵敏度可达 10^{-14}g。电子光谱甚至可达 10^{-18}g，相对灵敏度可在 $1ng \cdot mL^{-1}$ 乃至更小。

(2) 取样量少 化学分析法样品量需 10^{-1}～10^{-4}g；仪器分析法需样量常在 10^{-2}～10^{-8}g。

(3) 在低浓度下的分析准确度较高 含量在 10^{-5}%～10^{-9}%范围内杂质的测定，相对误差低达 1%～10%。

(4) 快速 例如，发射光谱分析法在 1min 内可同时测定水中 48 种元素，灵敏度可达 $1ng \cdot mL^{-1}$。

(5) 可进行无损分析 有时可在不破坏试样的情况下进行测定，适用于考古、文物等特殊领域的分析。有的方法还能进行表面或微区（直径为 μm 级）分析，或试样可回收。

(6) 能进行多信息或特殊功能的分析 有时可同时做定性、定量分析，有时可同时测定材料的组分比和原子的价态。放射性分析法还可做痕量杂质分析。

(7) 专一性强 例如，用单晶 X 衍射仪可专测晶体结构；用离子选择性电极可测指定离子的浓度等。

(8) 便于遥测、遥控、自动化 可做即时在线分析控制生产过程、环境自动监测与控制。

(9) 操作较简便 省去了繁琐化学操作过程。随自动化、程序化程度的提高，操作将更趋于简化。

(10) 缺点 仪器设备较复杂，价格较昂贵。

仪器分析发展的特点如下所示：其一，向高灵敏度、高选择性、自动化、智能化、信息化和微型化方向发展；其二，各类分析方法的联合应用；其三，建立原位、在体、实时、在线的动态分析检测方法，无损探测方法以及多元多参数的检测监视方法，并研制出相应的分析仪器。当代科学技术的发展和参与，以及分析化学自身的发展，已使分析化学发展成为一门以多学科为基础的综合性科学。

21 世纪是生命科学和信息科学的世纪，对分析化学学科又是一次自身发展的新机遇。

0.2 仪器分析的分类

仪器分析是通过测量物质的某些物理或物理化学性质的参数来确定其化学组成、含量或结构的分析方法。在最终测量过程中，利用物质的这些性质获得定性、定量、结构以及解决实际问题的信息。

习惯上，仪器分析分为三类：电化学分析法、色谱法和光学分析法。

电化学分析法是建立在溶液电化学性质基础上的一类分析方法，包括电位分析法，电量分析法和库仑分析法，伏安法和极谱分析法以及电导分析法等。

色谱法是利用混合物中各组分不同的物理或化学性质来达到分离的目的。分离后的组分可以进行定性或定量分析，有时分离和测定同时进行，有时先分离后测定。色谱法包括气相色谱法和液相色谱法等。

光学分析法是建立在物质与电磁辐射相互作用基础上的一类分析方法，包括原子发射光谱法，原子吸收光谱法，紫外-可见吸收光谱法，红外吸收光谱法，核磁共振波谱法和荧光光谱法等。

表 0-2 列出了仪器分析的类型、测量的重要参数（或有关性质）以及相应的仪器分析方法。

表 0-2　仪器分析分类

方法类型	测量参数或有关性质	相应的分析方法
电化学分析法	电导	电导分析法
	电位	电位分析法,计时电位法
	电流	电流滴定法
	电流-电压	伏安法,极谱分析法
	电量	库仑分析法
色谱法	两相间分配	气相色谱法,液相色谱法
光学分析法	辐射的发射	原子发射光谱法,火焰光度法等
	辐射的吸收	原子吸收光谱法,分光光度法(紫外、可见、红外),核磁共振波谱法,荧光光谱法
	辐射的散射	比浊法,拉曼光谱法,散射浊度法
	辐射的折射	折射法,干涉法
	辐射的衍射	X 射线衍射法,电子衍射法
	辐射的转动	偏振法,旋光色散法,圆二向色性法
热分析法	热性质	热重法,差热分析法

第1章 电化学分析概论

背景知识

电化学分析是分析化学的一个重要分支，它是以测量某一化学体系或试样的电响应为基础建立起来的一类分析方法。它把测定对象当成一个化学电池的组成部分，通过测量电池的某些物理量，如电位、电流、电感、电导或电量等，求得物质的含量或测定物质的电化学性质。

电化学分析主要包括成分分析和形态分析、动力学和机理分析、表面和界面分析等方面的内容。现有方法约200种，科学研究、工农业生产中，几乎处处都有电化学分析方法的应用。

它的特点如下：①分析检测限低；②可进行元素形态分析：如Ce(Ⅲ)及Ce(Ⅳ)分析；③产生电信号，可直接测定；④仪器简单，便宜；⑤多数情况可以得到化合物的活度而不只是浓度，如在生理学研究中，Ca^{2+}或K^{+}的活度比其浓度更有意义；⑥可得到许多有用的信息：界面电荷转移的化学计量学和速率、传质速率、吸附或化学吸附特性、化学反应的速率常数和平衡常数测定等。

电化学分析在20世纪50年代发展很快。20世纪50年代，I. M. Kolthoff提出电化学分析的思想。80年代后，对电化学分析的中文定义为："依据电化学和分析化学的原理及实验测量技术来获取物质的质和量及状态信息的一门科学。"将化学变化与电的现象紧密联系起来的学科便是电化学。应用电化学的基本原理和实验技术，依据物质的电化学性质来测定物质组成及含量的分析方法称为电化学分析或电分析化学。

电化学分析有很多经典方法，按原理命名，划分为以下五大类：

① 电导分析（$G=1/R$）；

② 电位分析（$E=k+S\lg c$）；

③ 库仑分析（$Q=nFM$）；

④ 电解分析（指电量分析）；

⑤ 伏安和极谱法（$i=kc$）。

案例分析

牛奶、蔬菜等食品中痕量兽药及农药残留实时、准确、廉价、高选择性的检测对于保护广大人民群众的健康，打破国外的技术性贸易壁垒尤其是"绿色壁垒"，促进农、牧、渔等产品出口贸易具有重要意义。而基于碳基丝网印刷电极（Screen Printed

Carbon Electrodes，SPCEs；简称丝网印刷电极）的电化学生物传感器能够实现批量生产、样品用量小、成本低且一次使用可抛弃，避免了共用同一电极检测多个样本时的交叉干扰，非常适用于构建一次使用可抛弃型安培传感器，已经广泛用于兽药和农药残留的现场检测。

电化学生物传感器是一种简捷高效的有机磷农药（OPs）检测新技术，与传统检测方法相比具有选择性好、灵敏度高、分析速度快、成本低、能在线检测等优点，尤其是以乙酰胆碱酯酶（AChE）的催化活性为基础的抑制型酶电极和有机磷水解酶（OPH）为基础的直接酶电极已大量用于 OPs 的检测。以 AChE 的催化活性为基础的抑制型酶电极国内外文献均有大量报道。

其基本原理是：OPs 是 AChE 酶活性的抑制剂，检测该酶活性受农药抑制程度可以间接反映出 OPs 含量。底物 ATCh 经过 AChE 的催化水解后，生成具有电化学活性的乙酰胆碱（TCh）以及醋酸，当 AChE 活性被 OPs 抑制时，TCh 的生成量会显著下降，由下降程度可以达到定量检测 OPs 的目的，TCh 的检测可以通过循环伏安法、方波伏安法等电化学方法测定获取。具体步骤如下：首先在电极表面反应腔（容积约为 30μL）中加入电解质和乐果标准品，35℃ 抑制 5min 后检测响应电流并按下式计算 AChE 的百分抑制率：

$$A=[(I_0-I)/I_0]\times 100\%$$

式中 A——AChE 酶的百分抑制率（与 OPs 残留具有正相关性）；

I_0——未被 OPs 抑制的酶电极稳态响应电流（空白电流）；

I——OPs 抑制后酶电极的稳态响应电流。

根据 A 与 OPs 的对数浓度得到标准曲线，采用标准曲线法进行 OPs 定量。传感器检测系统及酶电极对 OPs 的分析原理见图 1-1。

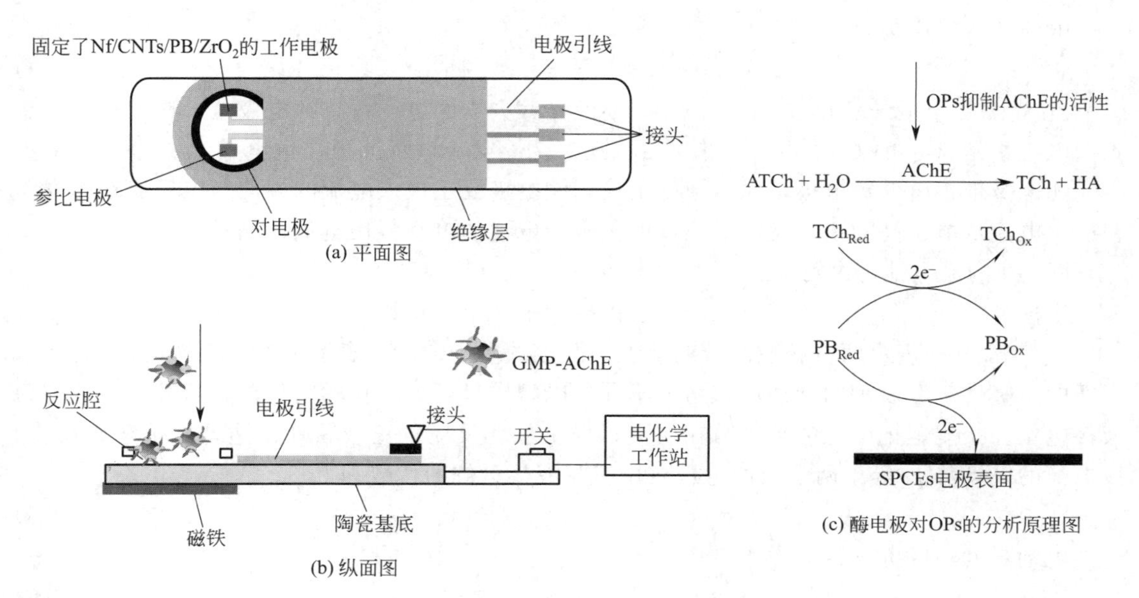

图 1-1 检测系统中传感器检测系统及酶电极对 OPs 的分析原理图

1.1 原电池和电解池

化学能与电能互相转变的装置称为电池，它是任何一类电化学分析法中必不可少的装置。每个电池由两支电极和适当的电解质溶液组成，一支电极与它所接触的电解质溶液组成一个半电池，两个半电池构成一个电池，如图 1-2 所示。

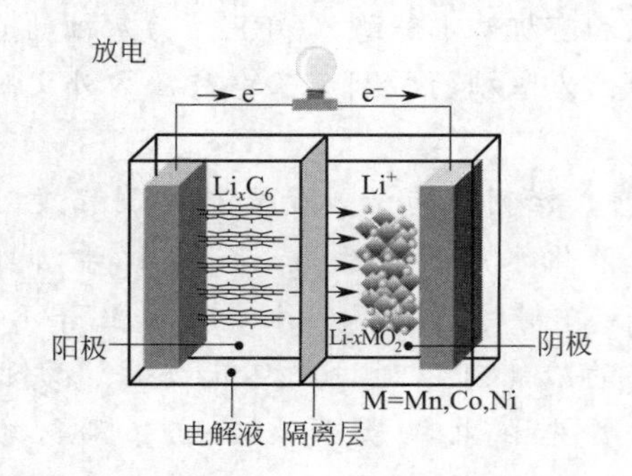

图 1-2 锂电池示意图

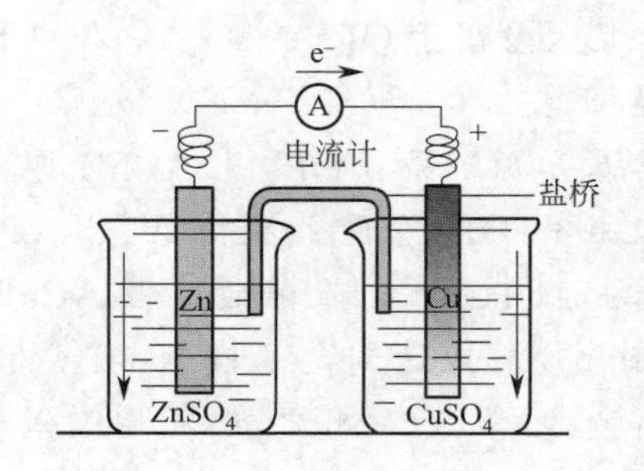

图 1-3 锌-铜原电池

电池分为原电池和电解池两类。

原电池将化学能转变为电能，在外电路接通的情况下，反应可以自发进行并向外电路供给电能，图 1-3 为锌-铜原电池。锌片放入 $ZnSO_4$ 溶液中，铜片放入 $CuSO_4$ 溶液中，两电解质溶液之间用烧结玻璃或半渗透膜隔开。当两电极接通后，锌电极上发生氧化反应：

$$Zn \rightleftharpoons Zn^{2+} + 2e^- \tag{1-1}$$

铜电极上发生还原反应：

$$Cu^{2+} + 2e^- \rightleftharpoons Cu \tag{1-2}$$

电池的总反应为：

$$Zn + Cu^{2+} \rightleftharpoons Zn^{2+} + Cu \tag{1-3}$$

Zn 失去 2 个电子氧化成 Zn^{2+} 而进入溶液，锌失去的电子留在锌电极上，通过外电路流到铜电极被溶液中的 Cu^{2+} 接受，使 Cu^{2+} 还原为金属 Cu 而沉积在铜电极上。锌电极带负电，铜电极带正电，锌电极是原电池的负极，铜电极是正极。电流的方向与电子流动的方向相反，电流从电位高的正极流向电位低的负极。电池的电动势用电位计测量。

图 1-3 的原电池可书写为：

$$-)Zn \mid ZnSO_4(a_1) \mid CuSO_4(a_2) \mid Cu(+ \tag{1-4}$$

a_1、a_2 分别表示两电解质溶液的活度。两边的单竖“|”表示金属和溶液的两相界面，中间的单竖“|”表示两种浓度或组成不同的电解质界面处存在的电位差，这种电位差称为液接电位。按规定把电池的负极写在左边，发生氧化反应；正极写在右边，发生还原反应。该电池的电动势 E 等于两电极的电极电位差与液接电位的代数和：

$$E = (\varphi_{Cu^{2+},Cu} - \varphi_{Zn^{2+},Zn}) + \varphi_{液接} \tag{1-5}$$

电动势的通式为：

$$E = (\varphi_{右,还原} - \varphi_{左,还原}) + \varphi_{液接} \tag{1-6}$$

液接电位存在于两种不同离子（浓度相同或不同）或两种离子相同而浓度不同的溶液界面上，它是由离子的运动速度不同引起的，如图 1-4 所示。液接电位与离子的浓度、电荷

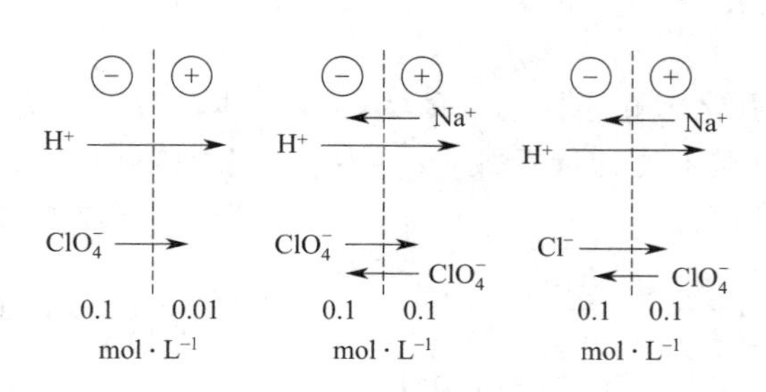

(a) 两种离子不同而浓度相同

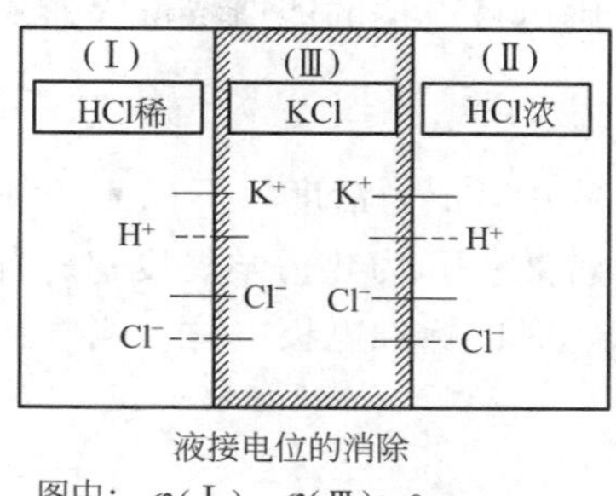

(b) 两种离子相同而浓度不同

图 1-4　液接电位示意图

数、迁移速度以及溶剂的性质有关。图 1-4(a) 中，在两种浓度相同的 $HClO_4$ 与 $NaClO_4$ 溶液的界面上，具有相同浓度的阴离子 ClO_4^-，但由于 H^+ 的扩散速度比 Na^+ 大，引起界面上正负电荷数不等而产生电位差。电位差的产生使 H^+ 的扩散速度减慢，而 Na^+ 加快，最后达到平衡状态，使两溶液界面上有一稳定的电位差，该电位差就是液接电位。液接电位难以测定，它是电位法产生误差的主要原因之一。为了减小液接电位，可以在两种电解质溶液之间插入盐桥，代替原来的两种电解质溶液的直接接触，如图 1-5 所示。用盐桥组成的电池可书写为

$$-)Zn|ZnSO_4(a_1)\parallel CuSO_4(a_2)|Cu(+ \tag{1-7}$$

中间的双竖线“‖”表示盐桥。图 1-5 的盐桥由“U”形玻璃管中充满饱和 KCl 溶液以及琼脂所组成。在使用盐桥的条件下，液接电位 $\varphi_{液接}$ 忽略不计，电池电动势的通式(1-6) 改写为：

$$E=\varphi_{右,还原}-\varphi_{左,还原} \tag{1-8}$$

根据式(1-8) 计算所得的电池电动势 E 为正值，表示电池反应能自发地进行，是原电池。若 E 为负值，则是电解池，反应不能自发地进行，要使该反应能够进行，必须加一个大于该电池电动势的外加电压。

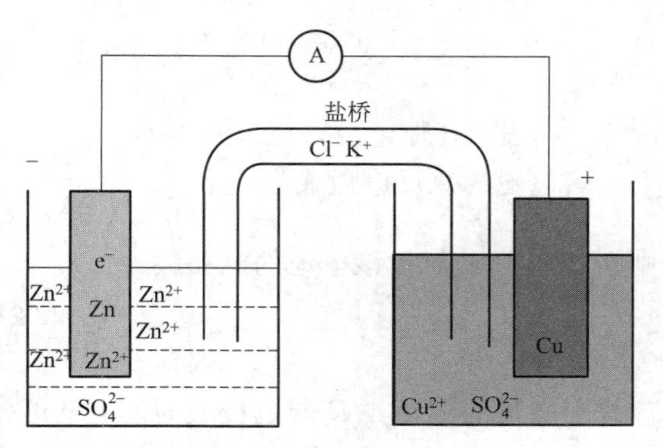

图 1-5　用盐桥构成的电池

不管是原电池还是电解池，发生氧化反应的电极都称为阳极，发生还原反应的电极都称为阴极。

1.2 能斯特方程

1.2.1　能斯特方程

能斯特方程可以表示电极的电极电位与电极表面溶液活度间的关系，也可以表示电池的电动势与电极表面溶液活度间的关系。对于任意给定的电极，若电极反应为：

$$O+ze^- \rightleftharpoons R$$

则电极电位的能斯特方程通式为：

$$\varphi=\varphi^{\ominus}-\frac{RT}{zF}\ln\frac{a_{R}}{a_{O}} \tag{1-9}$$

式中，a 为活度；下标 O 和 R 分别表示氧化态和还原态；R 为标准气体常数；F 为法拉第常数；T 为热力学温度；z 为电极反应中电子的计量系数；$\varphi^{\ominus}$ 为氧化态和还原态活度等于 1 时的标准电极电位。当 $T=298.15\text{K}$ 时，有：

$$\varphi=\varphi^{\ominus}-\frac{0.0592\text{V}}{z}\lg\frac{a_{R}}{a_{O}} \tag{1-10}$$

该式为电极的电极电位 φ 与电极表面溶液活度 a 间关系的能斯特方程。

对于式(1-1) 反应的 Zn 电极，其电极电位可写为：

$$\varphi=\varphi^{\ominus}_{Zn^{2+},Zn}-\frac{0.0592\text{V}}{2}\lg\frac{a_{Zn}}{a_{Zn^{2+}}} \tag{1-11}$$

同样，式(1-2) 反应的 Cu 电极的电极电位可写为：

$$\varphi=\varphi^{\ominus}_{Cu^{2+},Cu}-\frac{0.0592\text{V}}{2}\lg\frac{a_{Cu}}{a_{Cu^{2+}}} \tag{1-12}$$

电池的电动势等于两电极电位之差，因此，电池总反应式(1-3) 的铜锌电池的电动势由式(1-8) 可写为：

$$\begin{aligned}E&=\varphi_{右,还原}-\varphi_{左,还原}=\varphi_{Cu^{2+},Cu}-\varphi_{Zn^{2+},Zn}\\&=\left(\varphi^{\ominus}_{Cu^{2+},Cu}-\frac{0.0592\text{V}}{2}\lg\frac{a_{Cu}}{a_{Cu^{2+}}}\right)-\left(\varphi^{\ominus}_{Zn^{2+},Zn}-\frac{0.0592\text{V}}{2}\lg\frac{a_{Zn}}{a_{Zn^{2+}}}\right)\\&=E^{\ominus}-\frac{0.0592\text{V}}{2}\lg\frac{a_{Zn^{2+}}}{a_{Cu^{2+}}}\end{aligned} \tag{1-13}$$

φ 的下标表示还原电位，也可略去不写。

若电池的总反应通式为

$$a\text{A}+b\text{B}\rightleftharpoons c\text{C}+d\text{D}$$

则在 298.15K 时，该电池的电动势为：

$$E=E^{\ominus}-\frac{0.0592\text{V}}{2}\lg\frac{(a_{C})^{c}\cdot(a_{D})^{d}}{(a_{A})^{a}\cdot(a_{B})^{b}} \tag{1-14}$$

该式为电池的电动势 E 与电极表面溶液活度 a 间关系的能斯特方程。

当电池反应达到平衡时，E 等于零，则式(1-14) 为：

$$E^{\ominus}=\frac{0.0592\text{V}}{z}\lg\frac{(a_{C})^{c}\cdot(a_{D})^{d}}{(a_{A})^{a}\cdot(a_{B})^{b}}=\frac{0.0592\text{V}}{z}\lg K^{\ominus}_{a} \tag{1-15}$$

式中，$K^{\ominus}_{a}$ 为反应的平衡常数。

式(1-15) 中的 $E^{\ominus}$ 为：

$$E^{\ominus}=\varphi^{\ominus}_{右,还原}-\varphi^{\ominus}_{左,还原} \tag{1-16}$$

因此，由式(1-16) 和式(1-15) 可以求得反应的平衡常数。

1.2.2　活度和活度系数

能斯特方程表示的是电动势 E 或电极电位 φ 与活度而不是与浓度的关系。活度与质量摩尔浓度的关系为：

$$a_{i}=\gamma_{i}b_{i}$$

式中，a_i 具有校准浓度的意义；γ_i 是浓度的校准项，称为活度系数；b_i 为质量摩尔浓度。单个离子的活度和活度系数还没有严格的方法测定。正、负离子的平均活度系数可由实验求得，因此正、负离子的平均活度系数、平均活度以及平均质量摩尔浓度之间的关系为：

$$a_{\pm}=\gamma_{\pm}b_{\pm}$$

稀溶液中的离子平均活度系数主要受离子的质量摩尔浓度 b 和价数 z 的影响，于是路易斯提出了离子强度的概念。离子强度：

$$I=\frac{1}{2}\sum_i b_i z_i^2 \tag{1-17}$$

I 的量纲与 b 相同。在稀溶液范围内，活度系数与离子强度之间的关系符合如下经验式：

$$\lg\gamma_{\pm}=-0.512z_i^2\sqrt{I}$$

不同浓度下强电解质的活度系数能在化学手册中查到，从而对溶液进行活度校准。当浓度小于 $10^{-4}\text{mol}\cdot\text{L}^{-1}$ 时，活度系数接近于1，可用浓度代替式(1-10) 能斯特方程中的活度：

$$\varphi=\varphi^{\ominus}+\frac{0.0592\text{V}}{z}\lg\frac{[\text{O}]}{[\text{R}]} \tag{1-18}$$

1.3 标准电极电位和条件电位

电极电位的绝对值不能单独测定或从理论上计算，它必须和另一个作为标准的电极相连构成一个原电池，并用补偿法或在电流等于零的条件下测量该电池的电动势。IUPAC 规定所用的标准电极为标准氢电极，结构如图 1-6 所示。标准氢电极的工作条件是：氢离子活度为 $1\text{mol}\cdot\text{L}^{-1}$，$H_2$ 的压力为 $1.01325\times10^5\text{Pa}$（1 标准大气压）。作为氢电极的铂片上应镀上铂黑。规定在任何温度下，该电极的电位值等于零伏：

$$H^+ + e^- \rightleftharpoons \frac{1}{2}H_2 \qquad \varphi^{\ominus}=0.0000\text{V}$$

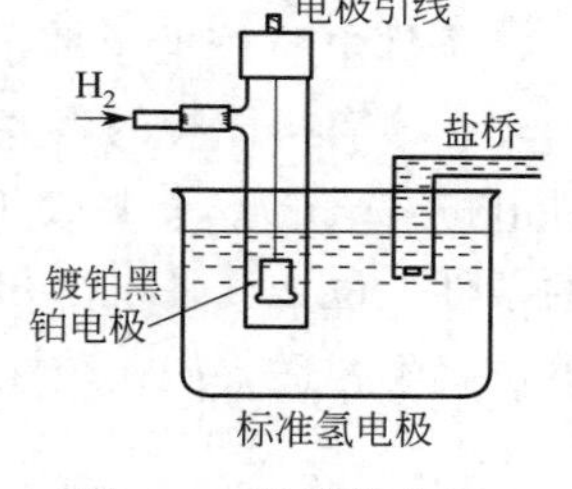

图 1-6 标准氢电极

对于任意给定的电极，它与标准氢电极构成如下原电池：

标准氢电极 ‖ 给定电极

所测得的电动势作为该给定电极的电极电位。电子通过外电路由标准氢电极流向给定电极，则给定电极的电位定为正值；电子通过外电路由给定电极流向标准氢电极，则给定电极的电位定为负值。

当所有物质的活度处于标准状态时，用标准电极电位 $\varphi^{\ominus}$ 可以判断其氧化还原的次序，$\varphi^{\ominus}$ 值越正，表示该物质越容易得到电子，是较强的氧化剂；$\varphi^{\ominus}$ 值越负，表示该物质越容易失去电子，是较强的还原剂。

电极电位受溶液的离子强度、配位效应、酸效应等因素的影响，因此标准电极电位有它的局限性。实际工作中应采用条件电位。条件电位是指氧化态和还原态的浓度等于 $1\text{mol}\cdot\text{L}^{-1}$ 时体系的实际电位。如在盐酸溶液中，由 Cu(I) 和 MnO 两相应电对组成的电池的反应为：

$$10Cl^- + 5CuCl_2^- + MnO_4^- + 8H^+ \rightleftharpoons 5CuCl_4^{2-} + Mn^{2+} + 4H_2O$$

对于 $MnO_4^-|Mn^{2+}$ 电对，电极反应为

$$MnO_4^- + 8H^+ + 5e^- \rightleftharpoons Mn^{2+} + 4H_2O$$

电极电位则为：$\varphi = \varphi^{\ominus}_{MnO_4^-,Mn^{2+}} - \frac{0.0592V}{5} \lg \frac{a_{Mn^{2+}}}{a_{MnO_4^-} \cdot a^8_{H^+}}$

$$= \varphi^{\ominus}_{MnO_4^-,Mn^{2+}} + \frac{0.0592V}{5} \lg \frac{\gamma_{MnO_4^-} \cdot a^8_{H^+}}{\gamma_{Mn^{2+}}} - \frac{0.0592V}{5} \lg \frac{[Mn^{2+}]}{[MnO_4^-]}$$

当$[Mn^{2+}]=[MnO_4^-]=1mol \cdot L^{-1}$时，上式可写为：

$$\varphi = \varphi^{\ominus}_{MnO_4^-,Mn^{2+}} + \frac{0.0592V}{5} \lg \frac{\gamma_{MnO_4^-} \cdot a^8_{H^+}}{\gamma_{Mn^{2+}}} = \varphi^{\ominus\prime}$$

对于 $CuCl_4^{2-} \mid CuCl_2^-$ 电对，电极反应为：

$$CuCl_4^{2-} + e^- \rightleftharpoons CuCl_2^- + 2Cl^-$$

电极电位为：$\varphi = \varphi^{\ominus}_{CuCl_4^{2-},CuCl_2^-} - 0.0592V \lg \frac{a_{CuCl_2^-} \cdot a^2_{Cl^-}}{a_{CuCl_4^{2-}}}$

$$= \varphi^{\ominus}_{CuCl_4^{2-},CuCl_2^-} + 0.0592V \lg \frac{\gamma_{CuCl_4^{2-}}}{\gamma_{CuCl_2^-} \cdot a^2_{Cl^-}} - 0.0592V \lg \frac{[CuCl_2^-]}{[CuCl_4^{2-}]}$$

当 $[CuCl_2^-]=[CuCl_4^{2-}]=1mol \cdot L^{-1}$ 时，上式可写为：

$$\varphi = \varphi^{\ominus}_{CuCl_4^{2-},CuCl_2^-} + 0.0592V \lg \frac{\gamma_{CuCl_4^{2-}}}{\gamma_{CuCl_2^-} \cdot a^2_{Cl^-}} = \varphi^{\ominus\prime}$$

式中，$\varphi^{\ominus\prime}$为条件电位。

条件电位校准了离子强度、配位效应、水解以及 pH 等因素的影响。

生命有机体中的许多反应是氧化还原反应。一些与生物有关的标准电位（pH 为 0）和条件电位（pH 为 7）见表 1-1。在氧化还原反应中有 H^+ 参与时，电位和 pH 有关。生物化学上的条件电位 $\varphi^{\ominus\prime}$是指在 pH 为 7 时的电极电位。因细胞中的 pH 值接近 7，用 pH 为 0 时的电极电位就不合适，如在酸性条件下抗坏血酸是比丁二酸更强的还原剂，而在 pH 为 7 时却相反。

表 1-1　298K 时一些与生物有关的标准电位和条件电位

电极反应	$\varphi^{\ominus}$/V(vs. SHE)	$\varphi^{\ominus\prime}$/V(vs. SHE)
$O_2 + 4H^+ + 4e^- \rightleftharpoons 2H_2O$	+1.229	+0.816
$Fe^{3+} + e^- \rightleftharpoons Fe^{2+}$	+0.770	+0.770
$I_2 + 2e^- \rightleftharpoons 2I^-$	+0.536	+0.536
$O_2(g) + 2H^+ + 2e^- \rightleftharpoons H_2O_2$	+0.69	+0.295
细胞色素 a(Fe^{3+})$\rightleftharpoons$细胞色素 a(Fe^{2+})	+0.290	+0.290
细胞色素 c(Fe^{3+})$\rightleftharpoons$细胞色素 c(Fe^{2+})	—	+0.254
2,6-二氯靛酚$+2H^+ + 2e^- \rightleftharpoons$还原的 2,6-二氯靛酚	—	+0.22
脱氢抗坏血酸$+2H^+ + 2e^- \rightleftharpoons$抗坏血酸	+0.390	+0.058
富马酸盐$+2H^+ + 2e^- \rightleftharpoons$丁二酸盐	+0.433	+0.031
亚甲基蓝$+2H^+ + 2e^- \rightleftharpoons$还原产物	+0.532	+0.011
二羟醋酸盐$+2H^+ + 2e^- \rightleftharpoons$乙二醇盐	—	−0.090
草醋酸盐$+2H^+ + 2e^- \rightleftharpoons$苹果酸盐	+0.330	−0.102
丙酮酸盐$+2H^+ + 2e^- \rightleftharpoons$乳酸盐	+0.224	−0.190
维生素 $B_2 + 2H^+ + 2e^- \rightleftharpoons$还原的维生素 B_2	—	−0.208
$FAD + 2H^+ + 2e^- \rightleftharpoons FADH_2$	—	−0.210
(谷胱甘肽-S)$_2 + 2H^+ + 2e^- \rightleftharpoons$ 2 谷胱甘肽-SH	—	−0.23

续表

电极反应	$\varphi^{\ominus}$/V(vs. SHE)	$\varphi^{\ominus\prime}$/V(vs. SHE)
藏红 T+2e$^-$ $\rightleftharpoons$ 无色藏红 T	−0.235	−0.289
$(C_6H_5S)_2+2H^++2e^- \rightleftharpoons 2C_6H_5SH$	—	−0.30
$NAD^++H^++2e^- \rightleftharpoons NADH$	−0.105	−0.320
$NADP^++H^++2e^- \rightleftharpoons NADPH$	—	−0.324
胱氨酸+2H$^+$+2e$^-$ $\rightleftharpoons$ 2半胱氨酸	—	−0.340
乙酰醋酸盐+2H$^+$+2e$^-$ $\rightleftharpoons$ L-β-羟基丁酸盐	—	−0.346
黄嘌呤+2H$^+$+2e$^-$ $\rightleftharpoons$ 6-羟基嘌呤+H_2O	—	−0.371
$2H^++2e^- \rightleftharpoons H_2$	−0.0000	−0.414
葡萄糖酸盐+2H$^+$+2e$^-$ $\rightleftharpoons$ 葡萄糖+H_2O	—	−0.44
$SO_2+2e^-+2H^+ \rightleftharpoons SO+H_2O$	—	−0.454
$2SO+2e^-+2H^+ \rightleftharpoons S_2O+H_2O$	—	−0.527

例 1-1 由标准电极电位和配合物稳定常数表获得如下数据（Y^{4-}为 EDTA）：

$$Fe^{3+}+e^- \rightleftharpoons Fe^{2+} \qquad \varphi^{\ominus}=0.771V(\text{vs. SHE})$$

$$Fe^{3+}+Y^{4-} \rightleftharpoons FeY^- \qquad K_{稳(FeY^-)}=1.26\times10^{25}$$

$$Fe^{2+}+Y^{4-} \rightleftharpoons FeY^{2-} \qquad K_{稳(FeY^{2-})}=2.09\times10^{14}$$

（1）计算体系 $FeY^-+e^- \rightleftharpoons FeY^{2-}$ 的条件电位；

（2）将 Y^{4-} 加入含等量 Fe^{3+} 和 Fe^{2+} 的溶液后，该溶液的氧化能力比原来的强还是弱？

解：（1）首先写出 $Fe^{3+}|Fe^{2+}$ 电对的电极电位的能斯特方程：

$$\varphi=\varphi^{\ominus}+0.0592V\lg\frac{[Fe^{3+}]}{[Fe^{2+}]}$$

由形成配离子的平衡关系得：

$$[Fe^{3+}]=\frac{[FeY^-]}{[K_{稳(FeY)}]\cdot[Y^{4-}]}$$

$$[Fe^{2+}]=\frac{[FeY^{2-}]}{[K_{稳(FeY^{2-})}]\cdot[Y^{4-}]}$$

结合以上三式得：

$$\varphi=\varphi^{\ominus}+0.0592V\lg\left\{\frac{[FeY^-]}{[K_{稳(FeY^-)}]\cdot[Y^{4-}]}\cdot\frac{[K_{稳(FeY^{2-})}]\cdot[Y^{4-}]}{[FeY^{2-}]}\right\}$$

$$=\varphi^{\ominus}+0.0592V\lg\frac{K_{稳(FeY^{2-})}}{K_{稳(FeY^-)}}+0.0592V\lg\frac{[FeY^-]}{[FeY^{2-}]}$$

由条件电位定义得：

$$\varphi^{\ominus\prime}=\varphi^{\ominus}+0.0592V\lg\frac{K_{稳(FeY^{2-})}}{K_{稳(FeY^-)}}$$

$$=0.771+0.0592V\lg\frac{2.09\times10^{14}}{1.26\times10^{25}}=0.133V(\text{vs. SHE})$$

（2）加入 EDTA 后溶液的氧化能力降低，因 $Fe^{3+}|Fe^{2+}$ 电对的电极电位从 0.771V 降为 0.133V。

1.4 电极

1.4.1 金属电极、膜电极、微电极和化学修饰电极

在电化学分析中，电极是将溶液浓度变换成电信号（如电位或电流）的一种传感器。电极的类型很多，一类是电极反应中有电子交换反应即发生氧化还原反应的金属电极；另一类是膜电极，还有微电极和化学修饰电极等。

1.4.1.1 金属电极

金属电极又可以分为四类。

① 第一类电极　由金属与该金属离子溶液组成，如 $M|M^{2+}$。如 Ag 丝插在 $AgNO_3$ 溶液中，其电极反应为

$$Ag^{+}+e^{-}\rightleftharpoons Ag$$

$Ag|Ag^{+}$ 电极的电极电位为

$$\varphi=\varphi^{\ominus}_{Ag^{+}}+0.0592V\lg[Ag^{+}]$$

② 第二类电极　由金属与该金属的难溶盐和该难溶盐的阴离子溶液组成，例如银-氯化银电极、甘汞电极等。银-氯化银电极（$Ag|AgCl,Cl^{-}$）的电极反应为

$$AgCl+e^{-}\rightleftharpoons Ag+Cl^{-}$$

$Ag|Ag^{+}$ 电极的电极电位为

$$\varphi=\varphi^{\ominus}_{Ag^{+},Ag}+0.0592V\lg[Ag^{+}]$$

而

$$[Ag^{+}]=\frac{K_{sp}}{[Cl^{-}]}$$

因此，$Ag|AgCl$，Cl^{-} 的电极电位可表示为：

$$\begin{aligned}\varphi&=\varphi^{\ominus}_{Ag^{+},Ag}+0.0592V\lg\frac{K_{sp}}{[Cl^{-}]}\\&=\varphi^{\ominus}_{Ag^{+},Ag}+0.0592V\lg K_{sp}-0.0592V\lg[Cl^{-}]\\&=\varphi^{\ominus}_{AgCl,Ag}-0.0592V\lg[Cl^{-}]\end{aligned}$$

对于甘汞电极 $Hg|Hg_2Cl_2,Cl^{-}$，电极反应为

$$Hg_2Cl_2+2e^{-}\rightleftharpoons 2Hg+2Cl^{-} \tag{1-19}$$

电极电位为

$$\varphi=\varphi^{\ominus}_{Hg_2Cl_2,Hg}-0.0592V\lg[Cl^{-}] \tag{1-20}$$

③ 第三类电极　由金属与两种具有相同阴离子的难溶盐（或稳定的配离子）以及含有第二种难溶盐（或稳定的配离子）的阳离子达平衡状态时的体系所组成。例如 $Hg|HgY^{2-}$，CaY^{2-}，Ca^{2+} 电极，其电极反应为

$$HgY^{2-}+Ca^{2+}+2e^{-}\rightleftharpoons Hg+CaY^{2-}$$

电极电位为

$$\varphi=\varphi^{\ominus}_{Hg^{2+},Hg}+\frac{0.0592V}{2}\lg\frac{K_{CaY^{2-}}}{K_{HgY^{2-}}}+\frac{0.0592V}{2}\lg\frac{[HgY^{2-}]}{[CaY^{2-}]}+\frac{0.0592}{2}\lg[Ca^{2+}] \tag{1-21}$$

这种电极可作为 EDTA(Y^{4-}) 滴定时的 pM 指示电极。

④ 零类电极　由一种惰性金属如 Pt 与含有可溶性的氧化态和还原态物质的溶液组成。

例如 Pt | Fe^{3+},Fe^{2+} 电极，其电极反应为

$$Fe^{3+}+e^- \rightleftharpoons Fe^{2+}$$

电极电位为

$$\varphi=\varphi^{\ominus}_{Fe^{3+},Fe^{2+}}+0.0592\text{V}\lg\frac{[Fe^{3+}]}{[Fe^{2+}]}$$

这种电极材料本身并不参与电化学反应，仅起传导电子的作用。

1.4.1.2 膜电极

这类电极具有敏感膜并能产生膜电位，故称为膜电极。膜电极又可分为若干类，这方面的内容将在电位分析法中讨论。

用于构成电极的材料除上面提及的 Pt 等金属之外，还有炭、石墨、汞等材料。由炭、石墨、玻璃碳或贵金属 Pt、Au 等材料制成的电极称为固体电极。由汞制成的电极称为汞电极，如滴汞电极、悬汞电极以及汞膜电极等，这些电极将在伏安法和极谱分析法中讨论。

1.4.1.3 微电极或超微电极

它们用铂丝或碳纤维制成，其直径只有几纳米或几微米，如图 1-7 所示。微电极具有电极区域小、扩散传质速率快、电流密度大、信噪比大、电压降小等特性，可用于有机介质或高阻抗溶液中的测定。由于电极微小，测定能在微体系中进行，有利于开展生命科学研究。

图 1-7 微电极

1.4.1.4 化学修饰电极

若在由铂、玻璃碳等制成的电极表面通过共价键键合、强吸附或高聚物涂层等方法，把具有某种功能的化学基团修饰在电极表面，使电极具有某种特定的性质，这类电极称为化学修饰电极（CME）。如将苯胺用电化学聚合的方法修饰在铂或玻璃碳电极上，制成了聚苯胺化学修饰电极。CME 有单分子层修饰电极、无机物薄膜修饰电极、聚合物薄膜（多分子层）修饰电极等。CME 自 1975 年问世以来，在理论和应用上都有很大的发展。它在光电转换、催化反应、不对称有机合成、电化学传感器等方面显示出突出的优点。将微电极制成化学修饰微电极，必将产生更为显著的作用。

1.4.2 指示电极、参比电极、极化和去极化电极

电化学分析中测量一个电池的电学参数，需要使用两支或三支电极。分析方法不同，电极的性质和用途也不同，所以电极的名称也各有差异。除前面已提及的正极、负极、阳极、阴极外，还有指示电极或工作电极、辅助电极或参比电极、极化电极等。

1.4.2.1 指示电极或工作电极

用于测定过程中溶液本体浓度不发生变化的体系的电极，称为指示电极。用于测定过程中本体浓度会发生变化的体系的电极，称为工作电极。因此，电位分析法中的离子选择电极、极谱分析法中的滴汞电极都称为指示电极。在电解分析法和库仑分析法的铂电极上，因电极反应改变了本体溶液的浓度，故称为工作电极。

1.4.2.2 参比电极与辅助电极

工作电极或指示电极是组成测量电池的主要电极，其他电极是辅助性质的电极，可称为辅助电极。凡是提供标准电位的辅助电极称为参比电极。在单扫描极谱法中使用的三支电极

即滴汞电极，称为指示电极；饱和甘汞电极称为参比电极；铂丝电极称为对电极或辅助电极。

电化学分析中常用的参比电极是甘汞电极（尤其是饱和甘汞电极）以及银-氯化银电极。由式(1-19）和式(1-20）知，它们的电极电位随阴离子浓度增加而下降。参比电极的电位与浓度的关系见表 1-2。饱和甘汞电极（SCE）和银-氯化银电极的结构如图 1-8 所示。

若参比电极的内电解质溶液中的 K^+、Cl^- 对测定有干扰，应用双液接型。外套管中用 $NaNO_3$ 或 LiAc 等电解质溶液，浓度为 $1mol \cdot L^{-1}$ 或 $0.1mol \cdot L^{-1}$。

表 1-2　参比电极的电位与浓度的关系（298K）

电　极	电极电位/V(vs. SHE)	电　极	电极电位/V(vs. SHE)
甘汞 $Hg\|Hg_2Cl_2,Cl^-(c)$		银-氯化银 $Ag\|Ag_2Cl,Cl^-(c)$	
$0.10mol \cdot L^{-1}$KCl	0.334	$0.10mol \cdot L^{-1}$KCl	0.288
$1.0mol \cdot L^{-1}$KCl	0.282	$1.0mol \cdot L^{-1}$KCl	0.228
饱和 KCl	0.242	饱和 NaCl	0.194

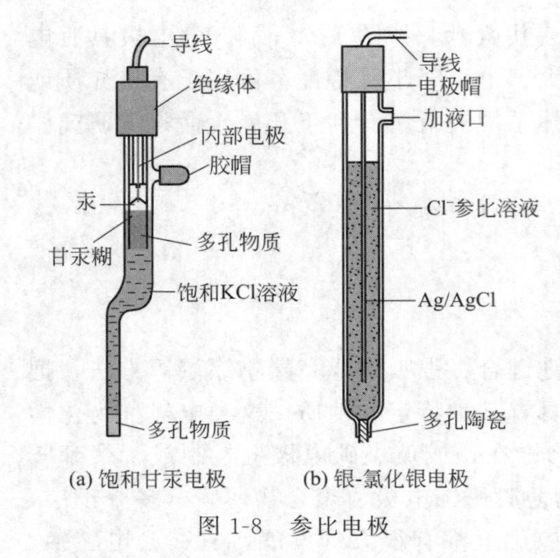

图 1-8　参比电极

在非水介质中测定时，参比电极也可用饱和甘汞电极，外套管中用饱和 KCl（NaCl)-甲醇溶液或饱和 LiCl-乙二胺溶液等。

1.4.2.3　极化电极和去极化电极

电化学分析法中还把电极区分为极化电极和去极化电极。插入试液中电极的电极电位完全随外加电压改变，或电极电位改变很大而产生的电流变化很小，这种电极称为极化电极。反之，电极电位不随外加电压改变，或电极电位改变很小而电流变化很大，这种电极称为去极化电极。因此，电位分析中的饱和甘汞电极和离子选择电极应为去极化电极。库仑分析法中的两支铂工作电极应为极化电极。直流极谱法中的滴汞电极是极化电极，饱和甘汞电极是去极化电极。详细讨论参见以下电化学分析中的有关章节。

1.5　电极-溶液界面的传质过程

1.5.1　对流、电迁移和扩散传质

电化学分析中，在电极上外加一定电压直至发生电极反应，此时电活性物质（发生电极反应的物质）在电极-溶液界面被消耗，电极表面的浓度降低，产物在电极表面聚积而浓度增加。只有当电活性物质从溶液本体不断地向电极表面传送，而产物从电极表面不断地向溶液本体或向电极内传送，电极反应才能不断地进行，这种过程称为传质过程。溶液中物质的传质过程有对流、电迁移和扩散传质三种，所产生的电流分别为对流电流、迁移电流和扩散电流。

(1）对流传质

对流传质就是物质随流动的液体而移动。它是由机械搅拌（强制对流）或温度差（自然

对流）等因素引起的。电化学分析中有时采用电磁搅拌或旋转电极来促进对流传质。极谱分析法中通过让溶液静止来消除对流传质对电流的影响。

（2）电迁移传质

电迁移传质是由电场引起的。在外加电压的作用下，带正电荷的离子向负极移动；带负电荷的则向正极移动。电荷通过溶液中离子的迁移而传送，溶液中所有的离子在电场作用下都发生电迁移。若加入大量的电解质 KCl 等，此时电迁移传质主要由高浓度的 K^+ 和 Cl^- 承担。由低浓度的被测离子承担的电迁移传质则可以忽略。加入的电解质称为支持电解质，它可以消除迁移电流。

（3）扩散传质

扩散传质是由溶液中不同区域的物质浓度不同，即浓度梯度引起的。溶液中存在浓度梯度时，物质将从高浓度区域向低浓度区域传送。由此物质在电极上反应而产生的电流称为扩散电流。

1.5.2 Cottrell 方程

平面电极上的扩散是垂直于电极表面的单方向扩散，即线性扩散，如图 1-9 所示。将平面电极和参比电极放入电解池中，在电极上施加电压。溶液中氧化态在电极表面还原为还原态：

$$O + ze^- \rightleftharpoons R$$

O 和 R 溶解于溶液中。假定电解前溶液中仅有物质 O，浓度为 c_O，在电解过程中电极表面 O 的浓度迅速降低。离电极表面越远，O 的浓度越大，O 的扩散沿着与 x 轴相反的方向进行。

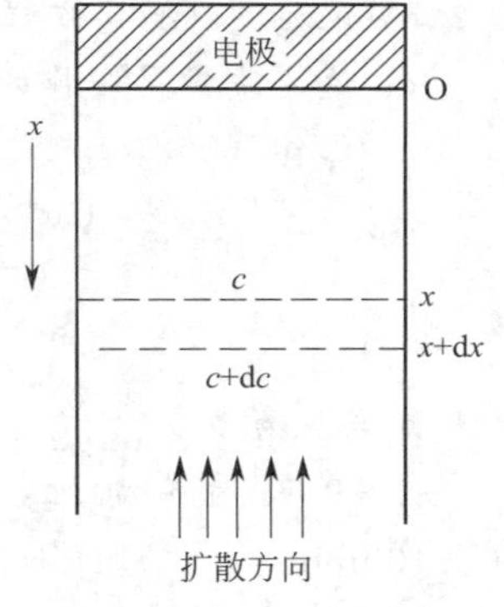

图 1-9 平面电极上的线性扩散

线性扩散时，在平面电极上时间 t 时电解产生的极限电流可表示为：

$$i = zFAD_O c_O / \sqrt{\pi D_O t} \tag{1-22}$$

式中，A 为电极的面积；D_O 为物质在溶液中的扩散系数，$cm^2 \cdot s^{-1}$；其他符号具有通常的含义。式(1-22) 称为 Cottrell 方程。

Cottrell 方程表明：①在大量支持电解质存在下的静止溶液中，平面电极上的电解电流与电活性物质浓度成比例，这是定量分析的基础；②电解电流与电活性物质在溶液中的扩散系数的平方根成正比；③电解电流与时间的平方根成反比。温度对电流的影响十分显著，在 25℃左右，温度每改变 1℃，扩散系数改变（1～2)%。因此实验时，溶液的温度应控制在 ±0.5℃以内。

1.6 法拉第定律

法拉第在 1833 年由实验结果归纳总结了一条基本定律，称为法拉第定律。该定律表示通电于电解质溶液后，在电极上发生化学变化的物质，其物质的量 n 与通入的电量 Q 成正比；通入一定量的电量后，若电极上发生反应的物质，其物质的量相同，析出物质的质量 m 与其摩尔质量 M 成正比。法拉第定律的数学表达式可表示为：

$$n = \frac{Q}{zF} \tag{1-23}$$

$$m=\frac{Q}{zF}\cdot M \tag{1-24}$$

式中，F 为 1mol 质子的电荷，称为法拉第常数，96485C·mol^{-1}；M 为析出物质的摩尔质量，其值与所取的基本单元有关；z 为电极反应中的电子计量系数。

电解消耗的电量 Q 可按下式计算：

$$Q=it \tag{1-25}$$

若 1A 的电流通过电解质溶液 1s，其电量是 1 库仑。

法拉第定律在任何温度和压力下都适用。

习　题

1. 如何用能斯特方程来表示电极电位和电池电动势？

2. 条件电位的含义是什么？

3. 基于电子交换反应的金属电极有几种，各举一例说明，并写出电极、电极反应表达式和能斯特方程。

4. 试述 Cottrell 方程的数学表达式及其含义。

5. 试述法拉第定律的数学表达式及其含义。

6. 已知（298K）

$$Cu^{2+}+2e^- \rightleftharpoons Cu \qquad \varphi^{\ominus}=0.337V(vs.\ SHE)$$

$$Cu^{2+}+Y^{4-} \rightleftharpoons CuY^{2-} \qquad K_{稳}=6.3\times10^{18}$$

计算：

$$CuY^{2-}+2e^- \rightleftharpoons Cu+Y^{4-}$$

的条件电位为多少？

7. 298K 时有电池：Cu|Cu^{2+}（0.0200mol·L^{-1}）‖Fe^{2+}（0.200mol·L^{-1}），Fe^{3+}（0.0100mol·L^{-1}），H^+（1.00mol·L^{-1}）|Pt

（1）写出该电池的电极反应和总反应。

（2）标出电极的极性并说明电子和电流流动的方向。

（3）计算电池的电动势并说明该电池是原电池还是电解池。

（4）计算平衡时的平衡常数。

8. 将下列几种物质构成一个电池：银电极；未知 Ag^+ 溶液；盐桥；饱和 KCl 溶液；Hg_2Cl_2；Hg。

（1）写出电池的表示形式。

（2）哪一个电极是参比电极？另一个电极是指示电极还是工作电极？

（3）盐桥内通常应充什么电解质？在该电池中应充何种电解质？盐桥的作用是什么？

（4）若该电池的银电极的电位较正，在 298K 测得该电池的电动势为 0.323V，试计算未知 Ag^+ 溶液的浓度。

9. 电池（298K）Ag|AgAc|$Cu(Ac)_2$（0.100mol·L^{-1}）|Cu 的电动势为−0.372V。

（1）写出电池的电极反应和总反应。

（2）计算醋酸银 AgAc 的 K_{sp}。

10. 有电池（298K）Zn|Zn^{2+}（0.0100mol·L^{-1}）‖Ag^+（0.300mol·L^{-1}）|Ag。

试计算该电池的电动势为多少？当没有电流过时，Ag^+ 的浓度为多少？

第2章 伏安法和极谱分析法

背景知识

欧姆定律代表电流（Current）、电压（Potential）和电阻（Electrical Resistent）的关系。而这三个电化学量都可以和物质浓度发生联系。其中伏安法（Voltammetry）和极谱分析法（Polarography）都是通过由电解过程中所得的电流-电位（电压）或电位-时间曲线进行分析的方法。它们的区别在于伏安法使用的极化电极是固体电极或表面不能更新的液体电极，而极谱分析法使用的是表面能够周期更新的滴汞电极。

自1922年J. Heyrovsky开创极谱学以来，极谱分析在理论和实际应用上发展迅速。继直流极谱法后，相继出现了单扫描极谱法、脉冲极谱法、卷积伏安法等各种快速、灵敏的现代极谱分析方法，使极谱分析成为电化学分析的重要组成部分。极谱分析法不仅可用于痕量物质的测定，而且还可用于化学反应机理、电极动力学及平衡常数测定等基础理论的研究。

与两种电解过程相对应，极谱分析法也可分为控制电位极谱法（如直流极谱法、单扫描极谱法、脉冲极谱法和溶出伏安法等）和控制电流极谱法（如交流示波极谱法和计时电位法等）。

案例分析

糖尿病是一种以高血糖为特征的代谢性疾病。高血糖则是由于胰岛素分泌缺陷或其生物作用受损，或两者兼有引起。糖尿病时长期存在的高血糖，会导致各种组织特别是眼、肾、心脏、血管、神经的慢性损害和功能障碍。它是人类第三大疾病，很多人饱受糖尿病之苦，著名的陈毅元帅就深受其害。测定糖尿病，血糖仪是一种很好的方法。

目前医疗上常见的是生化仪检测血糖法，抽静脉血后用离心机分离血液得到血浆，将血浆与葡萄糖氧化酶反应氧化葡萄糖后产生过氧化氢，用另外一监测系统测定过氧化氢的多少，而得出血糖含量。生化仪的优点主要是测量非常精确；缺点是测量时间慢，通常第二天才能得到结果；用血量多，通常要3000～5000μL；操作复杂，只有受过专业培训的人才能操作；机器价格昂贵，只有部分医院才有配备。自从20世纪70年代发明袖珍血糖仪，可用一滴毛细血管全血测定血糖以来，病人有可能自测血糖，快速得出结果，决定治疗变动，缩短住院日期，因而是糖尿病治疗史上的一个里程碑。快速血糖仪由于可由病人自行操作等优点，故糖尿病协会不但推荐自测血糖为病人自用，且定为住院病人床边检查之用，尤其在急诊室、手术室、特护病房等更为适用。静脉血浆测量测定主要作为诊断、校正袖珍血糖仪，科研及做其他生化检查时附带测定。

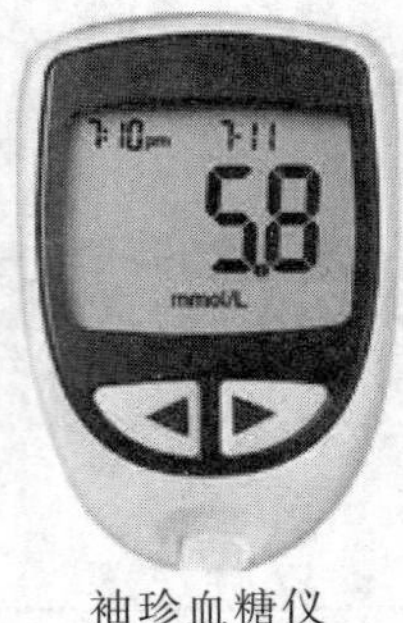

袖珍血糖仪

而血糖仪用的是什么原理呢？这就是本章所介绍的伏安分析法。

2.1 极谱法

伏安分析法（Voltammetry）和极谱分析法（Polarography）是一种特殊形式的电解方法。它们都是利用浓差极化现象，根据电解过程中的电流-电位曲线来进行分析的。极谱法和伏安法使用的工作电极又叫做极化电极，由它和参比电极组成电解池，这种电解池称为双电极系统。而在极谱法和伏安法中常用三电极系统，它是由工作电极、参比电极和辅助电极组成的。极谱分析法以液态电极为工作电极，如滴汞电极。而伏安分析法则以固态电极为工作电极。所使用的极化电极一般面积较小，易被极化，且具有惰性，常用的有金属材料制成的金电极、银电极、悬汞电极等，也有碳材料制成的玻璃碳电极、热解石墨电极、碳糊电极、碳纤维电极等。近年来，还在固体电极上连接具有特殊功能团的化学修饰。

2.1.1 基本装置

极谱法采用滴汞电极作工作电极，如图 2-1。极谱图用极谱仪记录，极谱仪简图示于图 2-2，目前的极谱仪一般都采用三电极系统。

在极谱仪中，采用运算放大器组成三电极系统电路。其中：$U_0=\varphi_c-\varphi_w+iR$

极谱波是电流 i 与电位 φ_w 的关系曲线，i 很容易在工作电极电路中测得，而 φ_w 受 iR 降的影响，难以准确测定。在电解池中插入第三个电极，即参比电极，它与工作电极组成测量电位的回路，由于此回路阻抗很高，通过此回路的电流趋近于零，该回路中的电压降可以忽略。在记录极谱波时用此回路随时监测电解过程中工作电极上的电位 φ_w。

2.1.2 极谱电流，极谱波类型及方程（直流）

2.1.2.1 极谱电流

极谱分析中，为了使溶液保持静止状态，常常不搅拌溶液，因而电活性物质向电极表面移动的速度取决于两种力：一种是扩散力，其大小与电活性物质在扩散层内的浓度梯度成正比；另一种力是电场力，其大小与电极附近的电势梯度成正比。

极谱图上的极限电流主要包括三部分：其一是扩散电流，它由电活性物质的扩散作用所决定；其二是迁移电流，它由极化池中两电极之间的电场强度所决定；其三是残余电流，它由底液中微量杂质的还原和对溶液与滴汞电极之间的双电层充电而产生。

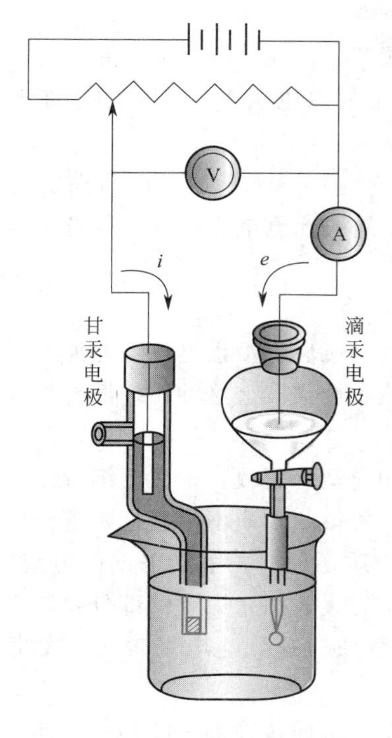

图 2-1 滴汞电极装置原理图

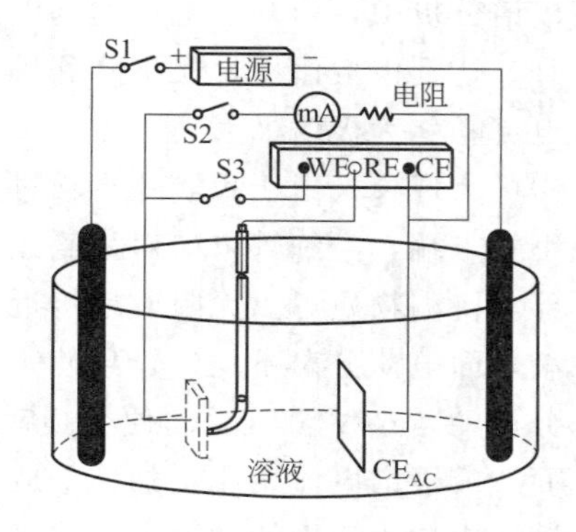

图 2-2 三电极系统

(1) 扩散电流

在固体、液体或气体介质中，物质从浓度大的部分向浓度小的部分移动的现象称为扩散。扩散速度与物质浓度的大小成正比，也与物质的性质和介质的性质有关。最简单的扩散是一个方向的扩散，称为线性扩散（如图 2-3）。时间越长，扩展层厚度越大（如图 2-4）。

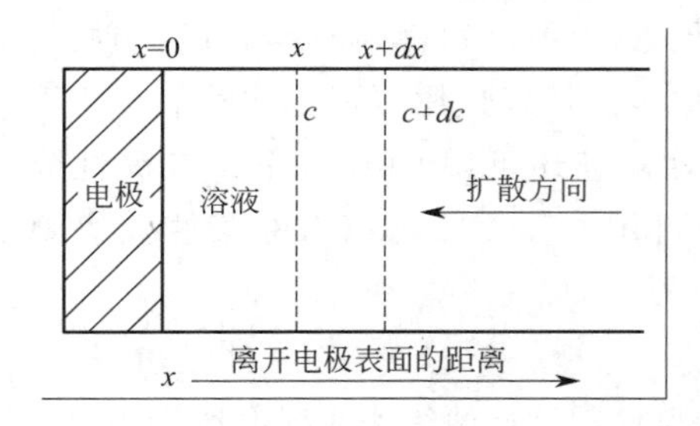

图 2-3 线性扩散

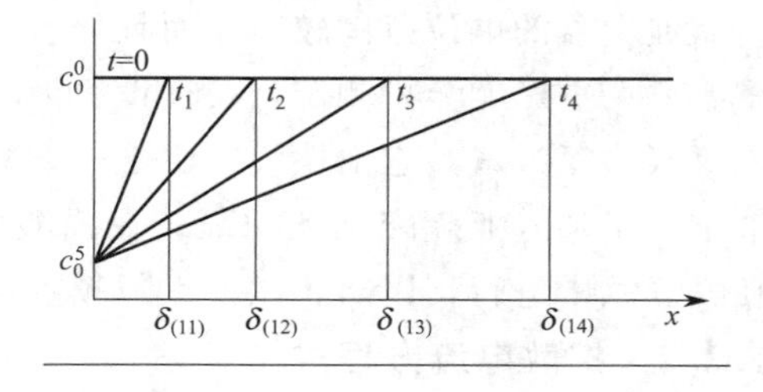

图 2-4 扩散层厚度

(2) 迁移电流

迁移电流来源于极化池的正极和负极对待测离子的静电吸引力或排斥力。滴汞电极对试液中的正离子有静电吸引作用，导致更多的（相对于扩散作用）正离子移向工作电极发生还原反应，使极限电流较仅有扩散电流时高。这种由滴汞电极对发生电化学反应的电活性物质的静电作用而产生的极谱电流称为迁移电流。

在试液中加入支持电解质可以消除迁移电流，常用的支持电解质有 KCl、NH_4Cl、KNO_3、NaCl、盐酸等。

(3) 残余电流

残余电流主要包括：由溶液中微量的杂质，如金属离子，在汞电极上还原产生的，它可以通过试剂提纯来减少或消除；由对溶液与电极界面上的双电层充电产生的，称为充电电流，又称电容电流，它是残余电流的主要组成部分。

充电电流的大小在 10^{-7}A 数量级，它相当于浓度为 10^{-5}mol·L^{-1} 电活性物质所产生的扩散电流量，这就限制了普通极谱法的灵敏度。为了解决充电电流问题，促进了新的极谱技术的发展，如方波极谱、脉冲极谱等应运而生。

(4) 极谱极大

在极谱分析中，当外加电压达到电活性物质的分解电压后，极谱电流随外加电压增大而迅速上升，达到极大值后，又下降到扩散电流的正常值。极谱波上这种比扩散电流大很多的不正常电流峰称为极谱极大。

极谱极大现象是由于汞滴在生长过程中表面产生切向运动所致。汞从毛细管流出，汞滴挂于毛细管末端，毛细管末端对汞滴颈部有屏蔽作用，使待测物质不易接近汞滴颈部。而在汞滴下部，待测物质可以无阻碍地接近表面，当待测物质还原时，汞滴下部的电流密度大，使得汞滴表面电荷分布不均匀，致使汞滴表面张力不均匀，表面张力小的部分要向表面张力大的部分运动。这种切向运动便会搅动溶液，使待测物质急速到达电极表面，发生电极反应，从而造成极谱电流急剧增加，形成极谱极大。

在试液中加入表面活性剂可消除极谱极大，最常用的表面活性剂是动物胶，此外还有聚乙烯醇、某些有机染料、Triton X-100、OP 以及吐温系列等非离子表面活性剂。

(5) 氧波

在室温下，氧在溶液中的含量约为 8mg·L^{-1}(10^{-4}mol·L^{-1})。极谱分析时，溶解在试液中的氧能在滴汞电极上还原，产生氧波。

氧有两个波：

$$O_2 \xrightarrow{\text{第一个波}} H_2O_2 \xrightarrow{\text{第二个波}} H_2O$$

氧波覆盖的电位范围较宽，而且处于极谱分析最常用的电位区域内，与待测物质的极谱波重叠，严重影响分析测定，必须设法消除。可根据实验情况选用下述方法除氧：于溶液中通入氢气、氮气或其它惰性气体驱赶氧，如果是酸性溶液还可用 CO_2 除氧。在碱性或中性溶液中，可加入亚硫酸钠还原氧。在强酸性溶液中可用 Na_2CO_3 除氧。在某些极谱测量中须在氮气氛中进行，以防止试液重新吸收空气中的氧。

2.1.2.2　扩散电流方程式

Ilkovic 方程是极谱定量分析的基础，根据该方程可选用校正曲线法或标准加入法进行物质含量的测定。它是由捷克斯洛伐克科学家尤考维奇于 1934 年提出的。在经典极谱法中，在特定条件下，被测溶液含有大量电解质，并保持溶液平衡。当工作电极——滴汞电极和参比电极插入被测溶液中时，不断改变加于两个电极上的外加电压。开始时，电流很小，称为残余电流。当外加电压达到被测物质分解电压时，电流迅速增加，电极表面被测离子浓度迅速等于零，此时电流即受离子的扩散速度所控制，所得电流不再随着外加电压增加而增加，此时电流为

$$i_d = 607nD^{1/2}m^{2/3}t^{1/6}c$$

式中，i_d 为平均极限扩散电流，代表滴汞上的平均电流（微安）；n 为电极反应中转移的电子数；D 为扩散系数，$cm^2 \cdot s^{-1}$；t 为滴汞周期，s；c 为待测物原始浓度，mmol·

L^{-1}；m 为汞流速度，$mg \cdot s^{-1}$。n，D 取决于被测物质的特性，将 $607nD^{1/2}$ 定义为扩散电流常数，用 I 表示。影响扩散系数 D 的因素很多，如离子的淌度、离子强度、溶液的黏度、介电常数以及温度等，I 越大，测定越灵敏。m、t 取决于毛细管特性，如毛细管的直径、汞压、电极电位等。将 $m^{2/3}t^{1/6}$ 定义为毛细管特性常数，用 K 表示。则：

$$i_d = IKc$$

（1）校正曲线法

配制一系列底液相同但含不同浓度的待测物质的标准溶液，在相同仪器操作条件下记录极谱图，以极谱波高对浓度作图所得到的曲线称为校正曲线。在完全相同实验条件下测量样品溶液的极谱波高，从校正曲线上可查出样品溶液的浓度，从而计算得到待测物质的含量。

（2）标准加入法

首先测得浓度为 c_x、体积为 V_x 的样品试液的极谱波高 h，再在极化池中加入浓度为 c_s（c_s 至少为 c_x 的 100 倍）、体积为 V_s 的标准溶液，在同样实验条件下测得波高 H，如图 2-5。则

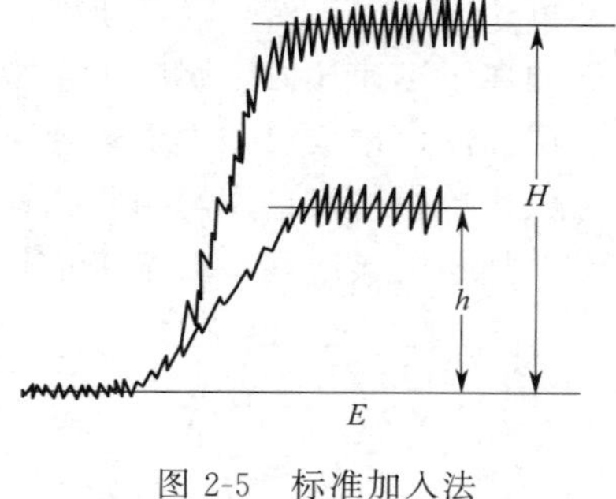

图 2-5 标准加入法

$$h = kc_x$$

$$H = k\frac{c_xV_x + c_sV_s}{V_x + V_s}$$

上述两式相除并整理，得：

$$c_x = \frac{c_sV_sh}{H(V_x + V_s) - hV_x}$$

注意：采用标准加入法进行极谱定量测定时，要求校正曲线必须通过原点，否则标准加入法不能使用。

2.1.2.3 极谱波类型

从反应的可逆性出发，极谱波可分为可逆波和不可逆波；从电极反应的氧化-还原性出发，极谱波分为氧化波和还原波；从电极过程的控制步骤来分，可分为扩散波、动力波、吸附波等。

极谱波是由在电极与溶液界面上进行的氧化还原反应产生的，这种反应是非均相反应，它包括如下一系列连续的步骤。

传质过程：电活性物质由溶液中向电极表面传递，以补充电极反应耗去的物质。

前转化过程：电活性物质在两相界面上的双电层中吸附，并转化为适合进行电子交换的形式，如水合金属离子脱水形成纯金属离子。

电化学反应：电活性物质与电极之间进行电子交换，完成电子转移。

后转化过程：电化学反应产物在界面上发生化学转化，例如电化学反应生成的金属与汞形成汞齐；如果产物在汞电极上不被吸附，它将从电极上脱附。

产物在电极表面形成新相或离开表面。例如，产物可在电极表面上生成沉淀；气体产物可在电极表面形成气泡；汞齐要向汞滴内部转移；非吸附的产物要转至溶液中等。

上述诸多的步骤中，进行速度最慢的步骤决定整个电极反应的速度，该步骤称为电极过程控制步骤，它决定极谱电流的性质。如果扩散是控制步骤，所产生的电流称为扩散电流；如果吸附是控制步骤，所产生的电流称为吸附电流；若化学反应为控制步骤，则称为动力电流。

2.1.2.4　极谱波方程

极谱波是描述极谱电流与滴汞电极电位之间的关系的曲线，它可以用一数学式来表达，该数学式称为极谱波方程式或极谱波方程。各种极谱波有各自的极谱波方程式，这里不一一介绍。

2.1.3　极谱分析方法

2.1.3.1　单扫描极谱法

单扫描极谱法（Single Sweep Polarography）曾称为示波极谱法（Oscillopolarography），它采用长余辉阴极射线示波器作为电讯号的检测工具，因而电位扫描速度较普通极谱法快得多，可达 $250mV \cdot s^{-1}$（普通极谱法为 $200mV \cdot min^{-1}$）。这样快的电位扫描速度使得电极表面的离子迅速还原，瞬时产生很大的电流。而周围的离子来不及扩散到电极表面，从而使扩散层加厚，造成极谱电流迅速下降，形成峰形极化曲线。

（1）单扫描极谱图与单扫描极谱仪

单扫描极谱法在单扫描极谱仪上进行，得到单扫描极谱波（如图 2-6）。

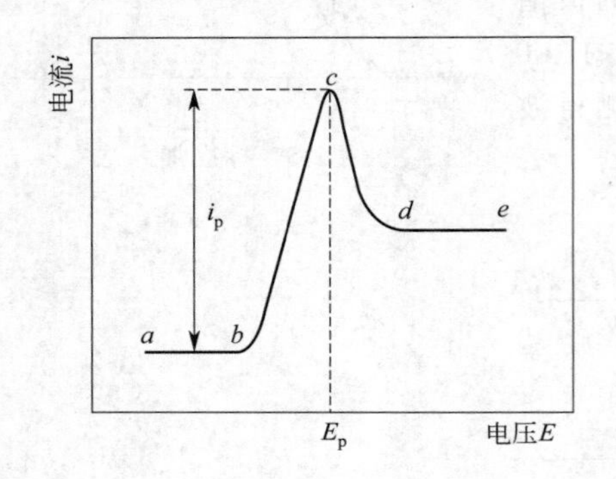

图 2-6　单扫描极谱图

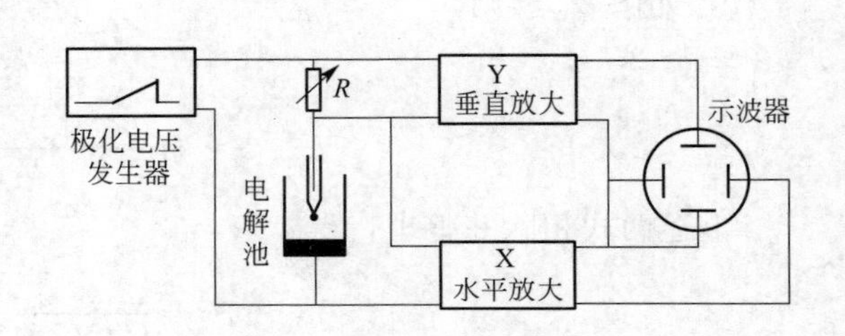

图 2-7　单扫描极谱电路

单扫描极谱仪的基本电路示于图 2-7，它在一滴汞上获得一张极谱图（普通极谱法要用数十滴汞甚至上百滴汞才能到一张极谱图）。汞滴滴下时间为 7s，由于汞滴在生长初期表面积变化较大，所以在前 5s 不加扫描电位（称为“静止”），而是在汞滴滴下的前两秒时间内加上一线性扫描电位（一般为 0.5V，扫描的起始电位可任意设定）。

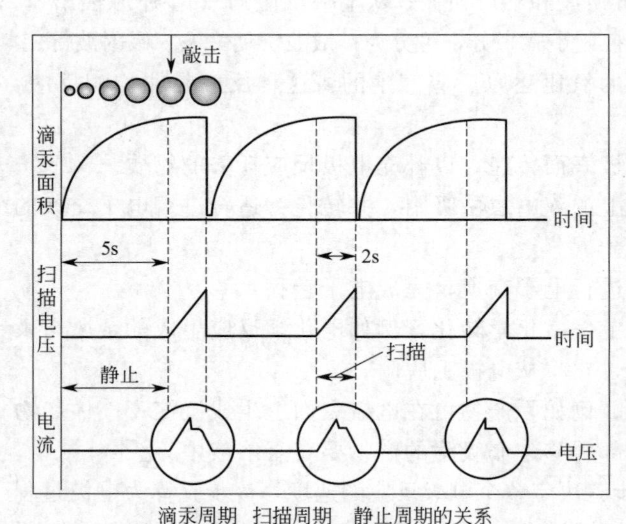

图 2-8　周期关系

为了使汞滴滴落时间与电位扫描同步进行（如图 2-8），在滴汞电极上装有敲击装置，于每次扫描结束时启动敲击器，把汞滴敲落。以后汞滴生长至第 5s 末时，又进行一次两秒钟的电位扫描 。每扫描一次，荧光屏上就重复出现一次极谱图。汞滴的瞬时面积 A_t 为

$$A_t = 0.85m^{2/3}t^{2/3}$$

$$dA_t/dt = (0.85 \times 2/3)m^{2/3}t^{-1/3}$$

可见，汞滴面积在生长的末期变化

很小。单扫描极谱波是在汞滴面积变化微小的情况下记录的，所以得到的极谱图是平滑曲线，而不是普通极谱图那样的振荡电流（表 2-1）。

表 2-1 单扫描极谱法与普通极谱法对比

	单扫描极谱法	普通极谱法
扫描速度	$250mV \cdot s^{-1}$	$200mV \cdot min^{-1}$
谱图	峰型	S 型
波线	平滑	锯齿型

（2）峰电流与峰电位

对于可逆波，在固定电极面积和线性扩散的条件下，Randles 和 Sevcik 推导了单扫描极谱波的峰电流方程：

$$i_p = 2.69 \times 10^5 n^{3/2} D^{1/2} v^{1/2} Ac$$

式中，n 为比例常数；v 为扫描速度，$V \cdot s^{-1}$；c 为待测物质的浓度，$mol \cdot L^{-1}$；A 为电极面积，cm^2；D 为扩散系数，$cm^2 \cdot s^{-1}$；i_p 为峰电流，μA。

单扫描极谱波峰电流与扫描速度 $v^{1/2}$ 成正比，扫描速度越大，峰电流越大，检出限达 10^{-7} $mol \cdot L^{-1}$。但充电电流限制了扫描速度的提高，因为扫描速度增加，充电电流也增加，使信噪比减少，对检测不利。

峰电位 φ_p 与半波电位 $\varphi_{1/2}$ 有如下关系：

$$\varphi_p = \varphi_{1/2} - 1.1RT/(nF) = \varphi_{1/2} - 28/n$$

（3）单扫描极谱法的特点

与普通极谱法相比，单扫描极谱法特点如下所示：

① 灵敏度高，可达 $10^{-7} mol \cdot L^{-1}$，提高近两个数量级；

② 分析速度快，数秒即可；

③ 更高选择性和分辨率；

④ 干扰少，准确度高；

⑤ 应用更为广泛，特别适合 Se 、Mo、B 的测定。

2.1.3.2 交流极谱

（1）扫描方式

交流极谱法是一种控制电位极谱法，在经典极谱线性扫描直流电压上叠加一个小振幅（几毫伏至几十毫伏 ）、低频（50Hz）正弦交流电压，记录通过电解池的交流电流信号，测量由此引起的通过电解池的交流电流，得到峰形的极谱波。如图 2-9 所示。

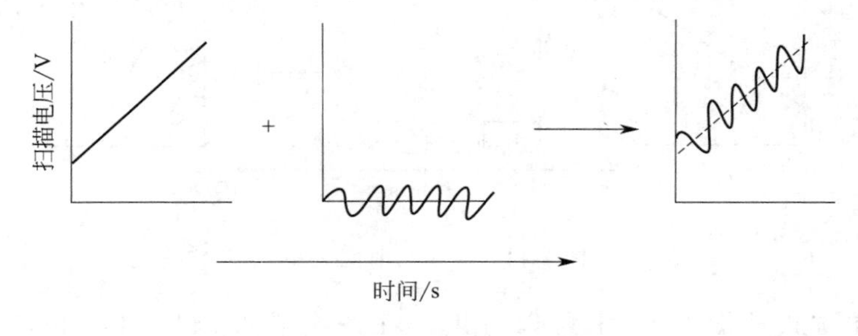

图 2-9 电压与时间关系

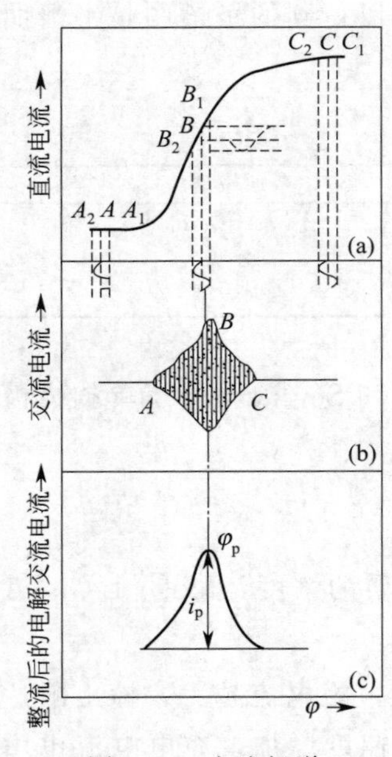

图 2-10　交流极谱

交流极谱法的分析过程如图 2-10 所示。

① 在直流电压未达分解电压之前，叠加的交流电压不会使被测物还原。如图中 A_2 点，此时无交流电解电流产生。

② 当交流电压叠加于经典直流极谱曲线的突变区时，叠加正、负半周的交流电压所产生的还原电流比未叠加时要小些或大些，即产生了所谓的交流极谱峰。图中 B_2 点交流电解电流的振幅最大。

③ 当达到极限扩散电流之后，由于此时电流完全由扩散控制，叠加的交流电压也不会引起极限扩散电流的改变，如图中 C_2 点所示。在交流极谱法中产生一峰形信号，如图 2-10(c) 所示。峰最大处的电流为峰电流 i_p，对应经典极谱法的半波电位。

可逆反应交流极谱法的峰电流 i_p 与半波电位 φ_p 为：

$$i_p = \frac{z^2F^2}{4RT} D^{1/2} A \omega^{1/2} c \Delta U$$

$$\varphi_p = \varphi_{1/2}$$

式中，ω 为交流电压的角频率；ΔU 为交流电压的振幅；A 为电极面积；D 为扩散常数；c 为待测物质的浓度。

（2）特点

① 极谱波呈峰形，分辨率高，可分辨电位相差 40mV 的两个极谱波；

② 可克服氧波干扰（交流极谱对可逆波灵敏，而氧波为不可逆波）；

③ 电容电流较大（交流电压使汞滴表面和溶液间的双电层迅速充放电），与单扫描极谱比，检出限未获改善；采用相敏交流极谱，可完全克服电容电流干扰。

2.1.3.3　方波极谱

（1）扫描方式

方波极谱法施加于滴汞电极的电压如图 2-11 所示，是于线性扫描电压上叠加振幅为 10～30mV、频率为 225～250Hz 的方波电压（脉冲宽度为几毫秒），在方波电压改变方向的瞬间记录电解电流，如图 2-12 所示。由于脉冲周期很小，一般只有 2ms，所以每一滴汞上可以记录多个方波脉冲的电流值甚至可以得到完整的方波极谱图。

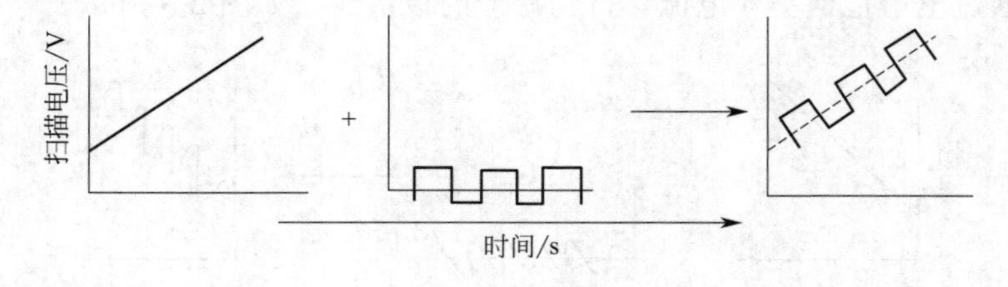

图 2-11　电压与时间关系

其电流采样方式从图 2-12 中可以看出，在一个脉冲周期内，电容电流 i_c(b) 和电解电流 i_f(c) 的衰减速率不一样，电解电流的衰减要慢得多。在电压改变方向瞬间，电容电流衰减最多，这时，记录电解电流，可克服电容电流影响，从而提高灵敏度。

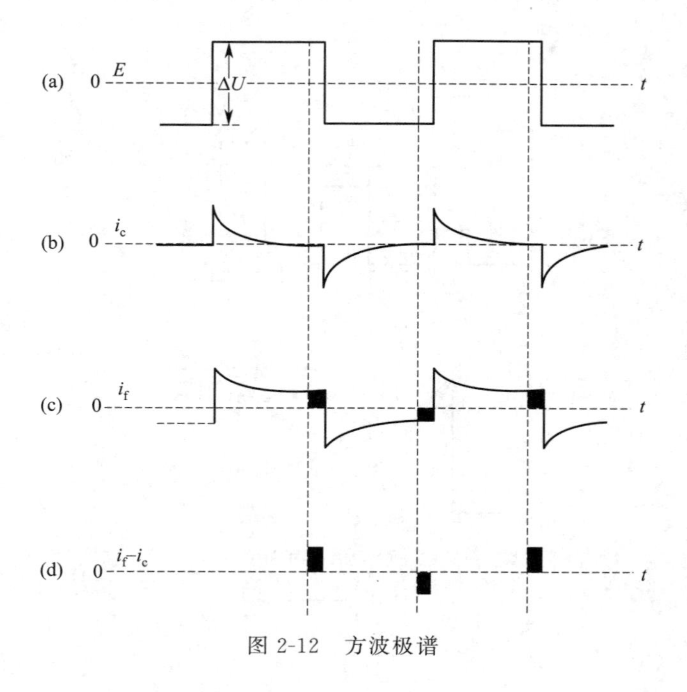

图 2-12 方波极谱

（2）特点

① 分辨率较高，灵敏度比交流极谱高（电容电流减小或被消除）。

② 毛细管噪声（汞滴掉落、毛细管中汞回缩，使溶液进入毛细管并在内壁形成液膜，其厚度和汞回缩高度的不确定性，产生毛细管噪声）使得灵敏度进一步提高受到制约。

2.1.3.4 脉冲极谱

在滴汞电极的生长末期，在给定的直流电压或线性增加的直流电压上叠加振幅逐渐增加或等振幅的脉冲电压，并在每个脉冲后期记录电解电流所得到的曲线，称为脉冲极谱。

按施加脉冲电压和记录电解电流方式的不同，可分为常规脉冲极谱和微分（示差）脉冲极谱。

常规脉冲极谱电压扫描方式：恒定电压＋振幅渐次增加矩形脉冲（振幅增加速率为 $0.1\text{V}\cdot\text{min}^{-1}$，扫描范围在 0～2V，宽度 40～60ms），如图 2-13 所示。

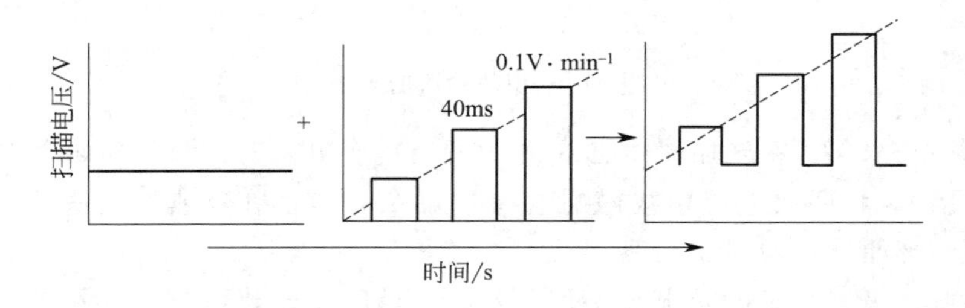

图 2-13 电压与时间关系

每个脉冲后 20ms，电容电流趋于零，此时毛细管噪声小（汞滴末期记录）。得到与直流极谱类似的台阶形曲线（分辨率较低）。常规脉冲极谱的灵敏度是直流极谱的 7 倍，如图 2-14 所示。

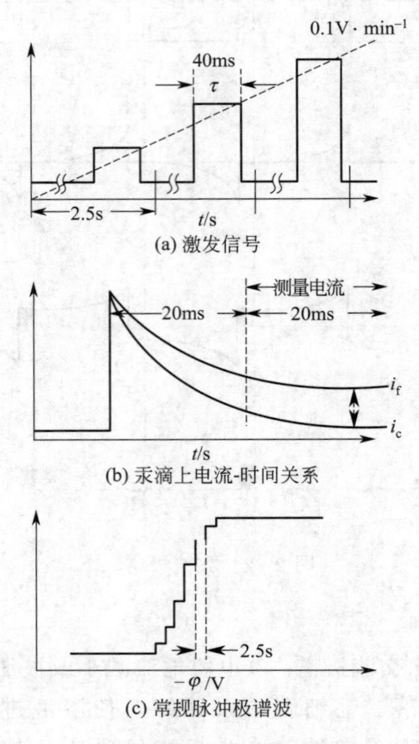

图 2-14　常规脉冲极谱

微分脉冲极谱电压扫描方式：电压＋恒定振幅的矩形脉冲（振幅恒定于 5～100mV 内某一电压，脉冲宽度 40～80ms），如图 2-15 所示。

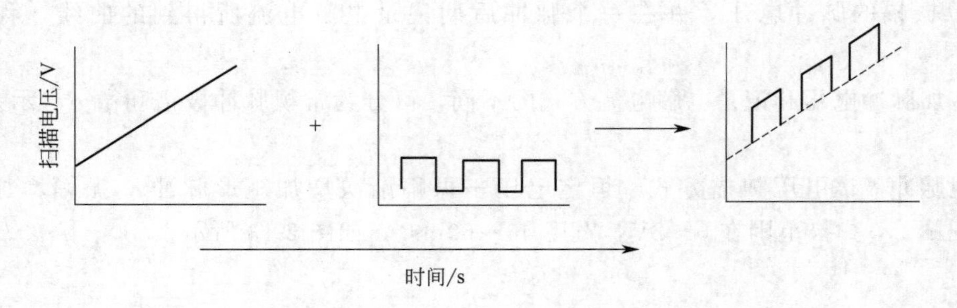

图 2-15　电压与时间关系

每个汞滴生长末期，在施加脉冲前 20ms（只有电容电流 i_c）和脉冲期后 20ms（电容电流 i_c＋电解电流），将两次电流相减得到电解电流 Δi，该值在经典极谱法的半波电位处最大，最终形成峰形曲线，如图 2-16 所示。

由于示差脉冲极谱测量的是电流差值，基本上消除了干扰电流，并在毛细管噪声衰减（按 t^{-n} 衰减，$n>1/2$）最大时测量，因而该法的灵敏度最高，检出限可达 10^{-8}mol

·L^{-1}。

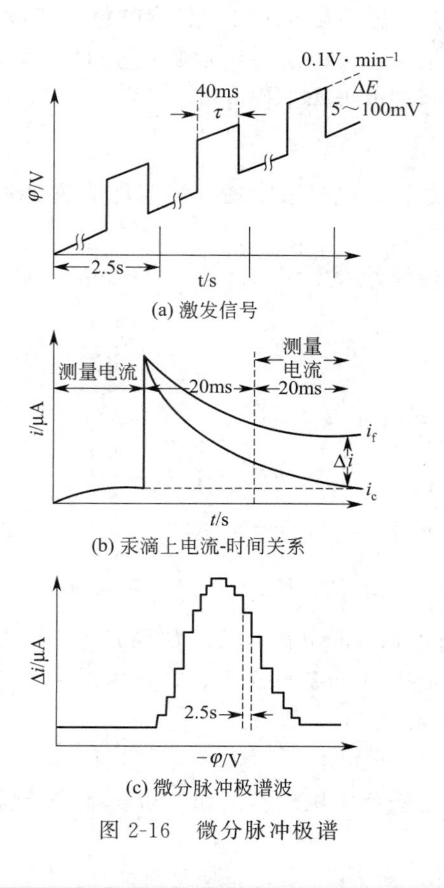

图 2-16　微分脉冲极谱

2.2 循环伏安法

2.2.1 循环伏安法的基本原理

与单扫描极谱法类似，循环伏安法（Cyclic Voltammetry）也是以快速线性扫描的方式将激发电位施加于极化池上，它们的区别在于：单扫描极谱法的激发信号是一锯齿波电位，而循环伏安法是一等腰三角形波电位（如图 2-17 所示）。从起始电位 E_i 开始，电位沿某一

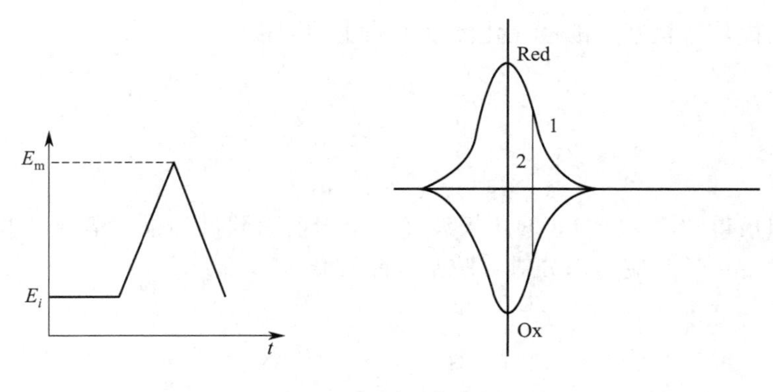

图 2-17　循环伏安图

方向线性变化至终止电位 E_m，立即换向回扫至起始电位。若没有停止命令，将不断重复上述过程。一般仪器的电位扫描速度可以从每秒数毫伏至 1V，常用悬汞电极、汞膜电极、Pt 电极、金电极和玻碳电极等固定电极作工作电极。

2.2.2　循环伏安法的应用

循环伏安法常用于电极过程、电极吸附现象等电化学基础理论研究。

(1) 电极过程可逆性的判断

对于可逆电极反应，阴极波的峰电位 E_{pc}（单位：mV）为

$$E_{pc}=E_{1/2}-1.11\times\frac{RT}{nF}$$

阳极波的峰电位 E_{pa}（单位：mV）为：

$$E_{pa}=E_{1/2}+1.11\times\frac{RT}{nF}$$

25℃时，阳极分支与阴极分支峰电位之差 ΔE_p 为：

$$\Delta E_p=E_{pa}-E_{pc}=56.5/n$$

注意：ΔE_p 值与循环扫描时换向电位有关，如果 n 等于 1，当换向电位较 E_{pc} 负 100mV 时，ΔE_p 将为 59mV。ΔE_p 还与实验条件有关，其值在 55mV 至 65mV 之间（$n=1$），可以判断为可逆过程。

(2) 电极反应机理判断

循环伏安法可用来研究电极反应机理。例如，对氨基苯酚的循环伏安图示于图 2-18。

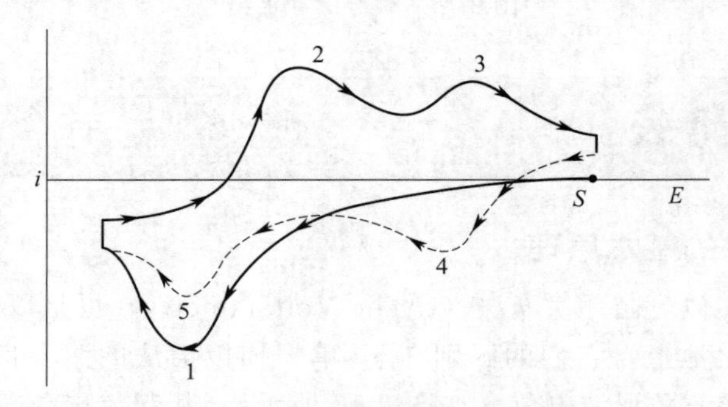

图 2-18　对氨基苯酚的循环伏安

首先阳极扫描，对氨基苯酚被氧化产生了峰 1 的阳极波。

OH（苯环）NH$_2$ $-2e^-$ ═══ O（醌环）NH $+2H^+$

反向阴极扫描得到峰 2、峰 3 的阴极波，是由于前面阳极扫描的氧化产物对亚胺基苯醌在电极表面上发生化学反应，部分对亚胺基苯醌转化为苯醌：

O（醌环）NH $+H_3O^+ \rightleftharpoons$ O（醌环）O $+NH_4^+$

对亚胺基苯醌及苯醌均在电极上还原，分别产生对氨基苯酚和对苯二酚。

形成峰 2：（对亚胺基苯醌）$+2e^- +2H^+ \rightleftharpoons$（对氨基苯酚）

形成峰 3：（苯醌）$+2e^- +2H^+ \rightleftharpoons$（对苯二酚）

再次阳极扫描时，对苯二酚又被氧化为苯醌，形成峰 4，而对氨基苯酚又被氧化为对亚胺基苯醌，形成与峰 1 完全相同的峰 5。

2.3 溶出伏安法

溶出伏安法是一种灵敏度高的电化学分析方法，因此在痕量成分分析中相当重要。它使用原有的极谱分析仪器，可对 40 多种元素进行测定，检测限有时可达 $10^{-11}\,mol \cdot L^{-1}$。

溶出伏安法又称反向溶出伏安法，这种方法是使被测定的物质在一定条件下电解一段时间，然后改变电极的电位，使富集在电极上的物质重新溶出，根据溶出过程中所得到的伏安曲线来进行定量。操作分为两步，第一步是预电解过程，第二步是溶出过程。预电解是在恒电位和溶液搅拌的条件下进行，其目的是富集痕量组分。富集后，让溶液静止 30s 或 1min（称为休止期），再用各种极谱分析方法溶出。溶出峰电流或峰高，在一定条件下与被测物质的浓度成比例。溶出伏安法根据溶出时的工作电极发生氧化反应还是还原反应，分为阳极溶出伏安法（ASV）和阴极溶出伏安法（CSV）。下面主要介绍阳极溶出伏安法。

2.3.1 阳极溶出伏安法

（1）预电解过程

阳极溶出伏安法的预电解是在溶液搅拌条件下进行的恒电位电解过程。恒电位选择在被测物质产生极限电流时的电位范围内。预电解一定时间，仅使 2%～3%的被测物质沉积在电极上，然后再完全溶出。富集过程是在溶液搅拌下控制电位的电解过程，电沉积分数 $x(0<x<1)$ 与所需的时间可以由下式计算：

$$t=-\frac{V\delta}{0.43AD}\lg(1-x)$$

假定电解过程中的溶液浓度没有明显变化，并且极限电流 i_1 视为不变，那么在电极上析出的金属量遵守法拉第定律，即

$$n=\frac{i_1 t}{zF}$$

在电极上电积的物质的浓度为：

$$c_{Hg}=\frac{n}{V}$$

式中，V 为悬汞或汞膜电极的体积。

悬汞电极的体积 $V=\frac{4}{3}\pi r^3$。预电解后，电积在悬汞中的被测物质浓度为：

$$c_{Hg}=\frac{3i_1t}{4\pi r^3zF}$$

式中，r 为悬汞电极的半径。

对于汞膜电极，电积在汞膜中的被测物质的浓度为：

$$c_{Hg}=\frac{i_1t}{AlzF}$$

式中，A 为汞膜面积；l 为汞膜厚度。

上两式表明汞电极的体积越小，电积的去极剂浓度就越大，因此减小电极体积，有利于提高测定的灵敏度。

由 i_1 值可求得电积物质在汞中的浓度 c_{Hg}。电极不同，在搅动溶液中的 i_1 值也不同，悬汞电极上极限电流的半经验式可表示为：

$$i_1=4\pi rzFDc+kzr^2D^{\frac{2}{3}}f^{\frac{1}{2}}c$$

式中，c 为被测金属离子在本体溶液中的浓度；r 为汞滴半径；f 为搅拌速率；k 为常数，其他符号具有通常含义。由该式知，增加搅拌速率，有利于提高 i_1 值，但搅拌速率太大，会使汞滴发生变形甚至脱落。

旋转圆盘电极由于是在强制对流条件下工作的，因为传质速度更快，得到的扩散电流也就更大，从而提高了检测的灵敏度，在溶出伏安法中，旋转圆盘电极的极限电流为：

$$i_1=0.62zFAD^{\frac{2}{3}}v^{\frac{1}{6}}\omega^{\frac{1}{2}}c$$

式中，ω 为电极的角速度；v 为溶液动力学黏度，$cm^2\cdot s^{-1}$。该式称为 Levich 公式。

（2）休止期

预电解后让试液静止 30～60s，使汞中的电积物均匀分布，获得再现性好的分析数据。

（3）溶出过程

溶出可以采用各种极谱分析方法，如单扫描极谱法、脉冲极谱法、半微分电分析法以及计时电位法等。溶出峰电流的大小与使用的极谱分析方法和电极类型有关。如采用单扫描极谱法，在悬汞电极上的可逆波溶出峰电流（298K）为：

$$i_p=2.72\times10^5z^{\frac{3}{2}}AD^{\frac{1}{2}}v^{\frac{1}{2}}c_{Hg}$$

式中，v 为扫描速率。

2.3.2 阴极溶出伏安法

对阴极溶出伏安法，预电解时，在恒电位下，工作电极 M（如 Ag）本身发生氧化反应：

$$M_{el}\longrightarrow M_{el}^{z+}+ze^-$$

从而使被测阴离子形成难溶化合物，富集在电极上：

$$A^{m-}+M_{el}^{z+}\longrightarrow M_mA_z$$

预电解一定时间后，电极电位向较负的方向扫描，电极上发生还原反应：

$$M_mA_z+ze^-\longrightarrow mM_{el}+zA^{m-}$$

这种方法称为阴极溶出伏安法。

2.3.3 溶出伏安法实验条件的选择

溶出伏安法的实验条件，如底液、预电解电位、预电解时间以及电极材料等的选择，对提高选择性和灵敏度很重要，这些条件必须通过实验来选择。

(1) 底液

底液可采用极谱分析的底液，选择具有配位性的底液对测定更有利。

(2) 预电解电位

可以参考半波电位的数据。通常，实验中选用的预电解电位比 $\varphi_{1/2}$ 负 0.2～0.5V。

(3) 预电解时间

预电解时间的选择与被测物质的浓度和方法的灵敏度有关。采用单扫描极谱法进行溶出伏安分析时，若使用悬汞电极，对 10^{-6}～$10^{-7}mol \cdot L^{-1}$ 试液约需 5min。用汞膜电极时，预电解时间短一些。

(4) 工作电极

溶出伏安法使用的工作电极分为汞电极和固体电极。

① 机械挤压式悬汞电极　在此电极中，玻璃毛细管的上端连接于密封的金属储汞器中，旋转顶端的螺旋将汞挤出，使之悬挂于毛细管口，汞滴的体积可从螺旋所旋转的圈数来调节。这类悬汞电极使用方便，能准确控制汞滴大小，所得汞滴纯净。其缺点是当电解富集的时间较长时，汞齐中的金属原子会向毛细管深处扩散，影响灵敏度和准确度。

② 挂吊式悬汞电极　在玻璃管的一端封入直径为 0.1mm 的铂丝（也有用金丝或银丝的），露出部分的长度约 0.1mm，另一端联结导线引出。将这一铂微电极浸入硝酸亚汞溶液，作为阴极进行电解，汞沉积在铂丝上，可制得直径为 1.0～1.5mm 的悬汞滴。汞滴的大小可由电流及电解时间来控制。此外，也可在滴汞电极下用小匙接受一滴汞，直接粘挂在铂微电极上制成，但汞滴大小的再现性较差。

这类电极易于制造，但有时处理不好，铂、金会溶入汞生成汞齐而影响被测物质的阳极溶出；或汞滴未非常严密地盖住铂丝，这样会降低氢的过电位，出现氢波。

③ 汞膜电极　汞膜电极是以玻璃石墨（玻碳）电极作为基质（也有的以铂微球作为基质），在其表面镀上很薄的一层汞，可代替悬汞电极使用。由于汞膜很薄，被富集的能生成汞齐的金属原子，就不致向内部扩散，因此能经较长时间的电解富集而不会影响结果。玻碳电极还由于有较高的氢过电位，导电性能良好，耐化学侵蚀性强以及表面光滑不易沾附气体及污物等优点，因此常用作伏安法的工作电极。

④ 其他固体电极　当溶出伏安法在较正电位范围内进行时，采用汞电极就不合适了，此时可采用玻碳电极、铂电极和金电极等。

习　题

1. 试述尤考维奇方程的数学表达式及各符号的意义。

2. 解释直流极谱波呈台阶锯齿形的原因。

3. 写出溶液中存在氧化态和还原态时的可逆极谱波方程。若溶液中只有氧化态呢？只有还原态呢？

4. 写出配离子的极谱波方程。如何用该式求配离子的组成及其稳定常数。

5. 在 $0.1mol \cdot L^{-1}$ KCl 溶液（已除 O_2 和加动物胶）中，$Co(NH_3)_6^{3+}$ 在滴汞电极上还原产生极谱波（直流极谱法）：

$$Co(NH_3)_6^{3+} + e^- \rightleftharpoons Co(NH_3)_6^{2+} \qquad \varphi_{1/2} = -0.25V(vs.\ SCE)$$

$$Co(NH_3)_6^{2+} + 2e^- \rightleftharpoons Co + 6NH_3 \qquad \varphi_{1/2} = -1.20V(vs.\ SCE)$$

（1）画出极谱波示意图；

（2）两个波中哪一个波高？扼要说明其原因。

6. 用直流极谱法测定某试样中铅的含量，准确称取1.000g样品溶解后转移至50mL容量瓶中，加入5mL $1mol \cdot L^{-1}$ KNO_3溶液，数滴饱和Na_2SO_3溶液和3滴0.5%动物胶，稀释至刻度。然后移取10.00mL于电解池中，在$-0.2 \sim -1.0V$间记录极谱波。测得极限扩散电流i_d为$9.20\mu A$，再加入$1.0mg \cdot mL^{-1}$ Pb^{2+}标准溶液0.50mL，在同样条件下测得i_d为$22.8\mu A$。试计算试样中铅的质量分数？扼要说明加入KNO_3、Na_2SO_3和动物胶的作用是什么？

7. 在一定底液中测得1.25×10^{-3} $mol \cdot L^{-1}$ Zn^{2+}的极限扩散电流i_d为$7.12\mu A$，毛细管特性的$t=3.37s$，$m=1.42mg \cdot s^{-1}$。试计算Zn^{2+}在该试液中的扩散系数为多少？

8. 在$0.1mol \cdot L^{-1}$ KCl底液中，$3.00 \times 10^{-3} mol \cdot L^{-1}$ Cd^{2+}的极限扩散电流i_d为$50.0\mu A$，若汞在毛细管中的流速为18滴$\cdot min^{-1}$，10滴汞重$3.82 \times 10^{-2}g$，求：

（1）Cd^{2+}在KCl溶液中的扩散系数；

（2）若使用另一根毛细管，汞滴的滴落时间t为3.0s，10滴汞重为$4.20 \times 10^{-2}g$，计算新的极限扩散电流值。

9. 若去极剂在滴汞电极上还原为可逆波，在汞柱高度为64.7cm时，测得极限扩散电流为$1.71\mu A$。当汞柱高度升至时83.2cm，极限扩散电流为多少？

10. 在0.10 $mol \cdot L^{-1}$ $NaClO_4$溶液中，Ni^{2+}的半波电位为$-1.02V$(vs. SCE)。在$0.10mol \cdot L^{-1}$ $NaClO_4$和$0.10mol \cdot L^{-1}$乙二胺（en）溶液中，半波电位为$-1.46V$。试计算Ni(en)的稳定常数。

11. Pb^{2+}在滴汞电极上的还原反应为

$$Pb^{2+} + 2e^- + Hg \rightleftharpoons Pb(Hg)$$

为了测定Pb^{2+}和X^-所形成的配离子的组成及稳定常数。制备一系列含有2.00×10^{-3} $mol \cdot L^{-1}$ Pb^{2+}、不同浓度X^-及$0.10mol \cdot L^{-1}$ KNO_3的试液，测得的半波电位的数据如下：

$X^-/mol \cdot L^{-1}$	$\varphi_{1/2}$/(V,vs,SCE)	$X^-/mol \cdot L^{-1}$	$\varphi_{1/2}$/(V,vs,SCE)
0.000	−0.405	0.101	−0.516
0.0200	−0.473	0.300	−0.547
0.0600	−0.507	0.500	−0.558

试求该配离子的组成和稳定常数？

12. 在$0.5mol \cdot L^{-1}$NaOH溶液中CrO在滴汞电极上还原得一极谱波。当CrO浓度为2.00×10^{-3} $mol \cdot L^{-1}$，所用毛细管的$m^{2/3}t^{1/6}$为$mg^{2/3} \cdot s^{1/6}$，在$-1.10V$(vs. SCE)时测得的极限扩散电流i_d为$23.2\mu A$，在$-0.84V$时测得的电流i为$4.45\mu A$。若CrO在该溶液中的扩散系数为1.00×10^{-5} $cm^2 \cdot s^{-1}$，试求z和$\varphi_{1/2}$值。

13. 在酸性焦棓酚溶液中Sn(Ⅳ)获得两个波高相同的直流极谱波，其半波电位$\varphi_{1/2}$分别为$-0.20V$(vs. SCE)与$-0.40V$(vs. SCE)。若：

$$Sn^{4+} + 2e^- \rightleftharpoons Sn^{2+} \qquad \varphi^{\ominus} = -0.10V(vs.\ SCE)$$

$$Sn^{2+} + 2e^- \rightleftharpoons Sn \qquad \varphi^{\ominus} = -0.38V(vs.\ SCE)$$

试解释：

（1）两极谱波的波高为何相等？

（2）焦棓酚与 Sn 的哪一种价态的配位作用强？为什么？

14. 解释单扫描极谱波呈平滑峰形的原因。

15. 用单扫描极谱法测定某试液中 Ni^{2+} 的含量，在 23.00mL 含 Ni^{2+} 的试液（已加支持电解质、动物胶并除 O_2）中测得的峰电流 i_p 为 2.36μA。当加入 0.50mL $2.87\times10^{-2}mol\cdot L^{-1}$ 的 Ni^{2+} 标准溶液后测得 i_p 为 3.79μA，试求试液中 Ni^{2+} 的浓度。

16. 为什么示差脉冲极谱法的灵敏度较高。

17. 解释循环伏安图的形状，并举例说明循环伏安法的应用。

18. 列举数种判断极谱电极过程可逆性的方法。

第3章 基本电位分析法

背景知识

电位分析法是电分析化学方法的重要分支，它是在通过电路的电流接近于零的条件下来测定电池的电动势或电极电位。电位分析法可以分为电位法和电位滴定法。通过电极电位的测定，可以确定被测离子的活度。电位滴定法利用电极电位的变化来指示滴定终点，通过所用的滴定剂体积和浓度来求得待测物质的含量。电位分析法主要应用于各种试样中的无机离子、有机电活性物质及溶液 pH 的测定，也可用于检测酸碱的解离常数和配合物的稳定常数。

案例分析

牙膏用于清洁牙齿，保护口腔卫生，是一种日用必需品。但随着科技发展，人们发现了氟化物可以防龋齿的作用，并且多年实践证明，氟化物与牙齿接触后，使牙齿组织中易被酸溶解的氢氧磷灰石形成不易溶的氟磷灰石，从而提高了牙齿的抗腐蚀能力。有研究证明，常用含氟牙膏，龋齿发病率降低 40% 左右。但同时氟是一种有毒物质，过量的氟不但会造成牙齿单薄，更会降低骨头的硬度。因为牙膏中要求氟元素的含量极少，通过化学分析法无法测定牙膏中的氟含量，因此常采用电位分析法测定牙膏中的氟含量。

3.1 电位分析法的基本原理

电位分析法是通过在零电流条件下测定两电极间（指示电极与参比电极）的电位差（即所构成原电池的电动势）进行物质分析与测定的一种方法。在测定过程中，参比电极的电极电位保持不变，而指示电极的电极电位随着待测溶液中离子活度的变化而变化，因此电池的电动势随着指示电极的电极电位的变化而相应的改变。

$$\Delta E=\varphi_{+}-\varphi_{-}+\varphi_{\text{液接电势}} \tag{3-1}$$

电位分析法能在混合物中高选择性地检测某一组分的含量，并通过指示电极的电极电位 φ 与活度之间的关系来反映出来。例如对于氧化还原体系：

$$\mathrm{Ox}+n\mathrm{e}^{-} \rightleftharpoons \mathrm{Red}$$

$$\varphi=\varphi^{\ominus}+\frac{RT}{nF}\ln\frac{a_{\mathrm{Ox}}}{a_{\mathrm{Red}}} \tag{3-2}$$

式中，$\varphi^{\ominus}$ 为标准电极电位；R 为摩尔气体常数，8.31441 $\mathrm{J \cdot mol^{-1} \cdot K^{-1}}$；$F$ 是法拉第常数，96486.70$\mathrm{C \cdot mol^{-1}}$；$T$ 是热力学温度；n 是电极反应中参与传递的电子数；a_{Ox}

和 a_{Red} 分别是氧化态和还原态物质的活度。通过电极电位的测定就可以确定活度，这就是电位测定法的理论依据。

在滴定分析中，滴定进行到化学计量点附近时，将会出现浓度的突变（滴定突跃）。若在滴定过程中在溶液中插入一对适当的指示电极，将在化学计量点附近观察到电极电位的突变（电位突跃），因此可以根据电极电位的突跃来确定滴定终点，这就是电位滴定法的基本原理。

理想的指示电极应该能够快速、稳定地响应被测离子，并应有很好的重现性。指示电极种类较多，一般可分为基于电子交换的金属基电极和基于离子交换的膜电极，即离子选择性电极。这里只介绍现在使用广泛的离子选择性电极。

3.2 离子选择性电极的类型及响应机理

离子选择性电极又称膜电极，1976 年国际纯粹与应用化学联合会（IUPAC）基于膜的特征，推荐将其分为以下几类。

- 离子选择性电极
  - 原电极
    - 晶体膜电极
      - 均相膜电极
      - 非均相膜电极
    - 非晶体膜电极
      - 刚性基质电极
      - 流动载体电极
  - 敏化电极
    - 气敏电极
    - 酶电极

3.2.1 晶体膜电极

晶体膜电极的薄膜一般由难溶盐经过加压或拉制成单晶、多晶或者混晶的活性膜。由于制备敏感膜的方法不同，晶体膜又可分为均相膜和非均相膜。均相膜电极的敏感膜由一种或者几种化合物的均相混合物的晶体构成，而非均相膜则除了电活性物质外，还加入某些惰性材料，其中电活性物质对膜电极的功能起决定性作用。对于一定的晶体膜，离子大小、形状和电荷决定其是否能进入晶体膜内，故膜电极一般都具有较高的离子选择性。

（1）氟离子单晶膜电极

氟离子单晶膜电极简称氟电极，其敏感膜为 LaF_3 单晶薄片。为了提高导电率，还在其中掺杂了 Eu^{2+} 和 Ca^{2+}，导致氟化镧晶格缺陷增多，增强了膜的导电性。电极的结构如图 3-1 所示，用 $0.1\mathrm{mol\cdot L^{-1}}$ 的 NaCl 和 $0.1\mathrm{mol\cdot L^{-1}}$ 的 NaF 混合溶液作为内充液，其中 Cl^- 用以固定内参比电极的电位，而 F^- 用来控制膜内表面的电位。

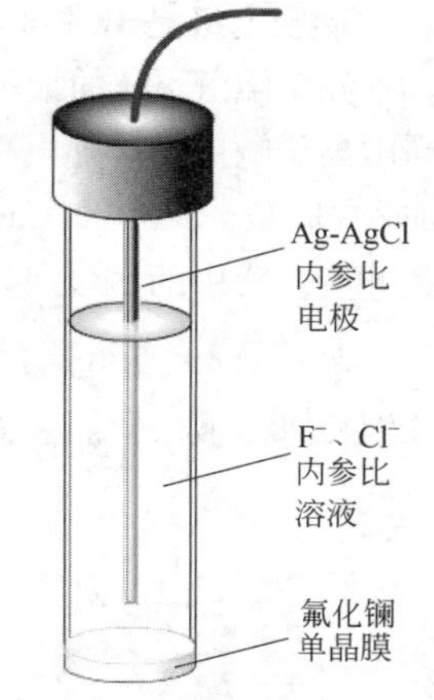

图 3-1 氟离子选择性电极

当氟电极插入到 F^- 溶液中时，F^- 在晶体膜表面进行交换。25℃时：

$$\varphi_{膜}=k-0.0592\mathrm{V}\lg a(F^-) \tag{3-3}$$

$$\begin{aligned}\varphi(F^-)&=\varphi(\text{Ag-AgCl})+\varphi_{膜}\\&=k'-0.0592\mathrm{V}\lg a(F^-)\\&=\varphi(\text{Ag-AgCl})+k-0.0592\mathrm{V}\lg a(F^-)\\&=k'+0.0592\mathrm{pF}\end{aligned} \tag{3-4}$$

氟电极具有较高的选择性，需要在 pH 5～7 之间使用。pH 较高时，溶液中的 OH^- 与

氟化镧晶体膜中的 F^- 交换，使测量结果偏高。pH 较低时，溶液中的 F^- 会生成 HF 或 HF_2^-，使结果偏低。

（2）硫及卤素离子膜电极

硫离子膜电极由 Ag_2S 粉末压片制成，电极的导电性较高，膜内的 Ag^+ 为电荷传递者，在 25℃时的电极电位为：

$$\varphi(S^{2-})=k-\frac{0.0592V}{2}\lg a(S^{2-}) \tag{3-5}$$

卤素电极一般为阴离子多晶膜电极，分别由 Ag_2S-AgCl、Ag_2S-AgBr、Ag_2S-AgI 等粉末压片的敏感膜制成对相应阴离子响应的阴离子多晶膜电极，膜内的电荷由 Ag^+ 传递。在 25℃时的电极电位为：

$$\varphi(X^-)=k-0.0592V\lg a(X^-) \tag{3-6}$$

（3）阳离子多晶膜电极

分别由 Ag_2S-CuS、Ag_2S-PbS、Ag_2S-CdS 等粉末压片的敏感膜可制成对相应的阳离子（Cu^{2+}、Pd^{2+}、Cd^{2+}）响应的阳离子多晶膜电极，膜内的电荷由 Ag^+ 传递，M^{2+} 不参与电荷的传递。在 25℃时的电极电位为：

$$\varphi(M^{2+})=k+\frac{0.0592V}{2}\lg a(M^{2+}) \tag{3-7}$$

均相膜和非均相膜电极也可以制成全固态型电极，即不使用内参比电极和内充液，敏感膜与引出线直接接触。这种电极容易制作，可任意方向或倒置使用。

3.2.2　玻璃膜电极

玻璃膜电极是出现得最早、应用最广泛的一种非晶体膜电极，通常称为玻璃电极或者 pH 电极，是测定溶液 pH 的指示电极。玻璃电极结构简单，使用方便，改变玻璃膜的组成便可制成对不同阳离子响应的玻璃电极。玻璃电极的结构如图 3-2 所示。对 H^+ 响应的敏感膜是在 SiO_2 基质中加入 Na_2O、Li_2O 和 CaO 烧结而成的特殊玻璃膜，其厚度约为 0.05mm，内充液为一定 pH 值的缓冲液。膜中的 SiO_2 呈四面体聚合的“大分子”，其三维网络骨架成为电荷的载体，当加入 Na_2O 时，其中一些硅氧键断裂，出现离子键，Na^+ 就可在网络骨架中活动（图 3-3）。当玻璃电极浸泡在水溶液中，膜表面的 Na^+ 会与水中的 H^+ 发生交换反应：

$$G\text{-}Na^+ + H^+ \longrightarrow G\text{-}H^+ + Na^+$$

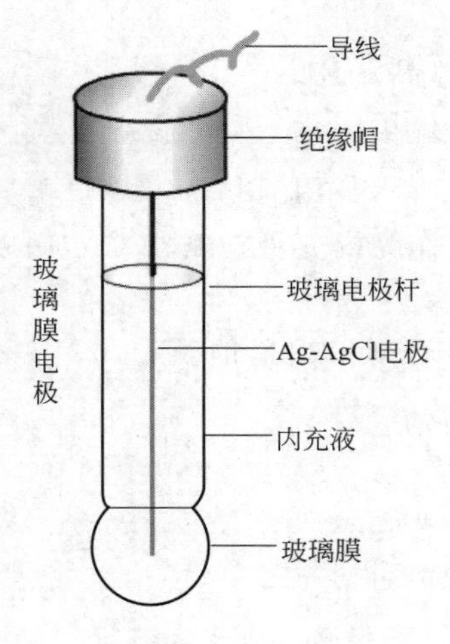

图 3-2　玻璃电极结构

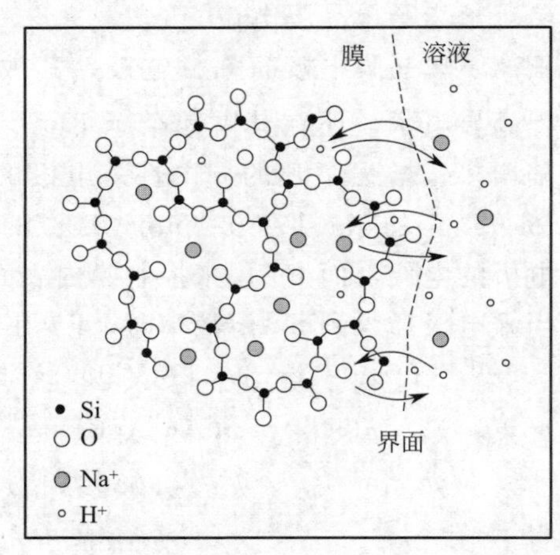

图 3-3　玻璃膜结构

玻璃电极在使用前，必须先浸泡 24h，生成三层结构，即中间的干玻璃层，两边为水化硅胶层，如图 3-4 所示。水化硅胶层中，玻璃膜上的 Na^+ 与溶液中的 H^+ 发生离子交换而产生相界电位，硅胶层可视为阳离子交换剂。溶液中的 H^+ 经水化硅胶层扩散至干玻璃层，干玻璃层的阳离子向外扩散以补偿溶出的离子，离子的相对移动产生扩散电位。两者之和构成膜电位。

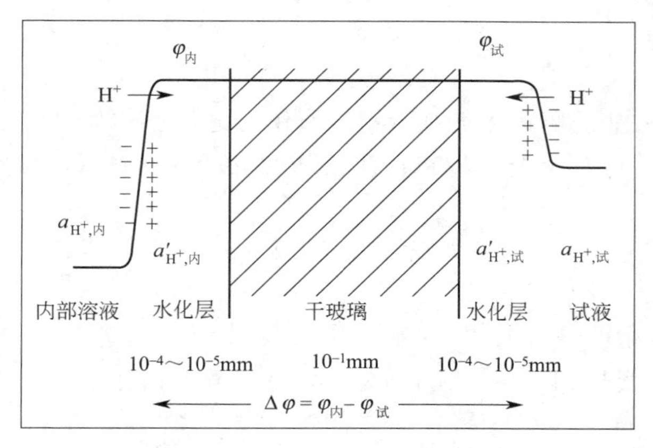

图 3-4 玻璃电极膜电位形成示意

玻璃电极放入待测溶液，25℃平衡后：

$$H^+_{溶液} \rightleftharpoons H^+_{硅胶}$$

$$\varphi_{内}=k_1+0.0592\text{V}\lg\frac{a_2}{a'_2} \tag{3-8}$$

$$\varphi_{外}=k_2+0.0592\text{V}\lg\frac{a_1}{a'_1} \tag{3-9}$$

式中，a_1、a_2 分别表示外部试液和电极内参比溶液的 H^+ 活度；a'_1、a'_2 分别为玻璃膜外、内水化硅胶层表面的 H^+ 活度；k_1、k_2则是由玻璃膜外、内表面性质决定的常数。若玻璃膜内、外表面的性质基本相同，则 $k_1=k_2$，$a'_1=a'_2$。

$$\varphi_{膜}=\varphi_{外}-\varphi_{内}=0.0592\text{V}\lg\frac{a_1}{a_2} \tag{3-10}$$

由于内参比溶液中的 H^+ 活度（a_2）是固定的，则：

$$\varphi_{膜}=K'+0.0592\text{V}\lg a_1=K'-0.0592\text{V}\,\text{pH}_{试液} \tag{3-11}$$

式中，K'是由玻璃电极本身性质决定的常数。

玻璃电极具有不受溶液中氧化剂、还原剂、颜色及沉淀的影响，不易中毒的优点；缺点是电极内阻很高，且电阻随着温度的变化而变化，一般只能在 5～60℃ 内使用。目前在 pH 测量中通常将参比电极和玻璃电极组合在一起形成 pH 复合电极（图 3-5）。

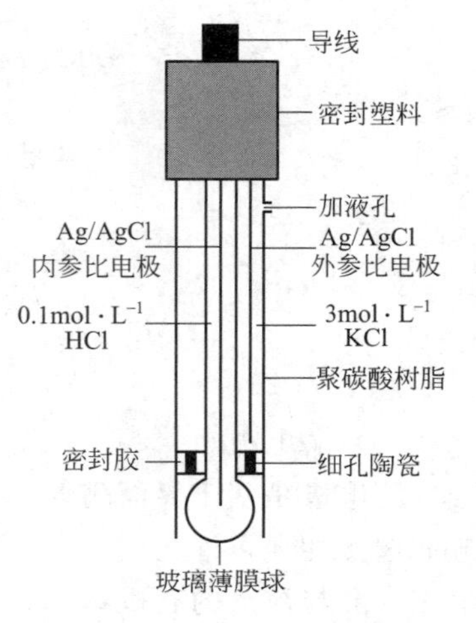

图 3-5 pH 复合电极

3.2.3 液膜电极

液膜电极是以液体膜为敏感膜的电极，也称为流动载体膜电极。当无法制成难溶于水的优良感应物质时，把金属螯合物的盐类溶解于不活泼的有机溶剂中，而后制成多孔隙薄膜。另一类中性载体膜是以电中性的分子和碱金属离子的配合物作为敏感物质。液膜电极操作比较麻烦，由于多孔性隔膜物质有可能缓慢地脱落于感应膜中，因而寿命较短，需定期更换薄膜。但是对于生命科学中的活体检测和微区检测具有重要意义。其中一类是荷电载体膜电极的敏感膜，它是由带电荷的配位体溶解于有机溶剂中形成的。配位体可与被测离子生成缔合物或络合物，被测离子与有机膜中的离子交换剂发生交换作用，并自由地迁移通过膜界面，形成相间电位；

(1) 硝酸根电极

可将带正电荷季铵盐的阴离子转换成 NO_3^- 作为电活性物质，溶于邻硝基苯十二烷醚中，将 1 份此溶液与 5 份 5%的聚氯乙烯与四氢呋喃溶液混合制成电极膜。其在 25℃时的电极电位：

$$\varphi(\mathrm{ISE})=k-0.0592\mathrm{V}\lg a(\mathrm{NO_3^-}) \tag{3-12}$$

(2) 钙电极

在钙电极中，内充液是含 Ca^{2+} 的水溶液，内外管之间装的是 $0.10\mathrm{mol\cdot L^{-1}}$ 二癸基磷酸钙（液体离子交换剂）的苯基磷酸二辛酯溶液。由于 Ca^{2+} 在水相中的活度与在有机相中的活度有差异，将在两相界面之间产生相界电位，离子在液膜界面发生的交换反应如下：

$$[(\mathrm{RO})_2\mathrm{PO}_2]_2\text{-}\mathrm{Ca}^{2+}(\text{有机相}) \rightleftharpoons 2[(\mathrm{RO})_2\mathrm{PO}_2]_2^-(\text{有机相})+\mathrm{Ca}^{2+}(\text{水相})$$

钙电极的适宜 pH 范围在 5 至 11，可测出 $10^{-5}\mathrm{mol\cdot L^{-1}}$ 的 Ca^{2+}。

3.2.4 敏化电极

敏化电极包括气敏电极、酶电极、组织电极等。

(1) 气敏电极

气敏电极是一类敏化的离子选择性电极，能对溶液中气体的分压产生响应，故常用于测定样品中容易转化成气体的离子组分，其结构如图 3-6 所示。实质上，这种电极是一个完整的电化学电池，由离子选择性电极和参比电极组成，所以又称气敏探头。气敏电极主要应用于水质分析、环境监测、生化检验、土壤和食物分析等。

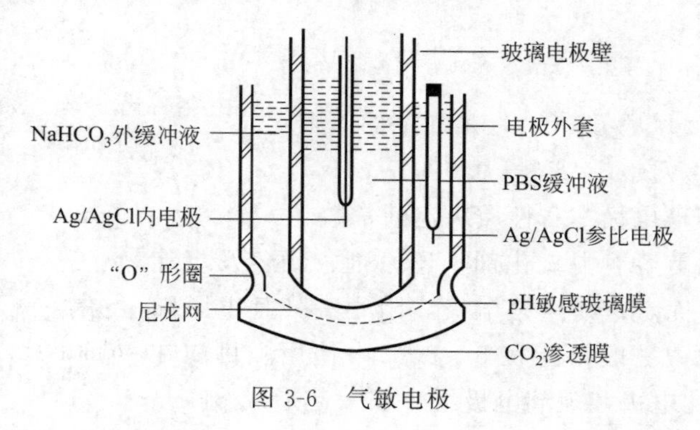

图 3-6　气敏电极

(2) 酶电极

酶电极是基于界面酶催化化学反应的敏化电极。酶是具有特殊生物活性的催化剂，对反应的选择性强，催化效率高，可使反应在常温、常压下进行。通过将活性物质酶覆盖在电极表面，酶与被测的有机物或无机物反应，形成一种能被电极响应的物质。常见的酶催化产物有 CO_2，NH_3，NH_4^+，CN^-，F^-，I^-，NO_2^-。

（3）组织电极

组织电极是以动植物组织内存在的某种生物酶来催化反应，并制成敏感膜。如动物肝组织中含有丰富的 H_2O_2 酶，可与氧电极组成测定 H_2O_2 及其他过氧化物的组织电极。香蕉与碳糊制成的香蕉电极可以测定多巴胺。

3.3 离子选择电极的性能参数

3.3.1 检测限与响应斜率

以离子选择性电极的电位（φ）对响应离子活度的对数（lg$a$）作图，得到的曲线为校准曲线，如图 3-7 所示。在一定的工作范围内，校准曲线直线段（AB）为电极的线性响应范围。检测离子活度较低时，曲线就逐渐弯曲（BC）。直线 AB 部分的斜率即为电极的响应斜率。

检测限是灵敏度的标志，在实际应用中定义为 AB 与 CD 两延长线交点 M 处的活度值。

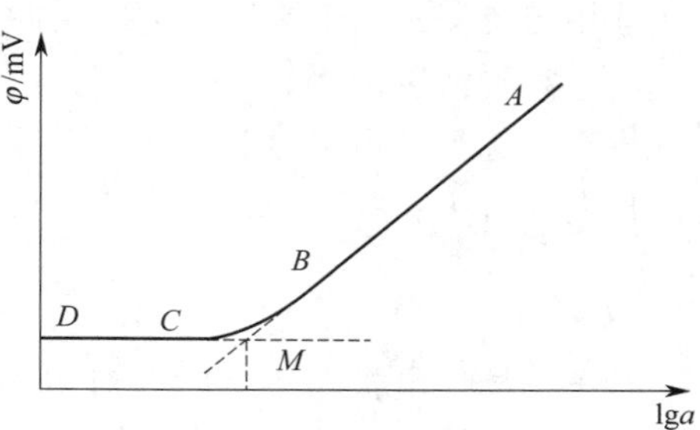

图 3-7　校准曲线及检测限的确定

3.3.2 电位选择性系数

在同一敏感膜上，离子选择电极除对某特定离子有响应外，溶液中共存的离子也对膜电位有贡献。因此，膜电极的响应没有绝对的专一性，而只有相对的选择性。若测定离子为 i，电荷为 z_i；干扰离子为 j，电荷为 z_j。考虑到共存离子产生的贡献电位，膜电位的一般式写为：

$$\varphi = K \pm \frac{RT}{nF}\ln\left[a_i + K_{ij}(a_j)^{z_i/z_j}\right] \tag{3-13}$$

式中，K_{ij} 称为电极的选择性系数，它表征了共存离子对响应离子的干扰程度。从式中看出，电位选择性系数越小，电极对测定离子 i 的选择性越高。

必须指出，电位选择性系数是表示某一离子选择电极对各种不同离子的响应能力，并无严格的定量关系。它只能用于估计电极对某种离子的响应情况及干扰大小，而不能用来校正因干扰引起的电位偏差。

3.3.3 响应时间

响应时间指从参比电极与离子选择电极一起接触到试液到电极电位达到稳定值的 95% 所需的时间。一般来说，晶体膜电极的响应时间比较短，流动载体膜的响应因涉及表面化学过程而比较慢。在实际工作中，通常采用搅拌试液来加快扩散速度，缩短响应时间。

3.4 电位分析法的实际应用

3.4.1 直接电位法

（1）pH 测定

在测定溶液 pH 时，通常采用饱和甘汞电极与玻璃电极。由于液接电位和不对称电位的存在，以及活度系数难以计算，一般不能从电池电动势的数据通过能斯特方程来计算被测离子的活度。因此，采用比较法来确定待测溶液的 pH，即先测定标准 pH 缓冲液 s 和被测溶液 x 的电动势：

$$E_s = K'_s + \frac{2.303RT}{F}\mathrm{pH}_s \tag{3-14}$$

$$E_x = K'_x + \frac{2.303RT}{F}\mathrm{pH}_x \tag{3-15}$$

若测定条件完全一致，两式相减得：

$$\mathrm{pH}_x = \mathrm{pH}_s + \frac{E_x - E_s}{2.303RT/F} \tag{3-16}$$

式中，pH_s 已知，测出 E_s 和 E_x 后，即可算出溶液的 pH_x。使用时尽量使温度保持恒定并选用与待测液 pH 接近的标准缓冲溶液。

（2）离子活度的测定

将离子选择性电极（指示电极）和参比电极插入试液中可以组成测定各离子活度的电池，其电动势为：

$$E = K' \pm \frac{2.303RT}{nF}\lg a_i \tag{3-17}$$

离子选择性电极作正极时，对阳离子响应电极，式(3-17)中取正号，对阴离子响应电极，取负号。确定待测离子活度（或浓度）时，通常使用下列两种方法。

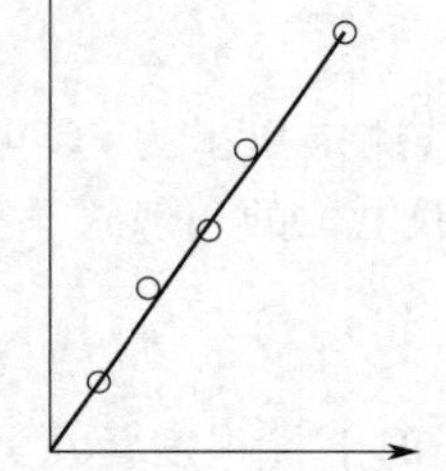

图 3-8　E-$\lg c_i$ 关系曲线

① 标准曲线法

用待测离子的纯物质配制一系列不同浓度的标准溶液，并用总离子强度调节缓冲溶液（Total Ionic Strength Adjustment Buffer，TISAB）保持溶液的离子强度相对稳定，分别测定各溶液的电位值，并绘制 E-$\lg c_i$ 关系曲线（图 3-8），最后由测定的未知溶液的电位值在标准曲线上查出待测溶液的浓度。TISAB 溶液不仅可以维持溶液的离子强度，还起辅助作用。如：测定水中 F^- 时，TISAB 溶液由 $1\mathrm{mol \cdot L^{-1}}$ NaCl（保持最大离子强度）、$0.25\mathrm{mol \cdot L^{-1}}$ 醋酸、$0.75\mathrm{mol \cdot L^{-1}}$ 醋酸钠（缓冲溶液）及 $0.001\mathrm{mol \cdot L^{-1}}$ 柠檬酸钠（掩蔽剂）组成，后者用于掩蔽 Fe^{3+}、Al^{3+} 等干扰离子。

② 标准加入法

以测定阳离子为例来介绍它的分析方法。

第一步：先测定体积为 V_0，离子总浓度为 c_x 的样品溶液（试液）的电位值 E_1：

$$E_1 = K + \frac{2.303RT}{nF}\lg(x_1\gamma_1 c_x) \tag{3-18}$$

第二步：在样品溶液（试液）中加入体积为 V_s（$V_0 \gg V_s$），浓度为 c_s 的标准溶液，由于 $V_0 \gg V_s$，可认为溶液的体积基本不变，则待测离子的浓度增量为：

$$\Delta c = c_s V_s / V_0 \tag{3-19}$$

并再次测定其电位值 E_2：

$$E_2 = K + \frac{2.303RT}{nF}\lg(x_2\gamma_2 c_x + x_2\gamma_2\Delta c) \tag{3-20}$$

可以认为 $\gamma_2 = \gamma_1$，$x_2 = x_1$。则：

$$\Delta E=E_2-E_1=\frac{2.303RT}{nF}\lg\left(1+\frac{\Delta c}{c_x}\right) \tag{3-21}$$

令 $S=\dfrac{2.303RT}{nF}$，则

$$\Delta E=S\lg\left(1+\frac{\Delta c}{c_x}\right)$$

$$c_x=\frac{\Delta c}{10^{\Delta E/S}-1} \tag{3-22}$$

式(3-22) 即为标准加入法的浓度计算公式。

(3) 影响电位测定的因素

① 测量温度　温度对测量的影响主要表现在对电极的标准电极电位、直线的斜率和离子活度的影响上，有的仪器可同时对前两项进行校正，但多数仪器仅对斜率进行校正。温度的波动可以使离子活度变化而影响电位测定的准确性。在测量过程中应尽量保持温度恒定。

② 线性范围和电位平衡时间　一般线性范围在 $10^{-6}\sim10^{-1}$mol·L^{-1}，平衡时间越短越好。测量时可通过搅拌使待测离子快速扩散到电极敏感膜，以缩短平衡时间。测量不同浓度试液时，应由低到高测量。

③ 溶液特性　溶液特性主要是指溶液离子强度、pH 及共存组分等。溶液的总离子强度要保持恒定。溶液的 pH 应满足电极的要求，避免对电极敏感膜造成腐蚀。干扰离子的影响表现在两个方面：一是能使电极产生一定响应；二是干扰离子与待测离子发生配合或沉淀反应。

④ 电位测量误差　当电位读数误差为 1mV 时，对于一价离子，由此引起结果的相对误差为 3.9%，对于二价离子，则相对误差为 7.8%。故电位分析多用于测定低价离子。

3.4.2 电位滴定

(1) 电位滴定装置与测定过程

电位滴定法（Potentiometric Titration）是在滴定过程中通过测量电位变化确定滴定终点的方法，和直接电位法相比，电位滴定法不需要准确的测量电极电位值，因此，温度、液体接界电位的影响并不重要，其准确度优于直接电位法，普通滴定法是依靠指示剂颜色变化来指示滴定终点，如果待测溶液有颜色或浑浊时，终点的指示就比较困难，或者根本找不到合适的指示剂。电位滴定法利用滴定过程中溶液电位随滴定剂的加入而改变，并在滴定终点时，电位发生突变的特性来指示滴定终点的达到，确定滴定剂所消耗的体积。电位滴定仪如图 3-9 所示。电位滴定法是靠电极电位的突跃来指示滴定终点。在滴定到达终点前后，溶液中的待测离子浓度往往连续变化 n 个数量级，引起电位的突跃，被测成分的含量既可以通过消耗滴定剂的量来计算，也可以通过滴定物质的量来测定。在突跃范围内每次滴定体积控制在 0.10mL，其他区间每次滴加量可适当大一些。记录每次滴定时的滴定剂用量 V 和相应的电动势 E，作图得到滴定曲线。通常采用三种方法来确定滴定终点：E-V 曲线法（图 3-10）、一阶微商曲线法和二阶微商曲线法（图 3-11），其中以二阶微商法较为常用。二阶微商等于零时对应的

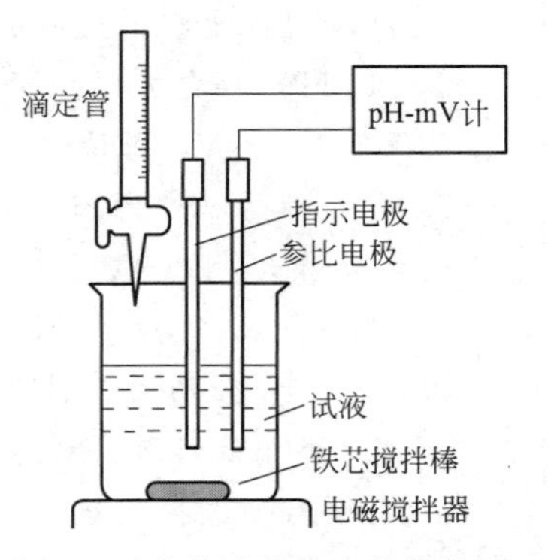

图 3-9　电位滴定基本仪器装置

体积即为滴定终点体积。

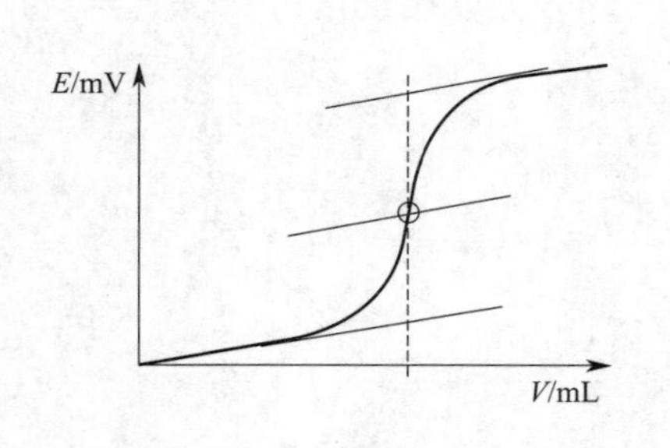

图 3-10　E-V 曲线与滴定终点确定

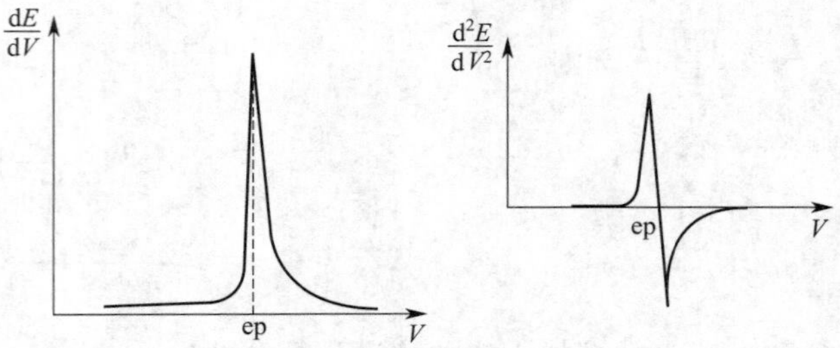

图 3-11　微商曲线与滴定终点确定

(2) 指示电极的选择

按照滴定反应的类型、电位滴定可用于酸碱滴定、氧化还原滴定、沉淀滴定、配位滴定。

① 酸碱滴定　通常采用 pH 玻璃电极为指示电极、饱和甘汞电极为参比电极。

② 氧化还原滴定　滴定过程中，氧化态和还原态的浓度比值发生变化，可采用零类电极作为指示电极。

③ 沉淀滴定　根据不同的沉淀反应，选用不同的指示电极。常选用的是 Ag 电极。

④ 配位滴定　在用 EDTA 滴定金属离子时，可采用相应的金属离子选择性电极和第三类电极作为指示电极。

习　　题

1. 何为指示电极，何为参比电极，请举例说明。

2. 最具有发展前景的指示电极是什么?

3. 膜电位是如何产生的，请以 pH 玻璃电极为例说明一下。

4. 为什么离子电极具有高的选择性，怎么评估选择性好坏。

5. 离子选择电极的选择性系数主要作用是什么?

6. 用 pH 玻璃电极测定 pH=5.0 的溶液，其电极电位为 43.5mV，测定另一未知溶液时，其电极电位为 14.5mV，若该电极的响应斜率为 58.0mV・pH^{-1}，试求未知溶液的 pH 值。

7. 当下述电池中的溶液是 pH 等于 4.00 的缓冲溶液时，在 298K 时用毫伏计测得下列电池的电动势为 0.209V。

$$玻璃电极 \mid H^{+}(a=x) \parallel 饱和甘汞电极$$

当缓冲溶液分别由三种未知溶液代替时，毫伏计读数如下：(a) 0.312V；(b) 0.088V；(c) −0.017V. 试计算每种未知溶液的 pH。

8. 用氟离子选择电极测定某一含 F^{-} 的试样溶液 50.0mL，测得其电位为 86.5mV。加入 5.00×10^{-2} mol・L^{-1} 氟标准溶液 0.50mL 后测得其电位为 68.0mV。已知该电极的实际斜率为 59.0mV・pF^{-1}，试求试样溶液中 F^{-} 的含量为多少 (mol・L^{-1})?

9. 硫化银膜电极以银丝为内参比电极，0.01mol・L^{-1} 硝酸银为内参比溶液，计算它在 1×10^{-4} mol・L^{-1} S^{2-} 强碱性溶液中的电极电位。

10. 考虑离子强度的影响，计算全固态溴化银晶体膜电极在 0.01mol・L^{-1} 溴化钙试液中的电极电位，测量时与饱和甘汞电极组成电池体系，何者作为正极？

11. 设溶液中 pBr=3，pCl=1。如用溴离子选择性电极测定 Br^- 活度，将产生多大误差？已知电极的选择性系数 $K_{Br^-,Cl^-}=6\times10^{-3}$。

12. 某钠电极，其选择性系数 $K_{Na^+,H^+}=30$，如用此电极测定 pNa 等于 3 的钠离子溶液，并要求测定误差小于 3%，则试液的 pH 必须大于多少？

13. 用标准加入法测定离子浓度时，于 100mL 铜盐溶液中加入 1mL 的 $0.1mol\cdot L^{-1}$ $Cu(NO_3)_2$ 后，电动势增加 4mV，求铜原来的总浓度。

14. 下面是用 $0.1000mol\cdot L^{-1}$ NaOH 溶液电位滴定 50.00mL 某一元弱酸的数据：

V/mL	pH	V/mL	pH	V/mL	pH
0.00	2.90	14.00	6.60	17.00	11.30
1.00	4.00	15.00	7.04	18.00	11.60
2.00	4.50	15.50	7.70	20.00	11.96
4.00	5.05	15.60	8.24	24.00	13.39
7.00	5.47	15.70	9.43	28.00	12.57
10.00	5.85	15.80	10.03		
12.00	6.11	16.00	10.61		

(a) 绘制滴定曲线；

(b) 绘制 dpH/dV-V 曲线；

(c) 用二阶微商法确定滴定终点；

(d) 计算试样中弱酸的浓度；

(e) 化学计量点的 pH 应为多少？

(f) 计算此弱酸的电离常数（提示：根据滴定曲线上半中和点的 pH）。

第4章 气相色谱法

背景知识

色谱法是一种物理及物理化学分离方法，将这种分离方法与适当的检测手段相结合，应用于分析化学领域就是色谱分析法。它具有两相，一相固定不动，称为固定相；另一相则按规定的方向流动，称为流动相。色谱法利用物质在两相中分配系数的微小差异进行分离。当两相相对移动时，通过被测物质在两相之间的多次分配，使物质中各组分得以分离，从而达到分离、分析及测定一些物理化学常数的目的。色谱分析法是近代分析化学中发展最快、应用最广泛的分离分析技术，目前已在石油化工、医药卫生、环境科学、能源科学、生命科学及材料科学等诸多领域中获得广泛应用。

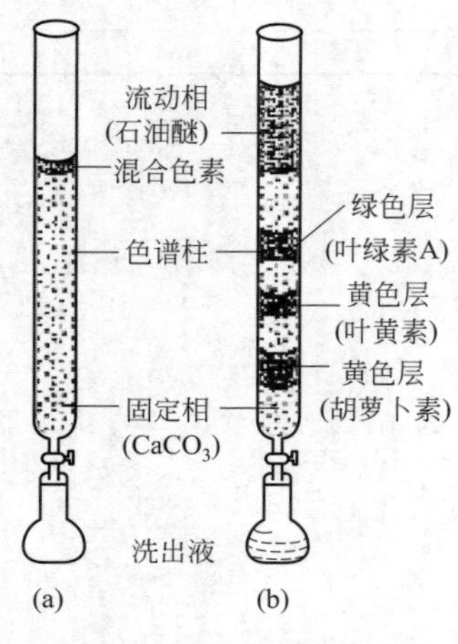

图 4-1　植物叶色素的分离

色谱法是由俄国植物学家茨维特（Mikhail Tswett）于1906年首先提出来的。他把植物叶色素的萃取液作为试样，加入到一根预先填充好碳酸钙粉末的玻璃管中，并不断地用纯净的石油醚淋洗，经过一段时间后，植物叶色素的各组分在柱内得到分离而形成不同颜色的谱带（见图4-1）。他把这种分离方法称为色谱法。柱中的碳酸钙称为固定相（Stationary Phase），用作洗脱液的石油醚称为流动相（Mobile Phase），装满碳酸钙的玻璃管称为色谱柱（Chromatography Column）。

后来经过色谱法的发展，这种分离方法不仅可以应用于分离有色物质，也广泛应用于无色物质的分离和测定，但由于习惯，现在仍沿用色谱这个名称。

案例分析

2011年5月23日，台湾地区媒体报道：在台湾出现食品添加物—起云剂中加入有害健康的塑化剂（DEHP）（见图4-2）。台湾昱伸公司是台湾最大起云剂供应商，供应全台至少45家饮料、乳品制造商，还有健康食品的生物科技公司及药厂。该公司被查出将塑化剂DEHP当作配方生产起云剂长达30年，原料供应遍及全台。截至2011年6月8日，台湾公布被检出含塑化剂的食品已达961种，涉及厂商近300家。此次塑化剂事件规模之大为历年罕见，在台湾引起轩然大波，被称为台湾版的“三聚氰胺事件”。

起云剂是一种合法食品添加物，经常用于果汁、果酱、饮料等食品中，由阿拉伯胶、乳化剂、棕榈油及多种食品添加剂混合制成。但棕榈油价格昂贵，售价为塑化剂的五倍。

塑化剂即增塑剂，是工业上被广泛使用的高分子材料助剂，在塑料加工中添加这种物质，可以使其柔韧性增强，容易加工，可合法用于工业用途。塑化剂产品种类多达百余种，其中使用最普遍的是邻苯二甲酸酯类（或邻苯二甲酸盐类，亦称酞酸酯）的化合物。塑化剂会干扰人体内分泌，影响生殖系统，台湾师范大学研究团队还发现，塑化剂会造成基因毒性，会伤害人类基因，长期食用对心血管疾病危害风险最大，对肝脏和泌尿系统也有很大伤害，而且被毒害之后，还会通过基因遗传给下一代。因此塑化剂是台湾环保署列管的毒性化学物质，DEHP不仅不能被添加在食物中，甚至不允许使用在食品包装上。

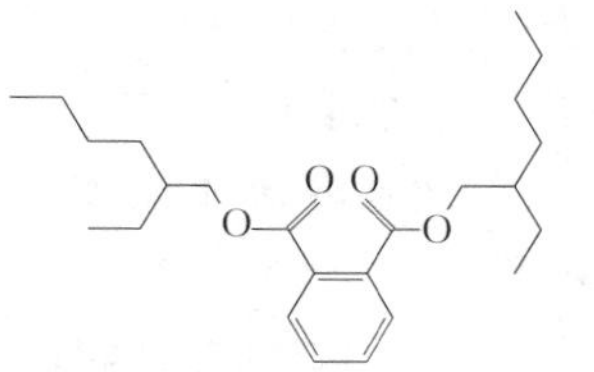

图4-2 塑化剂DEHP分子结构

台湾塑化剂事件中揭发黑心厂商的是一位五十二岁的杨姓检验员。那么她是如何发现的呢？杨女士对例行抽检的益生菌食品做检测，在利用气相色谱法判断样品是否含有减肥药或安非他命的过程中，发现异常色谱信号。杨女士对此信号追根究底，利用气相色谱-质谱法对塑化剂DEHP进行了定性、定量分析，最后检出益生菌食品中的DEHP浓度高达600mg·kg^{-1}，食用益生菌食品，DEHP摄入量会远远超过每日平均摄入量1.29mg！

4.1 色谱分析法

色谱分析法作为一门独立的学科与技术发展到今天无论是在理论上、方法上、设备上及文献资料上都已很成熟，现在发展的主要方向是如何满足分析要求、方便操作以及增强色谱的定性功能。例如在色谱柱的研究上，人们不断采用新材料、新技术来提高柱子的分辨率；手性化学结构在色谱柱上的应用，提高了色谱柱对手性化合物的检测能力；在检测器的研究上，Varian公司最新推出的脉冲式火焰光度检测器，可以检测28种金属及非金属元素，扩展了色谱法的检测范围。安捷伦公司生产的6890型气相色谱仪为全计算机控制，带自动进样，操作者只需输入技术参数，把处理好的样品放入自动进样器，便可完成从进样到出结果的自动分析。近年来色谱的联用技术发展很快，所谓联用技术就是将质谱、红外光谱、紫外光谱等这些对有机化合物具有很强定性能力、特别适用于单一组分定性的方法与色谱分析联机使用，发挥各自的长处，解决组成复杂的混合物的定性分析问题。目前技术上已经成熟、已商品化的联用仪有气相色谱-质谱联用仪（GC-MS）、气相色谱-傅立叶红外光谱联用仪（GC-FTIR）、高效液相色谱-质谱联用仪（HPLC-MS）等。这些联用技术的发展，大大拓宽了色谱法对未知物定性分析的领域，使色谱技术成为目前解决复杂混合物分离分析问题强有力的手段之一。

4.1.1 色谱分析法的分类

色谱分析法是一种包含有多种分离类型、检测方法和操作方法的分离分析技术，通常简称色谱法或色层法、层析法，可以从不同角度进行分类。

4.1.1.1 按两相状态分类

① 气相色谱（GC） 流动相是气体的色谱法称为气相色谱，其固定相是固体吸附剂的，称为气固色谱（GSC）；若固定相是涂在惰性载体（担体）上的液体，则称为气液色谱（GLC）。常用的气相色谱流动相有N_2、H_2、He等气体。

② 液相色谱（LC）　流动相是液体的色谱法称为液相色谱。其固定相是固体吸附剂的，称为液固色谱（LSC）；若固定相为液体，则称为液液色谱（LLC）。常用的液相色谱流动相有 H_2O、CH_3OH 等。

③ 超临界流体色谱（SFC）　使用超临界流体作为流动相的色谱称为超临界流体色谱。超临界流体态是一种介于气体和液体之间的状态，具有介于气体和液体之间的极有用的分离性质。常用的超临界流体有 CO_2、NH_3、CH_3CH_2OH、CH_3OH 等。

4.1.1.2　按操作形式分类

① 柱色谱（CC）　固定相装在柱管内的色谱法称为柱色谱，它可分为两类：一类是固定相填充于玻璃或金属管内，叫填充柱色谱；另一类是固定相附着或键合在柱管内壁上，中心是空的，叫空心毛细管柱色谱或毛细管柱色谱。

② 纸色谱（PC）　固定相为滤纸的色谱法称为纸色谱。它是采用适当溶剂使样品在滤纸上展开进行分离的。

③ 薄层色谱（TLC）　固定相压成或涂成薄膜的色谱法，称为薄层色谱。操作方法同纸色谱。

4.1.1.3　按分离原理分类

① 吸附色谱　它是利用固体吸附剂（固定相）表面对各组分吸附能力强弱的不同进行分离的色谱法。

② 分配色谱　它是利用固定液对各组分的溶解能力（分配系数）不同进行分离的色谱法。

③ 离子交换色谱　它是利用离子交换剂（固定相）对各组分的亲和力不同进行分离的色谱法。

④ 凝胶色谱　也叫空间排阻色谱，它是利用某些凝胶（固定相）对分子大小、形状不同的组分所产生的阻滞作用不同而进行分离的色谱法。

4.1.2　色谱法的特点

4.1.2.1　色谱法的优点

① 高效能　由于色谱柱具有很高的板数，填充柱约为 10^3 块 · m^{-1}，毛细管柱可达 10^5～10^6 块 · m^{-1}，因此在分离多组分复杂混合物时，可以高效地将各个组分分离成单一的色谱峰。例如：一根长 30m、内径 0.32mm 的 SE-30 柱，可以把炼油厂原油分离出 150～180 个组分。

② 高灵敏度　色谱分析的高灵敏度表现在可检出 10^{-11}～10^{-14} g 的物质，因此在痕量分析中有着非常重要的作用。例如：饮用水中痕量有机氯化物的检测，大气中污染物的检测，蔬菜、水果、粮食中农药残留物的检测。

③ 高选择性　色谱法对那些性质相似的物质如同位素、同系物、烃类异构体等有很好的分离效果。例如：一根两米长装有有机皂土及邻苯二甲酸二壬酯的混合固定相柱，可以很好的分离邻、间、对位二甲苯。

④ 分析速度快　色谱法，特别是气相色谱法分析速度是较快的，一般分析一个试样只需几分钟或几十分钟便可完成。

⑤ 样品用量少　一次分析通常只需几纳升至几微升的溶液样品。

⑥ 多组分同时分析　在很短的时间内（20min 左右），可以实现几十种成分的同时分离

与定量。

⑦ 易于自动化　现在的色谱仪器已经可以实现从进样到数据处理的全自动化操作。

4.1.2.2　色谱法的缺点

色谱法的缺点是对未知物质的定性分析比较困难。这是由于检测器不能按物质的不同发出不同的特征信号，如果没有已知纯物质色谱图的对比，则很难判断某一物质峰代表何种物质。

4.2 色谱法基本理论

4.2.1　色谱图及有关术语

4.2.1.1　色谱流出曲线图（简称色谱图）

色谱分析时，混合物中各组分经色谱柱分离后，随流动相依次流出色谱柱，经检测器把各组分的浓度信号转变成电信号，然后用记录仪将组分的信号记录下来。色谱图就是组分在检测器上产生的信号强度对时间（t）所作的图，由于它记录了各组分流出色谱柱的情况，所以又叫色谱流出曲线。流出曲线的突起部分称为色谱峰，由于电信号（电压或电流）强度与物质的浓度成正比，所以流出曲线实际上是浓度-时间曲线，正常的色谱峰为对称的正态分布曲线，见图 4-3。

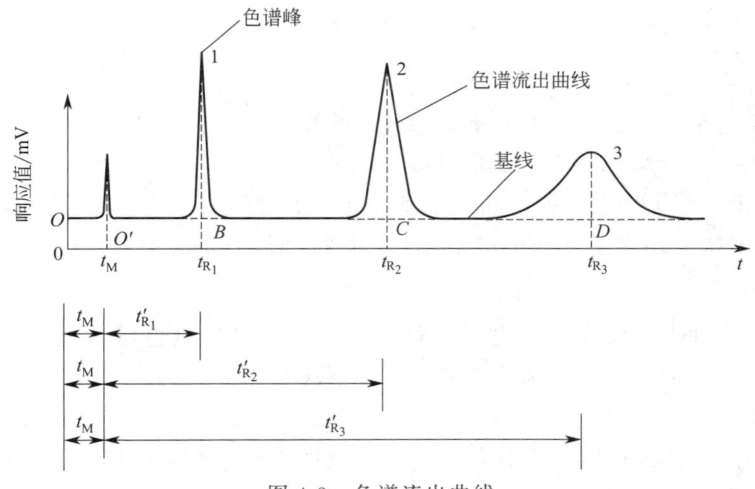

图 4-3　色谱流出曲线

色谱图是色谱基本参数的基础，而色谱基本参数又是观察色谱行为和研究色谱理论的重要尺度，从谱图上可以获得以下信息。

① 色谱柱中仅有流动相通过时，检测器响应信号的记录值称为基线，稳定的基线应该是一条直线。可以通过观察基线的稳定情况来判断仪器是否正常。

② 在一定的色谱条件下，可以看到组分分离情况及组分的多少。

③ 每个色谱峰的位置可由每个峰的最高点所对应的时间或保留体积表示，以此作为定性分析的依据，不同的组分，峰的位置也不同。

④ 每个组分的含量与这一组分对应的峰高或峰面积有关，峰高或峰面积可以作为定量分析的依据。

⑤ 通过观察色谱峰的保留值及其宽度，可以对色谱柱分离情况进行评价。

4.2.1.2　色谱图中的相关术语

（1）基线

基线是在正常实验操作条件下，没有组分流出，仅有流动相通过检测器时，检测器所产生的响应值。稳定的基线是一条直线；若基线下斜或上斜，称为漂移；基线的上下波动，称为噪音。

（2）色谱峰

当组分进入检测器并产生信号时，色谱流出曲线就会偏离基线，直至该组分完全流出检测器。该组分通过检测器所产生的信号的微分曲线称为色谱峰，如图 4-4 所示的 *CAD* 曲线段，色谱峰最高点到峰底的垂直距离称为峰高 h。

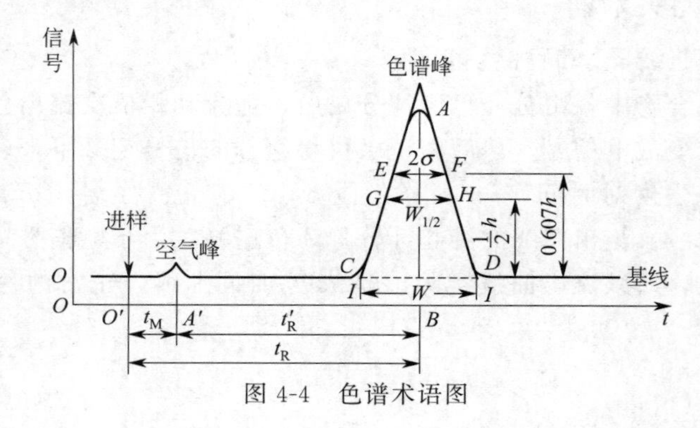

图 4-4　色谱术语图

（3）峰宽

色谱峰宽度是色谱流出曲线中的重要参数。峰宽有多种表示方法。

① 标准偏差 σ　峰高 0.607 倍处色谱峰宽度的一半。

② 峰底宽 W　两个拐点处所作切线与基线相交点之间的距离。

③ 半峰宽 $W_{1/2}$　峰高 1/2 处色谱峰宽度。与标准偏差 σ 的关系是

$$W_{1/2}=2\sigma\sqrt{2\ln 2}=2.355\sigma \tag{4-1}$$

区域宽度的三种表示参数（峰宽、半峰宽、标准偏差）是色谱流出曲线中很重要的参数，它的大小反映了色谱柱或所选的色谱条件的好坏。

（4）峰面积

色谱峰与峰底之间的面积。它是色谱定量的依据。色谱峰的面积可由色谱仪中的微机处理器或积分仪求得，也可以采用以下方法计算求得。

对于对称的色谱峰

$$A=1.065h\times W_{1/2} \tag{4-2}$$

对于非对称的色谱峰

$$A=1.065h\times\frac{W_{0.15}+W_{0.85}}{2} \tag{4-3}$$

式中，$W_{0.15}$ 为色谱峰高 0.15 处的宽度；$W_{0.85}$ 为色谱峰高 0.85 处的宽度。

（5）色谱保留值

色谱保留值是色谱定性的依据，它体现了各待测组分在色谱柱（或板）上的保留情况。在固定相中溶解性能越好，或与固定相的吸附性越强的组分，在柱中的保留时间就越长，或者说将组分带出色谱柱所需的流动相体积越大。所以保留值可以用保留时间和保留体积两套参数来描述。

① 死时间 t_M　不能被固定相保留的组分从进样到出现峰最大值所需的时间。例如 GC 中的空气峰的出峰时间即为死时间。

② 保留时间 t_R　组分从进样到出现峰最大值所需的时间。当色谱柱中固定相、柱温、流动相的流速等操作条件保持不变时，一种组分只有一个 t_R 值，故 t_R 可以作为定性的指标。对于不同的色谱柱，t_M 不一样，或者操作条件不一样，t_R 就不能作为定性的指标了。

③ 调整保留时间 t'_R　扣除了死时间后的保留时间，体现了待测组分真实的用于固定相溶解或吸附所需的时间。因扣除了死时间，所以比保留时间更真实地体现了该组分在柱中的保留行为。t'_R 扣除了与组分性质无关的 t_M，所以作为定性指标比 t_R 更合理。

$$t'_R = t_R - t_M \tag{4-4}$$

④ 死体积 V_M　不能被固定相保留的组分从进样到出现峰最大值时所消耗的流动相的体积。也可以说是色谱柱中所有空隙的总体积，每根柱子的 V_M 不相同。死体积与死时间有如下的关系：

$$V_M = t_M F_0 \tag{4-5}$$

式中，F_0 为柱后出口处流动相的体积流速，$mL \cdot min^{-1}$。

⑤ 保留体积 V_R　组分从进样到出现峰最大值所需的流动相的体积。

$$V_R = t_R F_0 \tag{4-6}$$

⑥ 调整保留体积 V'_R　扣除死体积的保留体积，是真实的将待测组分从固定相中携带出柱所需的流动相的体积。V'_R 把死体积这一与待测物无关的性质扣除了，比 V_R 更合理地反映了待测组分的保留体积。

$$V'_R = t'_R F_0 \tag{4-7}$$

4.2.2　色谱分离相关的一些参数

为了描述两种难以分离的组分通过色谱柱后被分离的程度与原因，需要引入一些关于两种组分的热力学性质差别的参数。这些参数有相对保留值、分配比、相比、塔板数和分离度等。

4.2.2.1　相对保留值 $\gamma_{2,1}$ 或 $\gamma_{i,s}$

相对保留值也称为分离因子或选择因子，是指相邻两种难分离组分的校正保留值的比值，是在相同操作条件下，组分 2（或 i）与参比组分 1（或 s）调整保留值之比。

$$\gamma_{2,1} = \frac{t'_{R(2)}}{t'_{R(1)}} = \frac{V'_{R(2)}}{V'_{R(1)}} \tag{4-8}$$

习惯上设定 $t'_{R(2)} > t'_{R(1)}$，则 $\gamma_{2,1} > 1$。若 $\gamma_{2,1} = 1$，则该组分热力学性质相同，不能分离。只有当 $\gamma_{2,1} > 1$ 时，两组分才有可能分离。

对于给定的色谱体系，在一定的温度下，两组分的相对保留值是一个常数，与色谱柱的长度、内径无关。在色谱定性分析中，常选用一个组分作为标准，其他组分与标准组分的相对保留值可作为色谱定性的依据。相邻且难分离的两组分的相对保留值，也可作为色谱系统分离选择性指标。

4.2.2.2　分配比 k'

（1）分配系数 K

分配系数 K，又称平衡常数，是指在一定的温度和压力下，组分两相之间达到分配平衡时，该组分在两相中的浓度之比。

$$K=\frac{\text{组分在固定相中的浓度}}{\text{组分在流动相中的浓度}}=\frac{c_S}{c_M} \tag{4-9}$$

式中，c_S 为组分在固定相中的浓度；c_M 为组分在流动相中的浓度。

如图 4-5 所示，由物质 A 和 B 组成的混合组分在进入色谱柱时是处于同一起跑线上的，在流动相把它们向前推进的过程中，A 和 B 都在固定相和流动相之间进行分配，由于每一种组分的分配系数 K 不相同，图中 $K_B>K_A$，它们两者在柱中的前进速率就不同，分配系数大的组分（如图中的 B）与固定相的作用力强一些，前进速率就慢一些，保留时间就长一些。由于分配系数不同引起的反复分配过程，使 A 和 B 在离开柱子时被完全分离开了，在记录仪上出现了两个保留值不同的色谱峰。B 组分因 K_B 较大故 t_R 值较大。

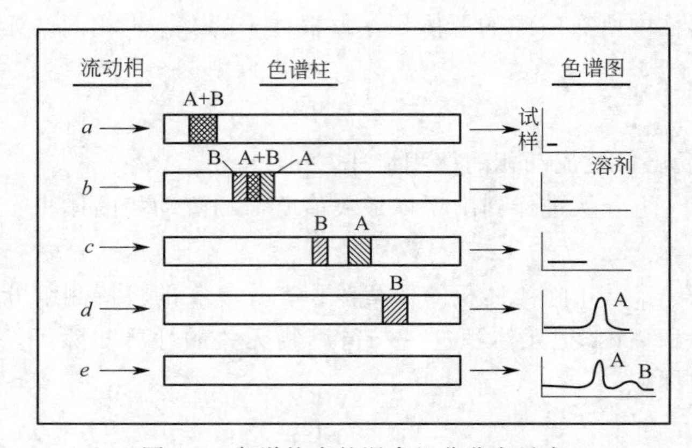

图 4-5　色谱柱中的混合组分分离示意

（2）分配比 k'

分配比是指在一定的温度和压力下，组分在两相间达到平衡时，固定相和流动相中的质量之比，用 k'表示。

$$k'=\frac{\text{组分在固定相中的质量}}{\text{组分在流动相中的质量}}=\frac{c_S \times V_S}{c_M \times V_M}=K\ \frac{V_S}{V_M}=\frac{K}{\beta} \tag{4-10}$$

式中，V_S 为色谱柱中固定相的体积；V_M 为色谱柱的死体积。V_M 与 V_S 之比称为相比，用 β 表示，它是反映色谱柱柱型及其结构的重要参数。

（3）分配比与保留值的关系

分配平衡是在色谱柱中两相之间进行的，因此分配系数、分配比也可用组分停留在两相之间的保留值来表示：

$$k'=\frac{V'_R}{V_M}=\frac{V_R-V_M}{V_M}=\frac{t'_R}{t_M} \tag{4-11}$$

从上式看出，分配比反映了组分在某一柱子上的调整保留时间（或体积）是死时间（或死体积）的多少倍。k'越大，说明组分在色谱柱中停留时间越长，对该组分来说，相当于柱容量大，因此 k'又称为容量因子、容量比、分配容量。

4.2.2.3　塔板数 *N*

塔板数是指组分在色谱柱中的固定相和流动相间反复分配平衡的次数。N 越大，平衡

次数越多，组分与固定相的相互作用力越显著，柱效越高。塔板数 N 是色谱柱效的指标。它与保留值和峰宽有如下关系

$$N=16\left(\frac{t_{R}}{W}\right)^{2} \tag{4-12}$$

4.2.2.4 分离度 *R*

(1) 分离度

分离度也称为分辨率，是指相邻两个峰的分离程度。R 作为色谱柱的总分离效能指标，定义为相邻两组分色谱峰保留值之差与两色谱峰峰宽之和之半的比值，即

$$R=\frac{t_{R(2)}-t_{R(1)}}{1/2(W_{1}+W_{2})} \tag{4-13}$$

两色谱峰保留值之差主要反映固定相对两组分的热力学性质的差别。色谱峰的宽窄则反映色谱过程的动力学因素、柱效能的高低。因此，R 值是两组分热力学性质和色谱过程中动力学因素的综合反映。R 值越大，表明相邻两组分分离得越好。

研究分离度的目的是为了研究相邻两组分实际被分离的纯净程度。从理论上可以证明，若峰形对称，呈正态分布。则：

当 $R=0.8$，两组分的峰高为 1∶1 时，两组分被分离的纯净程度为 95%，若从两峰的中间（峰谷）切割，则在一个峰内包含另一个组分的 5%；

当 $R=1$，两组分被分离的纯净程度为 98%，若从两峰的中间（峰谷）切割，则在一个峰内包含另一个组分的 2%；

当 $R=1.5$ 时，分离纯净程度可达 99.7%。因此，可用 $R=1.5$ 作为相邻两峰已完全分开的指标。

对分离度的要求可以根据分析目的而定，在一般分析中，使用峰面积定量，$R=1$ 已可满足要求。如用峰高定量，R 还可小些，但对于制备色谱，为了保证纯度，要求有足够大的 R。

(2) 分离度与其他参数的关系

将 R 与选择因子、容量因子、柱效能联系起来，可以推算并得出如下的色谱分离基本方程式

对于准分离物质对，由于它们的分配系数差别小，可合理地假设：$k'_{1}\approx k'_{2}=k'$，$W_{1}\approx W_{2}=W$，式(4-13) 简化为

$$R=\frac{\sqrt{N}}{4}\times\frac{\gamma_{2,1}-1}{\gamma_{2,1}}\times\frac{k'}{k'+1} \tag{4-14}$$

或

$$N=16R^{2}\left(\frac{\gamma_{2,1}}{\gamma_{2,1}-1}\right)^{2}\times\left(\frac{k'+1}{k'}\right)^{2}$$

由式(4-14) 可看出以下几点。

① 分离度与柱效　分离度与柱效的平方根成正比，选择因子一定时，增加柱效，可提高分离度，但组分保留时间增加且峰扩展，分析时间长。

② 分离度与选择因子　增大选择因子是提高分离度的最有效方法，计算可知，在相同分离度下，当选择因子增加一倍，需要的 $N_{有效}$ 减小约 10000 倍。通过改变固定相和流动相的性质和组成或降低柱温，可增大选择因子。但增大选择因子最有效的方法是选择合适的固定液。

③ 分离度与容量因子　当 $k'>10$ 时，随容量因子增大，分离度的增加很小；一般 k' 为 2～3 为宜；对于气相色谱，通过提高温度，可选择合适的 k'；对于液相色谱，改变流动相的组成，可以有效控制 k'。

综上所述，可以通过提高塔板数、增加选择性 $\gamma_{2,1}$、容量因子 k' 来改善分离度；增加柱长、制备性能优良的色谱柱可以提高 N 值；改变固定相，使各组分的分配系数有较大的差别，可增加 $\gamma_{2,1}$；改变柱温可使 k' 改变。

4. 2. 3　色谱分析的基本理论

色谱学基础理论是色谱学高速发展和广泛应用的基础，是进一步推动色谱理论、方法和应用技术研究的基础。它包括三个基本理论问题：一是色谱过程的热力学因素；二是色谱过程的动力学因素；三是色谱分离理论。这是与色谱过程热力学和动力学因素相关的综合性理论问题。色谱学的基础理论有平衡色谱理论、塔板理论、扩散理论、速率理论、块状液膜模型等，本章只介绍塔板理论和速率理论。

4. 2. 3. 1　塔板理论

塔板理论是 1941 年马丁（Martin）提出的半经验理论。它是把整个色谱柱比作一座精馏塔，把色谱的分离过程比作蒸馏过程，直接引用蒸馏过程的概念、理论和方法来处理色谱分离过程的理论。

塔板理论假定：

① 塔板与塔板之间不连续，塔板之间无分子扩散；

② 组分在每块塔板两相间的分配平衡瞬时达到，达到一次分配平衡所需的最小柱长称为理论塔板高度；

③ 一个组分在每块塔板上的分配系数相同；

④ 流动相以不连续的形式加入，即以一个一个的塔板体积加入。

如果色谱柱的总长度为 L，每一块塔板高度为 H，则色谱柱中的塔板（层）数 N 为

$$N=\frac{L}{H} \tag{4-15}$$

从上式可知．在柱子长度固定后，塔板数越多，组分在柱中的分配次数就越多，分离情况就越好，同一组分在出峰时就越集中，峰形就越窄，流出曲线的 σ 越小。塔板数与色谱峰的宽度 W、$W_{1/2}$ 有如下的关系

$$N=5.54\left(\frac{t_R}{W_{1/2}}\right)^2=16\left(\frac{t_R}{W}\right)^2 \tag{4-16}$$

N 和 H 可以作为描述柱效能的指标。由于 t_M 和 V_M 不直接参与分配过程，所以计算出来的 N 不能完全反映柱子的真实效能。因此式(4-15）的 N 和相应的 H 实际上是理论塔板数和理论塔板高度。用扣除了 t_M 因素的 t'_R 来计算，得到的塔板数和塔板高度可作为有效塔板数和有效塔板高度。

$$N_{有效}=5.54\left(\frac{t'_R}{W_{1/2}}\right)^2=16\left(\frac{t'_R}{W}\right)^2 \tag{4-17}$$

$$H_{有效}=\frac{L}{N_{有效}} \tag{4-18}$$

$N_{有效}$和$H_{有效}$消除了死时间的影响，因而比理论塔板数和理论塔板高度更真实地反映了柱效能的高低。但是，不论N和$N_{有效}$都是针对某一物质的，使用时应注明是对什么物质而言。

塔板理论形象地描述了某一物质在柱内进行多次分配的运动过程，N越大，H越小，柱效能越高，分离得越好。但是分离的最基本因素仍然是分配系数K，物质对在某一色谱柱中分配系数的差别为分离提供了可能性。只有在K值有差别的情况下，设法提高塔板数，增加分配次数，提高柱效能，才能达到提高分离能力的目的。

塔板理论初步阐述了物质在色谱柱中的分配情况，但是塔板理论的某些基本假设是不严格的。例如，组分在纵向上的扩散被忽略了、分配系数与浓度的关系被忽略了、分配平衡被假设为瞬间达到等。因此，塔板理论不能解释在不同的流速下塔板数不同这一实验现象，也不能说明色谱峰为什么会变宽。由于塔板理论只定性地给出了塔板数和塔板高度的概念，未能完全解释色谱操作条件如何影响分离效果的现象，因而不能解决如何提高柱效能的问题。

4.2.3.2 速率理论

1956年荷兰科学家范第姆特（Van Deemter）在研究气液色谱时，提出了色谱分离过程的动力学理论，在塔板理论的基础上，结合了影响塔板高度的动力学因素，即综合考虑了组分分子的纵向分子扩散和组分分子在两相间的传质过程等因素，提出了速率理论。速率理论把塔板高度与流动相流速，分子扩散和分子传质等因素的关系用以下方程式表示：

$$H=A+\frac{B}{u}+Cu \tag{4-19}$$

式中，u为流动相的线速度；A为涡流扩散项系数；B为分子扩散项系数；C为传质阻力项系数。

此关系式称为速率理论方程式，简称为范氏方程式，对气相和液相色谱都适用。

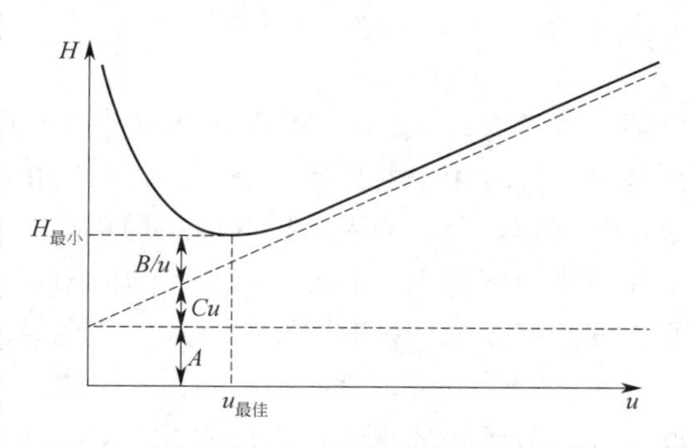

图 4-6 塔板高度H与载气线速度u的关系

由式(4-19)可知，塔板高度H是载气线速度u的函数，若以H对u作图，可得如图4-6所示的H-u关系曲线。由图可见，曲线最低点所对应的板高H最小，即拐点所对应的柱效最高，此时的流速称为最佳流速。当u大于最佳流速时，式（4-19）中的Cu项起主导作用，板高H随载气流速u增大而增高，柱效降低。当u小于最佳流速时，B/u起主导作用，H随u的增大而降低，柱效增高。当u一定时，只有A、B、C都较小时，H才能较小，柱效才能较高。反之，则柱效降低，色谱峰变宽。下面分别讨论式(4-19)中各项的物理意义。

（1）涡流扩散项A

图4-7形象地描述了流动相在固定相中的运动情况。流动相中的组分分子在色谱柱中随载气或载液向前运动时，会碰到固定相的小颗粒，使前进受阻，改变前行方向而形成向垂直方向的流动，称为“涡流”。

涡流的产生使组分分子的同步前进被打乱，产生了一些分子通过柱子的路径长而另

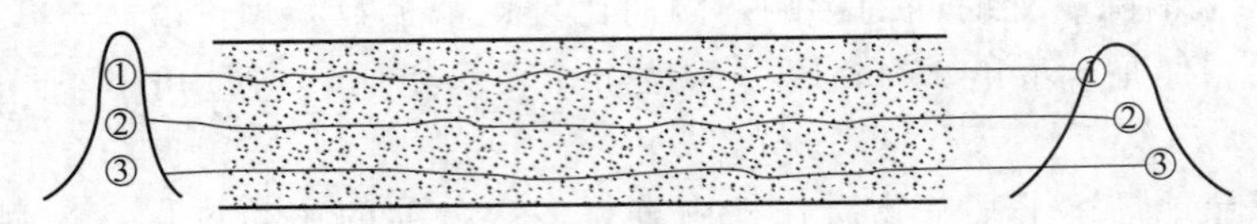

图 4-7　涡流扩散示意图

① 慢速；② 平均速度；③ 快速

一些分子通过柱子的路径短的现象，最终的结果表现为到达检测器有先有后，产生的色谱峰峰形变宽。显然，涡流扩散的严重程度取决于柱子的填充不规则因子 λ 和固定相的颗粒大小 d_p。

$$A = 2\lambda d_p \tag{4-20}$$

式中，λ 为填充不规则因子；d_p 为填充物颗粒的平均直径。

A 与流动相性质、流动相速率无关。要减小 A 值，需要从提高固定相的颗粒细度和均匀性以及填充均匀性来着手解决。对于空心毛细管柱，A 值不存在。

（2）分子扩散项 $\frac{B}{u}$

待测组分在柱子中都存在着分子扩散，这是由于浓差梯度而形成的纵向扩散。由于纵向扩散的存在，就会引起组分分子不能同时到达检测器，组分分子会分布在浓度最大处（峰的极大值处）的两侧，引起峰形变宽（如图 4-8 所示）。范氏方程式中

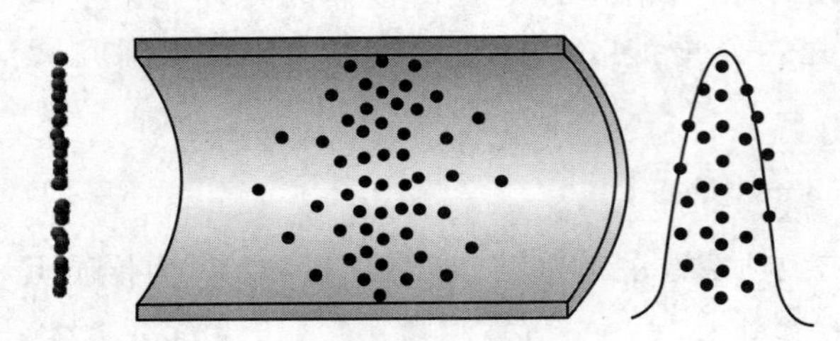

图 4-8　分子扩散示意图

$$B = 2\gamma D_m \tag{4-21}$$

式中，γ 为弯曲因子；D_m 为组分在流动相中的扩散系数，$cm^2 \cdot s^{-1}$。

如果是气相色谱，则 D 为组分在气相中的扩散系数。D_m 还与柱温、柱压和流动相的种类和性质有关。由于组分分子在气相中的扩散要比在液相中的扩散严重得多，在气相中的扩散系数大约是在液相中的 10^5 倍，因此在液相色谱中，分子的纵向扩散引起的塔板高度增加和由此引起的峰形扩张很小，B/u 项在液相色谱中不是主要的影响因素。与此相反，在气相色谱中，纵向扩散对塔板高度的影响是很大的. 所以纵向扩散主要是针对气相色谱来讨论的。

在气相色谱中，纵向扩散的程度与组分在柱内的保留时间有关，载气流速越慢，保留时间越长，分子扩散越明显，H 越大。因气相扩散系数与载气的相对分子质量的平方根成反比，$D_m \propto 1/\sqrt{M_r}$。所以载气的相对分子质量越大，D_m 越小。根据以上原理，在气相色谱中，为了减小纵向扩散的影响，应采用较高的载气流速，采用较低的柱温，选择相对分子质量较大的气体作为载气。

弯曲因子 γ 是由固定相引起的。当采用填充色谱柱时，由于固定相颗粒的阻挡，分子纵向扩散受阻，扩散程度减小，$\gamma<1$。如果采用空心毛细管柱，因没有固定相颗粒阻挡组分分子的扩散，所以 $\gamma=1$。毛细管柱的 B 值要比填充柱大得多。

（3）传质阻力项 Cu

这一项中的 C 包括了两部分：流动相传质阻力系数 C_m 和固定相的传质阻力系数

C_s。即

$$C=C_s+C_m \tag{4-22}$$

C_m 指组分分子从流动相移向固定相表面进行两相之间的质量交换时所受到的阻力（见图 4-9）。

$$C_m=\frac{0.01k'^2}{(1+k')^2}\times\frac{d_p^2}{D_m} \tag{4-23}$$

式中，k'为分配比。

此式说明如要减小流动相的传质阻力，可以采用颗粒细小即 d_p 小的固定相，可以采用扩散系数 D 大的流动相，也即相对分子质量小的流动相来提高柱效。

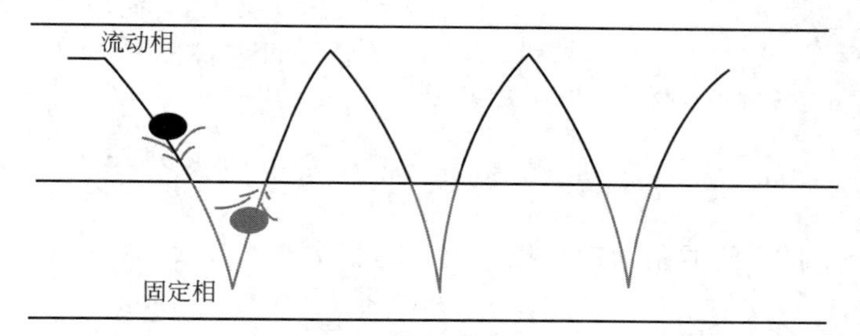

图 4-9　传质阻力示意图

C_s 为固定相传质阻力（见图 4-9）。组分分子由于与固定相分子之间的作用力，在由流动相进入固定相之后，扩散到固定相内部，达到分配平衡后，又回到界面，再逸出界面，被流动相带走。影响这一过程的阻力都称为固定相传质阻力。

$$C_s=\frac{2k'^2}{3(1+k')^2}\times\frac{d_f^2}{D_s} \tag{4-24}$$

为了减小固定相传质阻力，可以减小固定相的液膜厚度 d_f，增大组分在固定相中的扩散系数 D_s，增加柱温是提高 D_s 的办法之一。

将以上 A、B、C 三项代入范第姆特方程式，针对气相色谱，可得到：

$$H=2\lambda d_p+\frac{2\gamma D_m}{u}+\left[\frac{0.01k'^2}{(1+k')^2}\times\frac{d_p^2}{D_m}+\frac{2}{3}\times\frac{k'^2}{(1+k')^2}\times\frac{d_f^2}{D_s}\right]u \tag{4-25}$$

由范第姆特方程式可以看出，塔板数和塔板高度与流动相的流速有关，控制最佳的流动相流速将是重要的操作条件之一。从方程式也可看出。柱子的柱效还与柱的种类（毛细管柱还是填充柱）、柱的填充均匀性、担体的颗粒度、载气的种类和相对分子质量、固定液、液膜的厚度和均匀性、柱温、柱的形状等多种因素有关。范第姆特方程是指导选择分离操作条件的依据。

（4）速率方程式的偶合式

吉丁斯（Giddings）曾证明影响板高的各独立因素并不是孤立的，某些因素之间是有联系的。因为组分分子并不是所有时间都在同一流路运动，由于横向扩散作用，涡流扩散与气相传质项就发生作用，由于 A 与 C_m 这两者的偶合项对板高的贡献要小于它们单独贡献之和，因此速率方程的偶合式应为

$$H=\frac{B}{u}+\left(\frac{1}{A}+\frac{1}{C_{\mathrm{m}}\times u}\right)^{-1}+C_{\mathrm{s}}\times u=\frac{B}{u}+C_{\mathrm{s}}\times u+A' \tag{4-26}$$

式中，$A'=\left(\frac{1}{A}+\frac{1}{C_{\mathrm{m}}\times u}\right)^{-1}$，表示偶合项。

图 4-10 为范氏方程和范氏方程偶合式的板高与线速之间的关系示意图。可以看出，偶合板高比范氏板高要低，线速增加板高趋于平滑，更接近实际板高线速图，现已被普遍接受。

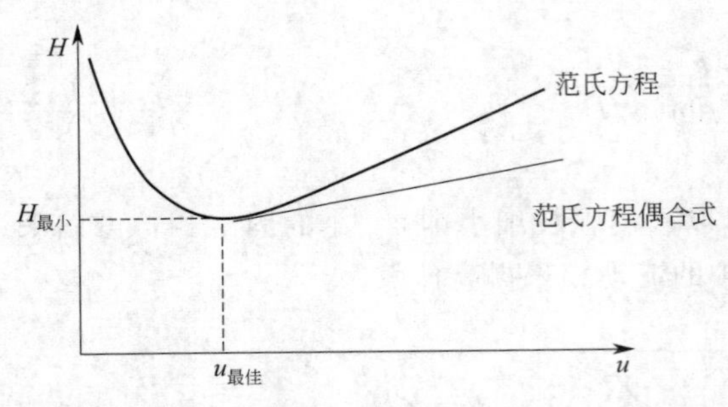

图 4-10　范氏方程与范氏方程偶合式的 H-u 关系图

（5）速率方程式讨论

速率方程式在塔板理论的基础上，引入了影响塔板高的动力学因素，所以它综合了热力学及动力学两种因素对板高的影响。下面简要介绍载气线速度对板高的影响。

① 线速度 $u\to 0$ 时，传质阻力项可以忽略，范氏方程为

$$H=A+\frac{B}{u} \tag{4-27}$$

② 当 $u\to\infty$ 时，分子扩散项可忽略，方程变为

$$H=A+Cu \tag{4-28}$$

③ 当范氏方程的一阶导数等于零时，得

$$\frac{\mathrm{d}H}{\mathrm{d}u}=-\frac{B}{u^2}+C=0 \tag{4-29}$$

最佳线速度

$$u_{\mathrm{opt}}=\sqrt{\frac{B}{C}} \tag{4-30}$$

最小板高

$$H_{\min}=A+2\sqrt{BC} \tag{4-31}$$

式中，涡流扩散项与线速度无关，对板高影响为一常数；分子扩散项与线速度成反比，当线速度小时，其成为影响板高的主要因素；传质阻力项与线速度成正比，当线速度大时，其对板高起控制作用。

例 4-1　在一定条件下，两个组分的调整保留时间分别为 85s 和 100s，要达到完全分离，即 $R=1.5$。计算需要多少块有效塔板。若填充柱的塔板高度为 0.1cm，柱长是多少？

解　$\gamma_{2,1}=100/85=1.18$

$N_{有效}=16R^2[\gamma_{2,1}/(\gamma_{2,1}-1)]^2=16\times1.50\times(1.18/0.18)^2=1547$（块）

$L_{有效}=N_{有效}\ H_{有效}=1547\times0.1=155\mathrm{cm}$

即柱长为 1.55m 时，两组分可以得到完全分离。

例 4-2　在一定条件下（$N=3600$，$L=1\mathrm{m}$），两个组分的保留时间分别为 12.2s 和 12.8s，计算分离度。要达到完全分离，即 $R=1.5$，所需要的柱长。

解　$W_{b1}=4\ \frac{t_{R_1}}{\sqrt{N}}=\frac{4\times12.2}{\sqrt{3600}}=0.8133$

$$W_{b2}=4\frac{t_{R_2}}{\sqrt{N}}=\frac{4\times12.8}{\sqrt{3600}}=0.8533$$

$$R=\frac{2\times(12.8-12.2)}{0.8533+0.8133}=0.72$$

$$L_2=\left(\frac{R_2}{R_1}\right)^2\times L_1=\left(\frac{1.5}{0.72}\right)^2\times1=4.34\text{m}$$

4.3 色谱定性定量分析

不论是气相色谱还是液相色谱，它们的定性和定量分析原理和方法都是相同的。

4.3.1 定性分析

色谱是一种良好的分离方法，但是它不能直接从色谱图中给出定性结果，而需要与已知物对照，或利用色谱文献数据或其他分析方法配合才能给出定性结果。

4.3.1.1 利用已知物质定性

在色谱定性分析中，最常用的简便可靠的方法是利用已知物定性，这个方法的依据是在一定的固定相和一定的操作条件下，任何物质都有固定的保留值。比较已知物和未知物的保留值是否相同，就可确定出某一色谱峰可能是什么物质。

（1）用保留时间定性

对组分不太复杂的样品，在完全相同的色谱条件下，可选择一系列与未知成分相接近的标准物质，依次进样，当某一已知物质与未知组分色谱峰的保留时间相同时，即可初步确定此未知峰所代表的组分。但此方法定性需要严格控制操作条件（柱温、柱长、柱内径、填充量、流速等）和进样量，用保留时间定性，时间允许误差要小于2%。

（2）利用峰高增加法定性

将已知物质加入到未知样品中，如果此时待测组分峰比原来的峰高相对增加了，且半峰宽并没相应加宽，则表示该样品中含有已知物质组分。

（3）利用双柱或多柱定性

严格地讲，仅在一根色谱柱上用以上方法定性是不太可靠的，这是由于有时两种或几种物质在某一色谱柱上可能具有相同的保留值。此时，一般要在两根或多根性质不同的色谱柱上用已知物进行对照定性。两色谱柱的固定液要有足够的差别，如一根是非极性固定液，另一根则是极性固定液，这时不同组分保留值是不一样的，从而保证定性结果的可靠性。有时也可用改变柱温的方法，使不同组分保留值差别扩大。

4.3.1.2 文献值对照法

许多科学工作者经过多年的努力，积累了大量有机化合物在不同柱子、不同柱温下的保留数据，如相对保留值$\gamma_{i,s}$、比保留值V_g、柯瓦兹（Kovat′s）保留指数I等。进行定性时可将实验测得的保留数据与文献记载的保留数据对照，即可确定被测组分。在使用文献数据时，要注意实验测定时所使用的固定液及柱温应和文献记载一致。

4.3.1.3 联用技术

色谱技术能有效分离复杂的混合物，但不能有效地对未知物定性。而有些分析仪器如质谱、红外等虽然是鉴定未知结构的有效工具，因其对样品的纯度要求很高，对复杂的混合物则无法进行分离并分析。把两者的优点结合起来，实现联机既能将复杂的混合物分离又可同时鉴定结构，是目前仪器分析的一个发展方向，也是近年来发展的热点。

复杂组分通过色谱柱分离，在某时间段以单组分进入质谱仪，再进行定性鉴定，这就是色-质联用仪，包括气-质联用仪和液-质联用仪。如果是利用红外光谱仪进行定性鉴定，则为色谱-红外光谱联用仪。

4.3.2 定量分析

色谱分析的重要作用之一是对样品的定量测定。定量分析的依据是被测组分的质量 m_i 与检测器的响应信号（峰高或峰面积）成正比，即

$$m_i = f_i A_i \tag{4-32}$$

$$m_i = f_{hi} h_i \tag{4-33}$$

式中，f_i 或 f_{hi} 称为定量校正因子。要想得到准确的定量分析数据，必须准确做好以下几个方面：准确测量峰面积；得到准确的定量校正因子；选用合适的定量方法。

4.3.2.1 峰面积的测量

测量峰面积的方法，可分为手工测量和机器自动测量。如今手工测量峰面积的方法逐渐被数据处理机、色谱工作软件等代替。机器测量峰面积既简单又快速准确，但手工测量峰面积的方法仍然是机器处理峰面积的基础［计算方法见式（4-2）、式（4-3）］。

4.3.2.2 定量校正因子的测定

同一化合物在不同检测器上有着不同的响应信号，不同化合物在同一检测器上的响应值也不同。为了使检测器产生的响应信号能真实地反映出物质的量，就要对响应值进行校正而引入定量校正因子。为了解决这个问题，可选定某一个物质作为标准，用校正因子把其他物质的峰面积校正成相当于这个标准物质的峰面积，然后用这种经过校正后的峰面积来计算物质的含量。

（1）绝对校对因子

绝对校对因子

$$f_i = m_i / A_i \tag{4-34}$$

（2）相对校正因子

相对校正因子是指某组分与标准物质的绝对校正因子之比，其表达式为

$$f' = \frac{\dfrac{m_i}{A_i}}{\dfrac{m_s}{A_s}} = \frac{f_i}{f_s} \tag{4-35}$$

式中，f_i 为组分 i 的绝对校正因子；f_s 为标准组分 s 的绝对校正因子；m_i 为组分 i 的质量；m_s 为标准组分 s 的质量；A_i 为组分 i 的峰面积；A_s 为标准组分 s 的峰面积。

在气相色谱中，相对校正因子，对于热导检测器，一般以苯为标准物；对于氢火焰检测器，一般以正庚烷为标准物。相对校正因子只与物质和标准物质及检测器有关，而与柱温、流速、样品及固定液含量，甚至载气等条件无关（一些资料认为载气性质有影响，但影响不超过 3%）。

4.3.2.3 各种定量方法

（1）归一化法

归一化法是常用的一种简便、准确的定量方法，如以面积计算，称面积归一化法；以峰

高计算，称峰高归一化法。以面积归一法为例，计算公式为

$$X_i=\frac{f'_iA_i}{\sum f'_iA_i}\times 100\% \tag{4-36}$$

式中，X_i 为试样中组分 i 的百分含量；f'_i 为组分 i 的相对校正因子；A_i 为组分 i 的峰面积。

归一化法的优点如下：

① 不需知道进样量，尤其是进样量小而不能测准时更为方便；

② 此方法较准确，仪器及操作条件稍有变动对结果影响不大；

③ 比内标法方便，特别是需要分析多种组分时；

④ 假如相对校正因子相近或相同（如同系物、同分异构体等），可不必求出相对校正因子，而直接用面积或峰高归一化，计算公式可以简化为

$$X_i=\frac{A_i}{\sum A_i}\times 100\% \tag{4-37}$$

但使用归一化法不可忽视以下几个问题：

① 样品中所有组分必须全部流出色谱柱并产生相应信号和测出峰面积；

② 即使是不必定量的组分也必须求出峰面积；

③ 所有组分的相对校正因子均需测出，否则此法不能应用。

(2) 内标法

当被测组分含量很小，不能应用归一化法，或者是被测样品中并非所有组分都出峰，只要目标组分出峰时就可以用内标法。加入的内标物最好是色谱纯或是已知含量的标准物，且内标物出峰最好在被测物峰的附近。

内标物应满足如下要求：

① 在所给定的色谱条件下具有一定的化学稳定性；

② 在接近所测定物质的保留时间内洗脱下来；

③ 与两个相邻峰达到所需分离度的要求；

④ 物质特有的校正因子应为已知或者可测定；

⑤ 与待测组分有相近的浓度和类似的保留行为；

⑥ 具有较高的纯度。

为了进行大批样品的分析，有时需建立校正曲线。具体操作方法是用待测组分的纯物质配制成不同浓度的标准溶液，然后在等体积的这些标准溶液中分别加入浓度相同的内标物，混合后进行色谱分析。以待测组分的浓度为横坐标，待测组分与内标物峰面积（或峰高）的比值为纵坐标建立标准曲线（或线性方程）。在分析未知样品时，分别加入与绘制标准曲线时同样体积的样品溶液和同样浓度的内标物，用样品与内标物峰面积（或峰高）的比值，在标准曲线上查出被测组分的浓度或用线形方程计算。

方法：准确称取样品，将一定量的内标物加入其中，混合均匀后进行分析。根据样品、内标物的质量及在色谱图上产生的相应峰面积，计算组分含量。计算公式为

$$X_i=\frac{f'_{i,s}\times A_i\times m_s}{m_{样}\times A_s}\times 100\% \tag{4-38}$$

式中，X_i 为试样中组分 i 的百分含量；m_s 为内标物 s 的质量；A_s 为内标物 s 的峰面积；A_i 为组分 i 的峰面积；$f'_{i,s}$为相对校正因子；$m_{样}$为称取的样品质量。

内标法的优点是定量准确，测定条件不受操作条件、进样量及不同操作者进样技术的影响。其缺点是选择合适的内标物较困难，每次需准确称量内标和样品，并增加了色谱分离的难度。

（3）外标法

外标法实际上是常用的标准曲线法。用待测组分的标准物质配成不同浓度的标样进行色谱分析，获得各种浓度对应的峰面积，然后作出各浓度标准溶液峰面积与浓度的曲线图。分析时，在相同色谱条件下，进同体积样品，根据所得峰面积，从标准曲线上查出待测组分的浓度。外标法操作和计算都很简便，不必用校正因子，但要求色谱操作条件稳定，进样重复性好，否则对分析结果影响比较大。

$$c_i=\frac{A_i c_s}{A_s} \tag{4-39}$$

式中，A_s 为内标物 s 的峰面积；A_i 为组分 i 的峰面积；c_s 内标物 s 的浓度；c_i 为组分 i 的浓度。

（4）标准加入法

标准加入法可以看作是内标法和外标法的结合。具体操作是取等量样品若干份，加入不同浓度的待测组分的标准溶液进行色谱分析，以加入的标准溶液的浓度为横坐标，峰面积为纵坐标绘制工作曲线。样品中待测组分的浓度即为工作曲线在横坐标延长线上的交点到坐标原点的距离。由于待测组分以及加入的标准溶液处在相同的样品基体中，因此，这种方法可以消除基体干扰。但是，由于对每一个样品都要配制三个以上的、含样品溶液和标准溶液的混合溶液，因此这种方法不适于大批样品的分析。

4.4 气相色谱仪

气相色谱法的装置即气相色谱仪的主要结构如图 4-11 所示。它包括载气系统、进样系统、分离系统（色谱柱）、温度控制系统以及检测器系统和记录数据处理系统。

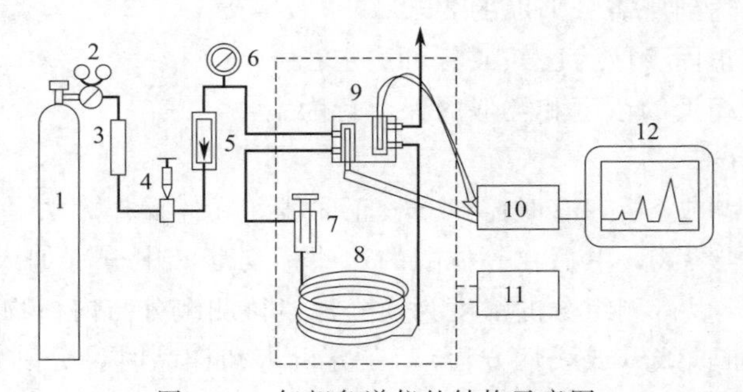

图 4-11　气相色谱仪的结构示意图

1—载气钢瓶；2—减压阀；3—净化干燥管；4—针形阀；5—流量计；6—压力表；7—进样器；8—色谱柱；9—检测器；10—放大器；11—温度控制器；12—记录仪

气相色谱仪的工作流程为：载气从钢瓶 1 经减压阀 2 输出，通过净化干燥管 3 干燥，由针形阀 4 调节流量后，经过进样器 7 把进入进样器的组分带入色谱柱 8，组分在色谱柱中被分离后，进入检测器 9 后并转换成相应的响应信号，并在 12 记录成色谱图。

4.4.1　载气系统

载气系统包括气源、气体净化、气体流速控制和测量。

① 载气选择 载气是气相色谱分析中的流动相。载气的性质、净化程度及流速对色谱分离效能、检测器的灵敏度、操作条件的稳定性均有很大影响。可作为载气的气体很多，原则上没有腐蚀性且不与分析组分发生化学反应的气体均可作为载气，最常用的是氦气、氢气、氩气、氮气。

② 气体净化 载气净化的目的是保证基线的稳定性及提高仪器的灵敏度。净化程度主要取决于使用的检测器及分析要求（常量或微量分析），对于一般检测器，净化是使用一根装有硅胶、分子筛、活性炭的净化管，载气经过时可以除去微量的水分及油等。

③ 流速控制 在气相色谱中对流速控制的要求很高，主要是保证操作条件的稳定性。由减压阀、针形阀、稳流阀相互配合以完成流速的精确控制。

4.4.2 进样系统

进样系统包括进样器和气化室。

① 进样器 一般使用不同规格的专用微量注射器。填充柱色谱常用 10μL，毛细管色谱柱常用 1μL，新型仪器带有全自动液体进样器，清洗、润洗、取样、进样、换样等过程自动完成，一次可放置数十个样品。对于液体样品，一般采用注射器、自动进样器进样。对于气体样品，通常用医用注射器或六通阀进样。对于固体样品，一般溶解于常见溶剂转为溶液后进样。

② 气化室 将液体样品瞬间气化的装置。气化室由绕有加热丝的金属块制成，温控范围 50～300℃。气化室要求热容量大，温度要足够高，使样品能瞬间气化，而且气化室体积尽量小，无死角，减少样品扩散，提高柱效。对易受金属表面影响而发生变化催化、分解或异构化现象的样品，可在汽化室通道内置玻璃插管，避免样品直接与金属接触。

4.4.3 温度控制系统

气相色谱仪温度控制系统通常有电源部件、温控部件和微电流放大器等部件。电源部件对仪器的检测系统、控制系统和数据处理系统各部件提供稳定的直流电压，同时也对仪器的各种检测器提供一些特殊的稳定电压或电流，以便获得稳定的电压、磁场或电流。温控部件、程序升温部件对气相色谱仪的柱箱、检测器室和气化室或辅助加热区进行控制。程序升温操作在气相色谱中经常使用。微电流放大器把检测的信号放大，以便推动记录仪或数据处理系统工作。

4.4.4 分离系统

分离系统部件是色谱柱。色谱柱为气相色谱的心脏，色谱柱主要有两类：填充柱和毛细管柱。现在填充柱一般采用不锈钢、玻璃两种材质，内径通常为 2～6mm，长度为 1～3m。毛细管柱通常为内径 0.1～0.5mm，长度为 25～100m 的石英玻璃柱。

试样中各组分的分离在色谱柱中进行，选择合适的色谱柱是分析中的关键步骤。

4.4.4.1 填充柱

填充柱由柱管和固定相组成，柱管材料为不锈钢或玻璃，内径为 2～6mm，长 0.5～10m 的 U 形或螺旋形管子。在管内填充具有多孔性及较大表面积的吸附剂颗粒作为固定相，即构成气固色谱填充柱。试样由载气带入柱子时，立即被吸附剂所吸附。载气不断流过吸附剂时，被吸附的组分又被洗脱下来，称为脱附。由于试样中各组分性质不同，在吸附剂上的吸附能力不一样，较难被吸附的组分就容易被脱附，移动速度快。经多次反复吸附、脱附，试样中各组分彼此分离，先后流出色谱柱。填充柱又可分为气固色谱填充柱和气液色谱填充柱。

(1) 气固色谱填充柱

气固色谱主要用于惰性气体和 H_2、O_2、N_2、CO、CO_2、CH_4 等一般气体及低沸点有机物的分析。常用的吸附剂有非极性的活性炭、弱极性的氧化铝、强极性的硅胶和新型的高分子多孔微球。固体吸附剂吸附容量大、热稳定性好、便宜，但存在柱效低、吸附剂活性中心易中毒、不同批制备的吸附剂性能不易重复、色谱峰有拖尾现象等缺点。近年来，通过对吸附剂表面进行物理化学改性，大大改善了性能，新型高分子多孔微球（GDX）是以二乙烯基苯作为单体，经悬浮共聚所得的交联多孔聚合物，将它用于测定有机物或气体中水的含量，既克服了气液色谱柱因组分含水给固定液及担体的选择带来的困难，又克服了因水的吸附系数过大而无法用气固色谱柱进行测定的困难。该固定相又可作为担体涂上固定液作气液色谱固定相。

(2) 气液色谱填充柱

气液色谱柱中的固定相是在化学惰性的固体微粒（用来支持固定液，称为担体）表面涂上一层高沸点有机化合物的液膜（固定液）。由于被分离组分在固定液中溶解度的不同，经反复分配，达到分离。

① 担体

担体（载体）是一种多孔性的、化学惰性固体颗粒。其作用是提供具有较大表面积的惰性表面，用以承担固定液。要求担体比表面积大、化学惰性、无吸附性、有适宜的孔隙结构、热稳定性和力学强度好、颗粒规则均匀。颗粒细小有利于提高柱效。但若过细，使柱压增大，对操作不利，一般选用范围为40～100目。

气液色谱常用担体可分为硅藻土型和非硅藻土型两类。硅藻土型担体又可分为红色担体和白色担体两种。红色担体系天然硅藻土煅烧而成，因含氧化铁而呈红色，其表面结构紧密，孔径较小（约 $1\mu m$），比表面积大（约 $4.0m^2 \cdot g^{-1}$），力学强度好，可涂布较多固定液；缺点是表面有氢键及酸碱活性作用点，用于非极性固定液，分离非极性样品。白色担体是将硅藻土加助熔剂（碳酸钠）后煅烧而成，氧化铁变成无色铁硅酸钠配合物而呈白色。结构疏松。表面孔径较大（约 $8\mu m$），比表面积为 $1.0m^2 \cdot g^{-1}$，力学强度不如红色担体，其表面极性中心显著减少，用于极性固定液，分离极性物质。非硅藻土型担体有氟担体、玻璃微球担体、高分子多孔微球等。

② 固定液

固定液是气液色谱的固定相，理想的固定液应满足热稳定性好、在操作温度下不热解、呈液态、蒸气压低、不易流失；化学稳定性好，不与组分、担体、柱材料发生不可逆反应；对组分有适当的溶解度和高的选择性；黏度低，能在担体表面形成均匀液膜，以增加柱效。固定液通常是高沸点的有机化合物，现在已有上千种固定液，分析时必须针对被测试样的性质选择合适的固定液。

试样中各组分在固定液中溶解度或分配系数的大小与各组分和固定液分子间相互作用力的大小有关。分子间相互作用力包括静电力、诱导力、色散力和氢键力等。分子间的相互作用力与分子的极性有关。为此，固定液的极性常以“相对极性”（Relative Polarity）P 来分类。以非极性的固定液角鲨烷的相对极性为零，强极性固定液 β,β'-氧二丙腈的相对极性为100，用一对物质正丁烷-丁二烯或环己烷-苯分别测定在3根色谱柱（包括待测固定液色谱柱）上调整保留值，按下两式可计算待测固定液的相对极性 P：

$$P=100-100\frac{(q_1-q_x)}{q_1-q_2} \tag{4-40}$$

$$q=\lg\frac{t'_{\mathrm{R}}(\text{苯})}{t'_{\mathrm{R}}(\text{环己烷})} \quad \text{或} \ q=\lg\frac{t'_{\mathrm{R}}(\text{丁二烯})}{t'_{\mathrm{R}}(\text{正丁烷})} \tag{4-41}$$

式中，下标 1，2 和 x 分别表示β,β'-氧二丙腈、角鲨烷和待测固定液。这样测得的相对极性，从 0～100 分为 5 级，每隔 20 分为 1 级，P 在 0～20 为非极性固定液，在 21～40 为弱极性固定液，41～60 为中等极性固定液，61～100 为强极性固定液。

固定液的选择，一般根据“相似相溶”原理进行，即固定液的性质和被测组分的化学结构相似，极性相似，则分子之间的作用力就强，选择性就高。

4.4.4.2 毛细管柱

毛细管柱又叫空心柱（Open Tubular Column），按其固定相的涂布方法可分为以下几种。

（1）涂壁空心柱（Wall Coated Open Tubular，WCOT）

将固定液直接均匀地涂在内径 0.1～0.5mm 的毛细管内壁而成，固定相膜厚 0.2～8.0μm。涂壁空心柱具有渗透性好、传质阻力小、柱子可以做得很长（一般几十米，最长可到 300m）、柱效很高、可以分析难分离的复杂样品等特点。缺点是样品负荷量小，进样常需采用分流技术。

（2）多孔层开管柱（Porous Layer Open Tubular，PLOT）

多孔层开管柱在管壁上涂一层多孔性吸附剂固体微粒，不再涂固定液，为气固色谱开管柱，吸附剂可分为无机和有机吸附剂两大类。无机吸附剂包括活性氧化铝、分子筛（5Å 和 13X）、石墨化炭黑和碳分子筛、硅胶等。有机吸附剂包括多孔高聚物和环糊精等。

（3）涂载体空心柱（Support Coated Open Tubular，SCOT）

涂载体空心柱是先在毛细管内壁涂布多孔颗粒，再涂渍上固定液，液膜较厚，柱容量较 WCOT 柱高，但柱效略低。有些 SCOT 柱可看成是 PLOT 柱用不同极性的固定液进行改性而成。有时可兼有吸附和分配两种分离机理，具有吸附柱的高选择性和分配柱的高分离效率的优点，能解决使用单一色谱柱难分离的组分，如一些难分离的异构体组分的分离。

（4）交联和化学键合相毛细管柱

将固定相用交联引发剂交联到毛细管管壁上，或用化学键合方法键合到硅胶涂布的柱表面而制成的色谱柱称为交联或化学键合相毛细管柱，具有热稳定性高、柱效高、柱寿命长等特点，现得到广泛应用。

毛细管柱内表面首先需粗糙化，以提高固定液的湿润性，常用氯化氢刻蚀法、晶须法、沉积固体颗粒（如炭黑、碳酸钡、氯化钠等）法粗糙化处理。再进行钝化前处理，一般用酸除去玻璃表面的金属氧化物和增加表面硅醇基。然后进行表面钝化（亦称去活），常用硅烷化方法，用各种硅烷化去活试剂屏蔽柱表面的活性中心并改善固定相的润湿性。

处理后的毛细管柱才可涂布固定液，有动态涂布法和静态涂布法两种。动态涂布法是迫使含有约 10%固定液的低沸点溶剂的溶液，在严格控制流速下通过色谱柱，涂布完毕后继续用氮气吹洗，以除去残留溶剂。静态涂布法是把色谱柱用溶于适当低沸点溶剂的稀固定液完全充满，将柱子的一端仔细封上，然后，把完全充满的柱子放在真空中，让溶剂平静地蒸发掉，剩下薄薄的一层液膜。为了提高液膜的稳定性，现已广泛采用化学键合和交联两种方法。将要键合的固定液担体试剂灌到柱中与柱表面的硅醇基发生键合反应称为化学键合涂布法。将固定液在引发剂作用下和毛细管内壁发生交联反应称为交联法。此两种方法所得液膜稳定性好，流失小，柱效稳定。

4.4.5　检测系统

检测系统即检测器的作用是将色谱柱分离后的各组分按其特性及含量转换为相应的电信号并输出，由于输出信号及其大小是组分定性和定量的依据，因此检测器是气相色谱仪的重要部件。目前有 20 多种气相色谱仪检测器已商品化，其中常用的检测器有热导检测器、氢火焰检测器、火焰光度检测器和电子捕获器等。

4.4.5.1　检测器的分类

根据检测特性的不同，通常可将检测器分为浓度型检测器和质量型检测器两类。

① 浓度检测器的响应值取决于载气中组分的浓度。载气流速改变时，进入检测器的载气和组分的量同时增加，组分浓度在一定范围内基本不变，色谱峰峰高不变，而峰面积随载气流速增大而减小。因此，对于浓度型检测器，采用峰面积定量时要求载气流速恒定。典型的浓度型检测器有热导检测器和电子捕获检测器等。

② 质量型检测器测量的是载气中某组分进入检测器的速度变化，即检测器的响应值和单位时间内进入检测器的组分质量成正比，当载气流速改变时，色谱峰的峰面积 A 在一定范围内基本不变，而峰高 h 随载气流速增大而增大。典型的质量型检测器有氢火焰离子化检测器和火焰光度检测器等。

此外，根据检测时组分是否被破坏，检测器可分为破坏性和非破坏性两类；根据检测功能分为通用型检测器和选择型检测器。

4.4.5.2　检测器的性能评价

(1) 灵敏度 S

检测器的灵敏度也称为响应值，是评价检测器好坏的重要性能指标。

单位量的物质通过检测器时所产生的响应信号，称为检测器对该物质的灵敏度，即响应信号对进样量的变化率。

对于浓度型检测器，其灵敏度 S_c 的计算公式为

$$S_c=\frac{AF_c}{m} \tag{4-42}$$

式中，F_c 为校正检测器温度和大气压时的载气流速，$mL\cdot min^{-1}$；A 为峰面积，$mV\cdot min$；m 为载气中被测组分的质量，mg。

对于质量型检测器，其灵敏度 S_m 的计算公式为

$$S_m=\frac{A}{m} \tag{4-43}$$

(2) 检出限 D

检测限又称敏感度，其定义为当检测器响应值为 3 倍噪声信号（$3R_N$）时，单位时间引入检测器的样品量或单位体积载气中所含的样品量。

浓度型检测器的检出限为

$$D_c=\frac{3R_N}{S_c} \tag{4-44}$$

D_c 的物理意义是指每毫升载气中含有恰好能产生 3 倍于噪声的信号时溶质的质量。

质量型检测器的检出限为

$$D_m=\frac{3R_N}{S_m} \tag{4-45}$$

D_m 的物理意义是指恰好能产生3倍于噪声的信号时，每秒钟通过检测器的溶质的质量。

无论哪种检测器，检出限都与灵敏度成反比，与噪声成正比。检出限不仅取决于灵敏度，而且受限于噪声，所以它是衡量检测器性能的综合指标。

(3) 最低检测限（最小检测量）Q_{min}

最小检测限是指检测器响应值为3倍噪声时所需的试样浓度（或质量）。最小检测限和检出限是两个不同的概念。检出限只用来衡量检测器的性能，而最小检测量不仅与检测器性能有关，还与色谱柱柱效及色谱操作条件有关。

浓度型检测器的 Q_{min} 为

$$Q_{min}=1.065W_{1/2}F_cD_c \tag{4-46}$$

质量型检测器的 Q_{min} 为

$$Q_{min}=1.065W_{1/2}D_m \tag{4-47}$$

(4) 线形范围

检测器的线性是指检测器内流动相中组分浓度与响应信号成正比关系。线性范围是指被测组分的量与检测器信号呈线性关系的范围，以最大允许进样量与最小进样量之比来表示。

(5) 响应时间

响应时间是指进入检测器的某一组分的输出信号达到其值63%所需的时间。一般小于1s。

4.4.5.3 常用检测器

(1) 热导检测器（Thermal Conductivity Detector，TCD）

热导检测器是气相色谱中应用最广泛的通用浓度型检测器，它结构简单、稳定、线性范围宽、不破坏样品，易于和其他检测器联用。

① 结构

热导检测器由热导池与电路连接而成。热导池由池体和热敏元件组成，在不锈钢池体有通气孔，内装金属丝作热敏元件。为提高灵敏度，一般选用电阻率高、电阻温升系数大、力学强度高、对各种成分都呈现惰性的金属丝作热敏元件，如铼-钨丝、铂-铑丝等。对称孔道之一为测量臂，另一为参比臂，热导检测器结构如图4-12所示。

② 工作原理

热导检测器的工作原理如图4-13所示，两个装在热导池内的热敏元件 R_1、R_4 及电阻 R_2、R_3 组成惠斯顿电桥的四个臂。检测时，当载气同时通过参比臂 R_1 及测量臂 R_4 时，调节 R_2 使电桥平衡，$R_1\times R_3=R_2\times R_4$，没有电流输出，因此没有信号产生，记录的是一条平直的基线。当在测量臂中通有载气和样品，而参比臂只有载气时，由于载气和组分的热导系数不同，带走热敏元件 R_4 的热量大小不同，其温度也不同，致使 R_4 的电阻值与只通入载气时的电阻值不同。$R_1\times R_3\neq R_2\times R_4$，电桥失去平衡，有信号输出，记录仪上出现色谱峰。

组分浓度越大，电阻改变越大，产生信号越大。根据信号大小，就可对被分离组分定量测定。

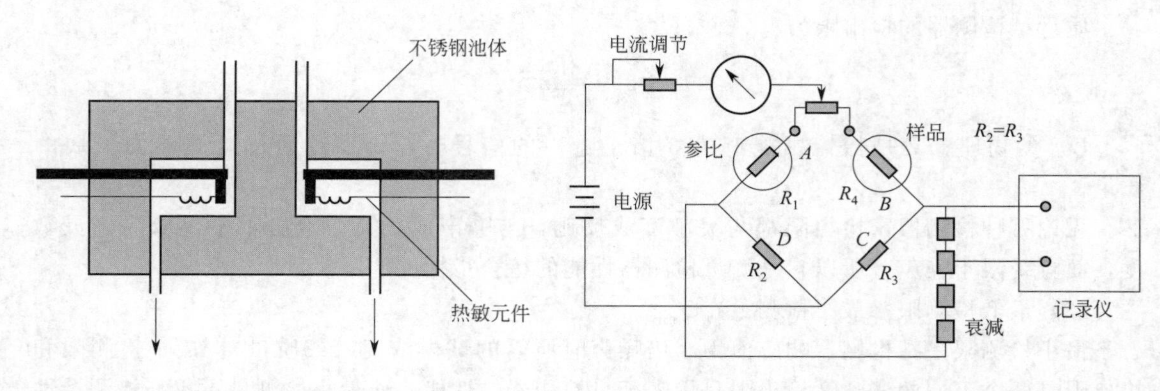

图 4-12　热导检测器结构示意图　　　　图 4-13　热导检测器桥式电路示意图

在使用热导池检测器时，宜采用轻载气（氢气和氦气），且保持载气流速稳定；选用较大的桥电流，以便提高灵敏度。

(2) 氢火焰离子化检测器（Flame Ionization Detector，FID）

氢火焰离子化检测器是气相色谱中最常用的最重要的通用质量型检测器。氢火焰离子化检测器对几乎所有的有机化合物都有响应，对载气要求不苛刻，载气中微量水及二氧化碳对载气无影响，受温度和压力的影响最小，线性范围宽，稳定性好，但它是破坏型检测器。

① 结构

氢火焰检测器结构简单，主要由离子室、离子头及气体供应三部分组成，具有代表性的 FID 结构如图 4-14 所示，在喷嘴上加一极化电压，氢气从管道 7 进入喷嘴，与载气混合后由喷嘴逸出进行燃烧，助燃空气由管道 6 进入，通过气体扩散器 5 均匀分布在火焰周围进行助燃，补充气从喷嘴管道底部 8 通入。

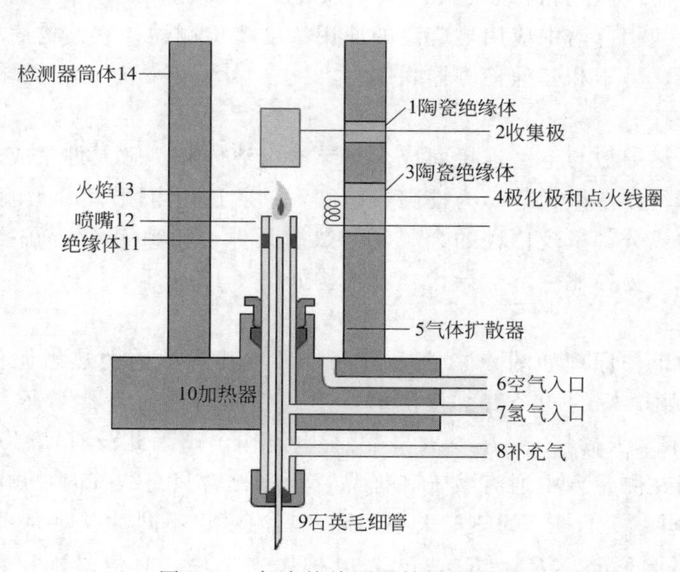

图 4-14　氢火焰检测器结构示意图

② 工作原理

载气（包括从色谱柱分离出来的组分）和氢气混合后，以空气作为助燃气，在火焰喷嘴上燃烧。组分中的含碳有机物在高温火焰中被离子化，产生数目相等的正离子和负离子。

当含有有机物 C_nH_m 的载气由喷嘴喷出进入火焰时，发生裂解反应产生自由基

$$C_nH_m \longrightarrow \cdot CH$$

产生的自由基与火焰外面扩散进来的激发态原子氧或分子氧发生如下反应

$$\cdot CH + O \longrightarrow CHO^+ + e^-$$

生成的正离子 CHO^+ 与火焰中大量水分子碰撞而发生分子离子反应

$$CHO^+ + H_2O \longrightarrow H_3O^+ + CO$$

化学电离产生的正离子和电子在外加恒定直流电场的作用下分别向两极定向运动而产生微电流（约 $10^{-6}\sim10^{-14}$A），经放大器放大后，输出到记录仪，得到峰面积与组分质量成正比的色谱流出曲线。

（3）电子捕获检测器（Electron Capture Detector，ECD）

电子捕获检测器是一种灵敏度高，选择性强的浓度型检测器。ECD 只对具有电负性的物质，如含 S、P、卤素的化合物、金属有机物及含羰基、硝基、共轭双键的化合物有输出信号；而对电负性很小的化合物，如烃类化合物等，只有很小甚至无输出信号。被测物的电负性越大，ECD 的检测限越小（可达 $10^{-12}\sim10^{-14}$g），所以 ECD 特别适合于分析痕量电负性化合物。电子捕获检测器（ECD）也是一种离子化检测器，它可以与氢火焰检测器共用一个放大器，其应用仅次于热导检测器和氢火焰检测器。

① 结构

电子捕获检测器的结构如图 4-15 所示。电子捕获检测器的主体是电离室，目前广泛采用的是圆筒状同轴电极结构。阳极是外径约 2mm 的铜管或不锈钢管，金属池体为阴极，阳极 2 与阴极之间用陶瓷或聚四氟乙烯绝缘。离子室内壁装有 β 射线放射源，常用的放射源是 ^{63}Ni。载气用 N_2 或 Ar。

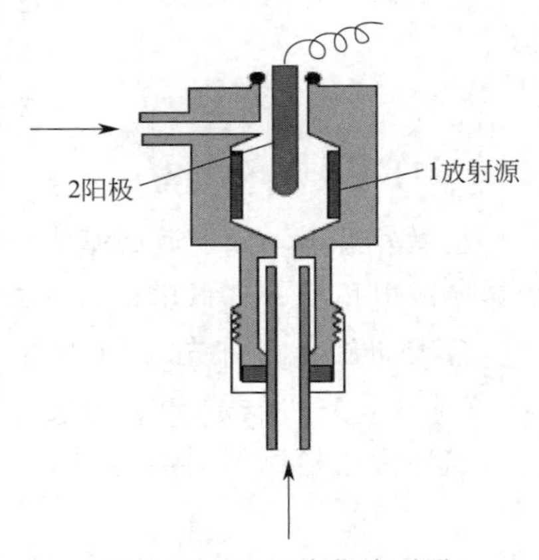

图 4-15 电子捕获检测器结构示意图

② 检测原理

当载气（N_2）从色谱柱流出进入检测器时，放射源放射出的 β 射线使载气电离，产生正离子及低能量电子

$$N_2 \xrightarrow{\beta 射线} N_2^+ + e^-$$

这些带电粒子在外电场作用下向两电极定向流动，形成了约为 10^{-8}A 的离子流，即为检测器基流。当电负性物质 AB 进入离子室时，因为 AB 有较强的电负性，可以捕获低能量的电子，而形成负离子，并释放出能量。电子捕获反应如下所示

$$AB + e^- \longrightarrow AB^- + E$$

反应式中，E 为反应释放的能量。电子捕获反应中生成的负离子 AB^- 与载气的正离子 N_2^+ 反应复合生成中性分子，反应式为

$$AB^- + N_2^+ \longrightarrow N_2 + AB$$

由于电子捕获和正负离子的复合，使电极间电子数和离子数目减少，致使基流降低，产生了样品的检测信号。产生的电信号是负峰，负峰的大小与样品的浓度成正比。

（4）火焰光度检测器（Flame Photometry Detector，FPD）

火焰光度检测器是一种对硫、磷化合物有高响应值的选择性检测器，又称“硫磷检测器”。它对硫、磷的响应比烃类高 1 万倍，适合于分析含硫、磷的有机化合物和气体硫化物，在大气污染和农药残留分析中应用很广，检测限可达 $10^{-13}g\cdot s^{-1}$ (P)、$10^{-11}g\cdot s^{-1}$ (S)。

① 结构

火焰光度检测器是根据硫、磷化合物在富氢火焰中燃烧时能发射出特征波长的光而设计的。它由燃烧系统和光学系统组成，其结构见图 4-16。

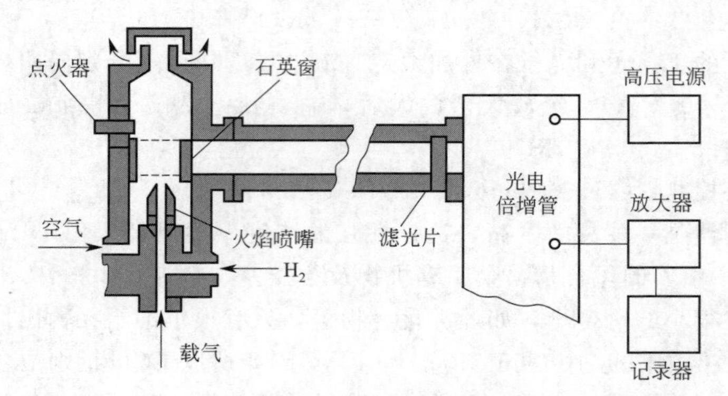

图 4-16　火焰光度检测器示意图

② 工作原理

当含硫的化合物随载气进入富氢火焰中燃烧时，其机理一般认为如下所示：

$$RS+2O_2 \longrightarrow CO_2+SO_2$$

$$2SO_2+4H_2 \longrightarrow 4H_2O+2S$$

$$S+S \xrightarrow{390℃} S_2^*\text{（化学发光物质）}$$

当激发态 S_2^* 分子返回基态时，发射出特征波长的光（λ_{max} 为 394nm），并由光电倍增管转换成电信号，经微电流放大器放大，最后送至记录系统。

含磷的化合物首先燃烧成磷的氧化物，然后在富氢火焰中被氢还原形成化学发光的 HPO 碎片，它可发射出 λ_{max} 为 526nm 的特征光。

四种常用检测器的性能列于表 4-1 中。

表 4-1　检测器性能表

性能＼检测器	热导	火焰离子化	电子捕获	火焰光度
类型	浓度	质量	浓度	质量
通用性或选择性	通用	基本通用	选择	选择
检测限	$10^{-8}mg\cdot mL^{-1}$	$10^{-13}g\cdot s^{-1}$	$10^{-14}g\cdot mL^{-1}$	$10^{-13}g\cdot s^{-1}$(P) $10^{-11}g\cdot s^{-1}$(S)
线性范围	10^4	10^2	$10^2\sim10^4$	10^4(P),10^3(S)
适用范围	有机物和无机物	含碳有机物	卤素及亲电物、农药	含硫、磷化合物,农药

此外，还有热离子检测器（TID）、光离子化检测器（PID）、含氧化合物分析器、脉冲放电检测器、化学发光检测器、微波诱导等离子体原子发射光谱检测器等。

4.4.6　数据处理系统

记录仪和色谱处理系统是记录色谱保留值和峰高或峰面积的设备。通常是使用记录仪记录色谱图，手工测量峰面积。随着计算机技术的发展，目前常用色谱专用微处理机处理数据，现在已经发展到将一台电脑与数据处理硬件组成一个化学工作站，可脱机和联机处理色谱数据和谱图。

习　题

1. 什么是色谱的保留时间、调整保留时间？保留时间受哪些因素影响？

2. 一个组分的色谱峰可用哪些参数描述？这些参数各有什么意义？受哪些因素影响？

3. 什么是分离度？哪些因素影响分离度？

4. 色谱定性的依据是什么，主要有哪些定性方法？

5. 在色谱内标法定量分析中，内标物该如何选择？

6. 比较气相色谱法中归一法、内标法、外标法的优缺点。

7. 什么是定量校正因子？色谱定量分析时为什么要测定校正因子？

8. 用一个填充柱分离十八烷及2-甲基十七烷，已知该柱对上述两组分的理论塔板数为4200，获得它们的保留时间分别为15.05min及14.82min，求它们的分离度R？　　(0.25)

9. 用一根长2m的色谱柱分离A、B两种物质，测得两物质的保留时间分别为520s和560s，空气的保留时间为40s，填充柱的塔板高度为0.1cm，若要使两物质分离度达到1.5，求所需柱长为多少？　　(6.13m)

10. 用色谱法测定花生中农药（稳杀特）的残留量。称取5.00g试样，经适当处理后，用石油醚萃取其中的稳杀特，提取液稀释到500mL。用该试液5μL进行色谱分析，测得稳杀特峰面积为48.6Pa·s，同样进5μL纯稳杀特标样，其质量浓度为$5.0\times10^{-5}mg\cdot L^{-1}$，测得色谱峰面积为56.8Pa·s。计算花生中稳杀特的残留量，以$ng\cdot g^{-1}$表示之。

($4.28ng\cdot g^{-1}$)

11. 简要说明气相色谱分析的基本原理。

12. 气相色谱仪是由哪几部分组成的？各有什么作用？

13. 热导检测器和氢火焰检测器的工作原理是什么？

14. 试比较毛细管气相色谱和一般气相色谱之差异，并说明其优越性。

第5章 高效液相色谱法

背景知识

液相色谱法（LC）是以液体为流动相的色谱分析法。高效液相色谱法（HPLC）是1964～1965年开始发展起来的一项新颖快速的分离分析技术。它是在经典液相色谱法的基础上引入了气相色谱（GC）的理论，在技术上采用了高压、高效固定相和高灵敏度检测器，使之发展成为高分离速度、高分离效率、高灵敏度的液相色谱法，也称为现代液相色谱法。

高效液相色谱中包括多种分离模式，从不同的角度考虑，可以得到不同的分类结果。按色谱过程的分离机制可将液相色谱分为吸附色谱、分配色谱、空间排阻色谱、离子交换色谱及亲和色谱等类别。根据流动相与固定相极性的差别，又可分为正相色谱和反相色谱两种模式。流动相极性大于固定相极性时，称为反相色谱；反之，为正相色谱。

吸附色谱法　固定相为吸附剂，依组分在吸附剂上吸附系数（吸附能力）的差别而达到分离的目的。

分配色谱法　固定相为液态，利用样品组分在固定相与流动相中分配系数的差别达到分离的目的，分配色谱法是高效液相色谱法中最常用的模式。

空间排阻色谱法　采用凝胶作为固定相，利用样品组分的分子尺寸与凝胶孔径间的关系即渗透系数的差别而达到分离的目的。按流动相的性质不同（亲油或亲水）又可分为凝胶渗透色谱及凝胶过滤色谱两类。

离子交换色谱法　采用离子交换树脂作为固定相，利用样品离子与固定相表面离子交换基团的交换能力（交换系数）的差别而达到分离的目的。离子交换色谱法按分离对象或流路与柱系统的不同，还可进一步细分。

亲和色谱法　将具有生物活性的配基（如酶、辅酶、抗体等）键合到载体或基质表面上形成固定相，利用蛋白质或生物大分子与固定相表面上配基的专属亲和性进行分离。

化学键合相色谱法　将特定的官能团键合到基质表面，所形成的固定相称为化学键合相。采用化学键合相的色谱方法称为化学键合相色谱法。化学键合相可作为液-液分配色谱、离子交换色谱、手性拆分色谱及亲和色谱等的固定相。由于化学键合相的官能团不易流失，因而被广泛应用于各种分离模式的高效液相色谱方法中。在反相键合相色谱流动相中加入离子对试剂或离子抑制剂（弱酸、弱碱或缓冲盐），分别称为离子对色谱法及离子抑制色谱法。

案例分析

苏丹红系列是人工合成的偶氮类染料，是应用于诸如油彩、蜡、地板蜡和香皂等化工产品中的一种非生物合成着色剂，一般不溶于水，易溶于有机溶剂。食品中非法添加苏丹红的主要目的是为了改善和保持色泽。由于其可能致癌的特性，现在越来越受到国内外的普遍关注。自2003年4月印度出口的红辣椒制品中发现苏丹红Ⅰ号起，苏丹红事件便屡见不鲜。据报道，辣椒（油）、鸡蛋、鸭蛋、化妆品、腐乳等多种样品中均检出苏丹红。2004年1月，欧盟将辣椒制品的苏丹红检测范围扩大到苏丹红Ⅱ号、苏丹红Ⅲ号、苏丹红Ⅳ号。

苏丹红经乙腈提取后，过滤，滤液用反相高效液相色谱仪进行色谱分析。以波长可变的紫外-可见检测器定性与定量。图5-1为苏丹红Ⅰ-Ⅳ号的液相色谱图。

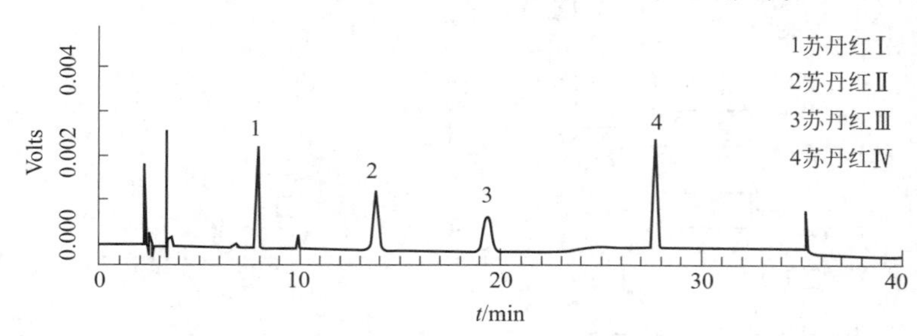

图5-1 苏丹红Ⅰ-Ⅳ号的液相色谱图

5.1 高效液相色谱法的特点

高压 液相色谱法以液体作为流动相（也称洗脱液），液体流经色谱柱时，受到的阻力较大，为了能迅速地通过色谱柱，必须对流动相施加高压。在现在液相色谱法中供液压力和进样压力都很高，一般可达$150\times10^5\sim350\times10^5$Pa，高压是高效液相色谱法的一个突出特点。

高速 高效液相色谱法所需的分离时间较经典液体色谱法少得多，一般小于1h。

高效 气相色谱法的分离效能很高，填充柱柱效约为100块塔板·m^{-1}，而高效液相色谱法的柱效更高，可达3万块塔板·m^{-1}以上。这是由于近年来研究出了许多新型固定相（如化学键合固定相），使分离效率大大提高。

高灵敏度 高效液相色谱法已广泛采用高灵敏度的检测器，进一步提高了分析的灵敏度。如紫外检测器的最小检测量可达纳克数量级（10^{-9}g）；荧光检测器的灵敏度可达10^{-11}g。高效液相色谱的高灵敏度还表现在所需试样很少，微升数量级的试样就足以进行全分析。

气相色谱法虽具有分离能力强、灵敏度高、分析速度快、操作方便等优点，但是受技术条件的限制，沸点太高的物质或热稳定性差的物质都难以应用气相色谱法进行分析。而高效液相色谱法只要求试样能制成溶液，而不需要气化，因此不受试样挥发性的限制。对于高沸点、热稳定性差、相对分子质量大（大于400以上）的有机物（这些物质几乎占有机物总数的75%～85%），原则上都可用高效液相色谱法来进行分离、分析。但在实际应用中，如果能用气相色谱分析的样品一般不用液相色谱法，这是因为气相色谱更快、更灵敏、更方便，并且耗费更低。

5.2 高效液相色谱仪简介

以液体为流动相而设计的色谱分析仪称为液相色谱仪，而采用了高压输液泵、高效固定相和高灵敏度检测器等装置的液相色谱仪称为高效液相色谱仪。其种类很多，不论何种类型的高效液相色谱仪，基本上分为四个部分：高压输液系统、进样系统、分离系统、检测系统和数据处理系统。

图 5-2 是高效液相色谱仪的结构示意，其工作过程如下：高压泵将储液罐的溶剂经进样器送入色谱柱中，然后从检测器的出口流出，当待分离样品从进样器进入时，流经进样器的流动相将其带入色谱柱中进行分离，然后以先后顺序进入检测器，记录仪将进入检测器的信号记录下来，得到液相色谱图。

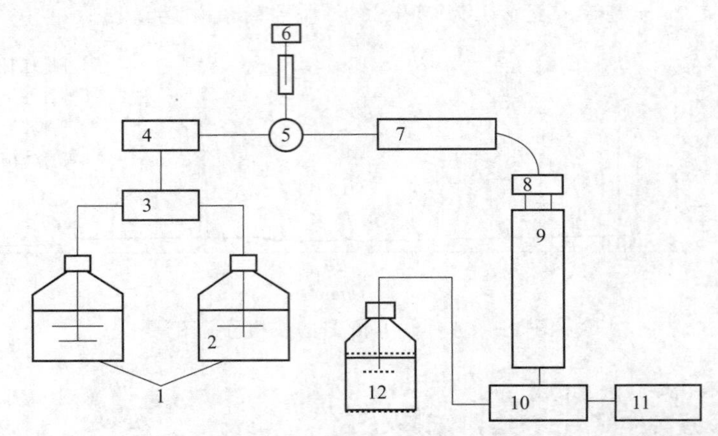

图 5-2　液相色谱仪示意图

1—溶剂；2—储液罐；3—混合室；4—泵；5—进样器；6—注射器；7—预柱（可有可没有）；8—接头；9—色谱柱；10—检测器；11—工作站；12—废液罐

5.2.1　高压输液系统

高效液相色谱仪输液系统包括储液罐、高压输液泵、梯度淋洗装置等。

① 储液罐用来供给足够数量的合乎要求的流动相以完成分析工作，它一般是以不锈钢、玻璃或聚四氟乙烯衬里为材料，容积一般为 0.5～2L。溶剂使用前必须脱气，因为色谱柱是带压操作的，而检测器是在常压下工作，若流动相中含有的空气不除去，则流动相通过柱子时其中的气泡受到压力而压缩，流出柱子后到检测器时因常压而将气泡释放出来，造成检测器噪声大，使基线不稳，仪器不能正常工作。常用的脱气方法有：低压脱气法（电磁搅拌，水泵抽空，可同时加热或向溶剂吹 N_2）、吹氦气脱气法和超声波脱气法。

② 高压输液泵　高压输液泵是高效液相色谱仪的重要部件。它将流动相输入到柱系统，使样品在柱系统中完成分离过程。它应具备流量稳定、输出压力高、流量范围宽、耐酸碱和缓冲液腐蚀、压力变动小、更换溶剂方便、空间小、易于清洗和更换溶剂并具有梯度淋洗功能等。

③ 梯度淋洗装置　梯度淋洗与气相色谱中的程序升温相似，给色谱分离带来很大的方便。所谓梯度淋洗就是两种（或多种）不同极性的溶剂，在分离过程中按一定程序连续地改变流动相的浓度配比和极性，通过流动相极性的变化来改变待分离样品的选择因子和保留时间，以使柱系统具有最好选择性和最大的峰容量。采用梯度淋洗技术，可以提高分离度、缩短分析时间、降低最小检测量和提高分析精密度。梯度淋洗对于复杂混合物，特别是保留性能相差较大的混合物的分离是极其重要的手段。

5.2.2　进样系统

进样系统是将试样引入色谱柱的装置，对于液相色谱进样装置，要求重复性好，死体积小，保证柱中心进样，进样时对色谱柱系统流量波动要小，便于实现自动化等。进样系统包括取样、进样两个功能，而实现这两个功能又有手动和自动两种方式。

① 进样器进样　用1～100μL注射器将样品注入专门设计的与色谱柱相连的进样头内，这种进样方式可以获得比其他任何一种进样方式都要高的柱效，而且价格便宜。但压力不能超过100kg·cm^{-2}。

② 阀进样　进样阀分为定体积和不定体积两种，可以直接用于高压（350～400kg·cm^{-2}）下，把样品送入色谱柱，不需要停流，进样量由固定体积的定量管或微量进样器控制（常压），所以重复性好；阀进样的进样效率比进样器下降10%，但重复性好。

③ 自动进样器　在程序控制器或微机控制下，可自动进行取样、进样、清洗等一系列动作，操作者只需将样品按顺序装入样品盘。比较典型的自动进样装置有圆盘式、链式和笔标式自动进样器。

5.2.3 分离系统

高效液相色谱的分离过程是在色谱柱内进行的，这个分离系统包括流动相、色谱柱（固定相），分离效能取决于两者之间的配合。对色谱柱的要求是柱效高，选择性好，分析速度快等，市售的用于HPLC的微粒填料如以硅胶为基质的键合相、氧化铝、有机胶球（包括离子交换树脂），其粒度一般为3μm、5μm、7μm、10μm，其柱效理论值可达到理论塔板数每米16万块到5万块。对于同系物分析，只需500块塔板即可。用于较难分离物质可采用高达2万块塔板的柱子，因此一般用100～300mm柱长就能满足复杂混合物分析的需要。

5.2.3.1 固定相

色谱柱中的固定相及填充技术是保证色谱柱的高柱效和高分离度的关键。高效液相色谱法对固定相的要求比气相色谱法高得多。现将高效液相色谱法各类分离所用固定相分述如下。

（1）液-液色谱法、化学键合相色谱法及离子对色谱法固定相

液-液色谱法、化学键合相色谱法及离子对色谱法的固定相由固定液与载体（担体）构成，常用担体和固定相可分为以下几类。

① 全多孔型担体　目前HPLC大都采用球形全多孔硅胶，它由纳米级的硅胶微粒堆聚成3～10μm的全多孔小球，表面孔径均一。优点是柱效高、表面积大、载样量大，缺点是透过性不如薄壳型担体。

② 薄壳型微珠担体　又称表层多孔型担体，它由直径为3～5μm的实心玻璃微珠，表面包覆一层1～2μm的多孔材料（如硅胶、氧化铝、聚酰胺或离子交换树脂）制成，因此提高了承受高压的力学强度和填充的均匀性。薄壳型微珠担体的优点是透过性好，传质快，缺点是比表面积小，载样量低，柱效比全多孔微粒担体低。

③ 无定形全多孔硅胶　虽为无定形，但近似球形，粒径一般为5～10μm，价格便宜，柱效高，载样量大，可作为分析与制备型柱的固定相，也可作为载体使用，缺点在于涡流扩散项大，柱渗透性差。

④ 化学键合固定相　采取化学反应方式将固定液的官能团键合在载体表面为化学键合固定相（Chemical Bonded Phase）。其优点是无固定液流失，增加了色谱柱的重现性和寿命；化学性能稳定，可在pH值2～7.5范围内使用；传质过程快，柱效高；载样量大，适于作梯度洗脱。

（2）液固吸附色谱法固定相

液固吸附色谱法固定相所用吸附剂有硅胶、氧化铝、高分子多孔微球及分子筛和聚酰胺等，仍可分为无定形全多孔、球形全多孔和薄壳型微球等类型，特点如前所述。目前常使用的是粒径为 3～10μm 的全多孔型硅胶微球。

高分子多孔微球常用苯乙烯和二乙烯苯交联而成的球形填料。其表面为芳烃官能团，流动相为极性溶剂，相当于反相色谱，选择性较好，但柱效低。

（3）离子交换色谱法固定相

早期离子交换色谱采用离子交换树脂作固定相，因其不耐压，具有膨胀性，现已不用。采用离子型键合相的方式将离子交换基团键合在担体表面，按担体不同可分为两种类型：薄壳型玻珠和全多孔微粒硅胶；按键合离子交换基团，可分为阳离子键合相（强酸性和弱酸性）和阴离子键合相（强碱性和弱碱性）。

（4）排阻色谱法固定相

排阻色谱法固定相为具有一定孔径范围的多孔性凝胶（表 5-1）。按其原料来源可分为有机胶和无机胶；按制备方法可分为均匀、半均匀和非均匀三种凝胶；按强度可分为软胶、半硬胶和硬胶三类；按对溶剂的适用范围可分为亲水性、亲油性和两性凝胶等。

表 5-1　常用的排阻色谱固定相填料

类型	名称	孔径/nm	相对分子质量范围	粒度/μm	注释	厂商
全多孔聚苯乙烯凝胶	Bio-Beads 系列（SX_1，SX_2，SX_3，SX_4，SX_8，SX_{12}）	6～50（4 种）	600～14000（6 种）	10，37～75	非水溶剂	Bio-Rad
	Poragel 系列（6，10，20，50nm）		100～20000（4 种）	37～75	有机溶剂	Waters
多孔硅胶	NDG 系列（1～6L）	<10～>150（6 种）	4×10^4～5×10^6（6 种）	120～400（6 种）	表面用六甲基二硅胺处理	天津试剂二厂
	μ-Bondagel 系列（E_{125}，E_{300}，E_{500}，E_{1000}）	12.5～100（4 种）	2000～2000000（4 种）	10		Waters
	μ-Bondagel E Linear		2000～2000000	10		Waters
其他	CPG 系列（40～2500）	4～250（6 种）	1000～1.5×10^6（6 种）	5～10	水性或非水性溶液，多孔玻璃交联葡聚糖，琼脂糖胶	Corning
	Sephadex G 系列	10～200（8 种）	700～200000	37～74		Pharmcia
	Bio-Gel A 系列	0.5～150M（6 种）	104～1.5×10^8（6 种）	10～40		Bio-Rad

（5）手性固定相

手性对映体的拆分是分离科学一大难题，很多药物均有手性对映体存在，其药效、代谢途径及毒副作用与分子的立体构型有密切关系，常常是一个对映异构体有效，另一个无效或有毒副作用，故许多手性药物需要拆分。手性固定相（Chiral Stationary Phase，CSP）具有高效、快速、简便和适用性广等优点而成为分离对映体最有效的方法。常用手性固定相有π-氢键型键合相、环糊精等。

5.2.3.2　流动相

当固定相选定时，流动相的种类、配比能显著地影响分离效果，因此流动相的选择也非常重要。

(1) 流动相在液相色谱法中的作用

① 携带样品前进。

② 给样品提供一个分配相，进而调节选择性，以达到令人满意的混合物分离效果。

(2) 选择流动相时的注意事项

① 流动相纯度 一般采用色谱纯试剂，必要时需进一步纯化，以除去有干扰的物质。因为在色谱柱使用期间，通过色谱柱的溶剂是大量的，如溶剂不纯，则长期积累杂质而导致检测器噪声增加，同时也影响收集的馏分纯度。

② 应避免使用引起柱效损失或保留特性变化的溶剂，如在液-固色谱中，硅胶吸附剂不能使用碱性溶剂（胺类）或含有碱性杂质的溶剂。同样，氧化铝吸附剂不能使用酸性溶剂。

在液-液色谱中流动相应与固定相不溶（相对的），否则造成固定相流失，使柱的保留特性变化。

③ 对试样要有适宜的溶解度，否则在柱头易产生部分沉淀。

④ 溶剂的黏度小些为好，否则会降低试样组分的扩散系数，造成传质速率缓慢，柱效下降。同时，在同一温度下，柱压随溶剂黏度增加而增加。

⑤ 应与检测器相匹配，例如对紫外光度检测器而言，溶剂不能对紫外光有吸收。

(3) 溶剂选择的依据

在选用溶剂时，溶剂的极性显然仍为重要的依据。例如在正相液-液色谱中，可先选中等极性的溶剂为流动相，若组分的保留时间太短，表明溶剂的极性太大，需改用极性较弱的溶剂，若组分保留时间太长，则再选极性在上述两种溶剂之间的溶剂。如此多次实验，以选出最适宜的溶剂。

常用溶剂的极性顺序排列如下：

水（极性最大）＞甲酰胺＞乙腈＞甲醇＞乙醇＞丙醇＞二氧六环＞四氢呋喃＞丁酮＞正丁醇＞乙酸乙酯＞乙醚＞异丙醚＞二氯甲烷＞氯仿＞溴乙烷＞苯＞氯丙烷＞甲苯＞四氯化碳＞二硫化碳＞环己烷＞己烷＞庚烷＞煤油（极性最小）

为了获得合适的溶剂强度（极性），常采用二元或多元组合的溶剂系统作为流动相。通常根据所起的作用，采用的溶剂可分成底剂及洗脱剂两种。底剂决定基本的色谱分离情况，而洗脱剂则起调节试样组分的保留时间并对某几个组分具有选择性的分离作用。因此，流动相中底剂和洗脱剂的组合选择直接影响分离效率。正相色谱中，底剂采用低极性溶剂如正己烷、苯、氯仿等，而洗脱剂则根据试样的性质选取极性较强的针对性溶剂，如醚、酮、醇、酸等。在反相色谱中，通常以水为流动相的主体，加入不同配比的有机溶剂作调节剂。常用的有机溶剂是甲醇、乙腈、二氧六环和四氢呋喃等。

离子交换色谱分析主要在含水介质中进行。组分的保留值可用流动相中盐的浓度（或离子强度）和 pH 值来控制，增加盐的浓度导致保留值降低。由于流动相离子与交换树脂相互作用力不同，因此流动相中的离子类型对试样组分的保留值有显著的影响。各种阴离子的保留次序为：柠檬酸根＞SO_4^{2-}＞草酸根＞I^-＞NO_3^-＞CrO_4^{2-}＞Br^-＞SCN^-＞Cl^-＞$HCOO^-$＞CH_3COO^-＞OH^-＞F^-，所以用柠檬酸根洗脱要比用氟离子快。阳离子的保留次序大致为：Ba^{2+}＞Pb^{2+}＞Ca^{2+}＞Ni^{2+}＞Cd^{2+}＞Cu^{2+}＞Co^{2+}＞Zn^{2+}＞Mg^{2+}＞Ag^+＞Cs^+＞Rb^+＞K^+＞NH_4^+＞Na^+＞H^+＞Li^+，但差别不及阴离子明显。对阳离子交换柱，流动相 pH 增加，保留值降低，在阴离子交换柱中，情况相反。

排阻色谱法所用的溶剂必须与凝胶本身非常相似，这样才能润湿凝胶并防止吸附作用，当采用软质凝胶时，溶剂必须能溶胀凝胶，因为软质凝胶的孔径大小是溶剂吸留量的函数。溶剂的黏度是重要的，因为高黏度将限制扩散作用而损害分辨率。对于具有相当低的扩散系数的大分子来说，这种考虑更为重要。一般情况下，对高分子有机化合物的分离，采用的溶剂主要是四氢呋喃、甲苯、间甲苯酚、*N*,*N*-二甲基甲酰胺等；生物物质的分离主要用水、缓冲盐溶液、乙醇及丙酮等。

5.2.4　检测系统

用于高效液相色谱中的检测器，应具有灵敏度高、线性范围宽、响应快、死体积小等特点，而且对温度和流速的变化不敏感。常见的高效液相色谱检测器有紫外检测器、二极管阵列检测器、荧光检测器、示差检测器等，也有一些特殊选择性的检测器，可用于特定的分析。

5.2.4.1　紫外吸收检测器

紫外检测器属于非破坏性浓度敏感型检测器。由于紫外检测器结构简单，使用维修方便，是液相色谱法中最为广泛使用的检测器。紫外检测器既可以检测 190～350nm 紫外光区的光强度变化，也可向波长 350～900nm 的可见光延伸。紫外检测器灵敏度高，可达 0.001AUFS；对于具有中等强度紫外吸收的溶质，最小检测量可达 ng 数量级，最低检测可达 pg・L^{-1}。线性范围宽，受操作条件变化和外界环境影响很小，对流速和温度变化不敏感，可用于梯度洗脱分离。

(1) 构造

紫外-254 检测器是一种广泛使用的单波长紫外吸收检测器，它的典型结构如图 5-3 所示。

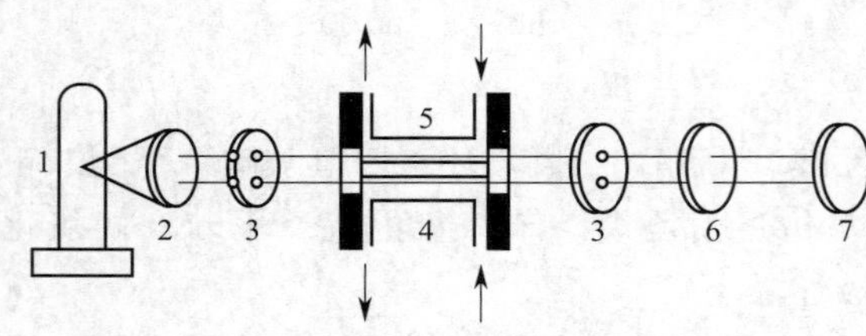

图 5-3　紫外检测器光路示意图

1—低压汞灯；2—透镜；3—遮光板；4—测量池；5—参比池；6—紫外滤光片；7—双紫外光敏电阻

与紫外-可见分光光度计相同，紫外检测器主要由光源、分光系统、流通池和检测系统四部分组成。从光源和分光系统得到的特定波长的单色光通过流通池时，一部分被溶液中的吸光性溶质吸收，剩余的透射光到达检测系统的光电转换组件。光电转换组件将接收到的光信号转换成电信号，再经过电子线路放大等步骤，最终得到与待测吸光物质浓度成正比的输出信号。

(2) 工作原理

紫外检测器分析试样组分对特定波长紫外光的选择性吸收，组分浓度与吸光度的关系符合朗伯-比耳定律。由于吸光度与吸光系数、溶质浓度、光路长度成正比，因此在固定的波长下，对于给定的流通池，紫外检测器的输出信号强度与样品浓度成正比，这也是紫外检测器进行定量分析的基础。

紫外检测器要求被检测样品组分有紫外吸收，而使用的流动相无紫外吸收或紫外吸收波长与被测组分紫外吸收波长不同，在被测组分紫外吸收波长处没有吸收。

5.2.4.2　二极管阵列检测器

二极管阵列检测器是近年发展起来的一种新型检测器，可以在一次运行中同时采集不同波长的色谱图，便于组分的定性和定量。二极管阵列检测器运行结束后，能显示任意所需波长（通常为 190～400nm）的色谱图。因此二极管阵列检测器与单一波长紫外检测器相比，能够提供更多的样品组成信息，而且每个峰的紫外光谱图可作为高效液相色谱法选择最佳波长的重要依据，也可以通过比较一个峰中不同位置的紫外光谱，估计峰纯度。

（1）构造

图 5-4 是二极管阵列检测器的光路示意图，氘灯发出的紫外光经消色差透镜系统聚焦后，被一个由多个光电二极管组成的阵列所检测，每一个光电二极管检测一窄段的谱区。这种检测器是一种反光路系统，即光先通过流通池后再色散，全部阵列在很短的时间（10ms）内扫描一次，这种高速的数据收集可保证快速分析中最早流出的峰也不变形，整个系统的动作中只有快门（用来测暗电流）是移动部件，其余固定不动，故保证了检测器的重复性和可靠性。

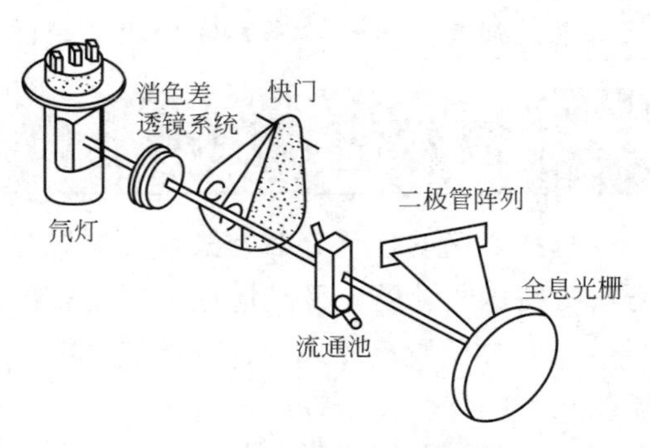

图 5-4 二极管阵列检测器光路示意图

进行分析时，监测一个波长上的色谱输出而储存其他波长上的数据。分析完毕后，可在处理机上得到吸收数据图，也可将时间沿时间轴慢慢变动，观察光谱随时间的变化，由此进行检测。

（2）工作原理

单一波长下的定性和定量的原理与紫外检测器相同，是紫外-可见光度检测器的一个重要的发展。

5.2.4.3 荧光检测器

荧光检测器属于高灵敏度、高选择性的检测器，仅对某些具有荧光特性的物质有响应。一般情况下，荧光检测器比紫外检测器灵敏度高 2 个数量级，但是不如紫外检测器应用那么广泛。许多生物物质包括某些代谢产物如药物、氨基酸、胺类、维生素都可用荧光检测器检测。有些化合物本身不产生荧光，但含有适当的官能团，可与荧光试剂发生反应生成荧光衍生物，这时就可用荧光检测器检测。

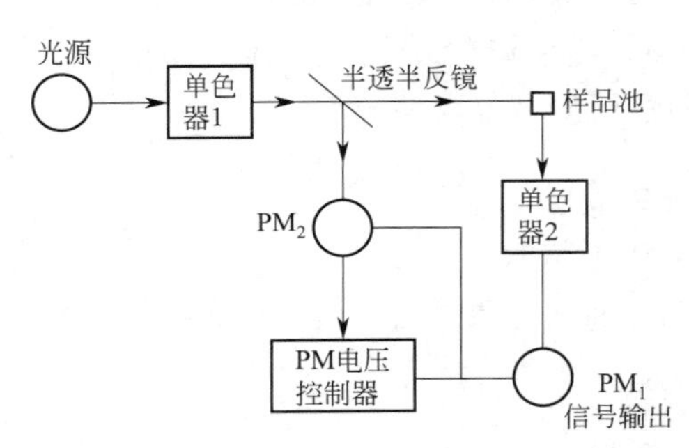

图 5-5 荧光检测器的光路示意图

（1）构造

图 5-5 是荧光检测器的光路示意图，荧光检测器需要比紫外检测器强的光源作激发光源，常采用氙灯作光源，它可在 250～260nm 范围内发出强烈的连续光谱。经单色器 1 分光后选择特定波长的光线作为激发光，样品池内的试样组分受激发后发出荧光，经单色器 2 分光后由光电倍增管 PM_1 接收下来。半透镜可将 10%左右的激发光反射到光电倍增管 PM_2 上，由 PM_2 输出的电信号送入 PM 电压控制器以控制光电倍增管的工作电压。当光源变强时降低光电倍增管的工作电压，光源减弱时升高工作电压，这就补偿了光源强度的波动对输出信号的影响。

（2）工作原理

许多化合物，特别是芳香族的化合物、生化物质等被入射的紫外光照射后，能吸收一定波长的光能，使原子中的某些电子从基态中的最低振动能级跃迁到较高电子激发态的某些振动能级。之后，由于电子在分子中的碰撞，消耗一定的能量而下降到第一电子激发态的最低振动能级，在跃迁到基态中的某些不同振动能级，同时发射出比原来所吸收的光频率较低、波长较长的光，即荧光。被物质吸收的光称为激发光，产生的荧光称为发射光，荧光的强度与入射光强度、量子效率和样品浓度成正比。

5.3 高效液相色谱分离方法的选择

选择正确的色谱分离方法，首先需对试样的相关性质尽可能地了解；其次，对各种色谱分析方法的主要特点及其应用范围要有足够的认识。一般来说，方法选择的主要依据包括试样的相对分子质量的大小、试样在水中和有机溶剂中的溶解度、极性和稳定程度及试样的化学结构等物理和化学性质。

（1）相对分子质量

一般相对分子质量在 200 以下、挥发性较好、受热又不易分解的物质可选择用气相色谱法进行分离分析；相对分子质量在 200～2000 的化合物，则可用液固吸附、液液分配和离子交换色谱法分离；而相对分子质量在 2000 以上的，则可用空间排阻色谱法分析。

（2）溶解度

水溶性试样最好用离子交换色谱法或液液分配色谱法来分离；对于微溶于水，但在酸或碱存在下能很好解离的试样，也可用离子交换色谱法分析；油溶性试样或相对非极性混合物的试样，可选择用液固色谱法。

（3）化学结构

试样中包含离子型或可离子化的化合物，或可与离子型化合物相互作用的化合物（如配体及有机螯合剂），可首先考虑离子交换色谱来分离，空间排阻和液液分配色谱也能应用于离子化合物；异构体的分离可采用液固色谱法；含不同官能团的化合物、同系物则用液液分配色谱法分离；高分子聚合物，则可以采用空间排阻色谱法来分离。

色谱法选择的原则如下。

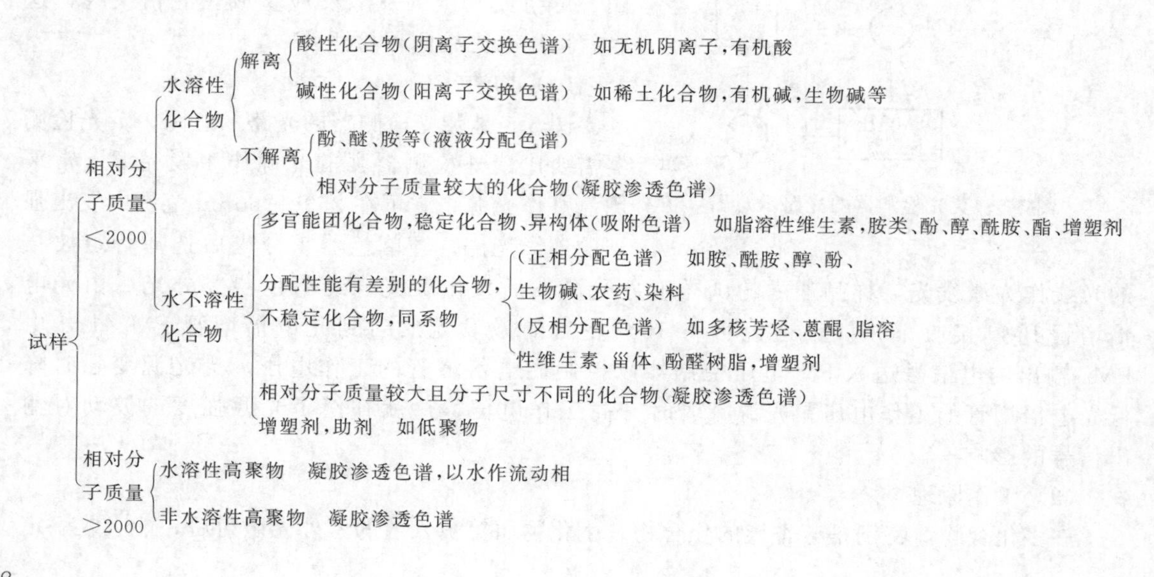

5.4 高效液相色谱分析主要流程

（1）样品预处理

① 使用流动相溶解样品，减少溶剂峰，组分峰靠近溶剂峰时尤为重要，保证样品在流动相中的溶解度，避免样品在系统中，尤其在柱中产生沉淀。

② 进样前最好使用0.45μm的滤膜进行过滤，如果样品很脏，要使用0.22μm的滤膜进行过滤。

③ 对于含有复杂基质的样品，最好先进行分离前处理后再进样；对于痕量的样品，则需要分离富集处理，以达到高效液相色谱的检测限，产生信号。

④ 对于有些无紫外吸收、不产生荧光的物质，可以通过与有紫外吸收或能产生荧光的物质发生化学反应的方式，使被测组分引入这些基团，从而能在高效液相中检测。

（2）溶剂预处理

① 过滤　经过0.45μm或更小孔径滤膜，目的是除去溶剂中的微小颗粒，避免堵塞色谱柱，尤其是使用无机盐配制的缓冲液时，更需要过滤环节。

② 脱气　除去流动相中溶解或因混合而产生的气泡。气泡对测定的影响如下：

a. 泵中气泡使液流波动，改变保留时间和峰面积；

b. 柱中气泡使流动相绕流，峰变形；

c. 检测器中的气泡产生基线波动。

（3）仪器操作过程

① 将流动相过膜脱气后倒进储液罐里，选择合适的色谱柱；

② 打开电源开关，根据分析要求设置流速、柱温（如有此功能）、波长等参数，打开Purge阀，启动输液泵，使管路中的空气排出后，关上Purge阀，用有机相冲洗色谱柱30min左右，开启检测器；

③ 待基线稳定后开始定性定量分析测试工作；

④ 测试完毕后，分别选择合适的有机相和水相冲洗色谱柱，才可关闭仪器电源。

（4）分离条件的选择

① 色谱柱的选择　一般按“相似相溶”的规律选择色谱柱，增加柱长对提高分离度有利，但组分的保留时间将延长，且柱阻力也将增大，不便操作。柱长的选择原则是在能满足分离目的的情况下，尽可能选用较短的柱，有利于缩短分析时间。

② 流动相的选择　当色谱柱固定时，流动相的种类、配比显著影响分离效果，因此需要进行优化，选择出符合分析要求的流动相种类和配比。

③ 其他操作条件的选择

a. 进样量的选择　进样量应控制在柱容量允许范围及检测器线性检测范围之内。进样时要求动作快，时间短。

b. 流速的选择　适当改变流速，可以使分离效果得到一定的改善。

5.5 高效液相色谱应用实例

高效液相色谱法在药物、食品和环境等方面的应用较多。下面为高效液相色谱法测定饮料中咖啡因含量的实例。

(1) 方法原理

用反相液相色谱法将饮料中的咖啡因与其他组分（如单宁酸、蔗糖等）分离后，将已知不同浓度的咖啡因标准系列溶液等体积注入恒定的色谱系统，测定它们的保留时间并计算出各自的峰面积。采用工作曲线法测定饮料中咖啡因含量。

(2) 仪器和试剂

① 仪器　高效液相色谱仪，UV（254nm）检测器，ODS 柱（250mm×4mm），超声波发生器，微量注射器（25μL），容量瓶（100mL、10mL 若干），移液管或移液器。

② 试剂　咖啡因标准试剂，流动相：20％甲醇＋80％二次蒸馏水，制备前，先调节二次水的 pH≈3.5，流动相使用前先用超声波振荡脱气 10 分钟。

饮料试液：取待测饮料 2mL 于 10mL 容量瓶中，用已配好的流动相稀释至刻度备用。

(3) 实验步骤

① 配制标准溶液：准确称取 25mg 咖啡因标准试剂于 100mL 容量瓶中，用已配好的流动相溶解并稀释至刻度作为标准储备液。用移液管分别量取 1mL、2mL、3mL、4mL、5mL 标准储备液于 5 个体积为 10mL 的容量瓶中，用已配好的流动相稀释至刻度作为系列标准溶液。

② 开启液相色谱仪，设定操作条件。

③ 待仪器稳定后，按标准溶液浓度递增的顺序，由稀到浓依次等体积进样 5μL（每个标样重复进样 3 次），准确记录各自的保留时间。

④ 取 5μL 待测饮料试液进行色谱分析（重复 3 次），准确记录各个组分的保留时间。

⑤ 根据标准物的保留时间确定饮料中的咖啡因组分峰。

⑥ 计算系列咖啡因标准物和待测咖啡因的峰面积（3 次平均值）。

⑦ 以标准物的峰面积对相应浓度做工作曲线。

⑧ 从工作曲线上求得饮料中咖啡因的浓度。

5.6 液质联用仪简介

迄今人们所认识的化合物已经超过 1000 万种，而且新的化合物仍在快速增长。复杂体系的分离和检测已成为分析化学家的艰巨任务。

色谱法具有极强的分离能力，但它对未知化合物定性能力差；质谱对未知化合物具有独特的鉴定能力，但它要求被测组分是纯化合物或 2～3 个组分的混合物。将色谱仪和质谱仪连用，彼此扬长避短，无疑是复杂混合物分离和检测的有力工具。色质联用既可以对未知化合物定性，又可对痕量组分定量。它灵敏度高、使用范围广，是应用最早、最多的联用技术。但它也有一些不足之处，主要是对几何异构体辨别能力差，甚至无法辨认。

液相色谱-质谱联用技术简称液-质联用（LC-MS），主要用于氨基酸、肽、核苷酸及药物、天然产物的分离分析。LC-MS 中接口技术是关键，20 世纪 80 年代以后，LC-MS 的接口技术研究取得了突破性进展，出现了点喷雾电离（ESI）接口技术和大气压化学电离（APCI）接口技术，使 LC-MS 成为真正的联用技术。LC-MS 正在成为生命科学、医药和化学化工领域中重要的分析工具之一。

5.7 毛细管电泳

毛细管电泳（Capillary Electrophoresis，CE）技术，也称高效毛细管电泳（HPCE），是一种以高压直流电场为驱动力，以石英毛细管为分离通道，依据试样中各组分之间淌度和分配系数的差异而实现分离分析的新型液相分离技术。自 1981 年 Jorgenson 和 Luckas 在 75μm 内径石英毛细管内对单酰化氨基酸进行高压进样、高速分离和荧光检测器柱上检测，获得 4000000 块·m^{-1} 的高理论塔板数并建立了现代毛细管电泳的相关理论后，该技术得以迅猛发展。高效毛细管电泳技术是经典电泳技术与现代微柱分离技术交叉结合的产物，因此是分析科学中继高效液相色谱之后的又一重大进展，分析水平由此从微升级进入纳升级，并使单细胞乃至单分子分析逐渐成为现实。毛细管电泳已经成为生命科学及其他领域常用的一种分析方法，与离心法和色谱法一起成为生物高聚物分离中最有效和最广泛应用的三大方法，并为后来出现的微流控芯片分析技术的发展奠定了基础。

本节主要对其基本原理、分离模式和应用等进行介绍。

5.7.1 基本原理

所谓电泳，是指阴、阳离子在溶液中或含溶液的介质里，在外加电场下做定向运动，即阴离子趋向阳极，阳离子趋向阴极。毛细管电泳分离的依据，就是试样组分沿毛细管轴线方向进行的差速运动。单位电场下的电泳速度（v/E）称为淌度或电迁移率（μ_{em}），无限稀释溶液中的淌度即为绝对淌度（μ_{em}^{0}）。其公式如下：

$$\mu_{em}^{0}=\frac{q}{6\pi\eta r}=\frac{zE}{6\pi\eta r}=\frac{2\varepsilon}{3\eta}\zeta^{0} \tag{5-1}$$

$$\mu_{em}=\sum_{i}\alpha_{i}\gamma_{i}\mu_{em}^{0} \tag{5-2}$$

式中，q 为离子电荷；E 为电场强度；r 为离子有效半径；η 为溶剂黏度；ε 为溶液介电常数；ζ^{0} 为离子在无限稀释下的电动势。而实际溶液中因离子不止一种，且因活度特别是酸碱度不同，试样分子解离度也不同，所体现的淌度为有效淌度 μ_{em}，其中，α_{i} 为试样分子第 i 级解离度；γ_{i} 为活度系数或其他平衡解离度。由两式可知，离子所带电荷越多、解离度越大、半径越小、溶液黏度越小，电泳速度就越快，这正是电泳分离及其条件选择的依据之一。

电泳所用石英毛细管内表面在水存在下生成硅羟基—Si—OH，当充入毛细管的缓冲液 pH≥3 时，硅羟基部分离解为—Si—O^{-} 阴离子而使毛细管内表面带负电荷，并在静电引力下将缓冲液中的阳离子吸引至导管壁附近形成双电层。在电场作用下，双电层中水合阳离子将携带附近溶液一起向阴极做定向运动，形成电渗流（Electroosmotic Flow，EOF），其产生示意图见图 5-6。理论研究表明，当双电层厚

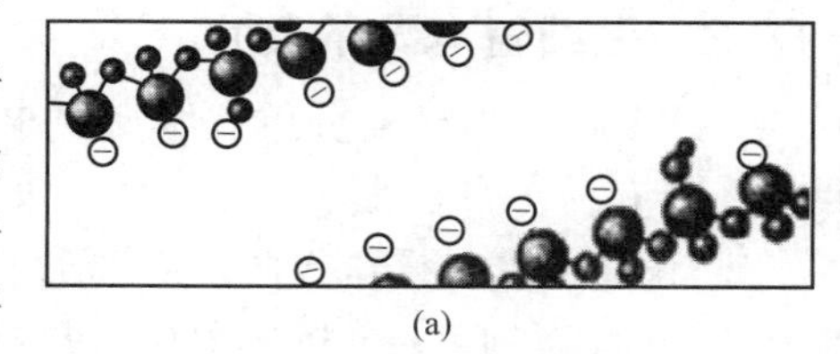
(a)

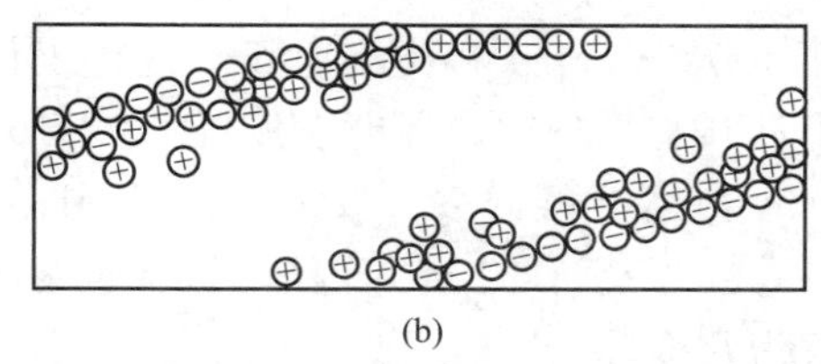
(b)

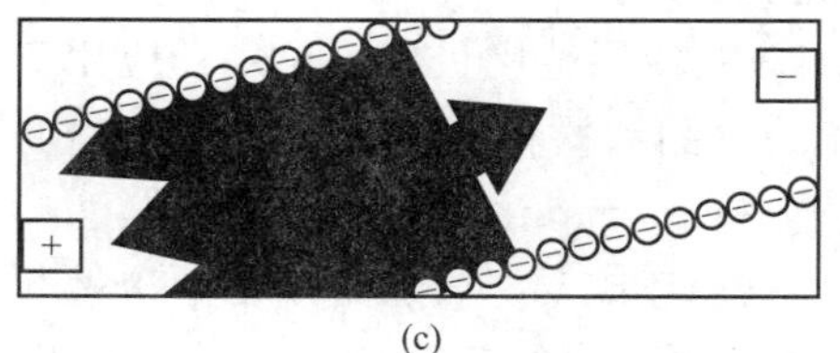
(c)

图 5-6　电渗流产生示意图

(a) 石英表面负电荷（Si—O^{-}）；
(b) 水合阳离子聚集到表面附近；
(c) 电场作用下指向负极的体向流动

度小于 10nm 且毛细管两端开放时，管内电渗为平头塞状流形，即流速在管截面方向不变，图 5-7 所示为电渗流所特有的平头流形与 HPLC 所用机械泵产生的抛物线流形的对比图，前者可以克服对区带的加宽作用，提高了检测的灵敏度。电渗流公式如式(5-3)，其中，μ_{os} 为电渗率，v_{os} 为电渗速度，ζ_{os} 为管壁的电动势。

$$\mu_{os}=\frac{v_{os}}{E}=\frac{\varepsilon\zeta_{os}}{\eta} \tag{5-3}$$

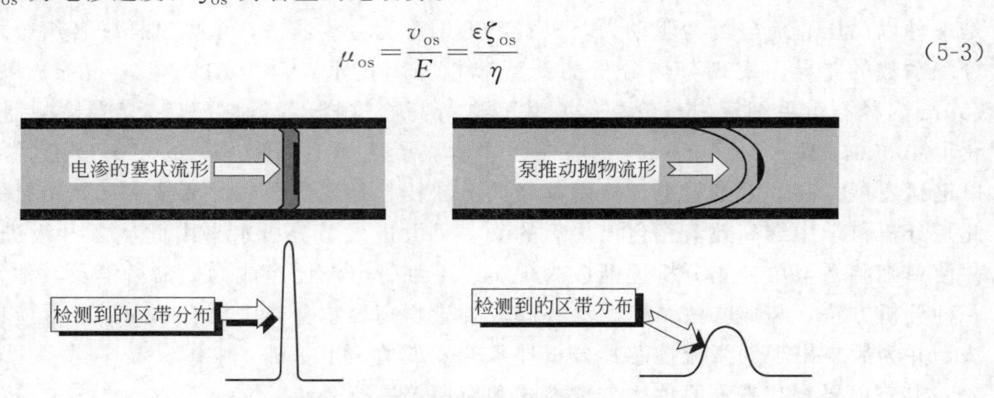

图 5-7　电渗透形与机械泵推动流形对比图

在实际电泳分离中，试样各组分的分离是电渗流带着溶液定向移动与带电离子电泳综合作用的结果，即带电离子在缓冲液中的迁移速率等于电泳和电渗流二者的矢量和。一般来说，带正电荷的离子迁移方向与电渗流相同，则优先流出管道，荷质比（q/m）越大的正离子流出越快；中性离子电泳速率为零，其迁移速率相当于电渗流速率；带负电荷离子电泳方向与电渗流方向相反，而一般电渗流速率大于电泳速率（通常约为 5～7 倍），所以负性离子在中性离子之后流出。因此在毛细管电泳中，可实现正负离子的同时分离，这与传统电泳不同。

5.7.2　毛细管电泳的特点

HPCE 既具有仪器分析技术所要求的高效、快速、试样用量少等最基本和最优异的特点，还具有易于自动化、操作简便、溶剂消耗少、环境污染小等优点。具体如下所示。

① 仪器简单，操作方便，易于实现自动化。

② 分离效率高，分析速度快。石英毛细管能抑制溶液对流，且具有良好的散热性，可在 $400\text{V}\cdot\text{cm}^{-1}$ 以上高电场下进行工作，因此可在很短时间内完成高效分离。分离时间几十秒到十几分钟，理论塔板数 10^5～10^6 块$\cdot\text{m}^{-1}$。毛细管凝胶电泳可达 10^7 块$\cdot\text{m}^{-1}$。

③ 操作模式多。仅需一台仪器即可根据需要选用不同的分离模式。

④ 实验消耗少，经济。进样量为纳升级或纳克级，体积 1～50nL 之间；消耗的缓冲液仅为几毫升。

⑤ 应用范围极广。可广泛应用于分子生物学、医学、药学、材料学及与化学相关的化工、食品和饮料等各个领域，从无机小分子到生物大分子，从带电物质到中性物质都可以进行分析。

⑥ 环境友好。通常用水溶液做载液，且用量少，对人和环境无害。

但是，使用毛细管也会带来如下一些缺点：

① 制备能力差；

② 光路短，需高灵敏度检测器才能检测到样品峰；

③ 需专门灌制技术制备包含凝胶等不流动介质的毛细管；

④ 大的侧面/截面积比能“放大”吸附作用，导致蛋白质等样品分离效率下降或无峰；

⑤ 吸附会引起电渗变化，进而影响分离重现性。

5.7.3 毛细管电泳仪

毛细管电泳系统的基本结构包括：进样、填灌/清洗、电流回路、毛细管/温度控制、检测/记录/数据处理等部分，如图 5-8 所示。

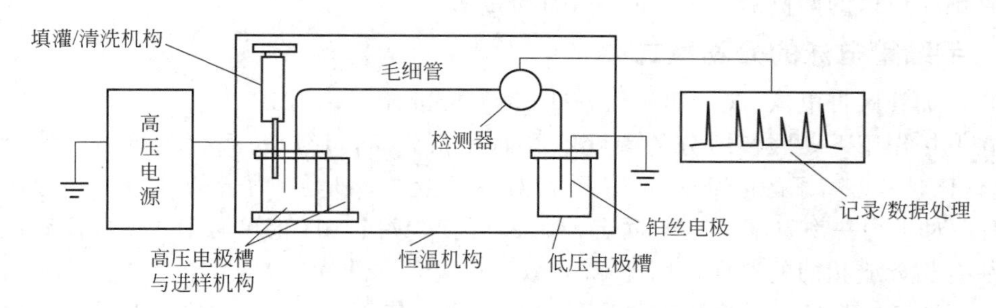

图 5-8 毛细管电泳系统的基本结构

基本操作：将毛细管内充满缓冲液并两端浸入在缓冲液槽中，并通过电极施加高电压。在电场作用下，各组分向出口端运动，经检测器时，响应信号由数据处理系统记录下来，形式与色谱图完全一样。可根据峰高/峰面积进行定量分析、峰形计算理论塔板数，计算方法与色谱法完全一致。

在建立毛细管电泳装置时，需着重考虑以下关键方面。

① 进样机构　死体积越小越好，无死体积最佳，凡毛细管能与样品直接接触的方法都应优先考虑。常用进样方法有电动进样、压力进样和扩散进样。精密的进样系统，进样误差应小于 0.1nL。

② 清洗机构　该机构不可缺，目前常用的有加压、抽吸、电渗泵或注射器推液/吸液等方法。

③ 电极　可用金、银、铂、镍丝等材料，以铂丝最常用，直径 0.5～1mm 之间。

④ 高压直流电源　一般采用 0～30kV 连续可调高压电源，以另外一端接地为佳，且电压、电流和功率输出模式可任选，并能进行梯度控制。电压输出精度高于 1%，电流 200μA 以内。

⑤ 检测器　常用紫外吸收柱上检测器（UV），高灵敏度的紫外检测器检测下限达 10^{-16}～10^{-14}mol。高质量的 UV 检测器，应有基线飘移小、信噪比高、线性范围宽等指标。其他主要有激光诱导荧光检测器（LIF）（通常能达到 10^{-20}～10^{-18}mol 的灵敏度）以及电化学检测器（EC，包括安培和电导检测器）。CE-MS 联用在肽链序列及蛋白质结构相对分子量测定方面表现卓越，特别适合复杂体系试样的分离鉴定，其检测下限为 10^{-17}～10^{-16}mol，但因质谱价格昂贵而与毛细管电泳仪配备的少。

⑥ 温度控制　良好的温度控制是实现精密分析的一大前提，因此必须装备可对毛细管进行恒温控制的系统，一般为风冷控制和液冷控制两种。

检测窗口的制作：毛细管电泳通常使用内径为 25～100μm 的聚酰亚胺涂层的熔融石英管，其常用外径为 365μm，是 CE 的心脏。由于检测多为柱上检测，需将检测窗口部位不透明的聚酰亚胺涂层剥离，长度通常为 2～3mm 之间。常用剥离方法有硫酸腐蚀法，灼烧法和刀片刮除法等。

① 硫酸腐蚀法　将外涂层与浓硫酸室温下接触、过夜，或70～80℃浓硫酸处理10min左右，再用水、甲醇或丙酮依次冲洗干净即可。

② 灼烧法　直接用小火焰灼烧窗口部位的毛细管外涂层，其他部分用锡箔纸包裹，完全炭化后用丙酮清洗即可（该法不适合内部已键合涂层或已填充的毛细管）。

③ 刀片刮除法　用锋利的刀片将外涂层小心刮除，实际操作前应提前练习，并尽量保持毛细管刮除窗口的两侧的稳定，防止毛细管折断。

5.7.4　毛细管电泳的分离模式

（1）毛细管区带电泳（Capillary Zone Electrophoresis，CZE）

即在电场作用下，因各组分的淌度不同而互相分离，形成一系列的区带。淌度与 $z \cdot M^{-a}$ 成正比，z 为离子的电荷，而 M 是相对分子量，a 则与离子形状有关，一般在1/3～2/3之间。对于每一物质，M 与 a 固定，而 Z 可变，调节pH值可有限改变电离程度。不同离子往往有相近或相同的淌度，因此CZE效率虽高，但选择性差。

CZE是CE中最基本、应用面最广的分离模式，其条件选择和控制是其他分离模式的基础。常需要考虑的因素有缓冲液组成与pH、电渗流控制、电场强度和温度等。目前，CZE的应用范围很广，可用于分离生物大分子（多肽、蛋白质、DNA和糖等）、各类小分子（氨基酸、药物等）、离子（无机、有机）和对映体拆分等。

（2）胶束电动毛细管色谱（Micellar Electrokinetic Capillary Chromatography，MECC或MEKC）

该分离模式是电泳与色谱完美结合的开端。即把一些离子型表面活性剂，如十二烷基磺酸钠（SDS）或微乳液，加入到缓冲液中，当其浓度超过临界浓度即可形成含疏水内核、外部带负电的胶束，其自身内部充分疏水而能包容中性分子，其作用类似色谱固定相，称为准固定相，带电离子则在胶束外部，像其他离子一样通过电泳分离。因胶束与水溶液是不同的两相，故离子在迁移过程中在两相里的分配系数不同而得到分离。因其通过电场产生的电渗流来驱动液流，所以称为电动毛细管色谱。一般电渗流速率高于胶束迁移速率。

MECC可以利用中性物质分配系数差异分离中性物质，是目前唯一既能分离中性物质又能分离带电组分的模式，主要应用于小分子、中性化合物、手性对映体和各类药物的分离分析。

（3）毛细管凝胶电泳（Capillary Gel Electrophoresis，CGE）

毛细管凝胶电泳（CGE）是将凝胶结合到毛细管中进行电泳。常用凝胶有聚丙烯酰胺、琼脂糖等，具有三维网状结构，起类似分子筛的作用，将组分按分子大小进行分离。目前常用于蛋白质寡聚核苷酸、核糖核酸（RNA）、脱氧核糖核酸（DNA）的片段分离和测序及PCR（聚合酶联反应）的产物分析。目前还采用“无胶筛分”技术，即采用低黏度线性聚合物溶液代替高黏度交联聚丙烯酰胺，同样具有分子筛作用，可通过改变线性聚合物种类和浓度等调节分离性能。

（4）毛细管等电聚焦（Capillary Isoelectric Focusing，CIEF）

毛细管等电聚焦是在毛细管中进行的根据等电点的差异分离生物分子的电泳技术。两性物质以电中性存在时的pH值称为等电点，用pI表示，此时物质淌度为零，溶解度最小。利用两性物质在等电点时呈现电中性且淌度为零，建立CIEF。“聚焦”是指在毛细管内用两性电解质溶液建立一个由正极到负极逐渐升高的pH梯度时，不同等电点的组分在电场下分别向其等电点的pH范围迁移的过程，直至组分到达与其等电点相同的pH位时，才会因净电荷为零而静止，并始终聚焦在该部位，形成一个很窄的区带而得以分离。CIEF 目前成功应用于测定蛋白质等电点，分离异构体或其他难分离蛋白质。

（5）毛细管等速电泳（Capillary Isotachophoresis，CITP）

毛细管等速电泳（CITP）采用两种不同的缓冲溶液，一种是先导电解质，其淌度高于任一试样组分并充满整个毛细管；另一种是尾随电解质，其淌度低于任一试样组分，置于进口段储液器中。当进样后施加分离电压，处于两电解质之间的试样各组分按其电泳淌度不同实现分离。该模式适合无机离子、有机酸及某些蛋白质，由于限制较多，使用较少，但作为其他分离模式的柱前浓集方法进行试样富集，等速电泳不失为一个好的选择。

5.7.5　毛细管电泳分离应用实例

采用 CZE 模式，分离促红细胞生成素，得到肽谱。

（1）原理

蛋白质在特定酶作用下，在特定部位被切断，形成特征的肽片段混合物，利用 CE 分离，即可得到特征的电泳谱图。不同蛋白的氨基酸组成不同，在同种酶作用下，会形成不同的特征谱图，而同一蛋白质在不同酶作用下，也会形成不同肽段和电泳谱图，因此可以鉴定蛋白质或酶。

（2）酶解

用 *N*-糖苷酶作用于基因重组人促红细胞生成素（rHuEPO），除去天门冬氨酸上潜在的糖基，然后用胰蛋白酶水解，断开精氨酸和赖氨酸残基之间的肽键。

（3）分离

以 CZE 模式，分离缓冲液为 40mmol・L^{-1} NaH_2PO_4，用磷酸调至 pH 值 2.5，再加 100mmol・L^{-1} HAS（己磺酸，离子对试剂），毛细管为 50μm×50/75cm 的无涂层熔融石英毛细管，30℃恒温，分离电压 16kV，检测波长 200nm。

（4）用途

鉴定不同来源蛋白质的差异。如图 5-9 所示为大肠杆菌表达（a）和中国仓鼠卵巢细胞表达（b）的 rHuEPO 胰蛋白酶酶解肽谱。前者是没糖基化的 rHuEPO，后者则是糖基化的。

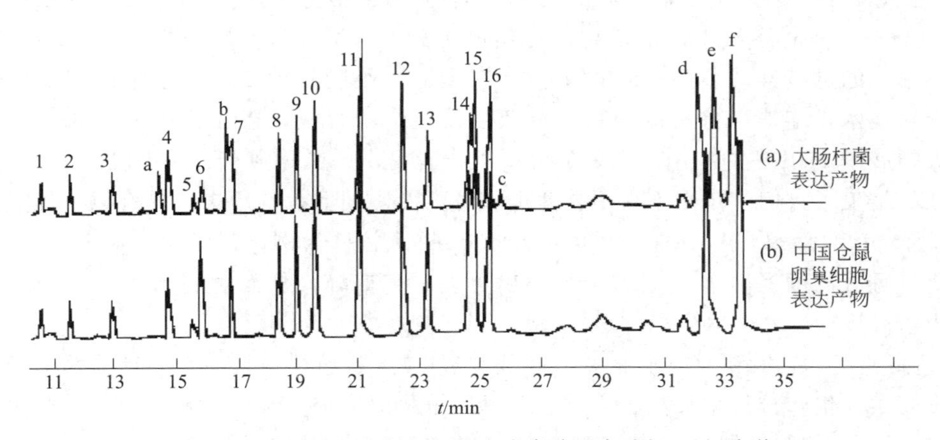

图 5-9　基因重组人促红细胞生成素胰蛋白酶解 CZE 肽谱

5.7.6　毛细管电泳与色谱

毛细管电泳的基本原理就是电泳和色谱。电泳和色谱原理不同，但形式却惊人地相似。

主要表现在以下几个方面。

① 词义的双重性　电泳也叫电迁移，指带电离子在一定介质中因电场作用而发生定向运动的物理化学现象，利用该现象进行物质分离，简称为电泳技术；色谱不仅指物质在两相中的分配并运动而发生分离的现象，更指运用该现象进行物质分离的技术手段。

② 分离过程相似　电泳和色谱都是速差过程，都可用物质传输等理论描述。

③ 分离模式类似　以分离后的区带特征为依据，电泳和色谱可分成对应的四类，见表5-2。

④ 仪器构成类同　电泳和色谱系统通常都包括进样、分离、检测和数据处理等部分。

⑤ 分离通道的形状相似　有薄层、柱子、毛细管等。

表 5-2　电泳与色谱分类对应表

序号	电　泳	色　谱
Ⅰ	移界电泳(moving boundary electrophoresis,MBE)	前沿色谱(frontal chromatography,FC)
Ⅱ	等速电泳(isotachophoresis,ITP)	置换色谱(displacement chromatohraphy,DC)
Ⅲ	区带电泳(zone electrophoresis,ZE)	洗脱色谱(elution chromatography,EC)
Ⅳ	等电聚焦(isoelectrie focusing,IEF)	色谱聚焦(chromatofocusing,CF)

CE 与 HPLC 相比，前者应用面更广，效率和峰容量高得多，操作费用和环境污染却低得多，但制备能力相对差很多。

5.8 HPLC 技术发展前沿

5.8.1　超高效液相色谱

自高效液相色谱诞生以来，高效和快速分析一直是色谱分析技术不变的主题。科学家们一直致力于研制能进行高效分离同时又能超快速分析的液相色谱仪。根据经典液相色谱理论，当色谱柱填料粒径≤2μm 水平时，不但可以获得极高柱效，而且柱效不会随流速增大而减小。根据该理论，超高效液相色谱（Ultra Performance Liquid Chromatography，UPLC）由此诞生。自 2004 年以来，世界知名分析仪器公司，如 Waters、Agilent、Shimadzu、Dionex 等先后推出基于亚 2μm 填料的 UPLC。可以说，是填料科学（小粒径材料和装填技术）的进步推动了 UPLC 的诞生，它涵盖了小颗粒填料、低系统体积及快速检测手段等全新技术，增加了分析的通量、灵敏度及色谱峰容量，成为分离分析的一个新兴领域，大大拓展了 HPLC 的应用范围，为分析工作者提供了又一强有力的手段。

UPLC 结束了人们多年来不得不在速度和分离度之间取舍的历史，具有以下优点。

① 超高分离度　以 Waters 公司推出的 1.7μm 颗粒柱为例，柱效比普通 5μm 颗粒柱提高了 3 倍，且分离度提高了 70%，可分离出更多的色谱峰，从而对提高样品检测的信息量达到一个新高度。

② 超高速度　1.7μm 颗粒柱的柱长仅为普通 5μm 颗粒柱柱长的 1/3 且柱效不变，而分析速度提高了 9 倍，分辨率提高了 2 倍。并且因分析时间缩短导致试剂消耗明显减少，降低消耗同时也有利于保护环境。

③ 超高灵敏度　小颗粒技术可以得到更高柱效、更窄的色谱峰宽，及更高的灵敏度，灵敏度相对常规 HPLC 提高了 3 倍。

实现 UPLC 的技术条件如下。

① 新型低粒度色谱填料，并采用新型装填技术。

② 超高压输液泵。提供必要的超高压（如 15000psi），具有独立柱塞驱动并可进行溶剂切换的二元高压梯度泵，能在很宽压力范围内具有补偿溶剂压缩性变化的能力，并在等度或梯度分离条件下保持流速的稳定、平滑和重现性。

③ 高速检测器。当色谱峰通过检测器时，检测器须有一个非常高的采样速度和非常小的时间常数，使它能够在整个色谱峰内捕捉到足够的数据点，以获得准确、可重现的保留时间和峰面积。其次检测器的流通池死体积要尽可能小，减少谱带扩展以保持高柱效。最后检测器的光学通道要提供能满足 UPLC 高灵敏度检测要求。如使用采样速度达 40 点 $\cdot s^{-1}$ 或 80 点 $\cdot s^{-1}$、池体积仅为 500nL（约为 HPLC 池体积的 1/20）的新型光导纤维传导的流通池，光源采用可变波长的紫外光等。

④ 低扩散、低交叉污染的自动进样器。保护色谱柱不受极端高压波动影响，进样过程应相对无压力波动，死体积足够小，且快速进样周期可同时实现高样品容量和高速度，且可长期自动进样，在获得高灵敏度同时还具有极低交叉污染的小体积进样能力。

⑤ 系统综合性能的整体优化设计和控制。除采用以上技术外，还应注意各部分的连接，极大降低整体系统的死体积，开发新软件平台控制设备。

在 UPLC 的发展中，色谱填料的发展是关键。进入 21 世纪以来，在亚 2μm 填料得到开发的同时，整体柱材料、核壳型填料、无机有机杂化硅胶颗粒技术等也得到发展，以适应超高效快速分析的要求。其中，整体柱作为一种新型的色谱柱，有人将其誉为是继多聚糖、交联与涂渍、单分散之后的第 4 代分离介质，甚至有人评价其是 Tswett 发明色谱法以来色谱柱设计开发上唯一真正原始性的创新，著名分离科学家 Guiochon 也认为，整体柱将成为未来色谱分离的主要工具。整体柱的介质结构具有通透性高、多孔结构和大比表面积等优点，使分离分析可达到高效快速、高通量、低背压等要求。整体柱可分为无机基质整体柱、有机聚合物整体柱和无机-有机杂化材料整体柱。特别是硅胶整体柱，力学强度高，比表面积大，具有双孔结构，孔隙率大于 80%，其结构接近灌流色谱填料，很适合高通量分析和快速分离。通孔的存在使得硅胶整体柱具有优异的渗透性，而中孔的孔径又决定了分离度和柱效。使用整体柱进行快速高效的分离，不需要提高压力以及特殊仪器，且具有使用寿命长等特点。整体柱较易修饰，已经研制出环糊精、纤维素衍生物、蛋白质、大环抗体等修饰的高选择性、高效的手性整体柱，并有望实现商品化。整体柱串联在高流速下使用，可取得比短柱更好的分离度。

自 2004 年 Waters 公司推出第一台超高液相色谱仪以来，UPLC 技术就因其超强的分离能力和分析速度与现代质谱相匹配，在蛋白组学或代谢组学、食品安全、化妆品、药物和环境分析上显出广泛的应用前景。UPLC 的设计成为质谱仪最佳入口技术，UPLC 的流量小，使质谱仪的负荷减少，真空度更好；UPLC 分离度的提高，使离子抑制现象减弱，更好的提高了检测器的灵敏度；UPLC 灵敏度的提高，使质谱检测器灵敏度得到进一步的提升从而实现了分离与检测的强强联合。UPLC 的高分离度可以帮助分析工作者更加从容驾驭复杂组分的分离；UPLC 的高灵敏度可以帮助我们解决痕量待测物质分析的难题；它的快速、高通量、节省时间、节约溶剂的优点使 UPLC-MS 技术成为当今最有效的分离分析工具之一。

5.8.2 毛细管电色谱

毛细管电色谱（Capillary Electrochromatography，CEC）是将毛细管电泳和毛细管微柱液相色谱结合起来的一种分离技术，是在毛细管中填充或毛细管内壁涂布、键合色谱固定相，依靠电渗流驱动流动相，使中性和带电荷试样分子根据它们在色谱固定相和流动相之间的吸附、分配平衡常数不同和电泳速率的差异而达到分离目的的一种电分离模式。目前 CEC 所用毛细管有填充柱、开管柱、无塞填充柱、整体柱床和分子印迹柱等多种形式，主要分为填充电色谱法和开管电色谱法，由于 CEC 综合了电渗流柱塞式流形与液相色谱固定相、流动相选择多的优点，因此在分离选择性和柱效等方面显示了 MECC 等电分离模式和微柱液相色谱法所不能达到的优势，近些年在国际上引起了广泛的重视。

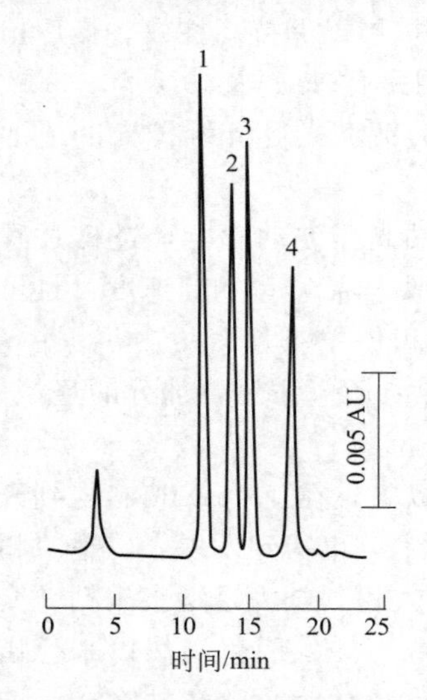

图 5-10　连续床 CEC 柱梯度分离蛋白质谱图

1—核糖核酸酶；2—细胞色素 C；3—溶菌酶；4—α-胰凝乳蛋白酶

由于在 CEC 柱制备上有不少技术难度，因此最初的电色谱法尽管选择性高，但柱效低，分析时间长。随着柱制备技术的成熟，现在的 CEC 无论在柱效还是分析速度上都可与其他任何电泳模式相媲美。进入 20 世纪 90 年代后，CEC 的研究开始发展迅速起来，随着电色谱柱填充技术的发展，该领域的研究越来越深入。为了克服微球固定相填充柱制备过程中的种种困难，制备无柱塞的整体柱作为连续床固定相，成为 CEC 研究的热点，大大推动该技术的发展。制备方法主要由三种：①将功能性单体、交联剂与致孔剂混合溶液注入毛细管柱中，在一定反应条件下（热或紫外光）发生原位自由基聚合反应制备 CEC 柱，该方法最为常用；②将填入毛细管柱内的微球通过化学反应固定化，该法主要用于硅胶微球的固定化等；③通过引入外场或改变毛细管柱结构固定填充床，如将磁化的固定相填入毛细管柱内后施以磁场固定化。图 5-10 所示为 Hjerten 和 Ericson 建立的二甲基二丙烯铵盐为电渗流载体的连续床 CEC 柱进行蛋白质样品梯度分离的谱图。

CEC 中存在气泡会影响系统的稳定性，严重会引起断电。通过柱两端加压可以有效消除 CEC 的气泡问题，但会阻碍 CEC 与 MS 的联用；另外一种消除气泡产生的方法是在柱进样端泵入适量的流动相，该系统也称为加压电色谱。由于加压电色谱泵入流动相会对 CEC 流形有一定影响，因此会降低一定的 CEC 分离柱效。

CEC 相对于常规 HPLC，至少存在以下几方面的优点。①采用电渗流驱动流动相，不存在 HPLC 中的压力差问题，因此可使用更小粒度的固定相、更长的色谱柱进行分离，从而大大提高柱效。另一方面，塞状平头流形消除了 HPLC 中抛物线流形的径向扩散对柱效的影响，从而提高柱效 1～2 倍以上。②CEC 是微柱分离分析技术，容易实现与其他分析技术，如质谱、红外光谱和核磁共振的联用。而电动或压力进样模式，更适合于微量样品的分离分析。③由于电泳和分配机理同时起作用，非常适合离子型和中性化合物的分离分析。④CEC 可采用已有的各种 HPLC 固定相，从而大大提高了各种样品的分离选择性。

目前，CEC 主要用于包括多环芳烃在内的芳香族化合物、药物、染料和对映体及多肽、寡聚核苷酸、一些难分离的离子化合物的分离分析，对疏水性很强的样品或淌度相近的离子化合物、对映体，显现出很强的分离能力。

5.8.3　芯片电泳

1990 年，Manz 等发表了硅片式开管液相色谱法，同时提出了微全分析系统的新概念（Micro Total Analysis System，μTAS），意欲发展出集试样处理、分离、检测于一体的高效分析系统，芯片分离方法由此发展起来。其中，作为较早的应用，芯片毛细管电泳是微流控芯片的一种。利用刻蚀在石英、玻璃或聚合物等基片上的封闭微通道或通道网络，来进行试样的处理、分离及检测任务，芯片尺寸在数厘米到数十厘米之间。

十字交叉构型或双 T 构型是芯片电泳（Chip CE）最基本、最常见的构型，后者进样量大于前者，常用电场实施电动进样，进样模式主要有夹流进样和门式进样，进样量为纳升级。检测手段多为 LIF、化学发光和电化学检测。由于可将复杂构型加工在小小的芯片上，大大节省了空间，提高了分析的集成化、自动化和便携化，同时仍可以保持毛细管电泳分离的优点。芯片 CE 的最大特点是能实现高速分离，可用于各种离子和非离子组分的分析，如进行氨基酸、细胞及其代谢物、核苷酸和 DNA 等的测定，也用于 DNA 的高速测序及免疫产物反应分析等，目前最吸引人的应用是蛋白质和核酸的高速或高通量分离分析。

该技术日益成为分析科学的新热点之一，符合分析科学发展的趋势。随着该领域的发展，芯片基础的电色谱技术和 HPLC 也成为现实。图 5-11 所示为芯片电泳分离氨基酸谱图，在 2500V 电压下，2.5min 内成功分离 FITC 标记的精氨酸、亮氨酸、苯丙氨酸、天门冬酰胺、缬氨酸、丙氨酸、谷氨酸和天门冬氨酸等 9 种常见的氨基酸。

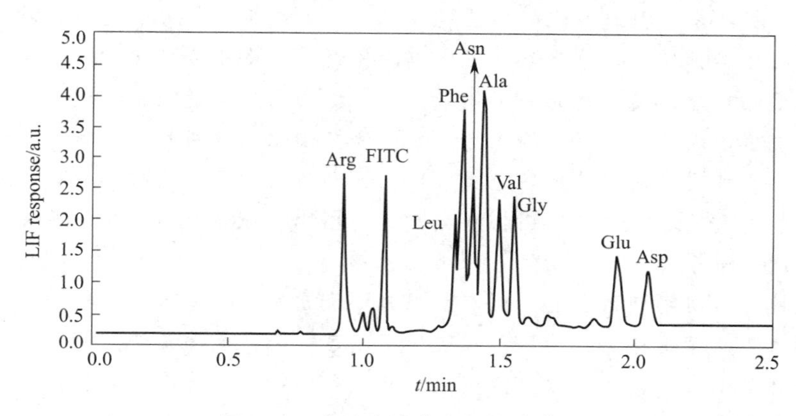

图 5-11　芯片电泳分离氨基酸谱图

习　题

1. 高效液相色谱仪一般分为几个部分？从仪器构造、分离原理、应用范围等方面比较气相色谱与液相色谱的异同点。

2. 高压输液泵应具备什么性能？

3. 在液相色谱中，提高柱效的途径有哪些？其中最有效的途径是什么？

4. 液相色谱有几种类型？它们的保留机制是什么？分别适用于分离何种物质？

5. 从分离原理、仪器构造及应用范围上简要比较气相色谱及液相色谱的异同点。

6. 高效液相色谱法常用检测器类型有哪些？试述其检测原理及应用。

7. 液-液分配色谱中，为什么可分为正相色谱和反相色谱？

8. 毛细管电泳的优缺点是什么？试简述之。

9. 实现超高效液相色谱的技术条件有哪些？

10. 消除毛细管电色谱系统中的气泡有什么办法？各有什么缺点？

第6章 流动注射分析法

背景知识

流动注射分析法（Flow Injection Analysis，FIA），是由丹麦技术大学的 J. Ruzicka 和 E. H. Hansen 于 1975 年首次命名提出的一种新型连续流动分析技术，即在热力学非平衡条件下，在液流中重现地处理试样或试剂区带的在线定量流动分析技术。它是近 40 年来发展起来的一项新分析技术，引起了化学实验室中操作技术的又一次大的变革，打破了几百年来分析化学反应必须在物理化学平衡条件下完成的传统，开发出分析化学的一个全新领域。它与其他分析技术相结合形成完整的分析体系，具有极为广泛的适应性，极大地推动了自动化分析和仪器的发展，成为一门新型的微量、高速和自动化的分析技术。目前，流动注射分析法发展迅速，它已被广泛应用于很多分析领域，如水质检测、土壤样品分析、农业和环境监测、科研与教学、发酵过程监测、药物研究、禁药检测、血液分析、生化分析、食品和饮料分析、分光光度分析等。我国流动注射分析技术起自 1977 年，以著名分析化学家、中科院院士方肇伦教授为该研究领域主要开创人，以非平衡溶液处理学术思想为指导，发展了流动注射分离与预浓集的理论与实验技术，极大地提高了复杂生物与环境试样无机痕量分析的试样处理效率及自动化程度，大幅度降低了试样及试剂消耗并提高了测定方法的灵敏度与选择性，为溶液分析的自动化做出了贡献。方院士在流动注射与原子吸收光谱联用方面的基础与应用研究中显著地改善了后者的分析性能，将分析范围扩展到 5～6 数量级并明显提高了抗干扰能力，大大促进了我国流动注射分析法的发展与应用。

由于流动注射分析具有设备简单且适用于大批样品批量分析的特点，非常适合我国的国情，在农业、环境科学及医药卫生等领域值得大力推广应用，以满足我国社会可持续发展的战略需要。

案例分析

鉴于目前环境污染的危害越来越为人们所重视，对污水处理及污水排放进行监控，特别是实现污水中污染物质的在线监测具有非常重要的意义。目前，对水中污染物的常用测定方法有原子吸收光谱法、紫外可见分光光度法、离子性选择电极法、两相滴定法、气相色谱法、液相色谱法和流动注射分析法等。随着流动注射分析技术的进一步发展，流动注射分析技术与不同的检测技术相结合表现出极广泛的适应性，应用变得非常广泛。其测定速度快、分析效率高、试样和试剂消耗量少、检测精度高、灵敏度高、设备简单、便于操作等众多优点，引起广大环境监测工作者和研究人员的极大兴趣和关注。将流动注射分析技术与分光光度法、化学发光法、电化学技术、原子光谱法、电感耦合等离子体质谱、毛细管电泳等不同检测技术联用已见报道。

在水质分析中，所监测的物质包括废水中的硫酸根、氰根、无机汞和总汞，电镀废水中离子如铬、镍和铜，污水中的总氮、磷酸盐、尿素、氟离子、表面活性剂，饮用水中的二价和三价铁离子，以及反映河道中有机物污染的重要指标——化学需氧量（COD)。例如，雨水中F^-含量的检测，可以用F^-选择电极作为流动注射分析的检测器，检测限为15ng·mL^{-1}，标准偏差小于3%，分析速度为60次/时。河水、海水及井水中的PO_4^{3-}可借助于磷钼蓝分光光度法作为检测手段进行流动注射分析法，检测限达0.01μg·mL^{-1}，分析速度30次/时。水样中砷含量的分析，可以预先用硫酸肼将As(Ⅴ)还原成As(Ⅲ)，再用小型阳离子交换柱将过量肼除去，然后用流动注射分析——安培检测器检测，检测限为0.4μg·L^{-1}；水中Fe^{2+}和Fe^{3+}的同时测定，以分光光度计为检测器，Fe^{2+}的测定范围为0～10mg·L^{-1}，检出限为1.2×10^{-6}mg·L^{-1}；Fe^{3+}的测定范围为0～12mg·L^{-1}，检出限为1.8×10^{-6}mg·L^{-1}。图6-1所示为我国自行研制的北京吉天公司生产的FIA-3110流动注射分析仪。

图6-1 FIA-3110流动注射分析仪

6.1 流动注射分析法基本原理

6.1.1 FIA的范畴和定义

流动注射分析法（FIA）是非连续试样连续流动分析的一个新概念。在最初的定义中，流动注射分析法被定义为“将一定体积的液体试样注入到无空气间隔的适当载流溶液中，经过受控制的分散过程，形成高度重现的试样区带，并连续输送到流通式检测器，检测其连续变化的物理或化学信号的方法”。

在FIA建立初期，与其他分析技术的明显区别在于该方法存在三个共存要素：

① 试样的注入；

② 时间控制上的高精度重现（即恒定的留存时间）；

③ 受控分散。

三者的有机结合才是FIA，而受控分散是流动注射分析的核心，也是FIA的理论基础。

随着该方法的发展，人们对其巨大潜力的认识逐渐加深，其定义又完善为“从注入一定体积并于无空气间隔的连续载流中得到分散的试样区带形成的浓度梯度中收集信息的技术”。这两个定义虽然使FIA的范围变宽，可以将FIA同一些相关技术如空气间隔连续流动注射分析以及高效液相色谱加以区分，为了不过分强调硬件的特征，1992年，方肇伦院士进一步将其定义发展为“在热力学非平衡条件下，在液流中重现地处理试样或试剂区带的定量流动分析技术”。这是目前相对比较完善的定义。

6.1.2　FIA 的特点

FIA 摆脱了传统观念即必须在达到完全平衡状态才进行分析的观念束缚，在非平衡动态条件下进行分析。大量分析实践可以证明，FIA 较常规手工分析、程序分析器及连续流动分析等具有更多的优点。其特点和优点可以概括为以下几点。

① 适应性广泛　流动注射分析可以与多种检测方法或手段联用，如与分光光度法、原子吸收光谱法乃至与电感耦合等离子体质谱联用，既可实现简单的注样操作，又能进行如在线溶剂萃取、浓集、柱分离及在线消化等自动化的复杂前处理操作，同时还可以进行在线自动检测与过程分析，大大拓展了 FIA 的应用范围。

② 操作简便　FIA 可以省去大量常规操作，如器皿的洗涤、试剂的添加和混合均匀等，实验强度大大下降。

③ 高效率　FIA 的分析速度快，一般可达 100～300 样/时，甚至可达到 700 样/时，一般 5～20s 内可得到一次结果。对于包含较为复杂的处理，如萃取、吸着柱分离等过程的测定也可达 40～60 样/时。

④ 低消耗　FIA 是一种良好的微量分析技术，一般单次测定消耗样品溶液 10～100μL，如 25μL，试剂消耗约 100～300μL，与传统手工操作相比，可节约试剂和试样 90%～99%，可在常规条件下进行微量分析，结果精度高。这也符合仪器分析发展的潮流。

⑤ 高精度　FIA 分析的重现性好，一般测定精度可达 0.5%～1% RSD，多数优于手工操作。对于非常不稳定的反应产物或经复杂在线前处理后的测定，精度仍可达 1.5%～3% RSD。

⑥ 仪器简单，价廉　简单的 FIA 设备仅占相当于一台打字机的工作面积，可利用常规仪器自行组装，国产自动化 FIA 仪器售价仅数千元。

⑦ 易自动化　每一种新 FIA 分析方法的建立，实际成为一种在线自动分析仪的理论基础。

⑧ 封闭系统，利于环保　FIA 分析的试样与试剂消耗甚微，且测定在封闭系统中完成，因而可大大减轻环境污染和对人体的危害。另外，化学反应在封闭管道中进行，不与外界大气接触，可避免空气中 CO_2 和 O_2 等影响，适合一些特殊分析。

FIA 的主要缺点在于不适用于化学反应较慢的体系，对高温高压下的化学反应体系也有较大局限性。

6.1.3　FIA 的基本系统

FIA 的基本系统比较简单，如图 6-2 所示，主要由以下部分组成。

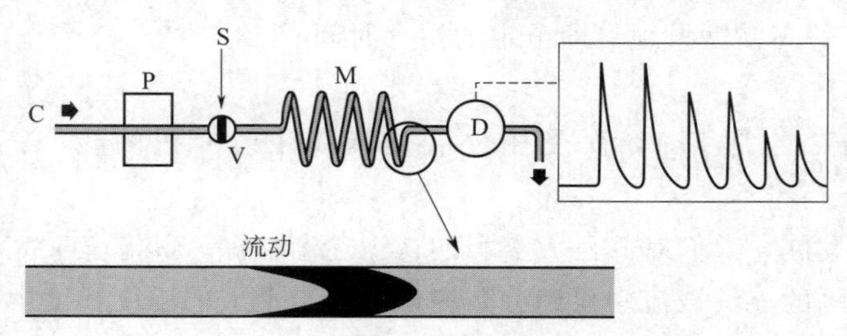

图 6-2　单流路流动注射分析系统示意图

C—载流；P—恒流泵；S—试样；V—注样阀；M—混合反应管；D—流通式检测器

① 载流驱动系统　通常以蠕动泵提供驱动力。载流（carrier）是携带试样的流动液体，是载体，可根据系统情况来选择，最简单的是蒸馏水，也可是与试样反应的试剂。

② 注样器（Sample Injector） 也称注样阀（Sample Injection Valve），用来向流动着的载流系统中注入一定体积量的试样。

③ 反应器（Reactor） 由细管道构成的盘管，也叫编制反应器。

④ 流通式检测器（Flow-Through Detector） 可在流通状态下检测反应器中形成的可检测的产物。

⑤ 信号读出装置 如记录仪，数据采集工作站等。

在 FIA 分析系统中，恒流蠕动泵推动流体载液在聚四氟乙烯管道中流动。当装入注样阀中一定体积的流体样品以很高的重现性被注入到连续流动的、具有一定流速的载液中后，在流经反应器时与载流发生一定程度的混合，样品带分散并与载液中的试剂反应，产物流经流通式检测器时产生响应信号而被检测，记录仪或工作站得到的输出信号为一个峰，如图 6-3 所示为一个典型的 FIA 峰。

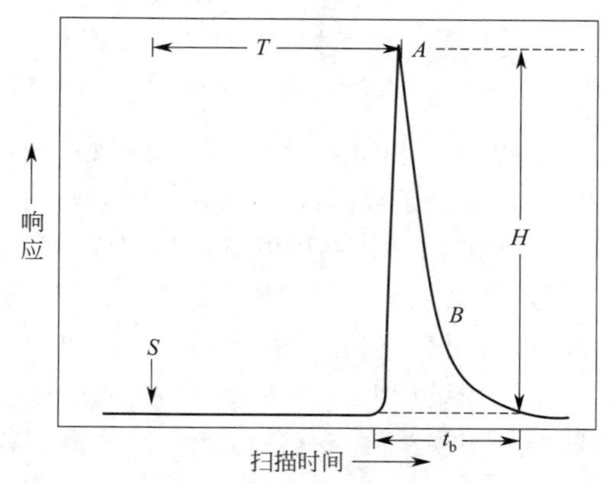

图 6-3 典型的 FIA 输出记录曲线

S—注样点；T—留存时间；A—封顶读出位；B—峰坡读出位；H—峰高；t_b—基线峰宽

FIA 是一种通用溶液处理技术，可用于 pH 值测定、电导测定、光度法测定及酶免疫分析等。在 pH 值测定、电导测定或原子吸收测定中，试样需重复以未稀释的方式通过管道流经流通池；而对于光度法、荧光、化学发光等测定，未知样品则需转变成可被检测器检测的物质。因此，该类测定的先决条件是：试样要通过 FIA 管道并与试剂混合，且保证有足够反应时间以生成可检出的物质。突出的一点在于，FIA 分析是在物理不平衡和化学不平衡下，进行动态测定的一门微量湿化学分析技术，因此不需达到混合均匀和化学平衡，这大大缩短了检测时间。

6.1.4 FIA 输出与峰参数

在 FIA 分析过程中，样品带通过检测器时，产生的瞬间信号以峰形的方式记录下来，其高度 H，宽度 W 和峰面积 A 都包含分析信息，因此 FIA 结果可根据情况以多种形式给出。迄今为止，最常用的是峰高，其原因在于易识别，且直接与检测器的响应，如吸光度、电位或电流等相关，并通过线性函数与样品中被测组分的浓度相关，即

$$H = kc \tag{6-1}$$

式中，k 为比例常数。

其他参数都必须靠分散样品带的时间坐标定位，从注入样品开始计时，或设定检测器的相应水平测峰宽。无论前面的任何一种数据，时间上的精准控制都是保证重现性必不可少的前提。

6.1.5 FIA 的试样区带分散过程

FIA 的试样注入的特殊方式及由此造成的被注入试样带在载流中的特殊状态是其诸多优点的根源所在。如图 6-4 所示，在 FIA 常用的管道孔径（0.5～1mm）及流速（0.5～5mL·min^{-1}）条件下，当一个试样注入到连续流动的载流中的瞬间，待测物的浓度沿管道分布呈长方形柱塞状轮廓，在泵压力作用下，逐渐形成抛物线形的轮廓。这是因为在管道中流体处于层流状态，中心流层的线速度为流体平均速度的两倍，流层线速度越靠近管壁越

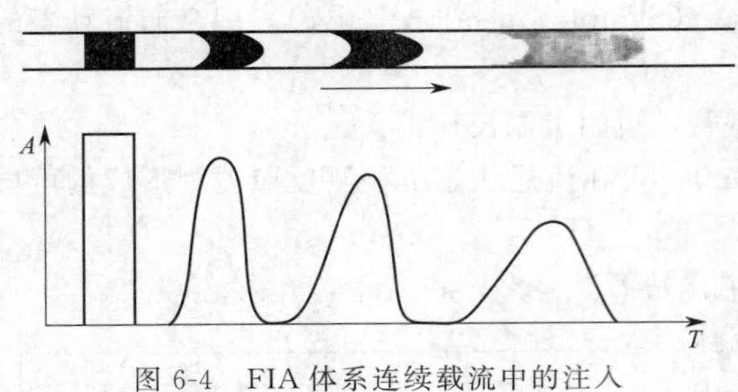

图 6-4　FIA 体系连续载流中的注入试样带的分散过程

低，从而随着距离延长抛物线形变得拉长，与附近载流（试剂）发生对流，加上同时存在的分子扩散过程，出现试样带的分散。因此，待测物的浓度轮廓从长方形逐渐发展为峰形，峰宽随流过距离的延长而增大，峰高则变低。由此可见，在 FIA 中，试样与载流的混合总是不完全的；然而，对于一个设计好的 FIA 装置而言，只要载液流速不变，一定留存时间的分散状态都是高度重现的，这是 FIA 可以得到高重现度分析结果的依据，也因此大大提高了分析效率。

（1）分散系数（Dispersion Coefficient）

试样在 FIA 体系中的分散过程就是其物理稀释过程。根据测定需要，利用 FIA 能控制试样分散的特点即可实现不同的试样稀释度。因此，设计和控制试样和试剂的分散是所有 FIA 方法的核心问题。而分散系数 D 即为分散的试样带中某一流体元分散状态的数学表达式，是合理设计 FIA 体系的重要参数之一。分散系数 D 定义为：在分散过程前后，未分散的试样待测物浓度与分散流产生的分析读数信号的流体元中待测物浓度之比，即

$$D_t = c^0 / c^t \tag{6-2}$$

式中，c^0 为试样未分散前待测物浓度；c^t 为分散后任一时刻 t 流体元中待测物浓度；D_t 为 FIA 输出峰形曲线上任一点的分散系数（见图 6-5）。例如，$D_t = 2$ 时，试样被载流以 1∶1 比例稀释。

在 FIA 分析中，大多采用峰顶所对应的最大浓度 $c^{\max}$ 代替 c^t，上式则变为：

$$D_t = c^0 / c^{\max} = \frac{H^0 k_1}{H^{\max} k_2} \tag{6-3}$$

式中，k_1，k_2 为常数。

事实上，总分散系数 D_t 是系统各部分引起的分散系数乘积。

$$D_t = D_i D_f D_d D_m \tag{6-4}$$

式中，D_i 为注入过程引起的分散系数；D_f 为反应管道引起的分散系数；D_d 为试样流经流通式检测器引起的分散系数；D_m 为合并混合而引起的分散系数。当试样注入口和检测器等设计合理时，分散系数主要由 D_f 决定，因此可通过控制反应管道中的分散过程来控制 D_t：

$$D_t = c^0 / c_{\max} \approx D_f \tag{6-5}$$

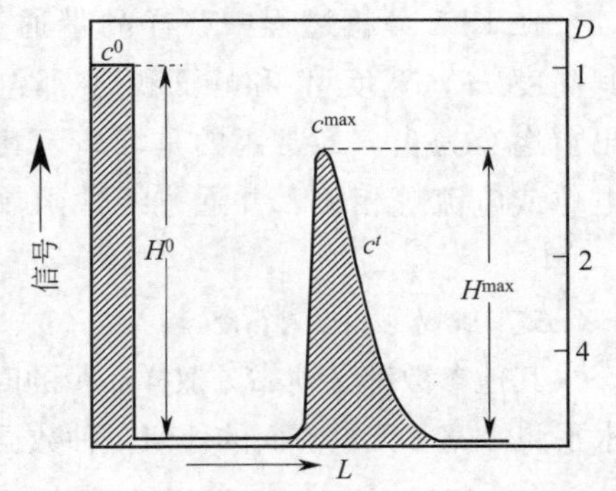

图 6-5　分散系数示意图

一般情况下，D_t 应当是大于 1 小于无穷大的一个数值，其物理意义是测定的流体元中试样的待测组分被载流稀释的倍数。根据峰最大值对应的分散系数大小，可将 FIA 流路划分为高、中、低分散体系。

低分散体系或叫有限分散体系（$D = 1 \sim 2$），仅用于把 FI 技术作为试样传输手段的分析，出于测定灵敏度和原理的需要，尽量不稀释试样原有浓度且无需引入试剂。适用于原子吸收、等离子体发射光谱、火焰光度、离子选择电极法和化学发光等。

中分散体系（$D=2\sim10$），适用于比色法、光度法、荧光法等基于某种化学反应的光度测定以及一些需经历电化学反应的方法。这类分析都需要试样与试剂反应以生成可测的产物，而适当的分散可保证试样与试剂间的一定程度混合以确保反应可以发生。

高分散体系（$D>10$），可用于对高浓度试样进行必要稀释及某些 FI 梯度分析技术，适用于进行连续流动滴定、反应速度或界面化学的研究。

表 6-1 所示为一些常见的流动注射分析实例的分散类型。

表 6-1 常见流动注射分析的分散类型

分析对象	检测方法	分散类型
pH	玻璃电极	低分散
pCa	钙电极	
全钙 PO_4^{3-}，Cl^- 溶剂萃取	分光光度法	中分散
NO_3^-	NO_3^- 电极	
尿素	玻璃电极(酶法)	
抗坏血酸	伏安法	
氨基酸	荧光法	
SO_4^{2-}	比浊法	
Mg^{2+}，K^+，Ca^{2+}	原子吸收法	
酸或碱	光度滴定法	高分散
全钙	电位滴定法	

（2）分散系数的测定

在分散系数测定中，以设计单流路 FIA 系统为例，将一定体积的染料样品注入到无色载液中，可测得 $c^{\max}$；然后直接用染料代替载液进入管道，得到 c^0，则依据公式

$$D=c^0/c^{\max}=\frac{H^0k_1}{H^{\max}k_2} \tag{6-6}$$

在遵从朗伯-比尔定律范围内，$k_1=k_2$，得到

$$D=\frac{H^0}{H^{\max}} \tag{6-7}$$

（3）FIA 分散过程中的化学反应

FIA 过程中，流经流通式检测器得到的峰形信号是试样带的物理分散状态与待测反应产物化学反应状态的动力学过程之和，即在检测点处，试样达到一定混合稀释的分散程度及待测物同试剂反应得到的可检测产物达到一定浓度的动力学综合效应。如图 6-6 所示，随着流经 FIA 管道的延长，试样带分散度增大（对应曲线 D），待测物浓度下降，而试样与试剂的反应趋向完全（对应曲线 P）。这两个过程分别通过检测信号反映的检测效果相反，加合后的综合效果则为曲线 A。因此，为求得最高检测灵敏度，在建立 FIA 方法时，需要优化反应管道长度或载流速度以使体系达到曲线 A 最高位置。

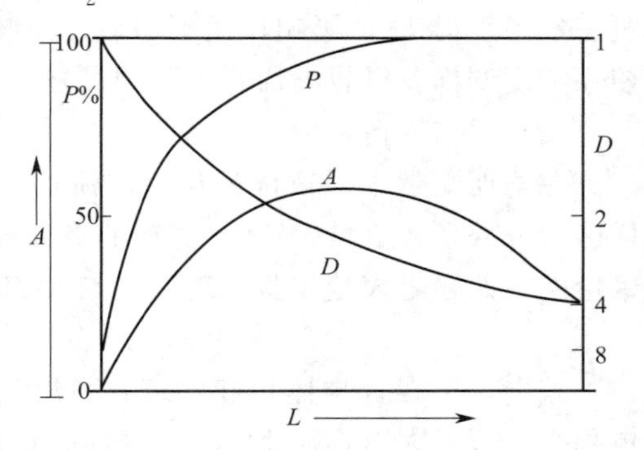

图 6-6 FIA 体系中试样分散过程各参数随反应管道长度 L 的变化

D—分散系数曲线；P—反应率 $P\%$曲线；A—响应值 A 曲线

6.1.6　区带分散的影响因素

为了使 FIA 体系达到灵敏度高、分析速度快、选择性好的目的，经常需要对试样注入体积、载流流速、反应管道长度、管径等因素进行优化。

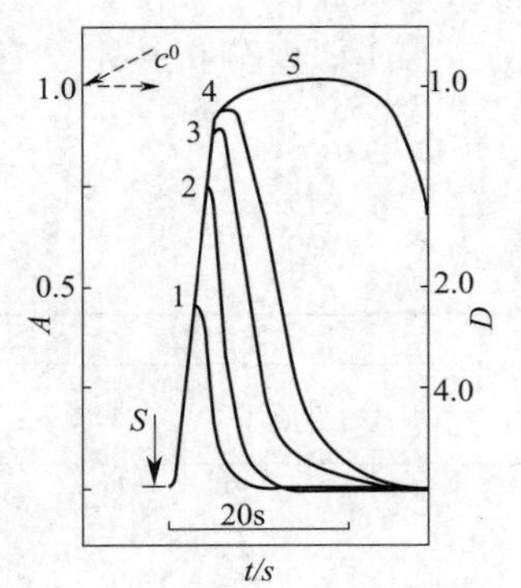

图 6-7　试样注入体积与分散系数关系

A—吸光度；D—分散系数；S—曲线起点；1，2，3，4，5 代表注样体积依次为 60μL，110μL，200μL，400μL，800μL；稳态 $D=1$，峰宽随注样体积增大

（1）试样注入体积

改变注入试样的体积即样品量是改变区带分散程度的最有效途径。在大量实践中，可发现试样注入体积对方法灵敏度的影响最显著，且在较小的体积范围内与灵敏度成线性关系。体积与分散系数的关系可用下式表达：

$$D=c^0/c^{\max}=[1-\exp(-kV)]^{-1} \tag{6-8}$$

式中，k 为实验条件决定的常数；V 为注样体积。为了方便阐述，以 V_S 为实际注样体积，而 $V_{1/2}$ 为 $D=2$，即试样与试剂载液实现 1∶1 分散状态时的注样体积。图 6-7 所示为不同的试样注入体积得到区带浓度曲线。

$D=1$ 可以通过加大进样体积来无限接近，但分析速度因此会大大下降，且试样和试剂消耗都很大。即便在低分散体系中，追求 $D=1$ 也是非常不经济的。

D 值较高时，注样体积 V_S 基本与 D 成反比关系。$D>2$ 时，V_S 与 $c^{\max}$ 几乎成线性；实验表明，当 $V_S \leqslant V_{1/2}/17$ 时，线性关系误差小于 2%，D 约为 25。

$D=2$ 时，注样体积 $V_{1/2}$ 能较好兼顾适当分散和高采样频率，其值是描述 FIA 体系流路分散能力的重要指标，一般 $V_{1/2}$ 多在 50～200μL。

由此可见，当 $D\geqslant 2$ 时，增大注样体积是降低区带分散的最方便途径，可以有效增大峰高即灵敏度，但超过一定限度对 D 值影响作用不明显；而减少注样体积是使高浓度试样获得较大稀释倍数的最好办法。

（2）反应管道长度

在早期文献中，曾认为在一定流速下，直管中的注样区带分散系数 D 与管道长度 L 的平方根成正比。经方肇伦院士课题组大量实验发现，D 与 L 符合以下经验式

$$D=1+KL \tag{6-9}$$

式中，K 是注样体积和管道管径决定的常数。注样体积小、管径大时，K 值大，一般为 0.2～3（L 单位：米）。图 6-8 所示为管道长度与分散系数关系。

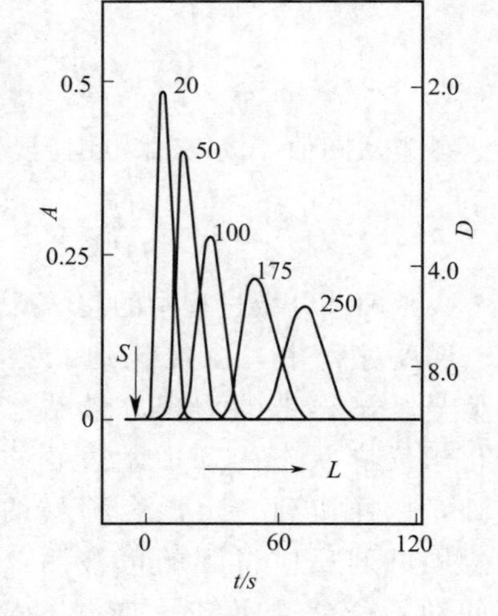

图 6-8　管道长度与分散系数关系

A—吸光度；D—分散系数；S—曲线起点；管道长度单位 cm，从左到右依次为：20cm，50cm，100cm，175cm，250cm；进样体积：60μL；管径：0.5mm

由关系式可得：增大试样区带分散，通过降低试样注入体积比采用延长管线更有效。前者分散的增大以增大峰宽即降低采样频率为代价，后者则可同时提高采样频率。

增大试样与试剂的反应时间或增大留存时间，采用延长管线不如降低泵流速或采用停留操作更有效。前者在增大反应时间或留存时间同时，会

增大试样分散并降低采样频率；而通过降低泵流速同时减少管道管径，则不会增大试样分散；最有效的办法是采用停留，待反应时间或留存时间足够后再启动进行分析。

(3) 反应管道管径

经方肇伦院士课题组大量实验发现，D 与管道管径 R 符合以下经验式

$$D=1+KR^{3/2} \tag{6-10}$$

式中，K 为与 FIA 体系其他实验参数有关的常数。注样体积小，K 值高，反之较低，一般为 0.1～3 之间；R 为管道管径，毫米。管径越小，D 值越小，区带分散越低，反之则越高。

(4) 载流流速

大量实验验证发现，流速变化在相当大的范围（0.6～14.8mL・min^{-1}）不影响分散。因此，对于一定的 FIA 体系，载流流速对注样体积的区带分散系数基本无影响。

(5) 管路几何形状

管路几何形状越复杂，试样在其中的流动方向改变越多，D 越大。如直管反应器的 D 最小，盘管与编织管（3D）反应器的 D 较大。

在 FIA 微反应器中，盘管是最常见的几何形状，主要几何形状见图 6-9，有直管（A）、盘管（B）、混合室（C）、单珠串反应器（D）、编织管反应器（E）等以及多种几何形状的组合。这些反应器的功能在于：增强径向混合，从而使样品注入载流时区带的轴向分散下降，使试剂与试样更易于混合。

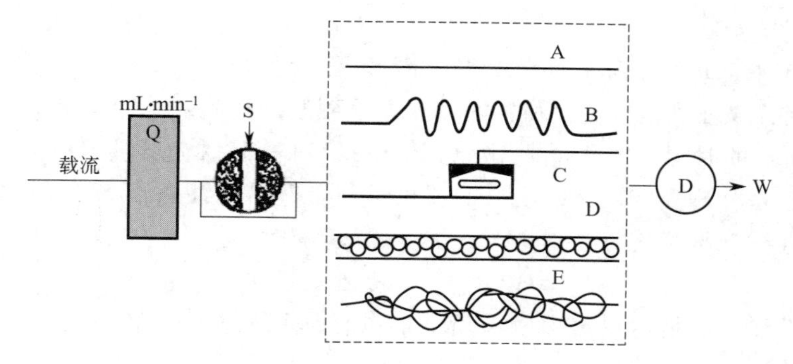

图 6-9 FIA 体系中常用微反应器几何形状

A—直型中空管；B—盘管；C—混合室；

D—单珠串反应器（SBSR）；E—编织反应器

理论上，用雷诺数来表征流体流动状况，以 Re 表示，是一个无量纲数，公式为

$$Re=\rho v d/\mu \tag{6-11}$$

式中，v、ρ、μ 分别为流体的流速、密度与黏性系数；d 为特征长度。例如对圆形管道，则 d 为管道直径。一般来说，Re 低于 2100 时，管道里为层流，高于 4000 为紊流状态。典型的 FIA 体系 Re 值一般为 20～130。因此，围绕管道中心轴线，中心区层流以平均两倍流速流动，靠近管壁速度趋向零，造成试样注入后，区带很快沿轴线变成抛物面轮廓。

在内径均匀的直管中，由于系统流速不高，层流抛物面保持不变，且径向扩散不足以打破形成的轴向分散，故信号峰是非对称的（图 6-5）。

盘管或叫螺旋盘管，是将任意长度的管道盘起而成，出现在 FIA 发展的早期，是最常用的反应器。通常，使液流突然转向产生局部扰动是破坏轴向层流的最好方法，盘管中因为

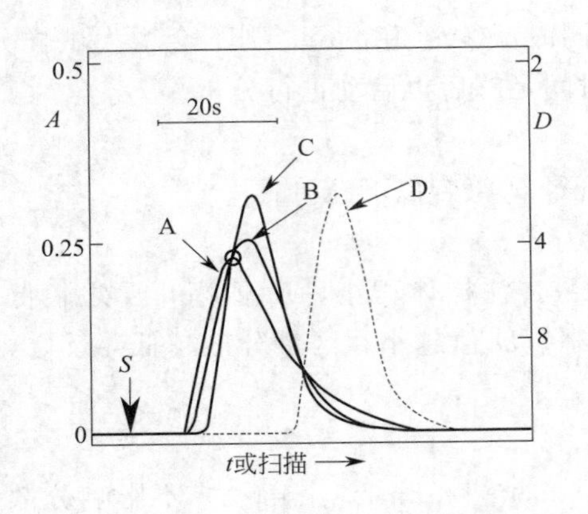

图 6-10　不同管道反应器中注入染料试样区带的分散图

注入试样体积—25μL；A—直管；B—盘管；C—"编织管"；D—SBSR 反应器

变向产生的垂直于轴线的二级流可促进径向混合，其结果是分散试样区带中浓度梯度变得越来越对称，峰形由不对称趋向对称（高斯形），且又高又窄，盘的越紧，管道越长，这种效应越明显；比螺旋盘管更有效的是将管进行规则的"编织"，形成编织管反应器，使流路三维变向，形成的三维变向流能有效降低轴向分散。单珠串反应器（SBSR）最初用于柱后衍生，后引入 FIA，是管道反应器中增强径向混合的最有效装置。在一般 FIA 的时间和管道长度条件下，SBSR 可得对称峰，且能有效限制试样区带变宽，特别是不会引起同时在管道中的不同试样互混，其特点是固体表面-液面比较大。图 6-10 所示为不同管道反应器中试样峰形图。

混合室的作用是实现高分散，促使试样与试剂均匀混合以得到重复性测定值。其结果导致峰高大大下降（低灵敏度）和峰宽变大（低采样频率），试样和试剂的消耗因此变多，因此不适合快速连续分析。

6.1.7　分散因子、采样频率

（1）分散因子

在 FIA 系统中，每个采样周期分为两个阶段：从注样瞬间 S（时刻 t_0）到起峰处，即试样分散带的前锋微元到达检测器所需时间；基线到基线的间隔，即整个试样分散带从检测器视野中消失所需的时间。因此，常用分散因子 $\beta_{1/2}$ 来描述轴向分散。

分散因子定义为 FIA 响应曲线上升沿的投影与上升沿到注入点 S 之间的距离之比，斜率与距离都是达到 50%稳态（1∶1 混合，$D=2$）响应时的值。见公式(6-12)：

$$\beta_{1/2}=V_{1/2}/V_r \quad 或 \quad \beta_{1/2}=t_{1/2}/T \tag{6-12}$$

式中，$V_{1/2}$ 和 $t_{1/2}$ 是达到 50%稳态所需的试样体积或时间；V_r 和 T 分别是 FIA 通道的体积和留存时间。

分散因子是一个无量纲量，其大小依赖于通道的几何形状、长度、直径和流速。$\beta_{1/2}$ 越小，径向传质越强，系统性能越好。参见图 6-10，当 $D=2$ 时，$\beta_{1/2}$ 分别为：直管，0.60；盘管，0.56；编织管，0.35；SBSR，0.25；而混合室则高达 2。因此，$\beta_{1/2}$ 越小，峰形越窄而陡，且测定周期消耗试样和试剂少，节省资源。

（2）采样频率

采样频率 S_{max} 是 $V_{1/2}$ 和 V_r 的函数。当注样体积 $V_S \ll V_{1/2}$ 时，有

$$t_{cyc}=(V_r+4V_{1/2})/Q \tag{6-13}$$

$$t_b=4V_{1/2}/Q \tag{6-14}$$

$$r_{cyc}=V_r+4V_{1/2} \tag{6-15}$$

每小时最大采样频率为

$$S_{max}=60t_{cyc} \tag{6-16}$$

式中，t_{cyc} 是测定周期；t_b 是基线峰宽（见图 6-3）；r_{cyc} 是载流消耗量；Q 是管道体积流量。如以每分钟体积单位计算，每小时无明显携出的采样频率（单位：样次/时）：

$$S_{max}=60/t_b=15Q/V_{1/2} \tag{6-17}$$

可以看出，FIA 系统设计为具有最小 $V_{1/2}$ 并注入尽可能小试样体积 V_s，可获得最大采样频率；同时，系统具有最小的分散因子 $\beta_{1/2}$ 且留存时间一定的条件下，消耗试剂最少，采样频率最高。

6.2 流动注射常用流路及分析仪器基本装置与组件

6.2.1 流动注射常用流路

为了满足实际分析工作的需要，人们设计了各种各样的 FIA 流路。如图 6-11 所示为一些常用的 FIA 流路。根据流路特点，基本的 FIA 体系可分为单道和多道体系。

最简单的 FIA 体系为仅由一条管道（指泵管及后续反应盘管及连接管道）组成的单道流路体系。注样阀设在泵和反应盘管之间，注样后含有试剂的载流将试样从注样阀中带入反应管道，经混合和反应后流入流通式检测器进行检出。该流路简单，多用于中分散体系。

双道或多道流路则可以克服和回避使用单道流路产生的各种限制。由于试剂是汇合到分散的试样带中，而不是只通过对流与扩散使试样混合，因此可以实现等量均匀混合，而载流不必如单流路中那样同时作为试剂，最终负峰及干扰峰基本可以消除；且增大试样体积也不会出现试样区带中部试剂浓度不足的现象，试样在载流中分散可控制在较低水平，可用于一些高灵敏度的测定。多道流路的缺点在于流路结构较为复杂，且采用蠕动泵驱动时管道中均有一定脉动，且多管道在同一瞬间于汇合处脉动相位未必完全吻合，引起试样/试剂比例的周期性微小变化，对分析精度造成一定影响。采用编织反应器，增加流路局部的径向混合对消除这种不均匀性有较好的效果。

FIA 体系流路的设计思想可总结为以下八点。

① 改变注样体积是改变分散的有效途径。增大注样体积，可通过增大峰高来增大灵敏度，反之，减少注样体积是稀释高浓度样品的最好方法。

② 将最小 $V_{1/2}$ 体积的试样注入到连接注入口与检测器的尽可能短的细管组成的流路中，可得到低分散 D 值。

③ 增大试样区带分散，采用延长管道长度不如通过降低试样注入体积更有效。降低泵流速并减小管径至最小，可降低分散同时增大留存时间，而最有效办法是进行停流操作。

④ 同无混合室的系统相比，任何有混合室的连续流动系统都产生高分散和低灵敏度，且采样率低，而提高泵速则会使试样和试剂消耗很大。

⑤ 欲降低轴向分散，提高采样率，流动通道应均匀、盘状、曲折或三维变向。其他类型的流向突变也包括其中。

⑥ 欲取得最大采样率，系统应设计具有最小 $V_{1/2}$ 并注入尽可能小的试样体积 V_s。

⑦ 任何分散试样区带都由连续的浓度梯度组成，故所需分散程度可方便的选择，从分散系数适当的流体元上得到分析结果。

⑧ 所有 FIA 滴定都基于峰宽测定，但并非所有的峰宽测定都是 FIA 滴定。区别在于：FIA 滴定基于用指示剂或自身指示的化学反应标明一对化学计量点，而峰宽测定则依赖于在检测器响应曲线的某一水平上测定试样带通过的时间。

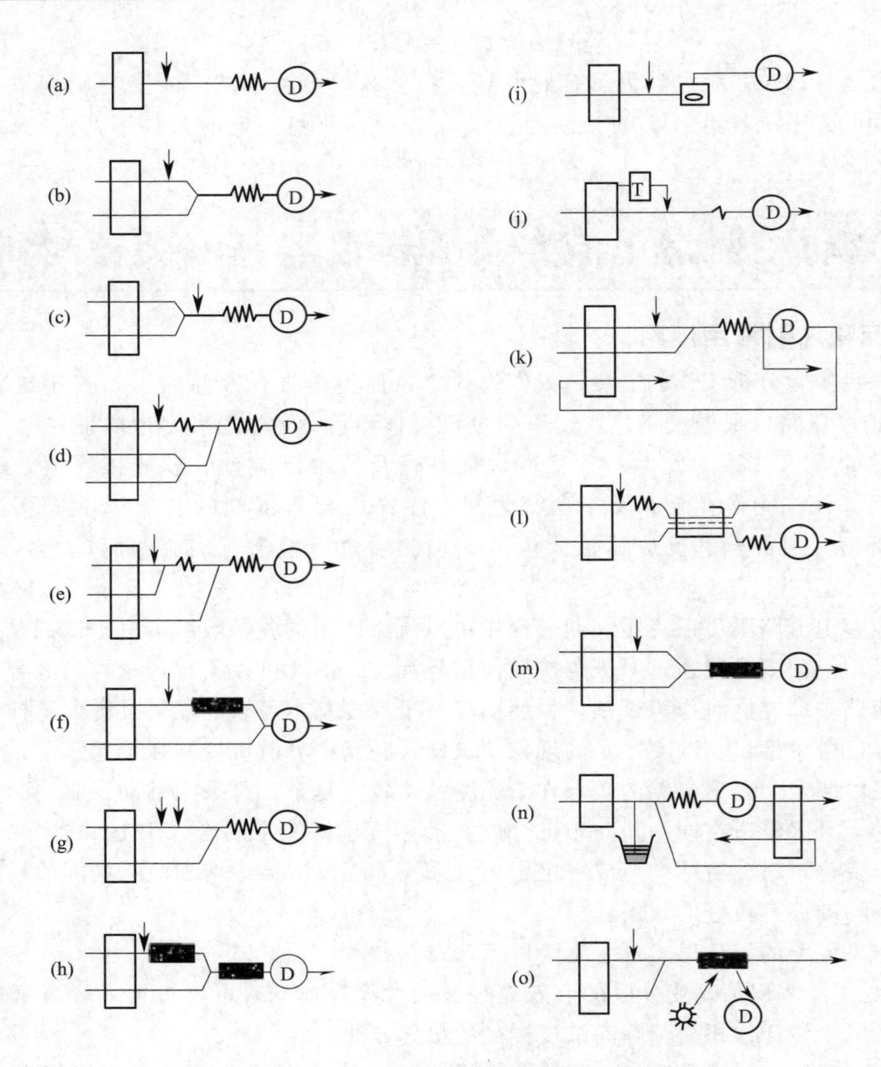

图 6-11　常用的 FIA 流路图

(a)—单道流路；(b)—具有一个汇合点的双流路；(c)—试剂预混合的单流路；(d)—单汇合点和试剂预混合的双流路；(e)—双汇合点三道流路；(f)—在线填充柱双流路；(g)—双注入单混合（带渗透）双流路；(h)—串联柱（带固定化酶）双流路；(i)—具有混合室的单道流路；(j)—单道流路，停流操作；(k)—溶剂萃取流路；(l)—渗析、超滤或气体扩散流路；(m)—双道流路，单汇合点（含填充柱）；(n)—流体动力学注入操作流路；(o)—双道流路，单汇合点，带固体表面光学传感

6.2.2　流动注射分析仪器基本装置与组件

FIA 分析仪器一般由流体驱动装置（泵）、注样阀、反应器、流通池、检测器及记录仪（或数据采集工作站）等组成。如图 6-12 所示为最基本的 FIA 系统，流体驱动装置把载流和试剂泵入反应管道及检测器，注样阀用于将一定体积试样注入到载流中，反应器用于使试样同试剂实现高度重现的混合并发生化学反应，而设在适当检测器中的流通池用于将可检测的反应产物流经其中时由检测器测出信号，记录仪或相应的工作站用于信号采集和处理。

（1）流体驱动装置

流体驱动装置是 FIA 系统的心脏，目前常用的主要有蠕动泵和柱塞泵。在 FIA 中，理

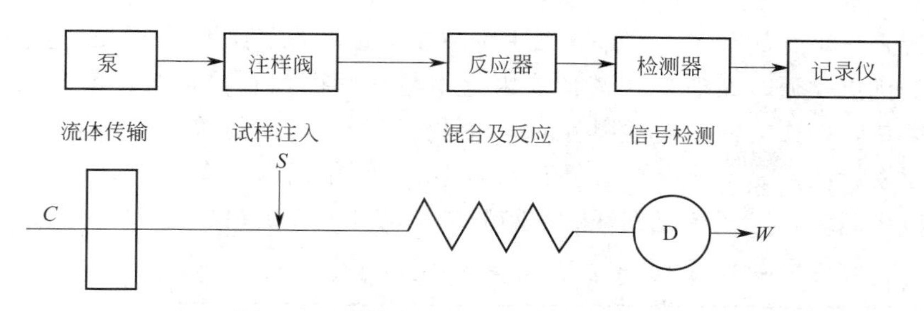

图 6-12　基本的 FIA 装置与功能对照图

想的流体驱动装置具备以下特征：流速既有短期稳定性，又有长期重现性；多通道，至少可提供四个平行泵液通道；提供无脉动的液体输送；可输送多种试剂和溶剂；易调节流速；生产成本低，运行消耗少。

但目前的流体传输设备中，尚无一种可以完全满足以上所有要求，以下分别进行介绍。

① 蠕动泵

蠕动泵是目前最常用和最合适的流体传输设备，其功能是通过挤压弹性良好的泵管，将试剂、试样等溶液输送到分析体系中。

如图 6-13(a) 所示，泵管 T 被挤压在一系列均匀间隔的辊杠 R 与压盖 B 之间，当泵头 P 转动且调压器 A 对压盖施加一定压力时，相邻辊杠的挤压点之间形成一个封闭空间，封闭空间中的空气随着辊杠向前滚动被带到泵管出口。此时泵管入口插入液面以下，则会在入口形成部分真空从而使入口液面上升，并随着辊杠的连续向前滚动充满整个管道，同时以一定流速向前流动，流速取决于泵头转动线速度和泵管内径。

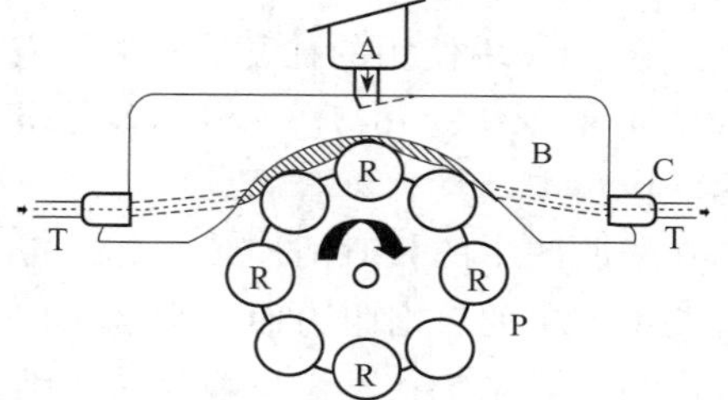

(a) 工作原理图

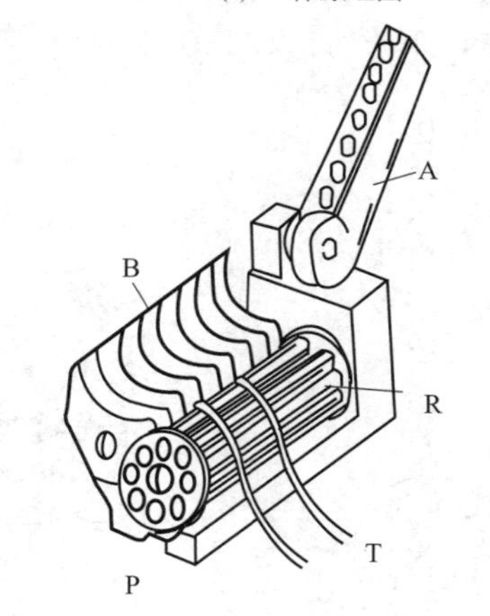

(b) 8通道泵头结构图

图 6-13　蠕动泵工作原理及结构示意图
P—泵头；R—辊杠；A—调压器；
C—卡具；T—泵管

如图 6-13(b) 所示，蠕动泵主要由泵头（滚轮和辊杠）、压盖、调压器、泵管和驱动电机组成。泵头主要由滚轮和辊杠组成，多由耐腐蚀的金属材料或工程材料制成，滚轮直径约 30～40mm，辊杠数量 4～12 根，常为 8 根；蠕动泵的驱动源是驱动电机，多为低速同步或步进电机。驱动电机另一重要功能是可以瞬间启动或停止，以保证 FIA 中停流法和间歇泵操作的需要；压盖一般均有一加工精度很高的凹面，凹面两端备有沟槽来固定泵管，沟槽总数即为蠕动泵的通道数；调压器的功能是向压盖提供适当压力，使泵管在泵头转动时受到挤压。如压力过小，液体不能形成连续流，压力过大则加大泵管磨损，可适当调节调压器的螺丝；泵管是一种消耗性材料，也是泵的重要组成部分。材质一般为加入适当增塑剂的聚氯乙烯 (Tygon)。该类泵管加工精度高于一般输液管，管径要求准确，管壁厚度均匀，但不适用于高浓度强酸及多数有机溶剂。需要注意的是，泵管长时间运转会疲劳或磨损，导致流量改变，需定时更换并时常检查泵管的流量。不同材质泵管及性能详见表 6-2。

FIA 系统是一个开放系统，管路一般很少超过 5m，阻力不大，因此蠕动泵完全可以胜任。蠕动泵的优点是通过泵管输送流体，因此不与化学试剂直接接触，不存在化学腐蚀问题，且结构简单，操作方便，通过调节泵速和泵管管径可以控制需要的流速，特别适用于多道流体同时驱动；缺点是不能完全避免液流脉动，造成输出信号发生波动，增加辊杠数目和增大泵速可减少脉动，一般性能良好的泵的流体脉动是微不足道的。

表 6-2　各种材质泵管及特性

泵管材料			适用液体	不适用液体
商业名称	中文名称	外文名称		
Tygon	聚氯乙烯	PVC	水溶液，稀酸，稀碱，甲醛，稀的乙醇溶液	浓酸，纯有机溶剂
Solvaflex	改性 PVC	Modified PVC	醇类，脂肪烃，环己烷，四氯化碳，稀的熔纤剂	酯，醛，酮，芳香烃，氯仿，醚，酸和碱
Acidflex	氟塑料	Fluoroplastics	浓酸，氯仿，芳香烃（苯，甲苯，二甲苯）	酮，甲醇，醚，醛，四氢呋喃
	硅橡胶	Silicon rubber	甲醇，乙醇，丙醇，丙酮，稀酸，稀碱，乙酸，乙酸酐	高碳醇（异戊醇，异丙醇），脂肪烃，芳香烃，氯仿，醚，强酸和强碱
Marprene			中强酸和碱，醇，醛，过氯酸，油，松节油	丙酮，苯，醚，环己烷，氯仿

② 往复式柱塞泵

在 FIA 中使用的往复式柱塞泵与在高效液相色谱中的柱塞泵相似，但工作压力相对要低，通常仅为 3～6MPa。与蠕动泵相比，特别是在线分离浓集及梯度技术等需要高精度流速的应用中，具有显著优点：无论短期还是长期的流速稳定性都很好，尤其适用于过程分析和在线监测中的长时间连续工作；能克服某些 FIA 体系（如有在线填充柱或过滤器等）在管路中产生的较高阻力而不影响流速稳定性；抗有机溶剂能力强，适用于含有机溶剂的在线分离与浓集系统；不需更换泵管，维持费用低于蠕动泵。

柱塞泵最主要的缺点在于可利用的通道少，通常只有两个通道。常用蠕动泵作为柱塞泵的补充，用于对流速稳定性要求不高的通道；柱塞泵另外一个缺点是当与原子光谱等装有气动雾化器的检测器联用时，不能与雾化器吸取溶液的入口直接配合。

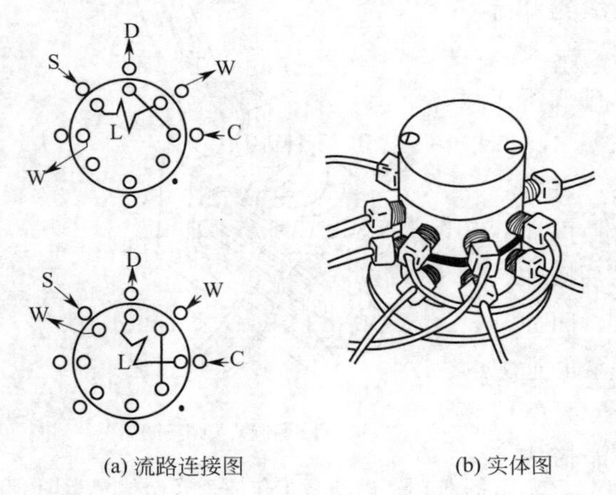

图 6-14　十六孔八通道双层多功能旋转采样阀

S—试样；W—废液；C—载液；D—检测器；L—采样环

适用于 FIA 体系的代表性柱塞泵型号有日本 Sanuki 往复式柱塞泵，双通道光度法检测可以得到 0.07% RSD 的短期精度和 0.18% RSD 的长期精度。

(2) 注样阀

注样阀也叫注入阀、采样阀（Sampling Valve）等，其功能是采集一定体积的试样或试剂，并以高度重现的方式注入到连续流动的载流中。HPLC 中使用的进样阀虽然一般可以完成 FIA 中的注样操作，但 FIA 不需要很高的耐压性能，且转动频率要比 HPLC 高得多。随着 FIA 技术的发展，注样阀的功能也日益增多，由简单趋于复杂。目前，较为通用的是十六孔八通道多功能旋转阀（图 6-14），其功能也从简单的采样和注样发展为多种流路间的同时转换。针对于不同流路，一般进样方式分为两种：定容进样（Volume-Based Sampling）和定时进样（Time-Based Sampling），或二者结合。定容进样需采用配有固定容积采样环的注样阀，一般注入试样前先以约 1～2 倍采样环体积的试样冲洗环中存留的载液，然后阀转到注样位后载液将试样带入系统；定时进样则不用采样环，其进样体积决定于注样的流速与时间，因此对泵速稳定性要求更高。其优点是便于随机改变进样体积或大体积进样，缺点是换样时因试样间的交叉携出严重而较定容进样消耗试样更多。

（3）连接及反应管道

① 连接管道

FIA 的各主要部件之间均需要管道连接，常用管道一般为内径 0.5～1.0mm 的聚四氟乙烯管或聚乙烯管，但后者不适合于输送有机溶剂，相应的管道外径为 1.5～2.3mm 左右，过薄则容易在弯曲处扯成死角而造成管道堵塞。管道与组合块及其他部件的连接必须牢靠无泄漏，且需要操作方便，便于更换管道。连接方法主要由压管螺丝固定和插入连接两种。如图 6-15 所示，第一种方法采用盖形压管螺丝配合 O 形密封垫圈压住翻边连接端的方式，可耐相当高的压力不泄漏；第二种方法采用一段聚乙烯管或硅橡胶管作套管，将两部分细管道套接起来，需注意两根细管轴心重合并紧密对接，以消除死体积或将之降至最小，否则会增大局部分散，降低测定精度，为方便插入，被连接的细管端口被切成斜面，连接方式见图 6-16(b)。

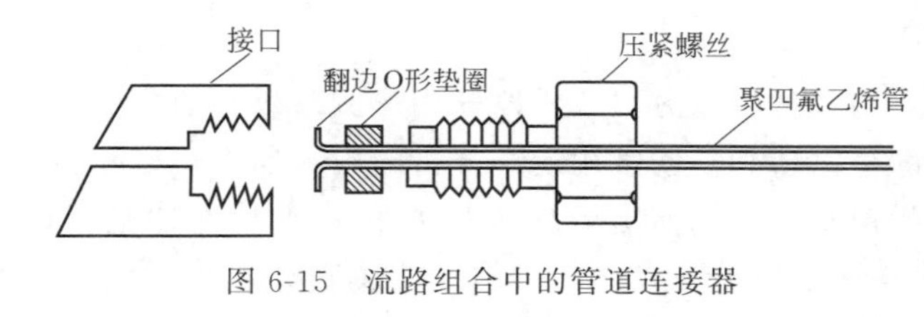

图 6-15　流路组合中的管道连接器

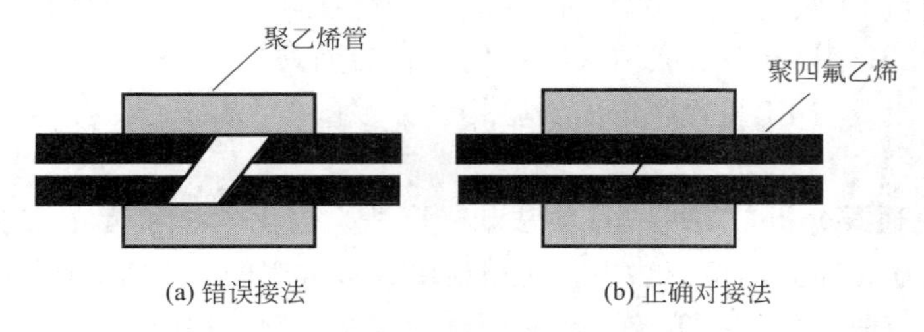

图 6-16　细管的对接

② 混合反应器

在 FIA 系统中，混合反应器的主要功能是实现经三通汇合的两个或多个流体的重现性径向混合及混合过程中的试剂与试样的化学反应。最常用的混合反应器由一些盘绕、打结或编织的聚四氟乙烯管（PTFE Tubing）组成，目的在于通过改变流动方向，在径向上产生二次流，从而促进径向混合，减少试样轴向分散。聚四氟乙烯管化学性质稳定，一般对无机试剂的表面吸附少，但常需注意其管壁对有机组分的吸附。国外常用的有美国 Thermoplastic 公司产的 Micro-Line 管，透明且易于成形，但耐有机性能不如 PTFE 管。

图 6-17　编织管（3D）反应器

10cm 左右直径的反应盘管应用非常广泛，而编织管反应器或叫 3D 反应器则越来越表现出其优越性。如图 6-17 所示，该类反应器可以实现流动方向上三维转向，有很强的限制轴向分散的功能，不仅可以用于混合反应管道，也可用作传输管道和采样环。混合反应器的另外一个功能是实现试样的在线稀释。通常采用大管径（有时达 1.2～1.3mm）及较大盘曲直径（有时 10cm）以达到试样与试剂良好的轴向混合。

③ 储存管

储存管仅在顺序注射系统（SIA）中使用，主要功能是储存定量吸入的试样及试剂区带，一般采用内径 0.8～1.5mm 的 PTFE 管，体积约 800～2000μL。在储存的区带被依次吸入并推出到反应管和检测器时，试剂盒试样也会部分相互渗透及反应，因此储存管也部分起到反应管道的功能。

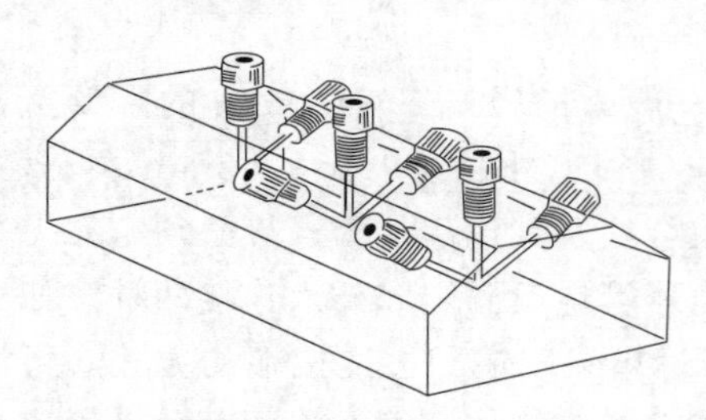

图 6-18　化学组合块示意图

④ 化学组合块

由于复杂的流路需要很多连接管道，因此根据需要，瑞典 Tecator 公司推出化学组合块系列，见图 6-18，国内也有类似产品。该系列有五种不同组合形式，几乎可以包括 FIA 中常用的所有流路需要，管道用特制的螺丝将所设计的流路在组合块的相应位置上连接成型，非常方便。

(4) 检测器

流动注射分析可以与多种检测方法或手段联用形成高效率的分析系统，因此可以说，几乎所有的定量分析仪的检测器和一些常用定性分析的检测器都可以用作 FIA 系统的检测器。同样的，线性范围、噪声水平、峰变宽效应也是评价 FIA 检测器是否可靠的重要标准。常用的与 FI 联用的定量检测法有分光光度法、原子光谱法、电化学法、荧光法和化学发光法等，而已有报道的与 FI 联用的定性检测法有傅立叶变换红外检测法和电感耦合等离子体质谱（ICP-MS）法等。有关典型的联用系统示例将在后面应用部分介绍。本节着重介绍几种有代表性的检测手段及与 FI 装置联用的实验装置。

① 流通池

由于 FIA 是流通式分析，因此一些方法如光度法、电化学法和荧光法等作为检测器时，需要配备特制流通池。在光学检测法中，应用最多、最常用的是紫外-可见分光光度法检测，以流通式比色池（流通池）代替传统比色池配合检测器检测，如图 6-19 所示。

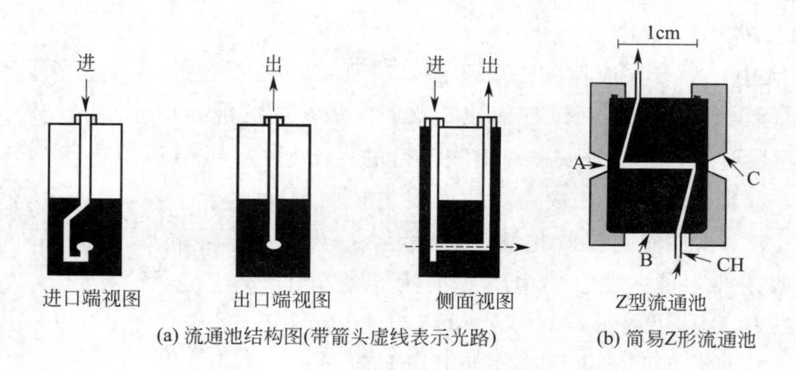

图 6-19　光度法检测流通池示意图

A—光窗；B—池体；C—池套；CH—入口通道

该类流通池上部有入口和出口与池底通光管道连接，目前比较通用的是体积 18μL（孔径 1.5mm）的流通池，光程一般为 10mm。如无商品化流通池，也可以用黑色有机玻璃自制 Z 形简易流通池，该类流通池也常应用于高效液相色谱的光度检测器。

② 荧光检测器

用于 FIA 的荧光光度法的流通池可以用内径 2mm 的石英管自行制作，非常容易，这是因为在荧光仪中对于激发光源来说是从直角方向检测荧光的。如不用激发光源，这种石英管式的流通池也可用于化学发光检测。

通常，荧光流通池与高效液相色谱的荧光流通池相似，常可以借用。因 FIA 系统可较好地控制反应条件，从而提高荧光测定的重现性。

③ 化学发光和生物发光检测器

FIA 技术与化学发光（Chemiluminescence，CL）和生物发光（Bioluminescence，BL）检测器结合具有很大的优越性。这是因为化学发光和生物发光的反应速度很快，且信号持续时间非常短，由此造成手工法或间歇式操作法有难度，而 FIA 系统可较好地控制反应条件以实现重现性检测，因此与检测器匹配。化学发光流通池通常做成螺旋形盘管以增加光通量。图 6-20 所示为 FI-CL 分析常用的流通池。

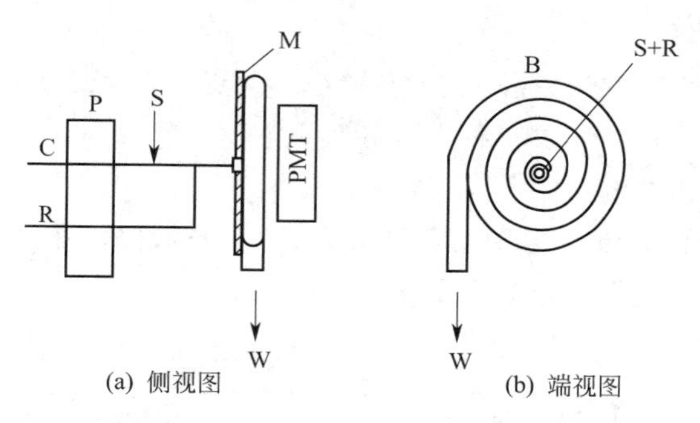

图 6-20 FI-CL 分析常用的流通池

R—试剂；S—试样；P—泵；C—载流；M—反射镜；B—螺旋盘管；PMT—光电倍增管；W—废液

④ 电化学检测器

电化学检测器常用的有离子选择电极和玻璃电极，检测时要求待测组分从溶液本体中有效通过扩散层到达电极的传感表面。常用的极谱法中的喷壁装置有较好的效果。如图 6-21 所示的 Ruzicka 型流通池-电极装置，是一种喷流结构。当载流流经电极的离子选择表面时，形成很薄的一层液体冲刷电极的敏感膜，即为有效的流通池容量，体积约几微升，参比电极插入载流池里，而离子选择电极置于参比电极上面，固定载流排出位置，并保持液面恒定。

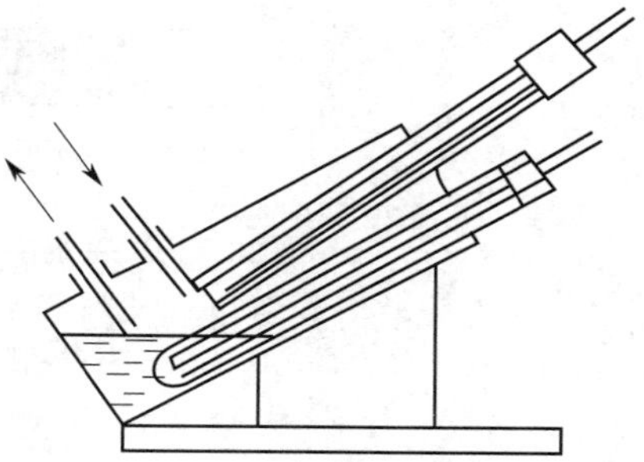

图 6-21 Ruzicka 型流通池-电极装置图

(5) FIA 与高效液相色谱

最简单的 FIA 系统在表面上与高效液相色谱（HPLC）相似，除色谱柱为反应盘管所代替外，其他部分如泵、注入口、流通池和检测器有时在两种仪器中基本相同，此外数据输出都是峰形等，因此用 HPLC 的组件也可组装 FIA 装置。但二者其实有区别。

从技术上看，二者实质区别在于 HPLC 在 70atm 以上工作而 FIA 的工作压力约 0.5atm，因此后者只用简单的蠕动泵即可。

从原理上看，HPLC 涉及的是基于两相间分配的若干组分的分离，组分在两相间平衡分配的差异导致了不同的迁移速率。而 FIA 则是试样带以和载流相同的速度并基本以层流状态流经开放的细通道，液流部分受径向分散和流动方向改变的影响，且反应通常并不完全，因此二者是不同的技术。

从目的上看，HPLC 的目的主要是最短时间内充分分辨注入试样的多个组分，因此柱外的任何组分的区带变宽需减至最小，最佳流速选择应以柱效为主而不是载流中的化学反应；而 FIA 目的是用最短的时间、最少的试剂和试样溶液来分析最多的试样，因此，需控制试样带的变宽过程即分散过程，使其程度恰好适合于某一检测方法及有关化学反应过程。

从检测器上看，二者差别是 FIA 多使用选择性检测器，而 HPLC 则是非选择性通用检测器且最好具有同等灵敏度，以满足多组分分离需要。

6.3 流动注射分析法常用技术及应用

6.3.1 试样注入技术

试样注入技术可分为流路注入技术、合并区带技术、流体动力注入技术和标准加入法，而新发展的还有顺序注射技术。这里简要介绍前几种。

(1) 单流路和双流路系统

即为前面 FIA 常用流路部分提到的单道和双道/多道流路体系。如图 6-22 所示为采用单流路和双流路试样注入后的混合过程及区带变化。

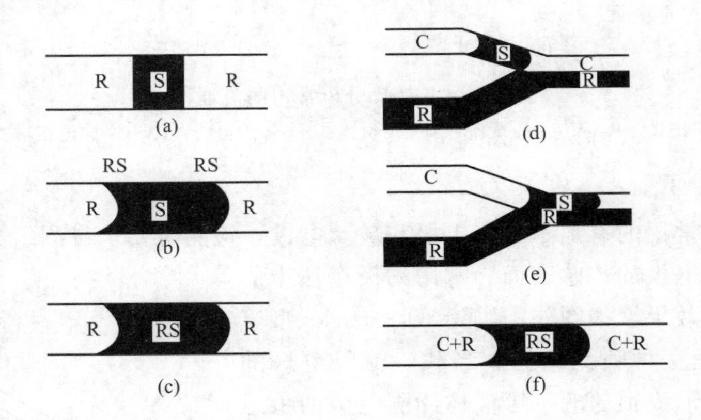

图 6-22　FIA 系统中试样与试剂的混合过程（左：单道；右：双道）

左：(a) 注入点的试样区带；(b) 试样区带与试剂部分混合；(c) 试样区带与试剂载液完全混合。

右：(d) 试样与试剂即将混合；(e) 试样与试剂开始混合；(f) 试样与试剂完全混合。

C—载流；R—试剂；S—试样；RS—试样试剂混合区带（待检测的试样区带）

(2) 合并区带技术

合并区带法是以节省试剂为主要目的的一种技术，特别在使用贵重试剂（如各种酶）时需要进一步降低试剂消耗。其特点是控制试样带仅与相应的试剂混合，而流路其他部分则由载液（常为蒸馏水或缓冲溶液）充满，大大节省试剂。

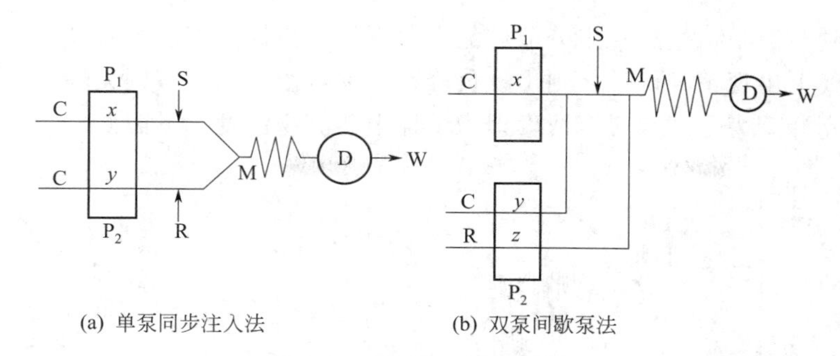

(a) 单泵同步注入法　　(b) 双泵间歇泵法

图 6-23　合并区带法流路图

P_1，P_2—泵；C—载流；R—试剂；S—试样；M—汇合点；W—废液；D—检测器

合并区带法有两种操作：同步注入法和间歇泵法。同步注入法是采用多道注射阀同时分别注入试剂和试样，使试剂和试样在各自的管道中，由同速的载流推进，并在适合点汇合成两者的合并带，进入反应管道，最后在流通式检测器里检测，其流路见图 6-23(a)。间歇泵法则是采用双泵系统，其流路见图 6-23(b)，当试样从 S 注入载流时，启动泵 1，关闭泵 2，载流将试样带送至汇合点前某处；然后泵 1 停，泵 2 启动继续推动载流前进并同时加入试剂；当试样带流经汇合点后，泵 2 停，再次启动泵 1，推动试剂和试样的混合带进入反应管道，最后进行检测。设定计时器控制停泵与开泵的时间间隔可调节试剂带长度，一般试剂带体积应略大于试样带体积，以确保结果的有效和重现。合并区带技术可节省试剂 90%左右，对采用贵重试剂的 FIA 体系更有实际意义。

(3) 流体动力注入法

流体动力注入法是在双泵系统中，可在无注射阀情况下完成的注样操作，是一种特殊的定容注样方式，图 6-24 为其工作原理图和流路示意图，其中 a 和 b 之间长度为 L 的管道相当于注入阀的采样环。当泵 1 运转泵 2 停时，该系统为常规试样输送体系。如泵 1 停泵 2 启动，试样会被吸入到 L 管道（充样）。然后泵 1 停泵 2 启动，同时输送试样和试剂到汇合点混合（注样）。采用这种间歇和交替泵入载流和试样的方式，可形成固定体积的试样带，随载流进入系统。该技术的优点是无注入阀而避免了阀的渗漏、磨损及死体积问题。缺点是需载液停留间歇采样，不利于提高采样频率。

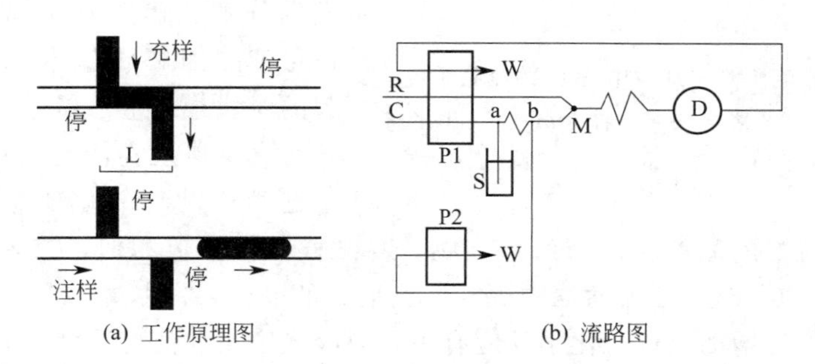

(a) 工作原理图　　(b) 流路图

图 6-24　流体动力注入法示意图

P1，P2—泵；C—载流；R—试剂；S—试样；M—汇合点；W—废液；D—检测器；a，b 之间—L 管道（注样长度）

(4) 标准加入法

1983 年，Tyson 提出一种内插式标准加入校正法，将试样作为载流，而把一定体积的

标准溶液注入到载流中，经过一定分散后流入检测器。当标准溶液浓度高于试样浓度时，在输出信号的基线上出现正峰，反之则出现负峰；如二者浓度相等，则无峰，以峰高对标准溶液浓度作图，则峰高为零的点对应浓度即为试样中待测物浓度，见图 6-25。

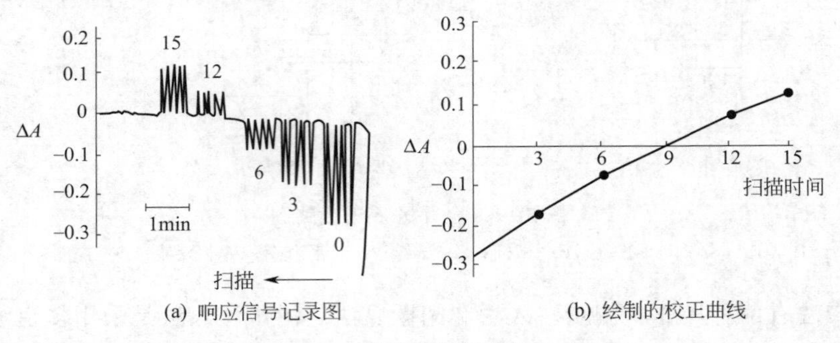

(a) 响应信号记录图　　(b) 绘制的校正曲线

图 6-25　流动注射标准加入法

该法操作简单，用同一套标准即可进行不同基体试样的分析，大大降低溶液配制的繁复过程。由于采用内插法求值而非传统的外推求值，故可消除光谱背景干扰，但要仔细设计流路并控制分散度及干扰物浓度，使试样和标准的基体干扰相同。

6.3.2 停流技术

FI 停流技术是为满足速度较慢的化学反应应运而生的。该技术是将试样带注入载流并与试剂混合反应后流经检测器时或到达检测器之前，系统停止流动一段时间的操作模式，即通过延长试样在反应管道中的留存时间，使试样与试剂有足够的时间进行混合和反应，从而产生足够的反应产物而得到检测。停流期间，因泵速为零而并未增大扩散（分子扩散除外），因此提高了分析的灵敏度，可得到相对于未停留模式下更高的信号峰，且峰宽不增大；其次，停流技术可用于观测反应的动力学特征。将试样带停在流通池中，通过得到的峰形来观察反应完成的程度及反应继续进行的情况：峰升高代表继续反应，平台代表反应完成，而峰下降代表产物发生分解、解离或光熄灭等；停流技术还可消除因试样基体不同或其他因素引起的对背景或空白信号的干扰。

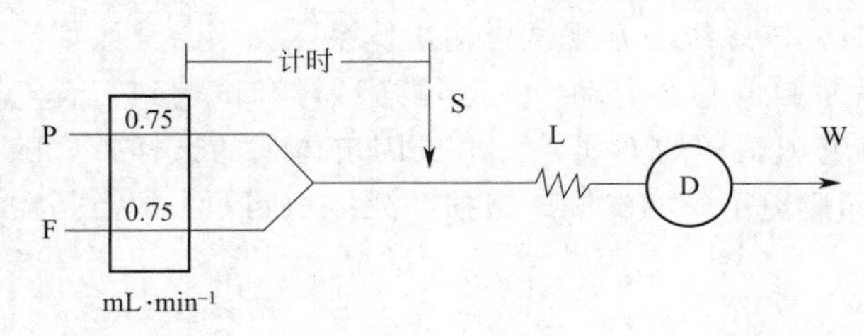

图 6-26　FIA 停流法测定红酒中 SO_2 的流路系统

P—副品红溶液；F—甲醛溶液；S—红酒试样；L—反应管道；D—检测器（UV，580nm）；W—废液

一个典型实例是采用 FI 停流技术测定红酒中的二氧化硫。常规测定中，甲醛可催化二氧化硫与副品红生成紫红色产物，与试样基体颜色相似，二者在检测中难以分辨。用停流法（图 6-26），在流通池中观察红色信号的变化，因基体背景信号在停流时保持恒定，停流期间信号增加值仅与化学反应有关，以吸光度增加值对浓度绘制标准曲线，可消除空白干扰。

6.3.3 稀释技术

高浓度组分的测定常常需要对试样进行不同程度的稀释，为了获得更大的分散系数（D 从几十到上万），根据稀释原理，FIA 稀释技术可分为两大类：通过试样或试剂区带分散实现稀释和通过液流控制实现稀释。表 6-3 为 FI 稀释系统的详细分类。

表 6-3　FI 稀释系统分类

机理	稀释系统	最高稀释倍数
试样分散	单道混合管道	30
	微量采样	1500
	区域采样	100
	区域渗透	50
	混合室	100
	微量采样＋区域渗透	30000
液流控制	汇流	10
	分流	30
	级联	500

（1）试样（或试剂）区带扩散稀释

由于试样或试剂在载流中的分散会造成试样或试剂区带的稀释，因此载流可作为稀释剂对注入的试样或试剂进行不同程度的稀释，而分散系数则相当于稀释倍数。原则上，FI 系统中控制试样区带分散的规则也适用于控制稀释倍数。基于试样分散的稀释系统主要特点有：①较简单的仪器装置即可得到 4 个数量级宽范围的稀释倍数；②对流速的稳定性要求较低；③与其他稀释技术相比具有较强的灵活性。

缺点在于很难直接从应用的硬件系统来判断体系的稀释倍数，需通过线性范围内的标准溶液测定分散系数来得到准确的倍数。每得到一定的稀释倍数，对装置要进行多次更改，且稀释倍数不易预测。

区带扩散稀释可分为单道混合管道稀释、微量采样稀释和混合室稀释。其中，单道混合管道稀释是最方便的稀释技术，100 样/时的通量下能达到 2～20 倍的稀释，精度达 0.5%～1.0% RSD，适用于稀释倍数要求不高的反应。微量采样技术则采取微机控制步进电机驱动的蠕动泵配以细孔径泵管来实现高稀释倍数，通量 60～100 样/时下可得到 10～1000 倍稀释，可用于 Mg 的火焰原子吸收测定，动态线性范围达 4 个数量级；采用带搅拌器的混合室进行试样稀释是 FIA 早期发展起来的稀释技术，其主要优点是高稀释倍数。同体积注入的试样带在搅拌混合室中要比在混合盘管中分散更大，但是采样频率因此会大大下降，且容易产生气泡而影响精度。混合室法稀释倍数为混合盘管的 2.8 倍，但后者采样频率则是前者的 4 倍。综合效果是盘管法更实用。

（2）液流控制稀释

主要包括汇流稀释、分流稀释与级联稀释。

汇流稀释技术就是将试样载流与稀释剂液流汇合达到稀释的目的。这是试样稀释最直接的方法，但一般不单独使用而经常与试样分散稀释相结合，稀释是在两种稀释机理作用下的加合结果，不必降低采样频率就即可提高稀释倍数。代表性流路如图 6-27(a) 所示。

分流稀释则是采用分流操作，将试样或载流中一部分分流出去，从而获得比汇流稀释法更高的稀释倍数而不必减少试样注入体积。典型流路见图 6-27(b) 所示，先将试样进行初步分散和汇流稀释后，分流走试样载流的大部分，而剩余部分再一次与稀释剂液流汇合，形成多级稀释效果，并通过改变分流与剩余试样载流的比例，或改变分流与稀释剂的流速调整稀释倍数，并可根据需要多次重复分流和稀释以达到更高稀释倍数。缺点在于两个较大液流的流速波动会转移给一相当于两液流流速差的低流速液流，造成最终流速精度变差。一般分流比例应限制 80%以下，同时稀释剂提前脱气以防止气泡产生。

级联稀释是一种特殊的分流稀释系统，即将需进一步稀释的试样载流通过分流而分别泵

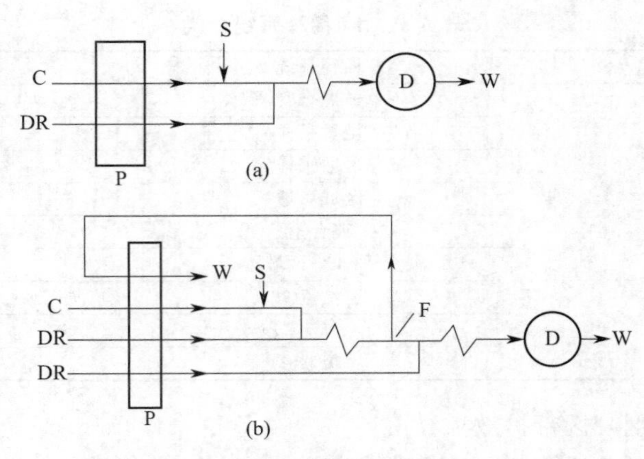

图 6-27　稀释系统流路

（a）汇流；（b）分流

P—泵；S—试样；C—载流；DR—稀释剂；F—分流点；D—检测器；W—废液

出，废液直接流出，而分流后的试样送至下游与稀释剂汇流，可经多次分流和稀释后，完成试样的稀释。系统采用双泵分别控制液流，可以很大程度上避免单泵驱动分流稀释的缺点，且采用较低流速分流可达到更高的稀释倍数。该系统经过二级稀释，注入的试样最后能稀释 500 倍，通量为 100 样/时下，精度可达 3%以下，可应用于光度法和电化学检测。

6.3.4　梯度技术

以反应的非平衡态为前提的 FIA 的核心是试样带可重现的受控分散。试样带因物理分散而产生的浓度梯度里同时发生化学反应，因此一次注样形成的浓度-时间曲线里有无限多个连续变化浓度梯度信息、试样/试剂、试样/标准比例连续变化的信息等。

梯度技术是研究开发大量时间-浓度信息的一门技术，这里简要介绍常用的 FI 梯度滴定法。该法建立在峰宽测定的基础上，其原理以试剂等当量消耗为基础，即达等当点时，试样当量浓度与其流速乘积等于试剂当量浓度与其流速乘积。如在图 6-28(a) 流路中酸碱滴定，酸 S 的试样带注入载流中后同碱性滴定剂汇合、分散后，试样与载流界面上形成酸的连续变化浓度梯度，每一边都有连续酸碱浓度比，其中一个流体元中，酸刚好为碱中和。这两个等当点成对，分散系数相等。当一分散后试样带的载流/试剂带界面流经检测器时，会观察到信号两次急剧变化，变化最大点位于液流中满足等当点条件的两个关键区段里［图 6-28(b)，溴百里酚蓝为载液中指示剂，pH 变色范围 6.0～7.6，黄→蓝］。为增强径向扩散（峰宽），常用带搅拌器的混合室，简化系统则可采用混合盘管。FI 滴定法的优点是可显著简化前处理环节；缺点在于待测组分峰宽与其浓度的对数成线性关系，因此在宽浓度范围测定时精度下降。

6.3.5　分离与预浓集技术

该技术实际上是一种 FIA 前处理技术，主要代替繁琐、耗时的手工操作，从而提高分析效率的技术。除 FIA 一般特点外，FI 分离、浓集技术还有以下特点。

① 分离处理效率及自动化操作极高　实现分离、浓集与测定在线封闭性一体化，避免多次转移消耗和试样污染，可用于复杂体系的组分在线监测。

② 节省试样与试剂及高效率　简化操作。

③ 高度重现的自动化非平衡操作　确保结果的精度与可靠性。

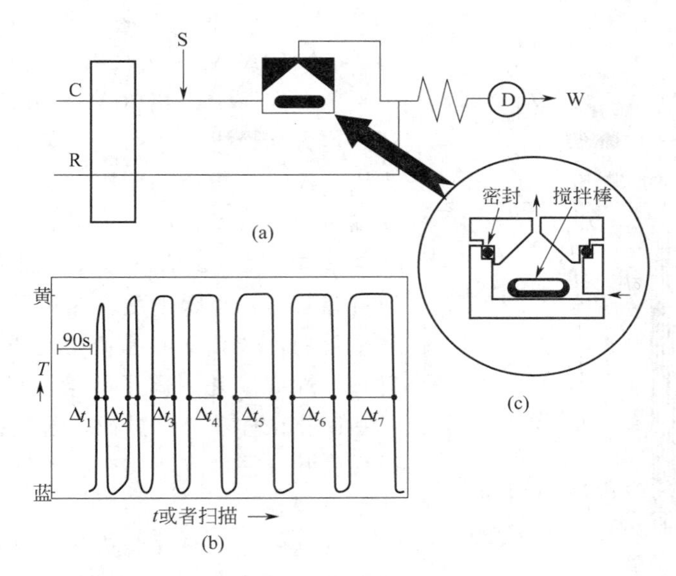

图 6-28 FI 酸碱滴定示意图

(a) 流路图；(b) 酸标准液浓度递增的峰形变化；(c) 混合室放大图

C—载流（含指示剂溴百里酚蓝）；S—酸试液；R—碱性滴定液；W—废液；Δt—试样浓度的量度

FI 在线分离体系的分类常以其传质界面类型为主要依据，即液-液、液-气、液-固界面；也可根据分离的物理化学机理及分离介质与装置来分类。具体见表 6-4。

表 6-4 FI 在线分离体系分类表

传质界面	分离机理	分离介质
液-液界面	溶剂萃取	膜分离,重力分离,吸着分离
	渗析	平膜分离,膜管分离
液-气-液界面	气体扩散	膜分离,等温蒸馏
液-气界面	气体膨胀	气体膨胀分离器,膜分离
液-固界面	离子交换	填充柱分离
	吸附	填充柱分离,编结反应器分离
	沉淀与共沉淀	滤过分离,编结反应器分离
	电沉积	

6.3.6 流动注射分析应用

(1) FIA-光度分析法联用

该类联用模式目前应用非常普遍，近些年来 FIA 多与催化动力学光度分析法相结合，既保证了快速的分析，又可以使分析的灵敏度、选择性和重现性大大提高，扩大了 FIA 的应用范围，常应用于水样、矿样和药品等分析。在 FIA-光度法联用中，氯化物的测定是一个典型的实例。如图 6-29(a) 所示，该方法的原理是将硫氰酸汞与氯离子反应释放出的硫氰酸根离子与 Fe^{3+} 结合而检测所形成的硫氰酸铁配合物颜色。简而言之，将含 5～75ppm 氯离子的试样 30μL 经注射阀注入到含混合试剂（硫氰酸汞和硝酸铁）的载流中，载流速度 $0.8mL \cdot min^{-1}$。在混合管道（50cm 长，0.5mm 内径）中，试样同混合试剂反应得到的硫氰酸铁配合物进入检测微流通池于 480nm 下测定吸光值，其连续记录的信号如图 6-29(b) 所示，每个试样注入 4 次以显示重现性，最终试样随载液流入废液池（W）。在通量为 120

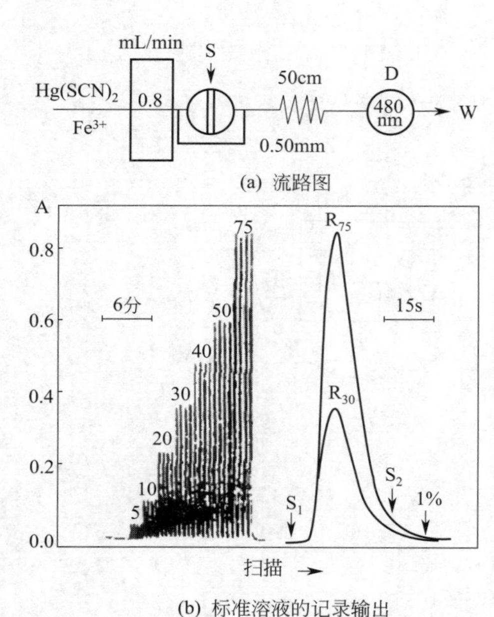

图 6-29　FI-分光光度法测定氯化物流路图

样/时下，试样间携出量小于 1%。

（2）FIA-AAS 法联用

FIA 在原子光谱（AS）方面的应用也日益广泛。这方面最常见也最为成功的是 FI 与原子吸收光谱（AAS）分析的联用。其进样体积小，进入雾化器时间短（不超过 1～2s），从而比传统雾化器分析速度提高 2～3 倍。其次，因为试样间的载流可以洗涤管道，该联用系统具有很强抗高盐分和抗基体变化的性能，不必担心雾化器和燃烧器的堵塞，且选择性好，是阴离子等检测的理想手段。此外，其在简化试样前处理方面，通过在线分离浓集提高灵敏度和选择性方面具有巨大的优势，因此得以更快地发展。

常见分支有 FIA 与火焰、电热及蒸汽原子吸收（FAAS、ETAAS、VGAAS）的联用。其典型的应用实例有：30%（*m*/*V*）近饱和氯化钠溶液中铅的测定，精度为 0.86%～2.25%RSD；或间接测定法测定镧、铈和铀等金属含量，比直接测定法灵敏度高 200～500 倍。

（3）FIA-CL 法联用

发光分析法是基于分子发光强度和待测物质含量之间关系建立的分析方法，包括荧光分析、磷光分析和化学发生分析（CL）。其灵敏度和选择性都优于光度分析法，从而可以对无机和有机物进行痕量和超痕量的高灵敏度分析。化学发光分析因为对外部仪器依赖性低（如不用激光器），是目前比较常用的与 FIA 联用的方法。

由于 FIA 能进行精确的过程控制，与化学发光检测联用，可既发挥化学发光本身高灵敏度和线性宽的优点，又能提高选择性。如 FIA-CL 联用测定二氧化氯，可使二氧化氯对氯选择性高于 500，进一步气体扩散分离后则高于 2500。常用的化学发光体系有鲁米诺体系（水系）、过氧化草酸酯体系（有机系）等，后者发光效率更高，但溶剂限制在有机溶剂体系。其典型应用实例有：五价钒催化硫代硫酸钠的反应与鲁米诺-H_2O_2 发光结合，测定天然水中的 0.5～30ng・mL^{-1} 的钒，精度达 3.2%RSD；或采用过氧化草酸酯-H_2O_2 发光体系测定粪卟啉，测定范围 50～800ng・mL^{-1}，精度达 1.4%RSD。

（4）FIA-EC 法联用

FIA 与电化学分析（EC）联用是早期就建立起来的技术，因其流路简单、无分光光度检测中折射效应干扰等独特优势而在应用上占有重要的地位。其与传统电化学分析的基本区别在于所检测的介质的流动性及检测时的非平衡状态，优点在于电极寿命和稳定性比传统电化学分析高，且电化学检测器设计与流体动力学影响在 FIA-EC 分析中作用非常关键。FIA 中 EC 检测按原理可分为两大类：基于两相间的电荷转移来检测，如最常见的安培法、电位法、伏安法和库伦法等；基于液体的电学性质测量来检测，如电导法，此类不太常用。FIA-EC 的应用非常广泛，原则上只要能用一般电化学检测的，就可以用该联用技术来提高分析效率与性能。常见的应用实例有：采用多离子传感流通池和固相接触高分子膜离子选择电极测定土壤中 K^+、Ca^{2+}、NO_3^- 和 Cl^- 等。

（5）其他联用方法及过程分析

随着检测技术的发展，FIA 与其他分析方法联用也随之发展起来。如 20 世纪 80 年代末 90 年代初发展的 FIA 与电热原子吸收光谱（ETAAS）的联用，90 年代中期发展起来 FIA 与电感耦合等离子体原子发射光谱（ICP-AES）、电感耦合等离子体质谱（ICP-MS）光谱的联用，不同程度上改善了分析性能，提高了灵敏度；而与较新的技术如毛细管电泳（CE）、生化分析技术如免疫分析法（IA）及酶分析法等联用，分析效率更高、选择性更好、灵敏度更高。

此外，FIA 技术还将一些前处理技术，如微波消解、在线分离和预浓集技术等与各种分析方法联用，大大拓展了 FIA 应用灵活性、自动化和多功能集成化的程度，并且在一些连续过程控制、检测与分析方面，发挥重要的作用。

6.4 流动注射分析发展前沿

按照自动化程度的高低，国内外的 FIA 可分为三代：流动注射（第一代）、顺序注射（第二代）和集成化 FIA（第三代）。其中，后来发展的微珠注射和阀上实验室都属于顺序注射的改进型，但自动化和集成化程度更高些；而微流控体系则是自 1992 年以来发展起来的高自动化和集成化技术，是第三代发展的最高端。以下简要介绍后两种。

6.4.1 顺序注射

顺序注射（SI）技术是 1990 年在 FIA 基础上发展起来的溶液处理与分析方法。该技术的系统核心是一个多通道选择阀，分别与试样、试剂及检测器等通道相连，公共通道与一个可抽吸和推动液体的泵相通，通过泵顺序性将不同通道的一定体积的试样、试剂与载液精准地吸入到泵与阀之间的储存管中，再将这些溶液区带推至检测器。过程中，试样与试剂区带通过径向扩散和轴向对流作用而相互渗透和混合，导致反应产物形成，并在检测器中得到与 FI 中类似的峰形信号。该系统一般不用注样阀，其操作原理流路图见图 6-30。

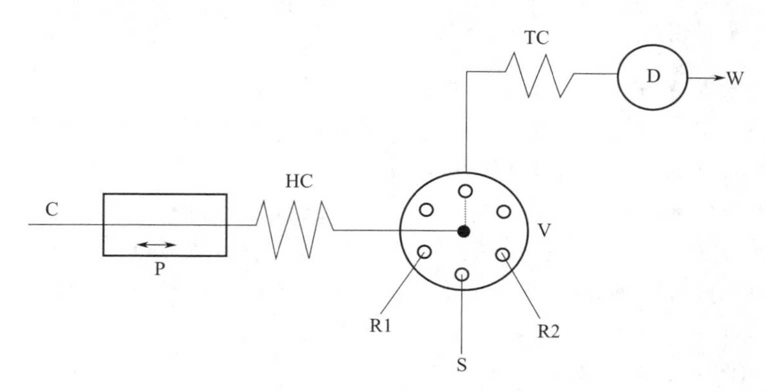

图 6-30 顺序注射分析（SIA）操作原理示意图

C—载流；P—注射泵；HC—储存管；V—多通道选向阀；R1，R2—试剂；TC—传输管道；W—废注脚；D—检测器

与 FIA 相比，SI 除具有 FIA 的固有优点外，还有一些新的特点：系统硬件简单可靠，微机控制简便，真正实现单道分析，易实现集成化和微型化；可用同一装置完成不同项目的分析而不需改变流路设置，特别适用于过程分析和复杂的分析操作；试样和试剂消耗很小，适用于长时间监测或试剂较贵、试样来源受限的分析，还可用于单标准或多标准自动校正，

对样品自动稀释，实现真正的自动分析。

因此，SI不仅是一种新试样注入技术，也可视为脱胎于FI的新技术。SI要求精确控制试样和试剂带的体积及互相混合程度，因此需要微机控制为必要条件，另外作为单通道流路，也大多存在FI单道系统所具有的局限性。该技术目前广泛应用于质谱分析、红外分析、荧光显微术、流式细胞仪、荧光分析、电化学分析、化学传感器等。

6.4.2　集成化FIA

作为一种微量分析技术，FIA逐渐有向以集成化为基础的微型化方向发展的趋势。如Ruzicka和Hansen在1984年提出的用于光度检测集成化微管道系统，在45mm×70mm×10mm的集成块上集中了流体动力采样流路、反应管道及光度检测导管流通池，基质为透明聚氯乙烯材料。该系统限于当时技术局限性，未能真正实现微型化，试样与试剂消耗也未明显降低。

借助于微型机电一体化技术，芯片集成的微流控FIA系统得以快速发展，管道通常为几个到几十微米，也可分为FI和SI两种模式，进样方式类似FI流体动力进样法，进样体积为纳升级。目前在方肇伦院士课题组，微流控FIA通量高达1000样/小时，试样净消耗仅为4. 2nL/样。无论是集成化、效率、灵敏度和试剂消耗都大大下降。

随着30多年来的不断发展，FIA应用日益广泛，已遍布农业、生化临床、环境、食品工业和药物等方面，成为一种连续分析的工具，一种微型化和集成化的工具，一种提高检测器性能的手段，一条连接化学和仪器的纽带，一个通过多维数据采集获得新信息的联用技术，一种连续检测和过程控制的工具，一种脉冲响应技术。它成功解决了化学分析过程中一些手工操作向自动化的转变，而随着微流控技术的发展，展现给人们的是一个微型化、集成化、自动化、智能化和便携化发展的仪器和分析技术，将把分析工作带入一个全新的时代，目前相关研究已成为分析化学学科最活跃的前沿领域之一。

习　题

1. 简述流动注射分析方法的核心、定义及优点。
2. 简述流动注射分析可在物理和化学不平衡状态下进行精确分析的机理。
3. 简述分散系数的定义、分类及适用范围。
4. 影响区带分散的因素有哪些？简要介绍各有什么样的影响。
5. 常用FIA流路有哪些？一个合理的流路设计需遵循什么原则？试简述之。
6. 流动注射分析仪器基本装置与组件主要由哪些组成？典型特点有哪些？
7. 试述蠕动泵和往复式柱塞泵的优缺点。
8. FIA与HPLC的异同点是什么？
9. 常用试样注入技术有哪些？各有什么优缺点？试分述之。
10. 简述采用FIA停流技术测定红酒中二氧化硫的化学机理和测定机理。
11. 简述流动注射梯度滴定法的原理和优缺点。
12. FIA分离、浓集技术特点有哪些？如何进行体系效率的综合评价？
13. FIA-分光光度法测定氯化物的原理是什么？
14. 流动注射进样与火焰原子吸收光谱法（FAAS）检测联用，会有哪些优点？
15. 简述顺序注射分析的原理与特点。

第7章 原子光谱法

背景知识

原子发射光谱法和原子吸收光谱法都是光谱分析法中发展较早的一种方法。19世纪50年代，化学家本生（Bunsen）和物理学家基尔霍夫（Kirchhoff）提出火焰发射光谱的分析应用以及观测原子吸收光谱所需要的条件，制造出第一台用于光谱分析的分光镜，并获得了某些元素的特征光谱，奠定了光谱分析的基础。20世纪20年代，Gerlach针对光源不稳定问题提出了内标法，为定量分析提供了可能性。1930年，工作曲线法的提出完善了定量分析。电感耦合等离子体原子发射光谱法（Inductively Coupled Plasma Atomic Emission Spectrometry，ICP-AES）分析技术自20世纪60年代问世以来，便因其具有的检出限低、基体效应小、精密度高、灵敏度高、线性范围宽以及多元素同时分析等诸多优点而得以广泛应用。电感耦合等离子体原子发射光谱仪在我国基本得到普及，并且是一些元素的标准分析方法，在金属材料、地矿、冶金、水质、环境、食品、化工、生物、医药等不同领域研究和应用广泛而又深入。

原子吸收光谱作为一种实用的分析方法是从1955年开始的。这一年澳大利亚瓦尔西（A. Walsh）的著名论文《原子吸收光谱在化学分析中的应用》奠定了原子吸收光谱法的基础。50年代末和60年代初，Hilger，Varian Techtron及Perkin-Elmer公司先后推出了原子吸收光谱商品仪器；1959年，苏联里沃夫发表了电热原子化技术的第一篇论文。电热原子吸收光谱法的绝对灵敏度可达到10^{-12}～10^{-14}g，使原子吸收光谱法向前发展了一步。近年来，塞曼效应和自吸效应扣除背景技术的发展，使在很高的背景下亦可顺利地实现原子吸收测定。基体改进技术的应用、平台及探针技术的应用以及在此基础上发展起来的稳定温度平台石墨炉技术（STPF）的应用，可以对许多复杂组成的试样有效地实现原子吸收测定。近年来，使用连续光源和中阶梯光栅，结合使用光导摄像管、二极管阵列多元素分析检测器，设计出了微机控制的原子吸收分光光度计，为解决多元素同时测定开辟了新的前景。

案例分析

1. 无机微量元素是人体中酶、激素、维生素等活性物质的核心成分，在人体内参与生命活动过程和其他营养素如蛋白质、碳水化合物、某些维生素的合成与代谢，没有这些必需的微量元素，酶的活性就会降低或完全丧失，激素、蛋白质、维生素的合成和代谢也就会发生障碍。现代医学证明，人体所含微量元素的多少与癌症、心血管疾病及人类的寿命有着密切的关系。如铁可与血红素、蛋白质等形成血红蛋白和肌红蛋白，起到运输和贮存氧的作用。当人体缺铁时会影响血红蛋白和肌红蛋白的形成，从而使血液中的红细胞数量或血红蛋白含量降低，影响载氧量，引起整个肌体的生理紊乱，这就是贫血。据世界卫生组织调查，缺铁性贫血是世界通病，婴幼儿贫血的根源在于缺铁。

一定浓度水平的微量元素是维持生物体正常功能所必需的，但是过量的微量元素也会引起不良的生理后果。如铁元素摄入过量可能会引发肝硬化和糖尿病，急性铁中毒者还会迅速休克，严重者甚至会有生命危险。因此，微量元素的监测结果是辅助医疗诊断的重要资料。通常可以通过检测尿液、血液、头发等多种方法测定人体的微量元素含量和代谢情况。可用于人体微量元素检测的方法有：同位素稀释质谱法、原子发射光谱法、原子吸收光谱法、X射线荧光光谱分析法、电化学分析法等，原子发射光谱法、原子吸收光谱法是临床常用方法，具有简便快速，干扰小，结果稳定，准确性好的优点。

2. 1953～1956年，在日本熊本县水俣湾附近的小渔村，出现了许多怪异的现象。一向温顺的猫变得步态不稳，抽筋麻痹，最后疯狂地跳入水中溺水而死，当时人们谓之“自杀猫”。更令人惊讶的是，人群中出现了大批口齿不清、步态不稳、面部痴呆的患者，进而发展为耳聋眼瞎、全身麻木，最后精神失常，他们时而酣睡不醒，时而兴奋异常，身体弯曲成弓，高叫而死。这就是闻名世界的日本公害事件之一“水俣病事件”，其主要原因就是汞中毒。

重金属对人的危害很大，而且重金属易富集，易随生物链传递，所以有必要对环境中的重金属进行监测，监测环境中的重金属常用仪器就是原子发射光谱仪或原子吸收光谱仪。

7.1 原子发射光谱

7.1.1 原理

(1) 原子发射光谱的产生

原子的外层电子由高能级向低能级跃迁，能量以电磁辐射的形式发射出去，这样就得到发射光谱。一般情况下，原子处于基态，在电致激发、热致激发或光致激发等激发光源作用下，原子获得能量，外层电子从基态跃迁到较高能态变为激发态，而处于激发态的原子是不稳定的，其寿命小于10^{-8} s，外层电子会从高能级向较低能级或基态跃迁。如果此过程中多余能量以电磁辐射的形式发射出去，这样就得到了发射光谱。原子中某一外层电子由基态激发到高能级所需要的能量称为激发电位。原子光谱中每一条谱线的产生各有其相应的激发电位。由最低激发态向基态跃迁所发射的谱线称为第一共振线。第一共振线具有最小的激发电位，因此最容易被激发，为该元素最强的谱线。

离子也可能被激发，其外层电子跃迁也发射光谱。由于离子和原子的核外电子排布不同，电子跃迁的能级不同，所以离子发射的光谱与原子发射的光谱不一样。每一条离子线都有其激发电位。这些离子线的激发电位大小与电离电位高低无关。在原子谱线表中，罗马数Ⅰ表示中性原子发射光谱的谱线，Ⅱ表示一次电离离子发射的谱线，Ⅲ表示二次电离离子发射的谱线。例如 MgⅠ285.21nm 为原子线，MgⅡ280.27nm 为一次电离离子线。

(2) 物质的能态

电磁辐射的传播具有波粒二象性。每个光子的能量 E 与频率和波长的关系为

$$E=h\nu=hc/\lambda \tag{7-1}$$

式中，h 为普朗克（Planch）常数，其值为 6.63×10^{-34} J·s。

根据量子理论，原子、离子和分子有确定的能量，它们仅仅能存在于一定的不连续的能态上。原子或分子的最低能态称为基态，较高能态称为激发态。当物质的能态发生改变时，它吸收或发射的能量应完全等于两能级之间的能量差。

$$E_1-E_0=\Delta E=h\nu=hc/\lambda \tag{7-2}$$

原子发射光谱每个谱线的波长取决于跃迁前后两个能级之间的能量差，即：

$$\lambda=\frac{hc}{E_2-E_1} \tag{7-3}$$

(3) 原子中电子的运动状态

原子是由一个原子核和若干个核外电子组成的体系。根据原子的量子力学模型，以电子在空间时间出现的“概率”来描述原子核外电子运动，即“电子云”模式，可以引用四个量子数“n，l，m，m_s”来表征原子内电子的运动状态。

① 主量子数 n　主量子数 n 就是核外电子分布的层次。n 增大，电子出现离核的平均距离也相应增大，电子的能量增加。例如氢原子中电子的能量完全由主量子数 n 决定：$E=-13.6\ \text{eV}/n^2$。

② 角量子数 l　角量子数 l 决定原子轨道的形状，并且在多电子原子中和主量子数 n 一起决定电子的能级。对于给定的 n 值，l 只能取小于 n 的正整数：$l=0,1,2,3,\cdots(n-1)$，且 l 值越大能量越高。例如，$l=0$ 时说明原子轨道的轨道是球形对称的，且在同一主层中能量最低。

③ 磁量子数 m　磁量子数 m 决定着电子运动的角动量沿磁场方向的分量。在有外加磁场与原子内电子间的相互作用时，显示出微小的能量差别，线状光谱在磁场中发生分裂，磁量子数取值：$m=0,\pm1,\pm2,\cdots,\pm l$。

④ 自旋量子数 m_s　自旋量子数 m_s 代表电子自旋的空间取向，每个轨道最多可容纳两个自旋相反的电子，一个顺着磁场，一个反着磁场，自旋角动量相应地在磁场方向有两个分量，$m_s=+1/2$，$-1/2$。

对于氢原子和类氢离子，只有一个电子，电子的运动状态也就是原子的运动状态，可以用上述 4 个量子数来表征。对于多电子原子，闭合支壳层内的电子对总轨道角动量和总自旋角动量没有贡献。因此，一般可以把原子核和已填满了电子的闭合支壳层当作一个稳定的实体，称作原子实，如碱金属原子可以看作是由原子实和一个最外层电子所组成。碱金属原子的运动可以看作是最外层的电子围绕原子实的运动。这个最外层的电子不稳定，易受到激发，这个电子被称为是价电子。原子的化学性质和原子光谱都取决于价电子。

有多个价电子的原子，它的每一个价电子都可能跃迁而产生光谱，同时各个价电子之间还存在相互耦合作用。此时，原子状态用 n，L，S，J 四个量子数描述，n 为主量子数。

L 为总角量子数，其数值为外层价电子角量子数 l 的矢量和，即

$$L=\sum l_i$$

两个价电子耦合所需的总角量子数 L 与单个价电子的角量子数 l_1、l_2 有如下的关系：

$$L=(l_1+l_2),(l_1+l_2-1),(l_1+l_2-2),\cdots,|l_1-l_2|$$

其值可取 $L=0,1,2,3,\cdots$，相应的谱项符号为 S，P，D，F，…

S 为总自旋量子数，自旋与自旋之间的作用也是较强的，多个价电子总自旋量子数是单个价电子自旋量子数 m_s 的矢量和。

$$S=\sum m_{s,i}$$

其值可取 0，±1/2，±1，±3/2，…

J 为内量子数，是由于轨道运动与自旋运动的相互作用即轨道磁矩与自旋量子数的相互影响而产生的，它是原子中各个价电子组合得到的总角量子数 L 与总自旋量子数 S 的矢量和。

$$J=L+S$$

J 的求法为：

$$J=(L+S),(L+S-1),(L+S-2),\cdots,|L-S|$$

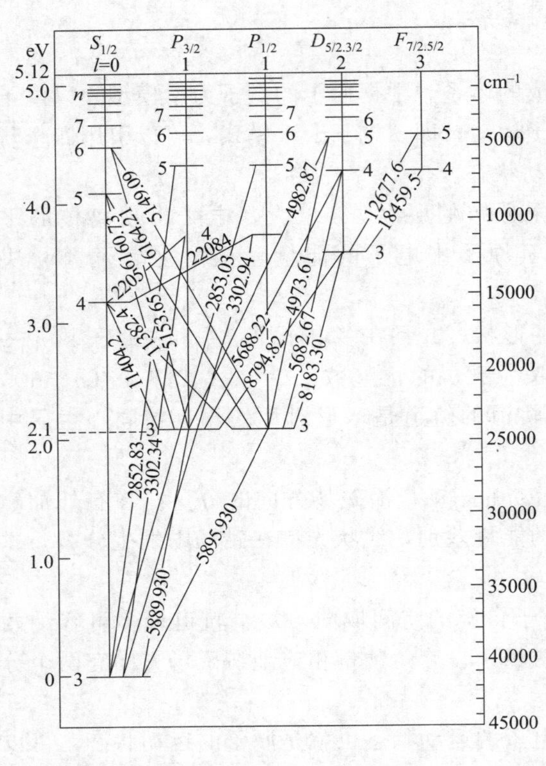

图 7-1　钠原子能级图

(4) 原子能级和原子光谱项

电子在稳定状态所具有的能量称为能级。只要原子的量子数确定，原子的运动状态也可确定，原子便处于某一确定的能级。原子光谱项是指用字母和数字来表示原子能级的式子，表示方法为

$$n^{2S+1}L_J$$

式中，$2S+1$ 为光谱的多重性，当用光谱项符号 $3^2S_{1/2}$ 表示钠原子的能级时，表示钠原子的电子处于 $n=3$，$L=0$，$S=1/2$，$J=1/2$ 的能级状态，这是钠原子的基态光谱项，$3^2P_{3/2}$ 和 $3^2P_{1/2}$ 是钠原子两个激发态的光谱项符号。

原子内所有各种可能存在的能级（量子化能量）用图解的形式表示出来，称为原子能级图。图 7-1 是钠原子能级图。图中水平线表示原子的轨道能级，纵坐标表示能量。

在图 7-1 中，能观察到的电子跃迁仅仅发生在一些确定的能级之间。电子跃迁必须符合下列定则：①主量子数变化，Δn 为整数，包括 0；②总角量子数变化，$\Delta L=\pm1$；③内量子数变化，$\Delta J=0,\pm1$；④总自旋量子数变化，$\Delta S=0$，即不同多重态间跃迁是禁阻的。由于一条谱线是原子的外层电子在两个能级间跃迁产生的，故一条谱线可以用两个光谱项符号表示。例如，钠原子的双线可表示为：

$$\text{Na 5889Å：}3^2S_{1/2}\text{-}3^2P_{3/2}$$

$$\text{Na 5895Å：}3^2S_{1/2}\text{-}3^2P_{1/2}$$

(5) 谱线强度

不同元素的原子将产生一系列不同特征波长的特征光谱线，这些谱线按一定的顺序排列，并保持一定的强度比例。原子发射光谱就是利用这些谱线出现的波长及其强度进行元素定性和定量分析的。

设 i，j 两能级之间的跃迁所产生的谱线强度用 I_{ij} 表示，则

$$I_{ij}=\frac{g_i}{g_0}N_0A_{ij}h\nu_{ij}\mathrm{e}^{-\frac{E_i}{kT}} \tag{7-4}$$

式中，g_i、g_0 为激发态和基态的统计权重，即谱线强度与激发态和基态的统计权重之

比成正比；N_0 为单位体积内处于基态的原子数，谱线强度与基态原子数成正比；A_{ij} 为跃迁几率，是指一个原子在单位时间内 i、j 两个能级之间跃迁的几率；h 为普朗克（Planck）常数，其值为 6.63×10^{-34} J·s；ν_{ij} 为发射谱线的频率；E_i 为激发电位，谱线强度与激发电位成负指数关系，在温度一定时，激发电位越高，处于该能量状态的原子数越少，谱线强度越小；激发电位最低的共振线通常是强度最大的线；k 为玻耳兹曼常数，其值为 1.3806505×10^{-23} J·K^{-1}；T 为激发温度。温度升高，谱线强度增大。但温度升高，电离的原子数目也会增多，而相应的原子数减少，致使原子谱线强度减弱，离子的谱线强度增大。

由上式得，谱线强度与基态原子数成正比，而在一定的条件下，基态原子数与试样中该元素浓度成正比。因此，在一定的条件下谱线强度与被测元素浓度成正比，这是光谱定量分析的依据。

（6）谱线的自吸与自蚀

在一般光源中，弧焰具有一定的厚度，如图 7-2 所示：

弧焰中心区域（a）的温度最高，边缘区域（b）的温度较低。中心区域（a）激发态原子多，边缘区域（b）基态原子、低能态原子较多。这样，元素原子从弧焰中心区域（a）发射出来的辐射光，必须通过整个弧焰才能射出，在边缘区域（b），同元素的基态原子或低能态原子能吸收高能态原子发射出来的光而产生自吸。

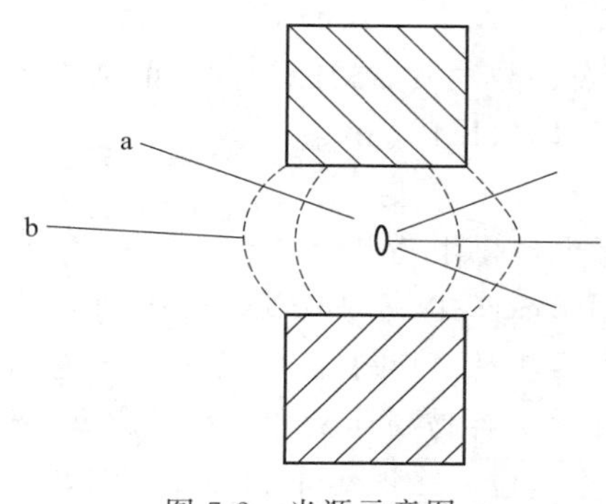

图 7-2　光源示意图

a—中心区域；b—边缘区域

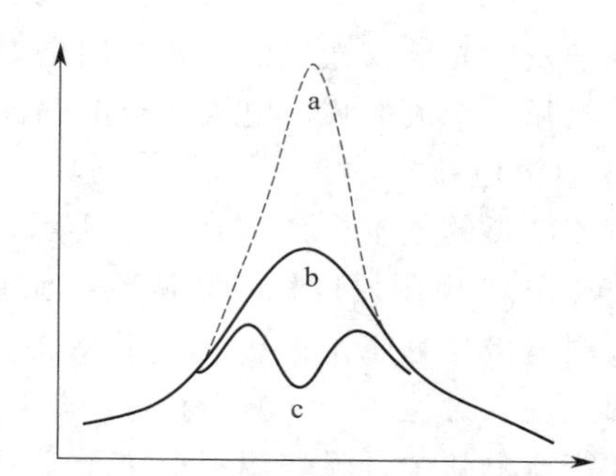

图 7-3　谱线自吸现象示意图

a—无自吸；b—自吸；c—自蚀

自吸对谱线中心强度影响很大。如图 7-3 所示，当元素浓度低，中心到边缘区域厚度薄，谱线不呈现自吸现象；元素浓度大，中心到边缘区域厚度增加，谱线产生自吸现象，使其强度减小。弧焰中被测元素的原子浓度越大，则自吸现象越严重。当自吸现象非常严重时，谱线中心的辐射将完全被吸收，这种现象称为自蚀。

在光谱定量分析中，谱线强度与被测元素浓度成正比，而自吸现象严重影响谱线强度，所以在光谱定量分析中是一个必须注意的问题。

7.1.2　原子发射光谱仪主要部件

原子发射光谱仪是根据观测物质中不同原子的能级跃迁所发射的原子光谱来确定该物质化学成分的仪器。原子发射光谱仪的基本结构由三部分组成：激发光源、分光系统和检测器。由激发光源发出的光经分光系统色散为单色光，再由检测系统测量各波长的强度，完成试样成分的定性、定量分析。

根据激发光源可将发射光谱仪分为等离子体光谱仪与普通光源光谱仪，而等离子体光谱仪又可分为电感耦合等离子体光谱仪、直流等离子体光谱仪及微波等离子体光谱仪；根据分光系统可以分为棱镜光谱仪、光栅光谱仪及中阶梯光栅光谱仪；按测光装置的差别可以分为摄谱仪及光电直读光谱仪。

原子发射光谱仪基本结构如图 7-4 所示。

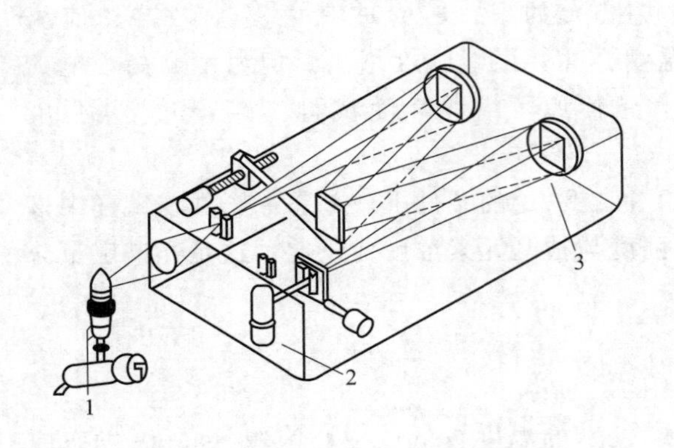

图 7-4　原子发射光谱仪的基本结构图

1—激发光源；2—检测器；3—分光系统

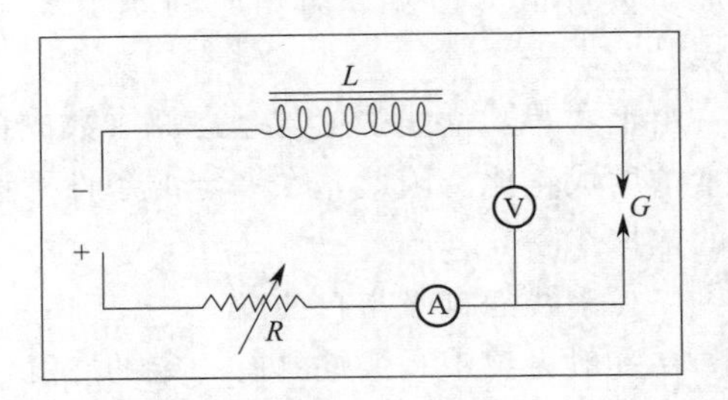

图 7-5　直流电弧的基本电路图

L—电感；A—安培表；V—电压表；

R—可变电阻；G—分析间隙

(1) 光源

原子发射光谱仪光源的主要作用是提供使试样蒸发、激发所需的能量。目前常用的光源有直流电弧、交流电弧、电火花及电感耦合高频等离子体（ICP）。

① 直流电弧

直流电弧的基本电路如图 7-5 所示，电源为直流电，供电电压为 220～380V，电流为 5～30A。可变电阻用以稳定和调节电流大小，电感用来减小电流的波动。分析间隙一般以两个石墨电极作为阴阳两极，一般均将试样置于阳极石墨棒孔穴中。石墨具有导电性能良好、沸点高（可达 4000K）、有利于试样蒸发、谱线简单、容易制纯及容易加工成型等优点。

在直流电弧中，弧焰温度取决于弧隙中气体的电离电位，一般约 4000～7000K，可激发近 70 种元素，尚难以激发电离电位高的元素。电极头的温度较弧焰的温度低，且与电流大小有关，一般阳极可达 3800℃，阴极则在 3000℃以下。

直流电弧设备安全、简单，是应用最早的发射光谱电光源。其最大优点是由于持续放电，电极头温度高，蒸发能力强，试样进入放电间隙的量多，绝对灵敏度高，背景小，适用于稀土、铌、钽、锆、铪等难熔元素的定性、半定量及痕量元素的定量分析，目前在矿石、矿物等难熔地质样品的定性及半定量分析中广泛采用；缺点是放电不稳定，易飘移，因此重现性较差，且弧较厚，自吸现象严重，故不适宜用于高含量定量分析。

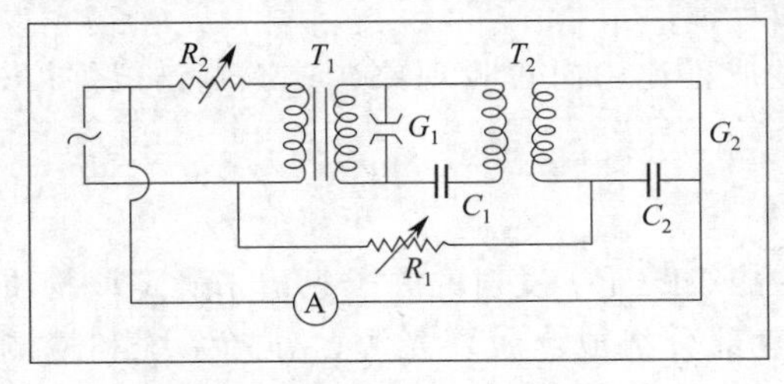

图 7-6　低压交流电弧电路图

T—变压器；A—安培表；R—可变电阻；C—电容；

G_1—放电盘；G_2—分析间隙

② 交流电弧

交流电弧中低压交流电弧应用较多，由交流供电回路和高频引燃回路两部分组成，如图 7-6。工作电压一般为 110～220V。电源经变压器 T_1 升至 3000V 左右，使 C_1 充电到放电盘

G_1 的击穿电压时，在回路中产生高频振荡，经高频空芯变压器 T_2 升至 10kV，将 G_2 放电间隙击穿，引燃电弧。引燃后，低压电路便沿着导电的气体通道产生电弧放电。放电很短的瞬间，电压降低直至电弧熄灭。但下半周高频引燃作用下，电弧重新被点燃，如此反复进行，交流电弧维持不熄。

由于交流电弧的电弧电流有脉冲性，它的电流密度比直流电弧大，有较高的激发温度适用于难激发元素的分析。由于有控制放电装置，故电弧较稳定，测定结果有较好的重现性。电极温度比直流电弧光源低，可用于低熔点金属与合金的定性、定量分析。

③ 电火花

普通电火花发生器是由高压变压器和振荡回路组成，其工作原理类似于电弧光源的引燃回路。电源电压经过可调电阻后进入升压变压器的初级线圈，使初级线圈上产生 10000V 以上的高电压，并向电容器充电。当电容器两极间的电压升高到分析间隙的击穿电压时储存在电容器中的电能立即向分析间隙放电，产生电火花。由于高压火花放电时间极短，故在这一瞬间内通过分析间隙的电流密度高达 10000～50000A·cm^{-2}，弧焰瞬间温度很高，可达 10000K 以上，在放电通道和火舌的中心气压可达数十兆帕，因此火花放电比电弧放电有更强的激发能力和电离能力，可激发电离电位高的元素，能产生很强的离子光谱。

由于电火花是以间隙方式进行工作的，每次放电后的间隙时间较长，所以电极头温度较低，对试样的蒸发能力较差，适合分析低熔点的试样，且弧焰半径较小，灵敏度较差，背景大，不宜做痕量元素分析。这种光源主要用于易熔金属合金试样的分析及高含量元素的定量分析。

④ 火焰光源

普通的火焰由乙炔燃烧形成，控制乙炔和空气的流量可以调节火焰的温度。一般这种火焰的温度不高，激发能力较弱，但是可以有效防止元素的电离，所以广泛应用于碱金属、碱土金属的定量分析。普通光源的比较对照见表 7-1。

表 7-1 普通光源的比较对照表

光源	蒸发温度/K	激发温度/K	稳定性	应用范围
直流电弧	3000～4000,高,阳极	4000～7000	较差	矿物,纯物质,难挥发元素
交流电弧	1000～2000,中	4000～7000	中	低熔点金属与合金的定性、定量分析
高压火花	<1000,低	瞬间可达 10000	好	易挥发、难激发元素,高含量元素
火焰光源	<1000,低	1000～5000	好	碱金属、碱土金属

⑤ 电感耦合高频等离子光源

等离子体是一种电离度大于 0.1%的气体，是由电子、离子、原子和分子所组成的集合体，其中电子数目和离子数目基本相等，整体呈现中性。

等离子体光源有直流等离子体（Direct-Current Plasma，DCP）、电感耦合高频等离子光源（Inductively Coupled Plasma，ICP）和微波等离子体（Microwave Plasma，MWP）等。利用电感耦合等离子体（ICP）作为原子发射光谱的激发光源始于 20 世纪 60 年代，70 年代以来得到了迅速发展。电感耦合等离子体（ICP）是当前发射光谱分析中发展迅速，优点突出的一种新型光源。

电感耦合高频等离子光源的装置，由高频发生器、进样系统（包括供气系统）和等离子炬管三部分组成。如图 7-7 所示。

高频发生器的作用是产生高频磁场以供给等离子能量，频率大多为 27～50MHz，最大

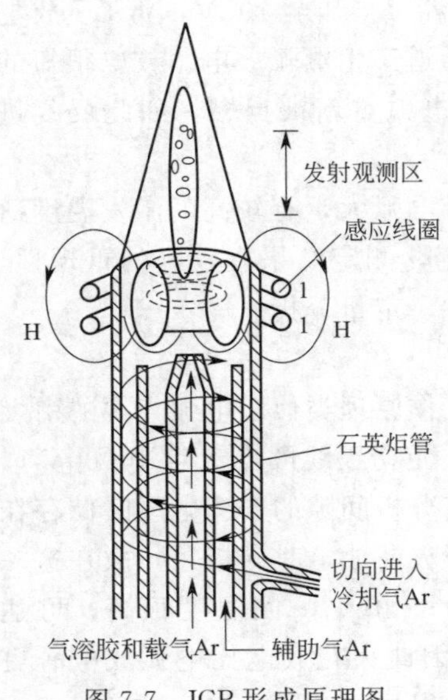

图 7-7　ICP 形成原理图

输出功率为 2～4kW。在有气体的石英管外套装一个高频感应线圈，感应线圈与高频发生器连接。当高频电流通过线圈时，在管的内外形成强烈的振荡磁场。管内磁力线沿轴线方向，管外磁力线成椭圆闭合回路。这时如果用高频点火装置产生火花，管内气体开始电离，形成的电子和离子受到高频磁场加速，产生碰撞电离，电子和离子急剧增加，当电子和离子增加到足以使气体有足够的电导率时，在垂直于磁场方向的截面上就会感生出流经闭合圆形路径的涡流。这个高频感应电流，产生大量的热能，又促进气体电离，维持气体的高温，从而形成最高温度可达 10000K 的等离子炬。

为了使所形成的等离子炬稳定，通常采用三层同轴炬管，等离子气沿着外管内壁的切线方向引入，最外层通 Ar 气作为冷却气，将等离子体吹离外层石英管的内壁（离开管壁大约一毫米），不仅可保护石英管不被烧毁，而且能提高等离子体的温度（电流密度增大），从而保证等离子炬具有良好的稳定性，Ar 气沿切线方向引入，并螺旋上升，这样可以利用离心作用，在炬管中心产生低气压通道，以利于进样。中层管通入辅助气体 Ar 气，用于点燃等离子体。内层石英管内径为 1～2 mm 左右，以 Ar 气为载气，把经过雾化器的试样气溶胶引入等离子体中。用 Ar 气做工作气体有很多优点：Ar 气为单原子惰性气体，不与试样组分形成难离解的稳定化合物，也不像分子那样因离解而消耗能量，有良好的激发性能，本身光谱简单。

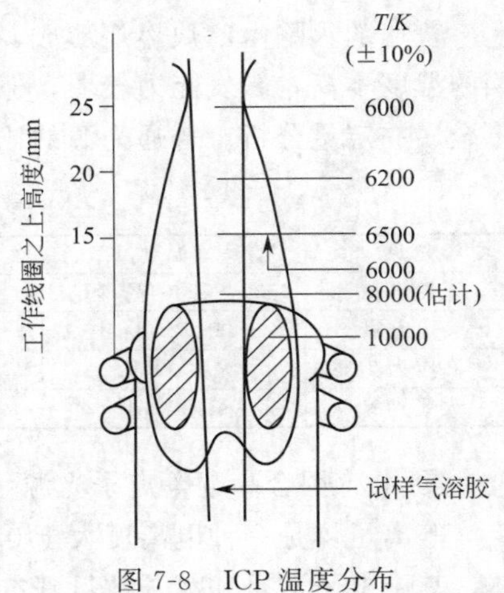

图 7-8　ICP 温度分布

ICP 焰分为三个区域：焰心区、内焰区、尾焰区，各区的温度不同，性状不同，辐射也不同。如图 7-8 所示。

焰心区呈白色，不透明，处于感应线圈内，是高频电流形成的涡流区，等离子体主要通过这一区域与高频感应线圈耦合而获得能量。该区温度最高达 10000K，电子密度高。它发射很强的连续光谱，光谱分析应避开这个区域。试样气溶胶在此区域被预热、蒸发，因此这一区域又叫预热区。

内焰区呈淡蓝色，半透明，位于焰心区上方，大约在感应圈上 10～20mm 左右处，温度约为 6000～8000K。试样在此原子化、激发，然后发射很强的原子线和离子线。这是光谱分析所利用的区域，称为测光区。

尾焰区呈无色透明，在内焰区上方，温度低于 6000K，只能激发电位较低的谱线。

电感耦合高频等离子光源具有许多与常规光源不同的特性，使它成为发射光谱分析中具有竞争能力的激发光源。它的外观与火焰相似，但它的结构与火焰截然不同。由于等离子气和辅助气都从切线方向引入，因此高温气体形成旋转的环流。同时，由于高频感应电流的趋肤效应（当交流电通过导体时，由于感应作用引起导体截面上的电流分布不均匀，越接近导体表面，电流密度越大），涡流主要集中在等离子体的表面层内，在圆形回路的外周流动。

这样，ICP 就必然具有环状的结构，造成一个环形加热区。环形的中心是一个电学屏蔽的进样中心通道，使气溶胶能顺利地进入等离子体内，这个通道具有较低的气压、较低的温度，经过这个通道进入的气溶胶被加热而解离、原子化，产生的原子和离子限制在中心通道内，不扩散到 ICP 的周围，避免了形成能产生自吸的冷蒸汽，使得等离子体焰炬有很高的稳定性，它的工作曲线有很宽的动态范围，可以达到 4～6 个数量级，既可以测定试样中的痕量成分，又可以测定主成分。

试样气溶胶在高温焰心区经历较长时间（约 2ms）的加热，在测光区平均停留时间约为 1ms，比在电弧、电火花光源中平均停留时间（10^{-3}～10^{-2}ms）长得多。这样的高温与长的平均停留时间使样品充分原子化，并有效地消除了化学的干扰。

通过中心通道的气溶胶，用热传导与辐射方式间接加热，加之溶液进样少，组分的改变对 ICP 影响较小，基体效应小，另外，ICP 无需电极，避免了电极沾污与电极烧损导致测定的变动，因此，ICP 具有良好的稳定性。

ICP 局限性是雾化效率较低，目前固体无法直接进样，对一些非金属测定灵敏度尚不令人满意，仪器价格昂贵，维持费用较高。

（2）分光系统

由于激发光源及测光系统的发展以及分析对象的日益扩大，对分光系统提出了更高的要求：第一，要求更宽的波段范围，即从真空紫外到近红外；第二，要有更高的色散率，以减少光谱干扰和改善检出限；第三，要求分光系统紧凑灵活，具有良好的应变能力。原子发射光谱仪的分光系统通常采用棱镜和光栅分光系统两种。

① 棱镜分光系统

早期生产的摄谱仪多为棱镜式分光系统，目前已很少采用。典型棱镜分光系统是由入射狭缝、准直物镜、分光棱镜及暗箱物镜组成。棱镜的作用是把复合光分解为单色光。由于不同波长的光在同一介质中具有不同的折射率，波长短的光折射率大，波长长的光折射率小。因此，平行光经色散后按波长顺序分解为不同波长的光，经聚焦后在焦面的不同位置成像，得到按波长展开的光谱。

② 光栅分光系统

光栅分为透射光栅和反射光栅，常用的是反射光栅。反射光栅又可分为平面反射光栅（或称闪耀光栅）、凹面反射光栅和中阶梯光栅分光系统。光栅由玻璃片或金属片制成，其上准确地刻有大量宽度和距离都相等的平行线条（刻痕），可近似地将它看成一系列等宽度和等距离的透光狭缝。光栅是一种多狭缝部件，光栅光谱的产生是多狭缝干涉和单狭缝衍射两者联合作用的结果。光栅光谱的能量在不同波长处的分配是不均匀的。质量优良的闪耀光栅可以将约 80% 的光能量集中到所需要的波长范围内。目前使用最广泛的是中阶梯光栅分光系统。中阶梯光栅又称为 Ehcele 光栅，其阶梯之间的距离等于波长的 10 到 20 倍，所以中阶梯光栅分光系统有很高的色散率和良好的集光本领，图 7-9 是其原理图。

（3）检测器

在原子发射光谱法中，常用的检测方法有目视法；摄谱法；光电倍增管；阵列检测器。

① 目视法

用眼睛来观测谱线强度的方法称为目视法（看谱法）。这种方法仅适用于可见光波段。常用的仪器为看谱镜。看谱镜是一种小型的光谱仪，专门用于钢铁及有色金属的半定量

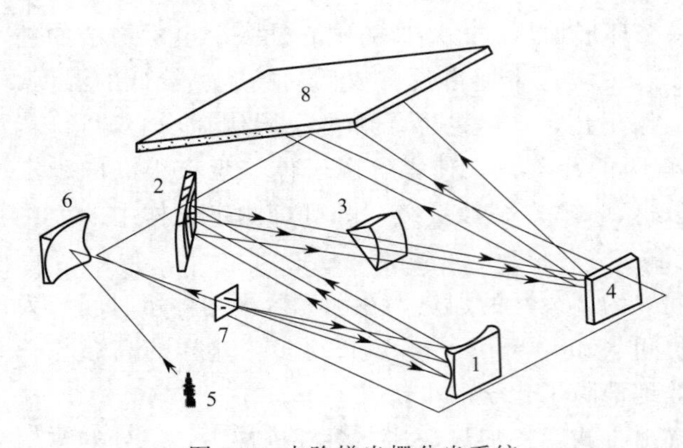

图 7-9 中阶梯光栅分光系统

1—准直镜；2—阶梯光栅；3—柱形进镜；4—平面反射镜；
5—光源；6—反射镜；7—入射狭缝；8—孔板（焦平面）

分析。

② 摄谱法

用感光板接收、记录光谱的方法称为摄谱法（照相法）。将感光板置于摄谱仪焦面上，接受被分析试样的光谱发射而感光，再经过显影、定影等过程后，制得光谱底片，其上有许多黑度不同的光谱线。然后用影谱仪观察谱线位置及大致强度，进行光谱定性及半定量分析。用测微光度计测量谱线的黑度，进行光谱定量分析。

照相法是摄谱仪使用的传统方法，其优点是可以一目了然地观察到光谱的全貌，且便于保存实验结果。缺点是操作繁杂费时，且易引入显著误差。感光板与普通照相材料不同，一般使用优质玻璃作基片，溴化银颗粒较细，反衬度较高。

感光板上感光层在光的作用下产生一定的黑度 S，定义式如(7-5) 所示：

$$S=\lg\frac{1}{T}=\lg\frac{i_0}{i} \tag{7-5}$$

式中，i_0 是感光板上乳剂没有曝光部分（没有谱线部分）的透射光强度；i 为曝光部分（谱线部分）的透射光强度；T 是透过率；S 为透过率倒数的对数。

感光板上谱线的黑度与作用其上的总曝光量有关。曝光量 H 等于感光层所接受的照度 E 和曝光时间 t 的乘积，感光板上感光层的黑度 S 与曝光量 H 之间的关系可以用乳剂特征曲线表示，如图 7-10 所示。

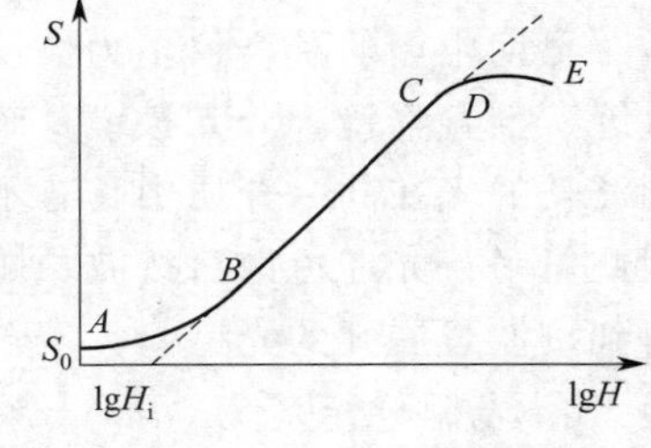

图 7-10 乳剂特性曲线

乳剂特征曲线可分为四部分：AB 部分为曝光不足部分，BC 部分为正常曝光部分，CD 为曝光过量部分，DE 为负感部分（黑度随曝光量的增加而降低部分）。

对于正常曝光部分，黑度 S 和曝光量 H 的对数之间数学关系式表示为：

$$S=\gamma(\lg H-\lg H_i)=\gamma\lg H-i \tag{7-6}$$

式中，H_i 是感光板乳剂的惰延量，可从直线 BC 延长至横轴上的截距求出。$1/H_i$ 决定感光板的灵敏度，i 代表 $\gamma\lg H_i$，对于一定的乳剂，i 为定值。γ 为相应直线（正常曝光部分 BC）的斜率，称为"对比度"或"反衬度"。它表示感光板在曝光量改变时，黑度的改变程度。

③ 光电法

光电法用光电倍增管或电荷耦合器件（CCD）来接收和记录谱线。

a. 光电倍增管

光电倍增管测光方法已成为发射光谱仪的主要测定方式。

光电倍增管既是光电转换元件，又是电流放大元件，其结构如图 7-11 所示。

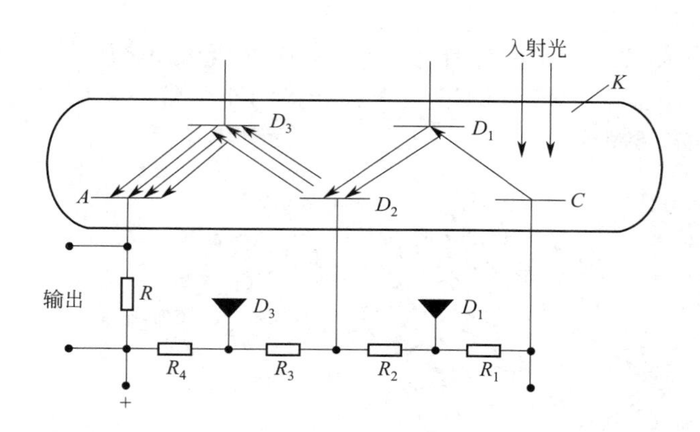

图 7-11 光电倍增管的工作原理图

光电倍增管的外壳由玻璃或石英制成，内部抽真空，阴极涂有能发射电子的光敏物质，如 Sb-Cs 或 Ag-O-Cs 等，在阴极 C 和阳极 A 间装有一系列次级电子发射极，即电子倍增极 D_1、D_2 等。阴极 C 和阳极 A 之间加有约 1000 V 的直流电压，当辐射光子撞击光阴极 C 时发射光电子，该光电子被电场加速落在第一倍增极 D_1 上，撞击出更多的二次电子，以此类推，阳极最后收集到的电子数将是阴极发出的电子数的 10^5～10^8 倍。

b. 阵列检测器

主要有光敏二极管阵列、光导摄像管、电荷耦合检测器和电荷注入检测器。其中，电荷耦合检测器（Charge-Couple Detector，CCD）和电荷注入检测器（Charge-Injection Detector，CID）是原子光谱仪器中有良好前景的阵列检测器。这类检测器中，由光子产生的电荷被收集贮存在金属-氧化物-半导体电容器中，从而可以准确、快速地进行像素寻找；并有较廉价、易被冷却到低温、比光导摄像管和光敏二极管阵列体积小等特点；CCD 和 CID 检测器的最大谱响应位于 50nm 及 80nm 处。CID 具有较好的分析性能，配上中阶梯光栅分光系统使过去庞大的 CID 多道光谱仪变得紧凑、灵活并有更多的功能。CCD 是一种新型固体多道光学检测器件，它是大规模硅集成电路工艺和电路系统，将光谱信息进行光电转换、储存和传输，在其输出端产生波长-强度二维信号，信号经放大和计算机处理后在末端显示器上同步显示出人眼可见的图谱，无须感光板那样的冲洗和测量黑度的过程。CCD 具有同时多谱线检测能力和借助计算机系统快速处理光谱信息的能力，可极大地提高发射光谱分析的速度。采用这一检测器设计的全谱直读等离子体发射光谱仪，可在 1min 内完成样品中 70 多种元素的测定；动态响应范围和灵敏度均达到或甚至超过光电倍增管，性能稳定，体积小，结实耐用。

（4）光谱仪

光谱仪的作用是将光源发射的电磁辐射经色散后，得到按波长顺序排列的光谱，并对不同波长的辐射进行检测与记录。光谱仪按照使用色散元件的不同，分为棱镜光谱仪和光栅光谱仪；按照光谱记录与测量方法的不同，又分为照相式摄谱仪和光电直读光谱仪。

① 摄谱仪

摄谱仪是用棱镜或光栅作为色散元件，用照相法记录光谱的原子发射光谱仪器。利用光栅摄谱仪进行定性分析十分方便，且该类仪器的价格较便宜，测试费用也较低，而且感光板所记录的光谱可长期保存，因此目前应用仍十分普遍。

② 光电直读光谱仪

光电直读光谱仪分为多道直读光谱仪、单道扫描光谱仪和全谱直读光谱仪 3 种。前两种仪器采用光电倍增管，后一种采用 CCD 检测器作检测器。图 7-12 为目前较为先进的全谱直读等离子光谱发射仪。

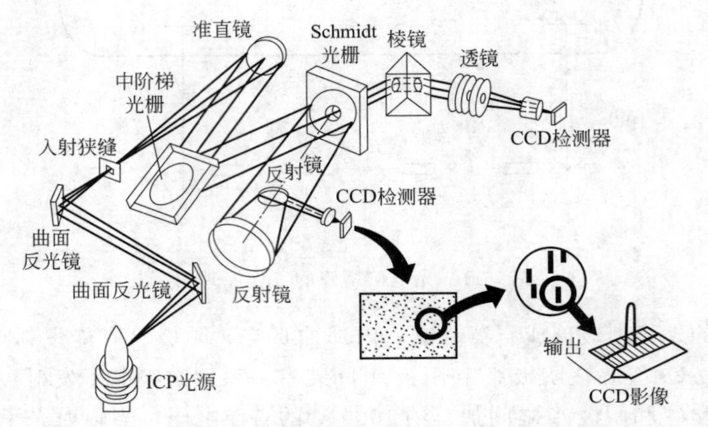

图 7-12　全谱直读等离子光谱发射仪示意图

7.1.3　发射光谱定性、半定量及定量分析

（1）光谱定性分析

每一种元素的原子都有它的特征光谱，根据原子光谱中的元素特征谱线就可以确定试样中是否存在被检元素。元素特征谱线多的可达几千条，当进行定性分析时，不需要将所有谱线全部检出，只需检出两条以上合适的谱线即可（若只见到某该元素一条谱线，不能进行断定，因为有可能是其他元素的干扰）。灵敏线是元素特征光谱中强度较大的谱线，多为共振线。最后线是指当元素的含量逐渐减小以至于趋近于零时，所能观察到的最持久的线，常是第一共振线，也是该元素的最灵敏线。只要在试样光谱中检出了某元素两条以上的最后线与灵敏线，就可以确定试样中存在该元素。反之，若在试样中未检出某元素的最后线与灵敏线，就说明试样中不存在被检元素，或者该元素的含量在检测灵敏度以下。

① 标准试样光谱比较法

将欲检查元素的纯物质与试样并列摄谱于同一感光板上，在映谱仪上检查试样光谱与纯物质光谱，若两者谱线出现在同一波长位置上，即可说明某一元素的某条谱线存在。这种定性方法对少数指定的不经常遇到的元素的定性鉴定是很方便的。

② 铁光谱比较法

铁光谱比较法实际上是与标准光谱图进行比较，因此又称为标准光谱图比较法。将试样与铁并列摄谱于同一光谱感光板上，然后将试样光谱与铁光谱标准谱图对照，以铁谱线为波长标尺，逐一检查欲检查元素的灵敏线，若试样光谱中的元素谱线与标准谱图中标明的某一元素谱线出现的波长位置相同，表明试样中存在该元素。

铁光谱作标尺有如下特点：谱线多，在 210～660nm 范围内有几千条谱线，谱线间距离都很近，在上述波长范围内均匀分布，对每一条谱线波长，人们都已进行了精确的测量。

（2）光谱半定量分析

光谱半定量分析可以给出试样中某元素的大致含量。若分析任务对准确度要求不高，多采用光谱半定量分析。例如钢材与合金的分类、矿产品位的大致估计等，特别是分析大批样品时，采用光谱半定量分析，尤为简单而快速。

摄谱法是目前光谱半定量分析最重要的手段，常用方法有谱线黑度比较法和显线法等。

① 黑度比较法　先配制基体与试样组成近似，被测元素含量不同的标准样品，在一定条件下摄谱于同一光谱感光板上，然后在映谱仪上用目视法直接比较被测试样与标准样品光谱中分析线的黑度，若黑度相等，则表明被测试样中被测元素的含量近似等于该标准样品中该被测元素的含量。该法的准确度取决于被测试样与标准样品组成的相似程度及标准样品中欲测元素含量间隔的大小。

例如，分析矿石中的铅，即找出试样中灵敏线 283.3nm，再以标准系列中的铅 283.3nm 线相比较，如果试样中铅线的黑度介于 0.01%～0.001%之间，则可表示为 0.01%～0.001%。

② 显线法　元素含量低时，仅出现少数灵敏线，随着元素含量增加，一些次灵敏线与较弱的谱线相继出现，于是可以编成一张谱线出现与含量的关系表，以后就根据某一谱线是否出现来估计试样中该元素的大致含量。该法的优点是简便快速，其准确程度受试样组成与分析条件的影响较大。

(3) 光谱定量分析

① 光谱定量分析的关系式

光谱定量分析主要是根据谱线强度与被测元素浓度的关系来进行的，基本关系式为：

$$I=ac^{b} \tag{7-7}$$

式中，b 为自吸系数，$b\leqslant 1$，无自吸，b 随浓度 c 增加而减小。

a 值受试样组成、形态及放电条件等实验条件影响，在实验中很难保持为常数，因而谱线强度测量误差较大，为了补偿这种因波动而引起的误差，通常采用内标法进行定量分析。这个公式由罗马金（Lomakin B A）和赛伯（Schiebe G）先后发现，又称为 Lomakin-Schiebe 公式。

② 内标法

内标法是利用分析线和内标线强度比对元素含量的关系来进行光谱定量分析的方法，它是盖纳赫（Gerlach）1925 年提出来的。具体做法是：在分析元素的谱线中选一根谱线，称为分析线，在基体元素（或加入定量的其他元素）的谱线中选一根谱线，作为内标线，这两条线组成分析线对。然后根据分析线对的相对强度与被分析元素含量的关系进行定量分析。

内标法可在很大程度上消除光源放电不稳定等因素带来的影响，因为尽管光源变化对分析线的绝对强度有较大的影响，但对分析线和内标线的影响基本是一致的，所以对其相对影响不大。

设分析线强度为 I，内标线强度为 I_0，被测元素浓度与内标元素浓度分别为 c 和 c_0，b 和 b_0 分别为分析线和内标线的自吸系数，根据 Lomakin-Schiebe 公式有：

$$I=ac^{b}$$

$$I_0=a_0c_0^{b_0}$$

分析线与内标线强度之比 R 称为相对强度。

$$R=\frac{I}{I_0}=\frac{ac^{b}}{a_0c_0^{b_0}} \tag{7-8}$$

式中，内标元素 c_0 为常数，实验条件一定时，$A=\frac{a}{a_0c_0^{b_0}}$ 为常数，则

$$R=\frac{I}{I_0}=Ac^b \tag{7-9}$$

取对数，得

$$\lg R= b\lg c+\lg A \tag{7-10}$$

式(7-10) 为内标法光谱定量分析的基本关系式。

内标元素与分析线对的选择方法如下。

① 金属光谱分析中的内标元素，一般采用基体元素。如钢铁分析中，内标元素是铁。但组分变化很大或基体元素的蒸发行为与待测元素不相同的样品，一般都不用基体元素作内标，而是加入定量的其他元素。

② 内标元素与被测元素在光源作用下应有相近的蒸发性质；内标元素含量必须适量、固定，内标元素若是外加的，必须是试样中不含或含量极少可以忽略的。

③ 分析线对选择需匹配，两条原子线或两条离子线，用一条原子线与一条离子线组成分析线对是不合适的。

④ 用原子线组成分析线对时，要求两线的激发电位相近；若选用离子线组成分析线对时，则不仅要求两线的激发电位相近，还要求内标元素与分析元素的电离电位也相近。

⑤ 若用摄谱法测量谱线强度，分析线对波长应尽可能接近。分析线对两条谱线应没有自吸或自吸很小，并不受其他谱线的干扰。

实际上，找到完全符合上述要求的分析线对是不容易的。即使采用内标法进行光谱定量分析，还是应该尽可能地控制实验条件的相对稳定。

(4) 定量分析方法

① 校准曲线法

在确定的分析条件下，用三个或三个以上含有不同浓度被测元素的标准样品与试样在相同的条件下激发光谱，以分析线强度 I 或内标分析线对强度比 R 或 $\lg R$ 对浓度 c 或 $\lg c$ 做校准曲线，再由校准曲线求得试样被测元素含量。

a. 摄谱法　若分析线与内标线的黑度都落在感光板正常曝光部分，可直接用分析线对黑度差 ΔS 与 $\lg c$ 建立校准曲线。选用的分析线对波长比较靠近，此分析线对所在的感光板部位乳剂特征相同。

若分析线对黑度为 S_1，内标线黑度为 S_2，则

$$S_1=\gamma_1\lg H_1-i_1$$
$$S_2=\gamma_2\lg H_2-i_2$$

因分析线对所在部位乳剂特征基本相同，故 $\gamma_1=\gamma_2=\gamma$，$i_1=i_2=i$，由于曝光量与谱线强度成正比，因此

$$S_1=\gamma\lg I_1-i$$
$$S_2=\gamma\lg I_2-i$$

黑度差：

$$\Delta S=S_1-S_2=\gamma(\lg I_1-\lg I_2)=\gamma\lg(I_1/I_2)=\gamma\lg R$$

将内标法定量分析关系式(7-10) 代入得：

$$\Delta S=\gamma b\lg c+\gamma\lg A \tag{7-11}$$

从上式可以看出，分析线对黑度值都落在乳剂特征曲线直线部分，分析线与内标线黑度

差 ΔS 与被测元素浓度的对数 $\lg c$ 呈线性关系。式(7-11) 为摄谱法定量分析内标法的基本关系式。

b. 光电直读法　ICP 光源稳定性好，一般可以不用内标法，但有时因试液黏度等有差异而引起试样导入不稳定，也采用内标法。ICP 光电直读光谱仪商品仪器上带有内标通道，可自动进行内标法测定。

光电直读法中，在相同条件下激发试样与标样的光谱，测量标准样品的电压值 U 和 U_r，U 和 U_r 分别为分析线和内标线的电压值；再绘制 $\lg U$-$\lg c$ 或 $\lg(U/U_r)$-$\lg c$ 校准曲线；最后，求出试样中被测元素的含量。

② 标准加入法

当测定低含量元素时，找不到合适的基体来配制标准试样时，一般采用标准加入法。

设试样中被测元素含量为 c_x，在几份试样中分别加入不同浓度 c_1、c_2、c_3…的被测元素；在同一实验条件下，激发光谱，然后测量试样与不同加入量样品分析线对的强度比 R。在被测元素浓度低时，自吸系数 $b=1$，分析线对强度 $R \propto c$，R-c 图为一直线，将直线外推，与横坐标相交截距的绝对值即为试样中待测元素含量 c_x。

7.1.4　原子发射光谱分析的发展和应用

经典的以电弧为激发光源的原子发射光谱法仍被用于溶液残渣、岩石矿物、地质样品、纯金属及化学材料中微量杂质元素的测定。王淑英等报道了用碳粉作为缓冲剂，KBH_4 作载体，用化学方法分离稀土基体，用直流电弧光谱测定余下的微量稀土杂质，所建立方法适用于高纯稀土样品分析。

火花原子发射光谱依然主要用于钢材、合金、炉前分析。尤其是以火花为激发源的光电直读光谱分析在钢铁合金快速分析中的应用更为成熟，难以替代，可实现快速多元素同时测定，分析波长在远紫外的 Pb、Sn、As、Sb、Bi、P、B 的测定检出限也得到了极大改善。

电感耦合等离子体原子发射光谱（ICP-AES）分析法由于具有样品处理简单、基体效应小、线性范围宽以及可进行多元素同时分析等优点，已经成为测定各类样品中的微量和痕量无机元素的强有力工具，在冶金、化工、农业、地矿、食品、环保、医学等许多领域得到了广泛应用。

进样技术研究仍然是 AES 领域中一个最活跃的研究领域。我国学者在流动注射、气体发生、电热蒸发及激光熔蚀技术研究方面做了大量颇具特色的研究。例如悬浮液进样法将固体粉末状的试样直接制成悬浮液，然后以溶液进样方式将均匀分布的悬浮液引入原子光谱分析系统。显然，适合分析难处理的固体样品是这种进样技术的优点，制备均匀稳定的悬浮液和粒径较小的固体颗粒粒径是悬浮液进样技术获得成功的关键。如张俊卿等报道了超声雾化器改装后作为 ICP-AES 的进样装置，并用空气-氩混合气体 ICP-AES 测定了 32 种元素，其中有 5 个稀土元素，检出限得到了很大的改善。陈学智等报道了用载样瓶将土壤粉末样品吹入 ICP 中，用大气流清洗进样系统以克服样品的记忆效应。

性能优良的新型光学多通道检测器电荷转移器件（CTDs）是光谱分析仪器的巨大改进与革新。它具有光谱响应范围宽、量子效率高、线性范围宽、图像质量高、灵敏度较高等特点。根据其转移测量光致电荷的方式不同，CTDs 分为电荷耦合器件（CCD）检测器和电荷注入器件（CID）检测器。现在国际上已有多家仪器公司生产以 CTDs 为检测器的全谱直读 ICP 光谱仪。

现代光谱仪器的发展趋势是智能化、小型化、实用化和低分析成本，全谱直读等离子体光谱仪和用于现场分析的小型携带式全谱直读光谱仪的应用为发射光谱仪器的研制开拓了一个崭新的发展前景。

应用实例 7-1 岩矿、土壤中痕量元素的分析

对于涉及面广、成分复杂的岩矿、土壤等环境样品，用高频电感耦合等离子发射光谱分析测定，具有检出限低，分析动态范围宽、元素间干扰小等优点。其中心通道温度高达4000～6000K，可以使容易形成难熔氧化物的元素原子化和激发，可以对岩矿、土壤等环境样品中的多个元素同时进行测定。

仪器：顺序扫描型等离子体光谱仪。

试剂：钢瓶装纯氩、元素标准储备液（$1mg \cdot mL^{-1}$）、去离子水，亚沸二次蒸馏水、盐酸、硝酸、氢氟酸、高氯酸（均为优级纯）。

工作条件：ICP光源射频发生器频率27MHz，功率1.2kW，反射功率小于5W，试液提升量$4.0mL \cdot min^{-1}$，冷却气流量$4.5L \cdot min^{-1}$，等离子气流量$4.0L \cdot min^{-1}$，载气流量$0.9L \cdot min^{-1}$，观察高度15mm，积分时间15s。

7.2 原子吸收光谱法

7.2.1 原理

（1）原子吸收光谱的产生

原子吸收是一个受激吸收跃迁的过程。当有辐射通过自由原子蒸气，且入射辐射的频率等于原子中外层电子由基态跃迁到较高能态所需能量的频率时，原子就要从辐射场中吸收能量，从而产生共振吸收。

由于原子能级是量子化的，因此，在所有的情况下，原子对辐射的吸收都是有选择性的。由于各元素的原子结构和外层电子的排布不同，元素从基态跃迁至第一激发态时吸收的能量不同，因而各元素的共振吸收线具有不同的特征。原子吸收光的波长通常在紫外和可见区。

（2）原子吸收光谱的测量

① 积分吸收

原子吸收光谱产生于基态原子对特征谱线的吸收。在一定条件下，基态原子数N_0正比于吸收曲线下面所包括的整个面积。根据经典色散理论，其定量关系式为：

$$\int k_\nu d\nu = \frac{\pi e^2}{mc} N_0 f \tag{7-12}$$

式中，e为电子电荷；m为电子质量；c为光速；N_0为基态原子数，也即基态原子密度；f为振子强度，代表每个原子中能够吸收或发射特定频率光的平均电子数，在一定条件下对一定元素，f可视为一定值。因此只要测得积分吸收值，即可算出待测元素的基态原子数。这需要一个分光系统，谱带宽度为10^{-4} nm，且连续可调。如此高分辨率的分光系统，在目前技术条件下还难以做到。此外，即使分光系统满足了要求，分出的光也太弱，难以用于实际测量。

② 峰值吸收

由于积分吸收值测量的困难，通常以测量峰值吸收代替测量积分吸收，图 7-13 为峰值吸收示意图。因为在通常的原子吸收分析条件下，若吸收线的轮廓主要取决于多普勒变宽，有：

$$k_0=\frac{2}{\Delta\nu_{\mathrm{D}}}\sqrt{\frac{\ln 2}{\pi}}\int k_\nu d\nu$$

则峰值吸收系数 k_0 与基态原子数 N_0 之间存在如下关系：

$$k_0=\frac{2}{\Delta\nu_{\mathrm{D}}}\sqrt{\frac{\ln 2}{\pi}}\frac{\pi e^2}{mc}N_0 f \tag{7-13}$$

即中心吸收与基态原子数呈正比，因此只要用一个固定波长的光源，在 ν_0 处测量峰值吸收，即可定量。

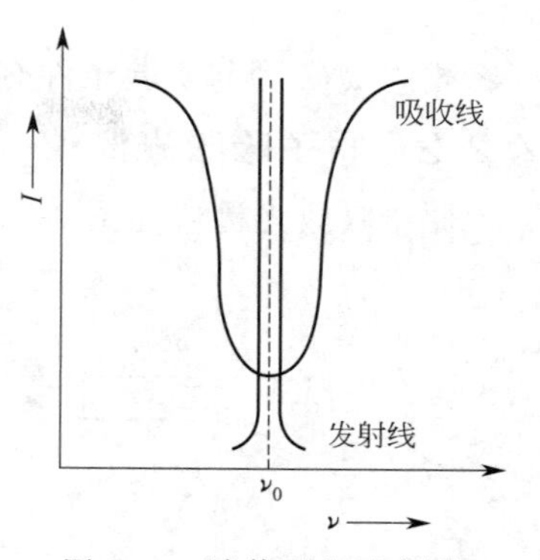

图 7-13　峰值吸收示意图

③ 峰值吸收测量的实现

实现峰值吸收测量的条件是光源发射线的半宽度应小于吸收线的半宽度，且通过原子蒸气的发射线的中心频率恰好与吸收线的中心频率 ν_0 相重合。因此，目前绝大多数原子吸收光谱仪仍采用空心阴极灯等特制光源来产生锐线发射。

实际上，原子吸收光谱测量的是透过光的强度 I，即当频率为 ν、强度为 I 的平行辐射垂直通过均匀的原子蒸气时，原子蒸气将对辐射产生吸收，根据朗伯（Lambert）定律，有：

$$I=I_0\mathrm{e}^{-k_\nu L} \tag{7-14}$$

式中，I_0 为入射辐射强度；I 为透过原子蒸气吸收层的辐射强度；L 为原子蒸气吸收层的厚度；k_ν 为吸收系数。

当在原子吸收线中心频率附近一定频率范围测量时，则

$$I_0=\int_0^{\Delta\nu} I_\nu \mathrm{d}\nu$$

$$I=\int_0^{\Delta\nu} I_\nu \mathrm{e}^{-k_\nu L}\mathrm{d}\nu$$

根据吸光度的定义：

$$A=\lg\frac{I_0}{I}=\lg\frac{\int_0^{\Delta\nu} I_\nu \mathrm{d}\nu}{\int_0^{\Delta\nu} I_\nu \mathrm{e}^{-k_\nu L}\mathrm{d}\nu}=\lg\frac{\int_0^{\Delta\nu} I_\nu \mathrm{d}\nu}{\mathrm{e}^{-k_\nu L}\int_0^{\Delta\nu} I_\nu \mathrm{d}\nu} \tag{7-15}$$

若令：$k_\nu=k_0$，$A=0.43k_0L$，将式(7-13) 代入，得

$$A=0.43k_0L=0.43\frac{2}{\Delta\nu_{\mathrm{D}}}\sqrt{\frac{\ln 2}{\pi}}\frac{\pi e^2}{mc}N_0 fL \tag{7-16}$$

在实际工作中，要求测定的并不是蒸气相中的原子浓度，而是被测试样中某元素的含量。当在给定的实验条件下，被测元素的含量 c_x 与蒸气相中原子浓度 N_0 之间保持稳定的比例关系时，有 $N_0=\alpha c_x$。式中，α 为与实验条件有关的比例常数。因此，式(7-16) 可以写为

$$A=0.43\frac{2}{\Delta\nu_{\mathrm{D}}}\sqrt{\frac{\ln 2}{\pi}}\frac{\pi e^2}{mc}\alpha fLc_x \tag{7-17}$$

当实验条件一定时，各有关参数为常数，式(7-17) 可以简写为

$$A=Kc_x \tag{7-18}$$

式中，K 为与实验条件有关的常数。

7.2.2　原子吸收光谱仪

原子吸收光谱仪如图 7-14 包括四大部分：光源、原子化器、分光系统、检测器。

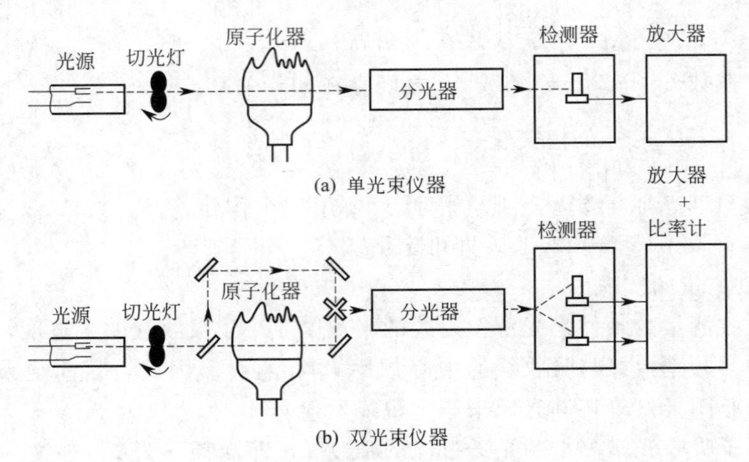

图 7-14　原子吸收光谱仪结构示意图

(1) 光源

光源的作用是发射被测元素的特征共振辐射，所以对光源的基本要求是：发射的共振辐射的半宽度要明显小于吸收线的半宽度，辐射强度大、背景低、稳定性好、噪声小、使用寿命长。

空心阴极放电灯是能满足上述各项要求的理想的锐线光源，应用最广。空心阴极灯的结构如图 7-15 所示。灯电流是空心阴极灯的主要控制因素，灯电流太小则信号弱，灯电流太大会产生自吸，灯的寿命也会受到影响。

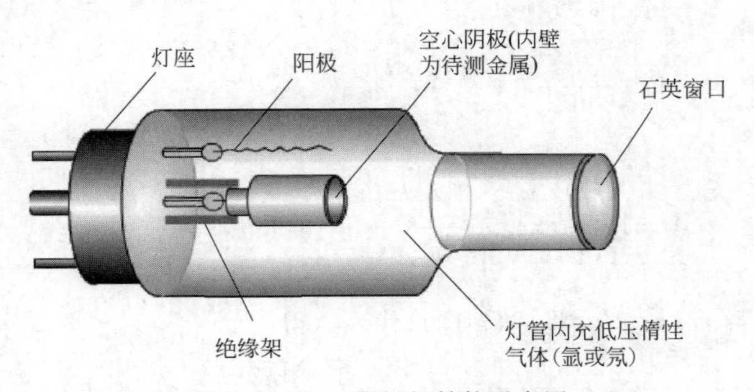

图 7-15　空心阴极灯结构示意图

空心阴极灯的发光是辉光放电，放电集中在阴极空腔内。将空心阴极灯放电管的电极分别接在电源的正负极上，并在两极之间加以几百伏电压后，在电场的作用下，从阴极发出的电子向阳极作加速运动，电子在运动中经常与载气原子发生非弹性碰撞，产生能量交换，载气原子引起电离并放出二次电子，使电子与正离子数目增加。正离子从电场中获得能量并向阴极作加速运动，当正离子的动能大于金属阴极表面的晶格能时，正离子碰撞在金属阴极表面就可以将原子从晶格中溅射出来。阴极表面受热，也要导致其表面元素的热蒸发。溅射与

蒸发出来的原子进入空腔内，再与电子、原子、离子等发生非弹性碰撞而受到激发，发射出相应元素的特征的共振辐射。

(2) 原子化器

原子化器的功能是提供能量，使试样干燥、蒸发和原子化。在原子吸收光谱分析中，试样中被测元素的原子化是整个分析过程的关键环节。实现原子化的方法，最常用的有两种：火焰原子化法，是原子光谱分析中最早使用的原子化方法，至今仍在广泛地使用；非火焰原子化法，其中应用最广的是石墨炉电热原子化法。

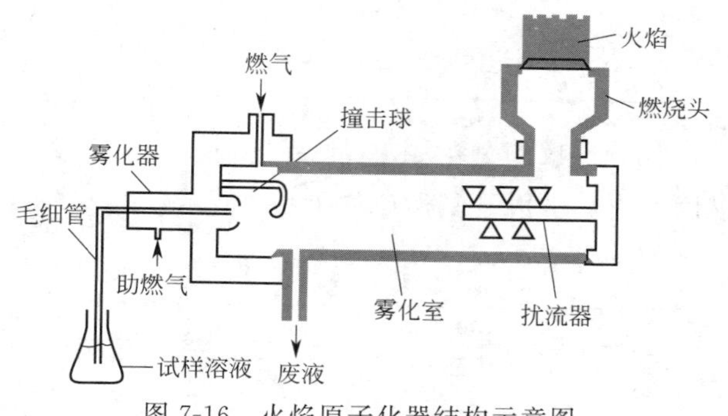

图 7-16 火焰原子化器结构示意图

① 火焰原子化器

a. 结构

火焰原子化法中，常用的预混合型原子化器，其结构如图 7-16 所示。这种原子化器由雾化器、雾化室（混合室）和燃烧器组成。

雾化器通过毛细管将溶液吸入，液流通过文丘里管撞在撞击球上，将溶液打碎，成为不同大小的雾滴。

雾化室将较大的气溶胶在室内凝聚为大的溶珠沿室壁流入泄液管排走，并使进入火焰的气溶胶在混合室内充分混合均匀以减少它们进入火焰时对火焰的扰动，并让气溶胶在室内部分蒸发脱溶。然后，混合气到达燃烧头。火焰原子吸收的灵敏度目前受雾化效率制约，因为目前商品雾化器的雾化效率一般小于 15%。

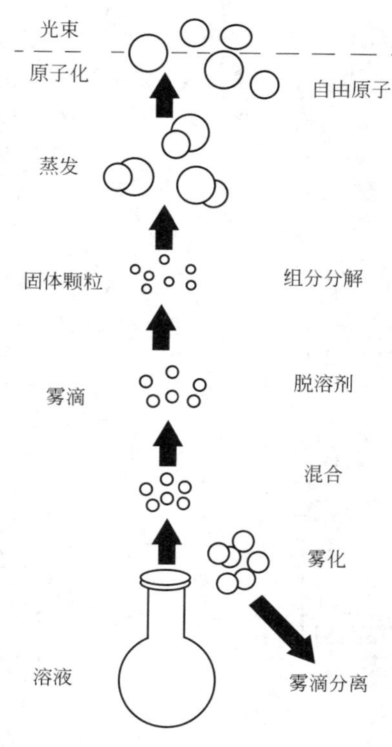

图 7-17 火焰原子化器的原子化过程示意图

燃烧器最常用的是单缝燃烧器，其作用是产生火焰，使进入火焰的气溶胶蒸发和原子化。因此，原子吸收分析的火焰应有足够高的温度，能有效地蒸发和分解试样，并使被测元素原子化。此外，火焰应该稳定、背景发射和噪声低、燃烧安全。火焰原子化器的原子化过程如图 7-17 所示。

为得到最大灵敏度，使空心阴极灯所发出的光尽可能多地通过火焰是十分必要的。因此如要得到某种元素的最高灵敏度，必须调整燃烧头的位置使该被分析元素的自由原子在火焰中最密集的部分与光路重合。所有原子吸收仪都可以通过调节燃烧头高度、前后及角度的结构，得到最大吸光度。在火焰底部，溶剂被蒸发掉，样品成为非常小的固体颗粒，进而形成基态自由原子出现在光路中。

b. 原子化过程

影响元素原子化的两个关键因素是燃烧温度和火焰氧化-还原性。

(a) 燃烧最高温度由火焰种类决定，不同种类的火焰特点如表 7-2 所示。

表 7-2　不同种类的火焰特点

燃气	助燃气	温度/K	特　点
乙炔	空气	2500	最常用的火焰，燃烧稳定，重现性好，噪声低，燃烧速度不是很大，温度较高，对大多数元素有较高的灵敏度
	空气	3000	火焰温度高，而燃烧速度并不快，是目前应用较广泛的一种高温火焰，测定元素范围广
氢气	空气	2300	氧化性火焰，燃烧速度较乙炔-空气火焰高，但温度较低，优点是背景发射较弱，透射性能好

(b) 火焰的氧化-还原性与火焰组成及火焰高度（火焰高度增加，氧化性增加）有关，不同的火焰组成及其性质如表 7-3 所示。

表 7-3　不同火焰组成及其性质

火焰类型	化学计量火焰	贫燃火焰	富燃火焰
助燃比	燃气：助燃气＝(1：3)～(1：4)	燃气：助燃气＝(1：4)～(1：6)	燃气：助燃气＝(1.2：4)～(1.5：4)
火焰性质	中性火焰	氧化性火焰	还原性火焰
火焰温度	中	低	高
适用范围	适于多种元素	适于易电离元素	适于难解离氧化物

② 非火焰原子化器

常用的非火焰原子化器是管式石墨炉原子化器，如图 7-18，它由加热电源、保护气控制系统和石墨管状炉组成。将样品用进样器定量注入到石墨管中，外电源加于石墨管两端，并以石墨管作为电阻发热体，通电后迅速升温，最高温度可达 3000℃，使置于石墨管中被测元素变为基态原子蒸气。保护气控制系统是控制保护气的，仪器启动，保护气 Ar 气流通，空烧完毕，切断 Ar 气流。外气路中的 Ar 气沿石墨管外壁流动，以保护石墨管不被烧蚀，内气路中 Ar 气从管两端流向管中心，由管中心孔流出，以有效地除去在干燥和灰化过程中产生的基体蒸气，同时保护已经原子化了的原子不再被氧化。在原子化阶段，停止通气，以延长原子在吸收区内的平均停留时间，避免对原子蒸气的稀释。

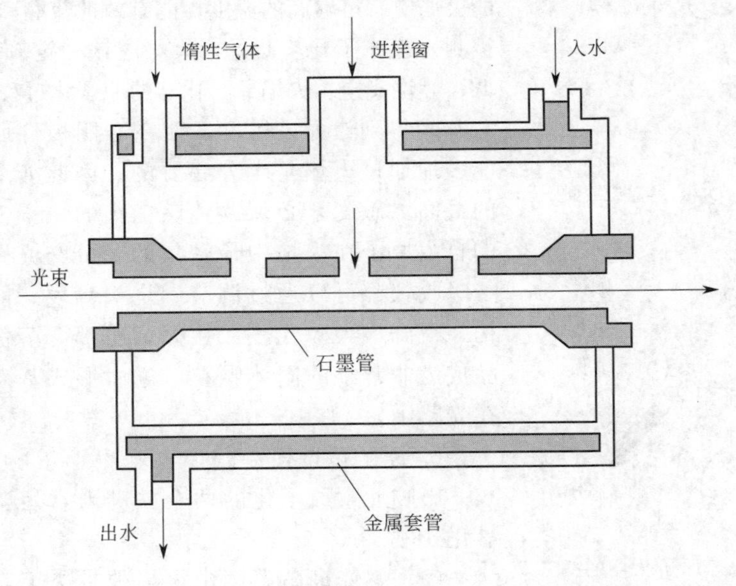

图 7-18　石墨炉结构示意图

石墨炉的优点是石墨管中的样品得以完全原子化，并在光路中滞留较长时间（相对火焰法而言）。另外在测量时，溶剂不复存在，也没有火焰原子化系统那样，样品被气体稀释的情况出现。因而该方法可使灵敏度大大提高，使检出限降低到 ppb 级。石墨炉加热后，由于有大量碳存在，还原气氛强；石墨炉的温度可调，通过正确地选择分析条件、化学基体改进剂，提高被测物质的稳定性或降低被测元素的原子化温度以消除干扰，如有低温蒸发干扰元素，可以在原子化温度前除去。样品用量少，由于采用石墨炉技术可对众多基体类型的样品进行直接分析，部分仪器还可以直接固体进样，从而可减少样品制备过程所带来的误差。原子化温度可以自由调节，因此可以根据元素的原子化温度不同，选择控制温度。同时，石墨炉技术可实现无人监管全自动分析。

石墨炉的缺点是装置复杂。样品基体蒸发时，可能造成较大的分子吸收，石墨管本身的氧化也会产生分子吸收，石墨管等固体粒子还会使光散射，背景吸收大，要使用背景校正器校正。管壁能辐射较强的连续光，噪声大。因为石墨管本身的温度不均匀，所以要严格控制加入样品的位置，否则测定重现性不好，精度差。

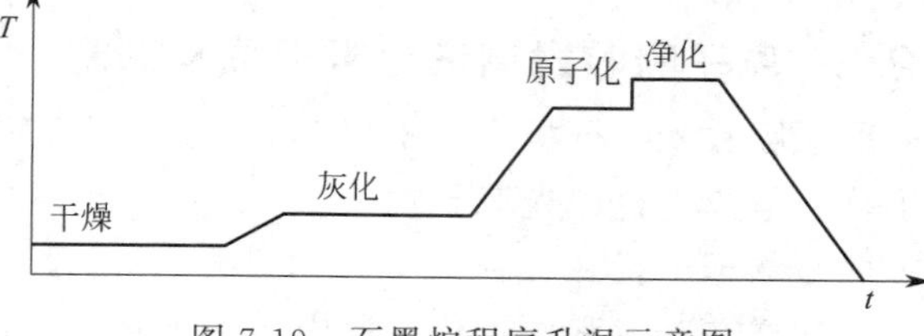

图 7-19 石墨炉程序升温示意图

石墨炉测定时采用干燥-灰化-原子化-净化四个阶段进行程序升温。如图 7-19 所示：

a. 干燥 当样品被注入到石墨管中后，石墨管被升温至溶剂的沸点附近（略低于沸点，以防止试液飞溅，又应有较快的蒸干速度）。溶剂被蒸发，样品在石墨管管壁（或平台）表面形成一固体薄膜。

b. 灰化 升温至灰化温度，固体物质被分解，基体和局外组分尽可能多地被除掉，待测元素以相同的化学形态成为难熔组分进入原子化阶段。合适的灰化温度可减少基体对测定的干扰，减少原子化过程中的背景吸收。灰化温度通常在 350～1600℃。

c. 原子化 这个阶段，温度从灰化温度迅速升到原子化高温状态，使灰化阶段所剩下的物质分解、蒸发，形成自由原子基态云，出现在光路中。原子化温度的高低，取决于被分析元素的挥发性，通常在 1500℃（镉）到 3000℃（硼）之间。

d. 净化 试样热分解的残留物有时会附着在石墨炉的两端，对下次测定造成影响（记忆效应），故应在每次测定后升高温度，并通入惰性气体“洗涤”，以使高温石墨炉内部净化。

采用石墨炉方法分析样品比用火焰法要花费更长时间，且所能分析的元素数量也较火焰法少。但由于石墨炉法可大大提高元素分析的灵敏度，因而应用领域广泛。

（3）分光系统

原子吸收光谱仪的分光系统由入射和出射狭缝、反射镜和色散元件组成，如图 7-20 所示。其作用是将所需要的共振吸收线分离出来。分光器的关键部件是色散元件，现在商品仪器都是使用光栅。原子吸收光谱仪对分光器的分辨率要求不高，采用 Mn 279.5nm 和 279.8nm 来检定分辨率，分辨率大于等于 0.3nm。光栅放置在原子化器之后，以阻止来自原子化器内的所有不需要的辐射进入检测器。

（4）检测系统

原子吸收光谱仪中广泛使用的检测器是光电倍增管，部分仪器也采用 CCD 作为检测器。

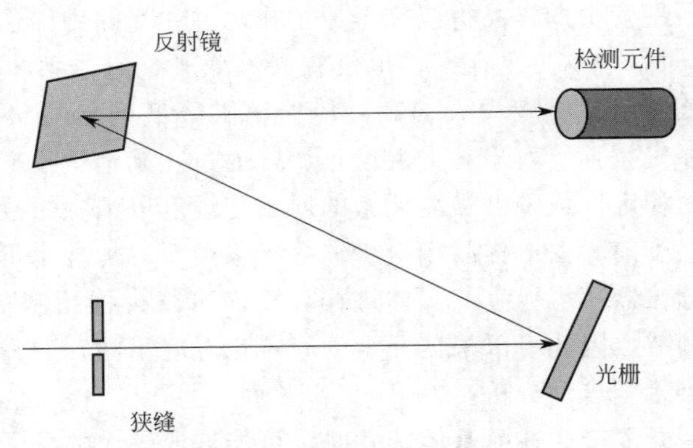

图7-20 分光系统示意图

7.2.3 原子吸收光谱法分析干扰及抑制

原子吸收光谱分析中，干扰效应按其性质和产生的原因，可以分为四类：物理干扰、化学干扰、电离干扰、光谱干扰。

(1) 物理干扰

指试样在蒸发和原子化过程中，由于其物理特性如黏度、表面张力、密度等变化引起的原子吸收强度下降的效应。它是非选择性干扰，对试样各元素的影响基本是相似的。

配制相似组成的标准样品可有效消除物理干扰，在不知道试样组成或无法匹配试样时，可采用标准加入法。

(2) 化学干扰

化学干扰是由于液相或气相中被测元素的原子与干扰物质组分之间形成热力学更稳定的化合物，从而影响被测元素化合物的解离及其原子化。

消除化学干扰的方法有：化学分离；使用高温火焰；加入释放剂和保护剂；使用基体改进剂等。例如消除磷酸根对测定钙的干扰的方法有：使用高温火焰，磷酸钙在高温火焰中解离；加入锶、镧以释放 $Ca_3(PO_4)_2$；加入8-羟基喹啉或EDTA等与钙形成稳定化合物等。又如在石墨炉原子吸收法中，加入基体改进剂，提高被测物质的稳定性或降低被测元素的原子化温度以消除干扰。例如，汞极易挥发，加入硫化物生成稳定性较高的硫化汞，灰化温度可提高到300℃；如测定海水中Cu、Fe、Mn、As，海水中大量的NaCl对测定有很大的干扰，加入基体改进剂 NH_4NO_3，有 $NaCl+NH_4NO_3 = NaNO_3+NH_4Cl$ 的反应，NaCl转化为易挥发的 NH_4Cl，在原子化之前低于500℃的灰化阶段除去。

在以上这些方法中，有时可以单独使用一种方法，而有时需要几种方法联用。

(3) 电离干扰

指高温电离而使基态原子数减少，引起原子吸收信号下降的现象。加入更易电离的碱金属元素，可以有效地消除电离干扰。

(4) 光谱干扰

光谱干扰包括吸收线重叠、光谱通带内存在非吸收线、原子化池内的直流发射、分子吸收、光散射等。当采用锐线光源和交流调制技术时，前三种因素一般可以不予考虑，主要考虑分子吸收和光散射的影响，它们是形成光谱背景的主要因素。

光散射是指在原子化过程中产生的固体微粒对光产生散射，使被散射光偏离光路而不为检测器所检测引起的假吸收。通常波长短、基体浓度大时，光散射严重，使测定结果偏高。

分子吸收干扰是指在原子化过程中生成的气体分子、氧化物及盐类分子对辐射吸收而引起的干扰。

背景干扰消除的常用方法有：用与吸收线邻近的一条非吸收线来消除背景；用连续光源氘灯消除背景；用塞曼效应消除背景；自吸效应扣除背景；用不含待测元素的基体溶液来校正背景吸收等。

① 邻近非共振线校正法　此法是 1964 年由 W. Slavin 提出来的。用分析线测量原子吸收与背景吸收的总吸光度，因非共振线不产生原子吸收，用它来测量背景吸收的吸光度，两次测量值相减即得到校正背景之后的原子吸收的吸光度。

背景吸收随波长而改变，因此，非共振线校正背景法的准确度较差。这种方法只适用于分析线附近背景分布比较均匀的场合。常用校正背景的非共振吸收线见附录。

② 氘灯扣除背景法　此法是 1965 年由 S. R Koirtyohann 提出来的。先用锐线光源测定分析线的原子吸收和背景吸收的总吸光度，再用氘灯（紫外区）或碘钨灯、氙灯（可见区）在同一波长测定背景吸收（这时原子吸收可以忽略不计），计算两次测定吸光度之差，即可使背景吸收得到校正。由于商品仪器多采用氘灯为连续光源扣除背景，故此法亦常称为氘灯扣除背景法。

③ Zeeman 效应扣除背景　此法是 1969 年由 M. Prugger 和 R. Torge 提出来的。塞曼效应校正背景是基于光的偏振特性，分为光源调制法与吸收线调制法两大类，以后者应用较广。调制吸收线的方式，有恒定磁场调制方式和可变磁场调制方式。

7.2.4 原子吸收光谱法实验技术

（1）测定条件的选择

在进行原子吸收光谱测定时，为了获得灵敏、重现性好和准确的结果，应对测定条件进行优选。

① 吸收线的选择

每种元素都有若干条分析线，通常选择其中最灵敏线（共振吸收线）作为吸收线。见附录。但是，当测定元素的浓度很高，或是为了避免邻近光谱线的干扰等，可以选择次灵敏线（非共振线）作为吸收线。

② 通带宽度选择

狭缝宽度直接影响光谱通带宽度与检测器接受的能量。选择通带宽度是以吸收线附近无干扰谱线存在并能够分开最靠近的非共振线为原则，过小的光谱通带使可利用的光强度减弱，不利于测定。合适的狭缝宽度由实验确定，不引起吸光度减小的最大狭缝宽度即为应选取的合适的狭缝宽度。

③ 空心阴极灯的工作电流

空心阴极灯的发射特征与灯电流有关，一般要预热 10～30min 才能达到稳定的输出。灯电流小，发射线半峰宽窄，放电不稳定，光谱输出强度小，灵敏度高。灯电流大，发射线强度大，发射谱线变宽，但谱线轮廓变坏，导致灵敏度下降，信噪比大，灯寿命缩短。因此，必须选择合适的灯电流。选择灯电流的一般原则是，在保证有足够强且稳定的光强输出条件下，尽量使用较低的工作电流。通常以空心阴极灯上标明的最大灯电流的 1/2 至 2/3 为工作电流。

④ 燃烧器高度调节

不同元素在火焰中形成的基态原子的最佳浓度区域高度不同，选择燃烧器高度以使光束从原子浓度最大的区域通过。燃烧器高度影响测定灵敏度、稳定性和干扰程度。最佳的燃烧器高度，可通过绘制吸光度-燃烧器高度曲线来优选。一般地讲，约在燃烧器狭缝口上方2～5mm附近处火焰具有最大的基态原子密度，灵敏度最高。

⑤ 原子化条件选择

不同种类火焰，其性质各不相同，应该根据测定需要，选择合适种类的火焰。通过绘制吸光度-燃气、吸光度-助燃气流量曲线，选出最佳的助燃气和燃气流量。

在石墨炉原子化法中，应合理选择干燥、灰化、原子化及除残温度与时间。

干燥温度应稍低于溶剂沸点，可以配合调节干燥时间条件一起调节。选择是否得当可以用蒸馏水或者空白溶液进行检查。

灰化温度的选择原则是，保证被测元素没有损失前提下的最高温度作为灰化温度。而对低温元素，因为它较易损失，所以不可以用提高灰化温度的方法来降低干扰。

原子化温度的选择原则是，选用达到最大吸收信号的最低温度作为原子化温度，这样可以延长石墨管的使用寿命。但是原子化温度过低，除了造成峰值灵敏度降低外，重现性也将受到影响。原子化时间应以保证完全原子化为准。

⑥ 进样量的选择

试样的进样量一般在3～6mL·min^{-1}较为适宜。进样量过小，由于进入火焰的溶液太少，吸收信号弱，灵敏度低，不便测量；进样量过大，在火焰原子化法中，对火焰产生冷却效应，同时较大雾滴进入火焰，难以完全蒸发，原子化效率下降，灵敏度低，在石墨炉原子化法中，会增加除残的困难。在实际工作中，应根据吸光度随进样量的变化选择最佳进样量。

(2) 定量分析方法

① 校准曲线法

校准曲线法是最常用的基本分析方法，主要适用于组分比较简单或共存组分互相没有干扰的情况。配制一组合适的浓度不同的标准溶液，由低浓度到高浓度依次测定它们的吸光度A，以A为纵坐标，被测元素的浓度c为横坐标，绘制A-c标准曲线。在相同的测定条件下，测定未知样品的吸光度，从A-c标准曲线上求出未知样品中被测元素的浓度。

② 标准加入法

对于比较复杂的样品溶液，有时很难配制与样品组成完全相同的标准溶液，这时可以采用标准加入法。具体做法与原子发射光谱的标准加入法相同。

(3) 灵敏度与检测限

① 灵敏度

在火焰原子吸收光谱法中通常用能产生1%吸收（或吸光度为0.0044）时待测元素的浓度表示相对灵敏度（以μg·mL^{-1}·1%$^{-1}$表示）或称为特征浓度，计算式如下：

$$S=\frac{c}{A}\times 0.0044 \tag{7-19}$$

式中，S为灵敏度，μg·mL^{-1}·1%$^{-1}$；c为试液的浓度；A为试液的吸光度。

在石墨炉原子吸收光谱法中，由于测定的灵敏度取决于加到原子化器中的试样的质量，此时采用特征质量（以g·1%$^{-1}$表示）。计算式为：

$$S=\frac{cV}{A}\times 0.0044=\frac{m}{A}\times 0.0044 \tag{7-20}$$

灵敏度或特征浓度首先取决于待测元素本身的性质，例如难熔元素的灵敏度比普通元素的灵敏度要低，其次还和测定仪器的性能如单色器的分辨率、光源的能量、检测器的灵敏度等有关，另外也会受到具体实验条件影响，如光源工作条件、供气速度、助燃比等。

② 检出限

待测元素能产生3倍于标准偏差（此标准偏差由接近于空白的标准溶液进行至少10次以上平行测定而求得），计算式为：

$$D=\frac{3\sigma}{\bar{A}}\times c \tag{7-21}$$

式中，D 为检出限；c 为测试溶液的浓度；$\bar{A}$ 为测试溶液的平均吸光度；σ 为吸光度的标准偏差。

一般来说，检出限越低，灵敏度越高，但检出限和灵敏度是完全不同的两个概念，检出限不仅与待测元素的性质有关，也与仪器的工作情况和质量有关，而灵敏度与仪器的工作稳定性或测量的重现性没有相关性。只有高的灵敏度，没有好的稳定性或精密度，检出限也不会低。

7.2.5　原子吸收光谱法的应用

原子吸收光谱在地质、冶金、机械、化工、农业、食品、轻工、生物医药、环境保护、材料科学等各个领域有广泛的应用。

原子吸收光谱法广泛用于水、大气、土壤和固体物中重金属的监测。

在医学卫生方面，原子吸收光谱法广泛用于人体中微量元素的测定，在药物、食品、农产品分析中，也有广泛应用。

应用实例7-2　火焰原子吸收光谱法测定头发中Ca、Zn

仪器：Solaar S2（美国热电公司），空气压缩机，钙、镁、铜空心阴极灯，电子分析天平（梅特勒）。

试剂：硝酸（G.R），乙炔，二次蒸馏水，钙、镁、铜标准储备液（$1.00\text{g}\cdot\text{L}^{-1}$），氯化锶（A.R）

仪器工作条件见表7-4。

表7-4　仪器工作条件

元素灯	波长/nm	灯电流/mA	狭缝宽度/nm	燃烧器高度/cm	乙炔流量/$\text{L}\cdot\text{min}^{-1}$	氘灯背景校正
Ca	422.7	8	0.5	11	1.4	不需要
Zn	213.9	6	0.5	9	1.2	需要

应用实例7-3　石墨炉原子吸收光谱法测定茶叶中的Pb

仪器：原子吸收光谱仪PEAA800（美国PerkinElmer），铅空心阴极灯，分析天平（梅特勒），高纯氮气（99.999%）。

试剂：铅标准储备液：$1\text{mg}\cdot\text{mL}^{-1}$；铅标准使用液：用储备液逐级稀释成$50\mu\text{g}\cdot\text{L}^{-1}$（0.2% HNO_3）；浓硝酸；高氯酸；基体改进剂：称取磷酸二氢铵5.0g，硝酸镁0.3g，溶于100mL二次蒸馏水中，置于聚乙烯塑料瓶中冰箱保存。所用玻璃容器和采样容器均用20% HNO_3 浸泡过夜，用水洗涤，晾干，备用。试剂均为G.R级，实验用水为二次蒸馏水。

仪器工作条件：波长283.3nm；灯电流10mA；狭缝0.7nm；背景校正方式：塞曼效应扣背景；测量模式：峰面积-背景；石墨炉升温程序为：干燥1（100℃，30s）→干燥2（130℃，20s）→灰化（700℃，15s）→原子化（1600℃，3s）→停气→净化（2450℃，5s）。

随着原子吸收技术的发展，推动了原子吸收仪器的不断更新和发展，而其他科学技术进步，为原子吸收仪器的不断更新和发展提供了技术和物质基础。近年来，使用连续光源和中阶梯光栅，结合使用光导摄像管、二极管阵列多元素分析检测器，设计出了微机控制的原子吸收分光光度计，开辟了新的前景。微机控制的原子吸收光谱系统简化了仪器结构，提高了仪器多元素同时测定器的自动化程度，改善了测定准确度，使原子吸收光谱法的面貌发生了重大的变化。联用技术（色谱-原子吸收联用、流动注射-原子吸收联用）日益受到人们的重视。色谱-原子吸收联用，不仅在解决元素的化学形态分析方面，而且在测定有机化合物的复杂混合物方面，都有着重要的用途，是一个很有前途的发展方向。

习 题

1. 解释以下名词：原子线，分析线，光谱添加剂，贫燃焰，富燃焰，共振吸收线，吸收轮廓，谱线半宽度，多普勒变宽，峰值吸收。

2. 原子发射光谱图上出现谱线的数目与样品中被测元素的含量有何关系？如何进行定量分析和定性分析？

3. 影响谱线变宽的因素有哪些？

4. 在原子吸收光谱分析中主要操作条件有哪些？应如何进行优化选择？

5. 原子吸收光谱法中有哪些干扰因素？如何消除？

6. 测定硅酸盐试样的Ti，称取1.000g试样，经溶解处理后，转移至100mL容量瓶中，稀释至刻度，吸取10.0mL该试液于50mL容量瓶中，用去离子水稀释到刻度，测得吸光度为0.238。取一系列不同体积的钛标准溶液（质量浓度为10.0$\mu g \cdot mL^{-1}$）于50mL容量瓶中，同样用去离子水稀释至刻度。测量各溶液的吸光度如下，计算硅酸盐试样中钛的含量。

钛标准溶液 V_{Ti}/mL	1.00	2.00	3.00	4.00	5.00
吸光度 A	0.112	0.224	0.338	0.450	0.561

（212$\mu g \cdot g^{-1}$）

7. 称取含镉试样2.5115g，经溶解后移入25mL容量瓶中稀释至标线。依次分别移取此样品溶液5.00mL，置于四个25mL容量瓶中，再向此四个容量瓶中依次加入浓度为0.5$\mu g \cdot mL^{-1}$的镉标准溶液0.00、5.00mL、10.00mL、15.00mL，并稀释至标线，在火焰原子吸收光谱仪上测得吸光度分别为0.06、0.18、0.30、0.41。求样品中镉的含量。

（2.53$\mu g \cdot g^{-1}$）

8. 某原子吸收分光光度计，对浓度均为0.20$\mu g \cdot mL^{-1}$的Ca^{2+}溶液和Mg^{2+}溶液进行测定，吸光度分别为0.054和0.072。试问这两元素哪个灵敏度高？ （Mg^{2+}）

9. 以0.05$\mu g \cdot mL^{-1}$的Co标准溶液，在石墨炉原子化器的原子吸收分光光度计上，每次以5mL与去离子水交替连续测定，共测10次，测得吸光度分别为：0.165、0.170、0.168、0.165、0.168、0.167、0.168、0.166、0.170、0.167。计算该原子吸收分光光度计对Co的检出限。 （$1.59 \times 10^{-3} \mu g \cdot mL^{-1}$）

第8章 紫外-可见分光光度法

背景知识

紫外-可见分子吸收光谱法（Ultraviolet-Visible Molecular Absorption Spectrometry，UV-VIS），又称紫外-可见分光光度法（Ultraviolet-Visible Spectrophotometry），它是研究分子吸收在190～750nm波长范围内的吸收光谱。紫外-可见吸收主要产生于分子价电子在电子能级间的跃迁，是研究物质电子光谱的分析方法。通过测定分子对紫外-可见光的吸收，可用于鉴定和定量测定大量的无机化合物和有机化合物。在化学和临床实验室所采用的定量分析技术中，紫外-可见分子吸收光谱法是应用最广泛的方法之一。

案例分析

番茄红素是一种不含氧的具有多种生理功能的类胡萝卜素。研究表明，番茄红素具有极强的抗氧化能力，是迄今为止所发现的抗氧化能力最强的天然物质之一，它不仅能防治心血管疾病，提高机体免疫力，还能预防癌症，抑制癌细胞的繁殖。目前，番茄红素已不仅仅是食品，作为保健品已受到越来越多的青睐。

对于番茄红素含量的测定，现行的检测方法有高效液相色谱法和紫外-可见分光光度法。高效液相色谱法是通过样品的峰面积与标准品的峰面积比较的所得结果来测定样品中的番茄红素含量，该方法具有分离效果好、分析速度快、样品用量少的优点。但由于其试验成本昂贵，番茄红素的标准品极不稳定，不宜长期存放，日常测定难度很大，每次试验前都需要对其浓度进行确定等缺点，影响了该方法的推广。而紫外-可见分光光度法是利用紫外-可见分光光度计测定标准系列各点的吸光值，依据提取后的试样测定出的吸光值在标准曲线上查出相应的质量，再通过计算得出结果。可从番茄红素及β-胡萝卜素（影响番茄红素测定的含量最多的类胡萝卜素）的紫外吸收光谱的差异入手，确定以含2%二氯甲烷为溶剂、以502nm吸收峰为检测波长的番茄红素的测定方法，避免了其他类胡萝卜素的干扰，并将其转化为用吸光系数来计算的形式，避免了番茄红素标准样品的制约。当溶液中番茄红素的浓度在0.0017～3.12$\mu g \cdot mL^{-1}$范围内时，该检测方法的可信度达90%以上。

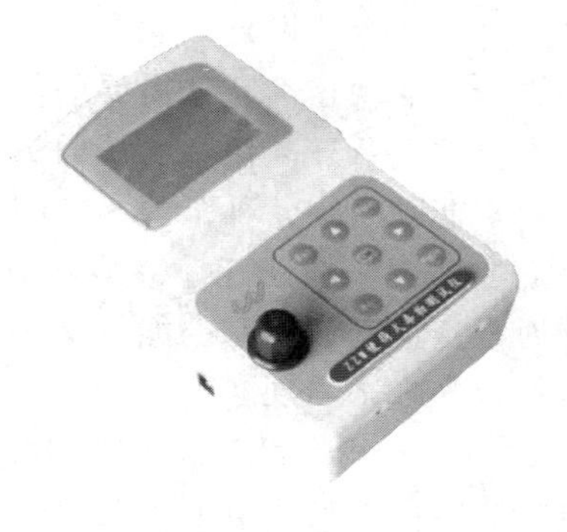

便携式紫外测试仪

8.1 紫外-可见吸收光谱法的基本原理

8.1.1 紫外-可见吸收光谱的产生机理

紫外-可见吸收光谱是由分子中电子的能级跃迁产生的。用一束具有连续波长的紫外-可见光照射某些化合物，其中某些波长的光辐射被化合物所吸收，若将化合物在紫外-可见光作用下的吸光度对波长作图，就可获得该化合物的紫外-可见吸收光谱。图 8-1 是对甲苯乙酮的紫外光谱图。

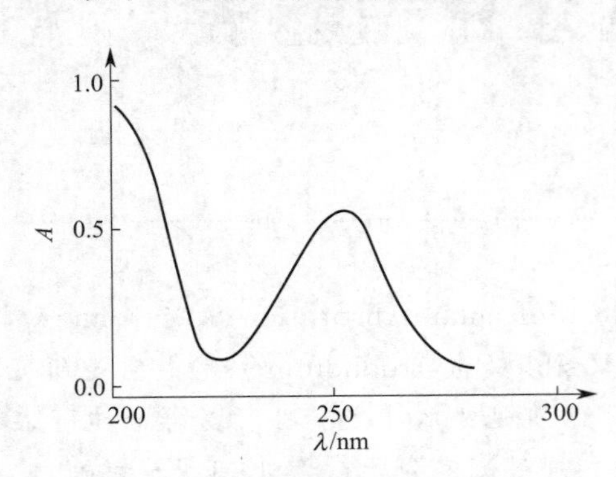

图 8-1　对甲苯乙酮的紫外光谱图

在紫外-可见吸收光谱中，常以吸收谱带最大吸收位置处波长 λ_{max} 和该波长下的摩尔吸光系数 ε_{max} 来表征化合物的吸收特征，紫外-可见吸收光谱反映了物质分子对不同波长的吸光能力。

(1) 跃迁类型

基态有机化合物的价电子包括成键 σ 电子、成键 π 电子和非键电子（以 n 表示）。分子的空轨道包括反键 σ^* 轨道和反键 π^* 轨道，因此，可能产生的跃迁有 $\sigma \rightarrow \sigma^*$、$\pi \rightarrow \pi^*$、$n \rightarrow \sigma^*$、$n \rightarrow \pi^*$ 等。紫外-可见光谱电子跃迁类型如图 8-2 所示。

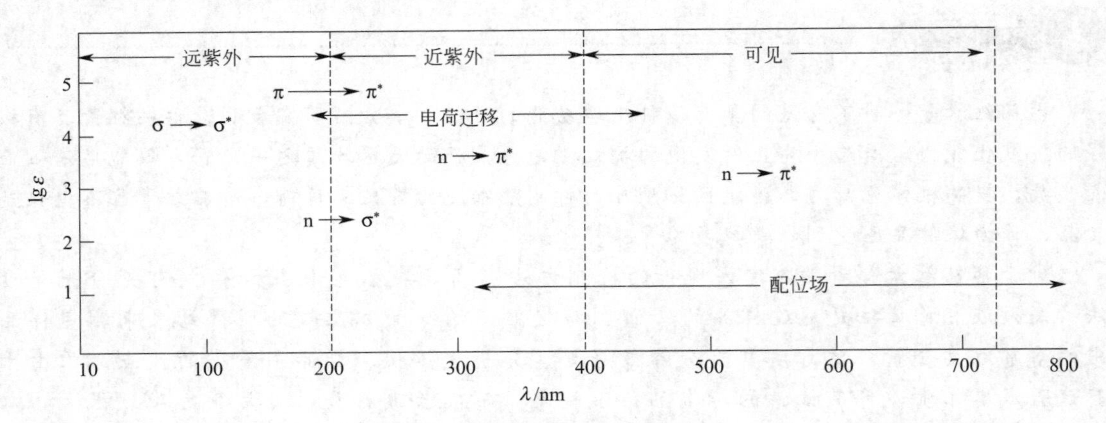

图 8-2　紫外-可见光谱电子跃迁

① $\sigma \rightarrow \sigma^*$ 跃迁　它是分子成键 σ 轨道中的一个电子通过吸收辐射而被激发到相应的反键轨道。实现这类跃迁需要的能量较高，一般发生在真空紫外光区。饱和烃中的—C—C—键属于这类跃迁。例如乙烷的最大吸收波长 λ_{max} 为 135nm。由于 $\sigma \rightarrow \sigma^*$ 跃迁引起的吸收不在通常能观察的紫外范围内，因此没有必要对其作进一步的讨论。

② $n \rightarrow \sigma^*$ 跃迁　它发生在含有未共用电子对（非键电子）原子的饱和有机化合物中。通常这类跃迁所需的能量比 $\sigma \rightarrow \sigma^*$ 跃迁要小，可由 150～250nm 区域内的辐射引起。而大多数吸收峰则出现在低于 200nm 处。

③ $\pi \rightarrow \pi^*$ 跃迁　它产生在有不饱和键的有机化合物中，需要的能量低于 $\sigma \rightarrow \sigma^*$ 跃迁，吸收峰一般处于近紫外光区，在 200nm 左右。其特征是摩尔吸光系数较大（10^3～10^4 L·mol^{-1}·cm^{-1}），为强吸收带。如乙烯（蒸气）的最大吸收波长 λ_{max} 为 162nm。

④ $n \rightarrow \pi^*$ 跃迁　这类跃迁发生在近紫外光区和可见光区。它是简单的生色团如羰基、硝基等中的孤对电子向反键轨道的跃迁吸收。其特点是谱带强度弱，摩尔吸光系数小，通常小于 10^2，属于禁阻跃迁。

⑤ 电荷迁移跃迁　电荷迁移跃迁是指用电磁辐射照射化合物时，电子从给予体向与接受体相联系的轨道上跃迁。因此，电荷迁移跃迁实质是一个内氧化还原过程，而相应的吸收光谱称为电荷迁移吸收光谱。例如，某些取代芳烃可产生分子内电荷迁移跃迁吸收带。

电荷迁移跃迁吸收带的谱带较宽，吸收强度大，最大波长处的摩尔吸光系数 ε_{max} 可大于 $10^4 L \cdot mol^{-1} \cdot cm^{-1}$。

从广义上讲，可以将各种类型的轨道（如 σ、π 等）都看作是一个电子给予体或接受体。但其中具有实用的意义的是 π 轨道。

（2）常用术语

① 生色团　从广义来说，生色团是指分子中可以吸收光子而产生电子跃迁的原子基团。严格地说，那些不饱和吸收中心才是真正的生色团。

② 助色团　助色团是指带有非键电子对的基团，如—OH、—OR、—NHR、—SH、—Cl、—Br、—I 等，它们本身不能吸收大于 200nm 的光，但是当它们与生色团相连时，会使其吸收带的最大吸收波长 λ_{max} 发生移动，并且增加其吸收强度。

③ 红移和紫移　在有机化合物中，常常因取代基的变更或溶剂的改变，使吸收带的最大吸收波长 λ_{max} 发生移动。向长波方向移动称为红移，向短波方向移动称为紫移。

8.1.2 各类化合物的紫外-可见吸收光谱

（1）有机化合物的紫外-可见光谱

① 饱和烃及其取代衍生物

饱和烃类分子中只含有 σ 键，因此只能产生 $\sigma \rightarrow \sigma^*$ 跃迁，即 σ 键电子从成键轨道（σ）跃迁到反键轨道（σ^*）。饱和烃的最大吸收峰一般小于 150nm，已超出紫外-可见分光光度计的测量范围。

饱和烃的取代衍生物如卤代烃、醇、胺等，它们的杂原子上存在 n 电子，可产生 $n \rightarrow \sigma^*$ 跃迁。表 8-1 列出了某些化合物 $n \rightarrow \sigma^*$ 跃迁的吸收数据。从表中可以看出，此类跃迁所需的能量主要决定于原子键的种类，而与分子结构的关系较小。摩尔吸光系数通常在 100～3000$L \cdot mol^{-1} \cdot cm^{-1}$。

表 8-1　某些化合物的 $n \rightarrow \sigma^*$ 跃迁数据

化合物	λ_{max}/nm	$\varepsilon_{max}/L \cdot mol^{-1} \cdot cm^{-1}$	化合物	λ_{max}/nm	$\varepsilon_{max}/L \cdot mol^{-1} \cdot cm^{-1}$
CH_3OH	184	150	$(CH_3)_2O$	184	2520
CH_3Cl	173	200	CH_3NH_2	215	600
CH_3I	258	365	$(CH_3)_3N$	227	900
$(CH_3)_2S$	229	140			

直接用烷烃及其取代衍生物的紫外吸收光谱来分析这些化合物的实用价值并不大。但是，它们是测定紫外-可见吸收光谱时的良好溶剂。

② 不饱和烃及共轭烯烃　在不饱和烃类分子中，除含有 σ 键外，还含有 π 键，它们可以产生 $\sigma \rightarrow \sigma^*$ 和 $\pi \rightarrow \pi^*$ 两种跃迁。$\pi \rightarrow \pi^*$ 跃迁所需能量小于 $\sigma \rightarrow \sigma^*$ 跃迁。例如，在乙烯分子中，$\pi \rightarrow \pi^*$ 跃迁最大吸收波长 λ_{max} 为 180nm。

在不饱和烃中，当有两个以上的双键共轭时，随着共轭系统的延长，$\pi \rightarrow \pi^*$ 跃迁的吸收带将明显向长波移动，吸收强度也随之加强，当有五个以上双键共轭时，吸收带已落在可见光区。在共轭体系中，$\pi \to \pi^*$ 跃迁产生的吸收带，又称为 K 带。

③ 羰基化合物　羰基化合物含有 C═O 基团。C═O 基团主要可以产生 $n \to \sigma^*$、$n \to \pi^*$ 和 $\pi \to \pi^*$ 三个吸收带。$n \to \pi^*$ 吸收带又称为 R 带，落于近紫外或紫外光区。醛、酮、羧酸及羧酸的衍生物，如酯、酰胺、酰卤等，都含有羰基。由于醛和酮这两类物质与羧酸及其衍生物在结构上的差异，因此它们 $n \to \pi^*$ 吸收带的光区稍有不同。

醛、酮的 $n \to \pi^*$ 吸收带出现在 270～300nm 附近，它的强度低（ε_{max} 为 10～20L·mol^{-1}·cm^{-1}），并且谱带略宽。

当醛、酮的羰基与双键共轭时，形成了 α,β-不饱和醛酮类化合物。由于羰基与乙烯基共轭，即产生共轭作用，使吸收带分别移至 220～260nm 和 310～330nm，前一吸收带强度高（$\varepsilon_{max} < 10^4$L·mol^{-1}·cm^{-1}），后一吸收带强度低（$\varepsilon_{max} < 10^2$L·mol^{-1}·cm^{-1}）。这一特征可以用来识别 α，β-不饱和醛酮。

羧酸及其衍生物虽然也有 $n \to \pi^*$ 吸收带，但是，羧酸及其衍生物羰基上的碳原子直接连接含有未共用电子对的助色团，如：—OH、—Cl、—OR、—NH_2 等。由于这些助色团上的 n 电子与羰基双键的 π 电子产生 $n \to \pi^*$ 共轭，导致 π^* 轨道的能级有所提高，但这种共轭作用并不能改变 n 轨道的能级，因此实现 $n \to \pi^*$ 跃迁所需能量变大，使 $n \to \pi^*$ 吸收带紫移至 210nm 左右。

④ 苯及其衍生物　苯有三个吸收带，它们都是由 $\pi \to \pi^*$ 跃迁引起的。E_1 带（或称 B′带、β 带）出现在 180nm（ε_{max} = 60000L·mol^{-1}·cm^{-1}）；E_2 带（或称 La 带、p 带）出现在 204nm（ε_{max} = 8000L·mol^{-1}·cm^{-1}）；B 带（或称 Lb 带、α 带）出现在 255nm（ε_{max} = 200L·mol^{-1}·cm^{-1}）。在气态或非极性溶剂中，苯及其许多同系物的 B 谱带有许多的精细结构，如图 8-3 所示。这是由于振动跃迁在基态电子跃迁上的叠加。在极性溶剂中，这些精细结构消失。

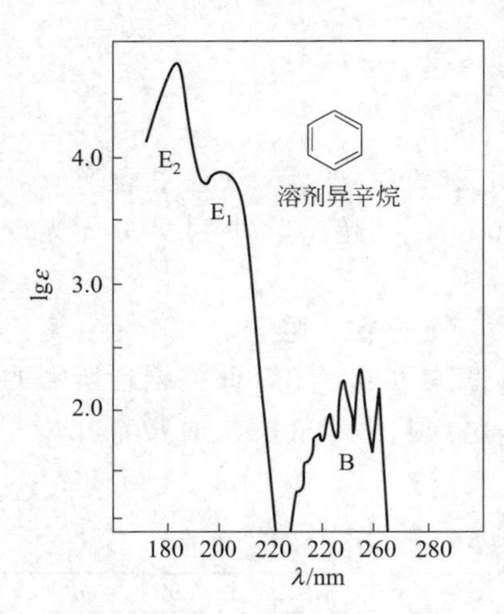

图 8-3　苯的紫外可见吸收

当苯环上有取代基时，苯的三个特征谱带都将发生显著的变化，其中影响较大的是 E_2 带和 B 带。当苯环上引入—NH_2、—OH、—CHO、—NO_2 等基团时，苯的 B 带显著红移，并且吸收强度增大。此外，由于这些基团上有 n 电子，故可能产生 $\pi \to \pi^*$ 吸收带，例如，硝基苯、苯甲酸的 $\pi \to \pi^*$ 吸收带分别位于 330nm 和 328nm。

⑤ 稠环芳烃及杂环化合物　稠环芳烃，如萘、蒽、并四苯、菲、芘等，均显示苯的三个吸收带。但是与苯本身相比较，这三个吸收带均发生红移，且强度增加。随着苯环数目增多，吸收波长红移越多，吸收强度也相应增加。

当芳环上的—CH 基团被氮原子取代后，则相应的氮杂环化合物（如吡啶、喹啉、吖啶）的吸收光谱，与相应的碳环化合物极为相似，即吡啶与苯相似，喹啉与萘相似。此外，由于引入含有 n 电子的 N 原子，这类杂环化合物还可能产生 $n \to \pi^*$ 吸收带，如吡啶在非极性溶剂中的相应吸收带出现在 270nm 处（ε_{max} 为 450L·mol^{-1}·cm^{-1}）。

（2）无机化合物的紫外-可见光谱

产生无机化合物电子光谱的电子跃迁形式，一般分为两大类：电荷迁移跃迁和配位场跃迁。

① 电荷迁移跃迁

与某些有机化合物相似，许多无机配合物也有电荷迁移吸收光谱。一般来说，在配合物的电荷迁移跃迁中，金属是电子的接受体，配体是电子的给予体。

不少过渡金属离子与含生色团的试剂反应所生成的配合物以及许多水合无机离子，均可产生电荷迁移跃迁。

此外，一些具有 d^{10} 电子结构的过渡元素形成的卤化物及硫化物，如 AgBr、PbI_2、HgS 等，也是由于这类跃迁而产生颜色。

电荷迁移吸收光谱出现的波长位置，取决于电子给予体和电子接受体相应电子轨道的能量差。中心离子的氧化能力愈强，或配体的还原能力愈强，则发生电荷迁移跃迁时所需能量愈小，吸收光波红移。

电荷迁移吸收光谱谱带最大的特点是摩尔吸收系数较大，一般 $\varepsilon_{max}>10^4 L \cdot mol^{-1} \cdot cm^{-1}$。因此许多“显色反应”是应用这类谱带进行定量分析，以提高检测灵敏度。

② 配位场跃迁

配位场跃迁包括 d-d 跃迁和 f-f 跃迁。元素周期表中第四、五周期的过渡金属元素分别含有 3d 和 4d 轨道，镧系和锕系元素分别含有 4f 和 5f 轨道。在配体的存在下，过渡元素五个能量相等的 d 轨道及镧系和锕系元素七个能量相等的 f 轨道分别分裂成几组能量不等的 d 轨道及 f 轨道。当它们的离子吸收光能后，低能态的 d 电子或 f 电子可以分别跃迁至高能态的 d 或 f 轨道上去。这两类跃迁分别称为 d-d 跃迁和 f-f 跃迁。由于这两类跃迁必须在配体的配位场作用下才有可能产生，因此又称为配位场跃迁。

与电荷迁移比较，由于选择规则的限制，配位场跃迁吸收谱带的摩尔吸光系数小，一般 $\varepsilon_{max}<10^2 L \cdot mol^{-1} \cdot cm^{-1}$。这类光谱一般位于可见光区。虽然配位场跃迁并不像电荷迁移跃迁在定量分析上重要，但它可用于研究配合物的结构，并为现代无机配合物键合理论的建立，提供了有用的信息。

a. f-f 跃迁　大多数镧系和锕系元素的离子都在紫外-可见光区有吸收。与大多数无机和有机吸收体系的特性相反，它们的光谱都由一些很窄的吸收峰组成。

在镧系元素中，引起吸收的跃迁一般只涉及 4f 电子的各能级，而锕系则是 5f 电子。由于 f 轨道被已充满的具有较高量子数的外层轨道所屏蔽而不受外界影响，因此其谱带较窄，并且不易受外层电子有关的键合性质的影响。

b. d-d 跃迁　一些 d 电子层尚未充满的第一、第二过渡元素的吸收光谱，主要是由 d-d 跃迁产生的。但是与镧系及锕系相反，其吸收带往往是宽的，且易受环境因素的强烈影响。例如，水合铜离子(Ⅱ)是浅蓝色的，而它的氨配合物却是深蓝色的。

当受到一定波长光照时，d 电子就会从能量低的 d 轨道向空的能量高的 d 轨道跃迁。对于八面体配合物，d 轨道的能量差用 Δ 表示。Δ 值是配位场强度的量度。Δ 值的大小与中心离子种类有关。在同族元素的同价离子中，随着原子序数的增大，Δ 值增加。同时，Δ 值还受配体的种类及配位数的影响。对于同种中心离子，一些配体将使 Δ 值按以下次序递减：$CO>CN^->NO_2^->$邻二氮菲$>$2,2′-联吡啶$>NH_3>CH_3CN>NCS^->H_2O>C_2O_4^{2-}>OH^->F^->NO_3^->Cl^->S^{2-}>Br^->I^-$。除少数例外，可用此配位场强度顺序，预测某一过渡金属离子的各种配合物吸收峰的相对位置。一般的规律是，随场强增加，吸收峰波长发生紫移。

8.1.3　影响化合物紫外-可见吸收光谱的因素

（1）共轭效应的影响

同分异构体之间双键位置或者基团排列位置不同，分子共轭程度不同，它们的紫外-可见吸收波长及强度也不同。共轭效应的结果是电子离域到多个原子之间，导致 $\pi \rightarrow \pi^*$ 能量降低，同时跃迁几率增大，ε_{max} 增大，λ_{max} 红移。此外空间阻碍使共轭体系破坏，λ_{max} 蓝移，ε_{max} 减小。例如在取代烯化合物中，取代基排列位置不同而构成的顺反异构体也具有类似的特征。一般，在反式异构体中基团间有较好的共平面性，电子跃迁所需能量较低；而顺式异构体中基团间位阻较大，影响体系的共平面作用，电子跃迁需要较高的能量。

（2）取代基的影响

在光作用下有机物有发生极化的趋向，即能转变为激发态。当共轭双键两端有容易使电子流动的基团（给电子基或吸电子基）时，极化现象显著增加。表 8-2 是取代苯的 π-π^* 跃迁吸收特性。

表 8-2　取代苯的 π-π^* 跃迁吸收特性

取代苯	K 吸收带		B 吸收带	
	λ_{max}/nm	ε_{max}	λ_{max}/nm	ε_{max}
$C_6H_5—H$	204	7400	254	204
$C_6H_5—CH_3$	207	7000	261	225
$C_6H_5—OH$	211	6200	270	1450
$C_6H_5—NH_2$	230	8600	280	1430
$C_6H_5—NO_2$			268	
$C_6H_5—COCH_3$			278.5	
$C_6H_5—N(CH_3)_2$	251	14000	298	2100
$p—HO—C_6H_4—NO_2$	314	13000	分子内电荷迁移吸收	
$p—H_2N—C_6H_4—NO_2$	373	16800		

① 给电子基　其中未共用电子对的流动性很大，能够形成 p-π 共轭，降低能量，使 λ_{max} 红移。给电子基的给电子能力顺序为：$—N(C_2H_5)_2$＞$—N(CH_3)_2$＞$—NH_2$＞—OH＞$—OCH_3$＞—$NHCOCH_3$＞$—OCOCH_3$＞$—CH_2CH_2COOH$＞—H

② 吸电子基　共轭体系中引入吸电子基团，也产生 π 电子的永久性转移，使 λ_{max} 红移。π 电子流动性增加，吸收强度增加。吸电子基的作用强度顺序是：$—N^+(CH_3)_3$＞$—NO_2$＞$—SO_3H$＞—COH＞—COO—＞—COOH＞$—COOCH_3$＞—Cl＞—Br＞—I

③ 给电子基与吸电子基同时存在　产生分子内电荷转移吸收，λ_{max} 红移，ε_{max} 增加。

（3）溶剂的影响

溶剂对紫外-可见光谱的影响较为复杂。改变溶剂的极性，会引起吸收带形状的变化。例如，当溶剂的极性由非极性改变到极性时，精细结构消失，吸收带变向平滑。

改变溶剂的极性，还会使吸收带的最大吸收波长发生变化。表 8-3 为溶剂对亚异丙酮紫外吸收光谱的影响。

表 8-3　亚异丙酮 $\pi \rightarrow \pi^*$ 和 $n \rightarrow \pi^*$ 跃迁的溶剂效应

化合物	正己烷	$CHCl_3$	CH_3OH	H_2O
$\pi \rightarrow \pi^*$ λ_{max}/nm	230	238	237	243
$n \rightarrow \pi^*$ λ_{max}/nm	329	315	309	305

由上表可以看出，当溶剂的极性增大时，由 $n \to \pi^*$ 跃迁产生的吸收带发生蓝移，而由 $\pi \to \pi^*$ 跃迁产生的吸收带发生红移。

由于溶剂对吸收光谱影响很大，因此，在吸收光谱图上或数据表中必须注明所用的溶剂。与已知化合物紫外光谱作对照时也应注明所用的溶剂是否相同。在进行紫外光谱法分析时，必须正确选择溶剂。选择溶剂时注意下列几点。

① 溶剂应能很好地溶解被测试样，溶剂对溶质应该是惰性的。即所成溶液应具有良好的化学和光化学稳定性。

② 在溶解度允许的范围内，尽量选择极性较小的溶剂。

③ 溶剂在样品的吸收光谱区应无明显吸收。

8.1.4　朗伯-比尔定律

Lambert-Beer 定律是吸收光度法的基本定律，是说明物质对单色光的吸收强弱与吸光物质的浓度和厚度关系的定律。Beer 定律说明吸光度与浓度的关系，Lambert 定律说明吸光度与厚度间的关系。定律如下：

$$A=-\lg T=\varepsilon lc \qquad 或 \qquad T=10^{-A}=10^{-\varepsilon lc}$$

式中，ε 为吸光系数；A 为吸光度；c 为溶液浓度；l 为液层厚度；T 为透光率。

分子吸收光谱法是基于测定在光程长度为 b（cm）的透明池中溶液的透射比 T 或吸光度 A 进行的定量分析。通常被分析物质的浓度 c 与吸光度 A 呈线性关系，即：

$$A=\lg\frac{I_0}{I_t}=abc \tag{8-1}$$

该式是朗伯-比尔定律的数学表达式，它指出：当一束单色光穿过透明介质时，光强度的降低同入射光的强度、吸收介质的厚度以及光路中吸光微粒的数目呈正比。

由于被分析物质的溶液是放在透明的吸收池中测量，在空气/吸收池壁以及吸收池壁/溶液的界面间会发生反射，因而导致入射光和透射光的损失。如当黄光垂直通过空气/玻璃或玻璃/空气界面时，约有8.5%的光因反射而被损失。此外，光束的衰减也来源于大分子的散射和吸收池的吸收，故通常不能直接测定透射比和吸光度。为了补偿这些影响，在实际测量中，采用在另一等同的吸收池中放入溶剂与被分析溶液的透射强度进行比较。

吸光度具有加和性，当溶液中含有多种对光产生吸收的物质，且各组分间不存在相互作用时，则该溶液对波长为 λ 的光的总吸收光度 A 等于溶液中每一成分的吸光度之和，即吸光度具有加和性。可用下式表示：

$$A=\sum_{i=1}^{n}A_i \tag{8-2}$$

吸光度的加和性在多组分的定量测定中极为有用。

8.1.5　偏离朗伯-比尔定律的主要因素及减免方法

从式(8-1) 可以看出，吸光度与试样溶液的浓度和光程长度呈正比。即当吸收池的厚度恒定时，以吸光度对浓度作图应得到一条通过原点的直线。但在实际工作中，测得的吸光度和浓度之间的线性关系常常出现偏差，即不再遵守比尔定律。引起偏离比尔定律的原因主要来源两个方面：①比尔定律本身的局限性；②实验条件的因素，它包括化学偏离和仪器偏离。

当入射光波长及吸收池光程一定时，吸光度 A 与吸光物质的浓度 c 呈线性关系。以某物质的标准溶液浓度 c 为横坐标，以吸光度 A 为纵坐标，绘出 A-c 曲线，称为标准曲线。在相同条件下测定待测溶液的吸光度，即可通过标准曲线求得待测溶液的浓度。

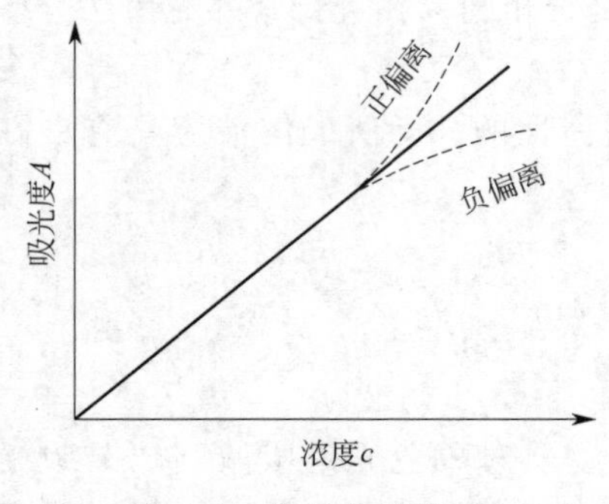

图 8-4　标准曲线及对朗伯-比尔定律的偏离

在实际工作中，尤其当溶液浓度较高时，标准曲线往往偏离直线，这种现象称为对朗伯-比尔定律的偏离（如图 8-4 所示）。引起这种偏离的因素很多，归结起来可分为两大类。

（1）非单色光引起的偏离

朗伯-比尔定律的前提条件之一是入射光为单色光，但即使是现代高精度分光光度计也难以获得真正的纯单色光。大多数分光光度计只能获得近乎单色光的狭窄光带，它仍然是具有一定波长范围的复合光，而复合光可导致对朗伯-比尔定律的正或负偏离。

为了克服非单色光引起的偏离，首先应选择较好的单色器。此外还应将入射波长选定在待测物质的最大吸收波长 λ_{max} 处，这不仅是因为在 λ_{max} 处能获得最大灵敏度，还因为在 λ_{max} 附近的一段范围内吸收曲线较平坦，即在 λ_{max} 附近各波长下吸光物质的摩尔吸光系数 ε 大体相等。图 8-5(a) 为吸收曲线与选用谱带之间的关系，图 8-5(b) 为标准曲线。若选用吸光度随波长变化不大的谱带 M 的复合光作入射光，则吸光度变化较小，即 ε 的变化较小，引起的偏离也较小，A 与 c 基本呈直线关系。若选用谱带 N 的复合光测量，则 ε 的变化较大，A 随波长的变化较明显，因此出现较大偏离，A 与 c 不呈直线关系。

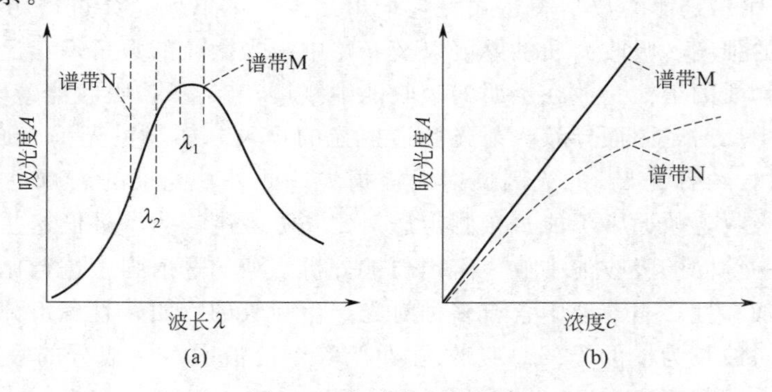

图 8-5　非单色光的影响

（2）化学因素

化学因素主要有两种：一种是吸光质点（分子或离子）间相互作用；另一种来自化学平衡。

按照朗伯-比尔定律的假定，所有的吸光质点之间不发生相互作用。但实验证明只有在稀溶液（$c<10^{-2}\,mol \cdot L^{-1}$）时才基本符合。当溶液浓度较大时，吸光质点间可能发生缔合等相互作用，直接影响了它对光的吸收。因此，朗伯-比尔定律只适用于稀溶液。

另外，溶液中存在着解离、缔合、互变异构、配合物的形成等化学平衡，化学平衡与浓度、pH 等其他条件密切相关。不同条件可导致吸光质点浓度变化，吸光性质发生变化而偏离朗伯-比尔定律。例如，在铬酸盐或重铬酸盐溶液中存在下列平衡：

$$2CrO_4^{2-} + 2H^+ \rightleftharpoons Cr_2O_7^{2-} + H_2O$$

CrO_4^{2-}、$Cr_2O_7^{2-}$ 的颜色不同，吸光性质也不同。用光度法测定 CrO_4^{2-} 或 $Cr_2O_7^{2-}$ 含量时，溶液浓度及酸度的改变都会导致平衡移动而发生对朗伯-比尔定律的偏离，为此应加入强碱或强酸作缓冲溶液以控制酸度，如用光度法测定 0.001mol・L^{-1} $HClO_4$ 中的 $K_2Cr_2O_7$ 溶液及 0.05mol・L^{-1}KOH 中的 K_2CrO_4 溶液，均能获得非常满意的结果。

8.2 紫外-可见分光光度计的应用

8.2.1 分光光度计的类型

(1) 单光束分光光度计

一束经过单色器的光，轮流通过参比溶液和试样溶液，进行光强度测量。

单光束仪器的缺点是测量结果受电源的波动影响较大，容易给定量结果带来较大的误差，因此要求光源和检测系统有很高的稳定度。此外，单光束仪器特别适用于只在一个波长处作吸收测量的定量分析。

(2) 双光束分光光度计

许多现代的光度计和分光光度计都是双光束型。一般双光束型的仪器可分为两类：按时间区分和按空间区分。它是通过一个快速转动的扇形镜将经单色器的光一分为二，然后用另一个扇形镜将脉冲辐射再结合进入换能器。目前，一般自动记录分光光度计是双光束的。它可以连续地绘出吸收（或透射）光谱曲线。由于两光束同时分别通过参照池和测量池，因而可以消除光源强度变化带来的误差。

(3) 双波长分光光度计

单光束和双光束分光光度计，就测量波长而言，都是单波长的。它们由一个单色器分光后，让相同波长的光束分别通过试样池和测量池，然后测得试样池和参比池吸光度之差。由同一光源发出的光被分成两束，分别经过两个单色器，从而可以同时得到两个不同波长（λ_1 和 λ_2）的单色光。它们交替地照射同一溶液，然后经过光电倍增管和电子控制系统。这样得到的信号是两波长处吸光度之差 ΔA，$\Delta A = A_{\lambda 1} - A_{\lambda 2}$。当两个波长保持 1～2nm 间隔，并同时扫描时，得到的信号将是一阶导数光谱，即吸光度对波长的变化曲线。

双波长分光光度计不仅能测定高浓度试样、多组分混合试样，而且能测定一般分光光度计不宜测定的浑浊试样。双波长法测定相互干扰的混合试样时，不仅操作比单波长法简单，而且精确度要高。用双波长法测量时，两个波长的光通过同一吸收池，这样可以消除因吸收池的参数不同、位置不同、污垢及制备参比溶液等带来的误差，使测定的准确度显著提高。另外，双波长分光光度计是用同一光源得到的两束单色光，故可以减小因光源电压变化产生的影响，得到高灵敏和低噪声的信号。

(4) 多道分光光度计

多道分光光度计是在单光束分光光度计的基础上，采用多道光子检测器为换能器。多道仪器具有快速扫描的特点，整个光谱扫描时间不到 1s，为追踪化学反应过程及快速反应的研究提供了极为方便的手段。它可以直接对经液相色谱柱和毛细管电泳柱分离的试样进行定性和定量测定。但这类型仪器的分辨率只有 1～2nm，价格较贵。

8.2.2 分光光度计的主要组成部件

紫外-可见分光光度计是在紫外-可见光区可选择一定波长的光，测定吸光度的仪器。仪器的类型很多，但基本原理与结构相似。主要结构及光路如图 8-6 所示：光源→单色器→吸收池→检测器→讯号处理和显示器。

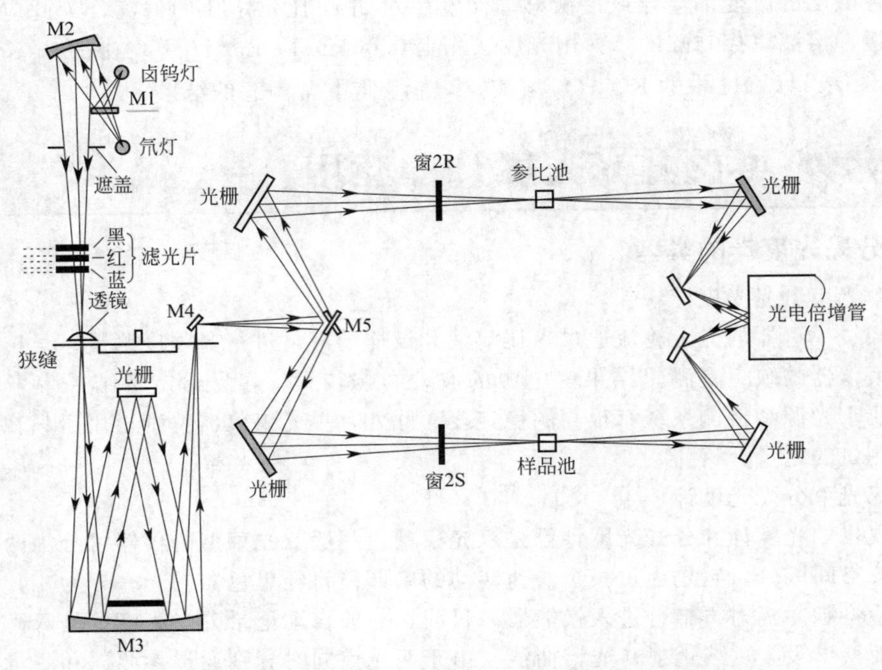

图 8-6　UV-9100 系列紫外-可见分光光度计结构及光路示意图

(1) 光源

分光光度计要求有能发射足够强度、稳定的、具有连续光谱且发光面积小的光源。对分子吸收测定来说，通常希望能连续改变测量波长进行扫描测定，故要求光源可以发射连续光谱。常用光源如下。

① 钨灯或卤钨灯　为可见区光源。钨灯是固体炽热发光的光源，又称白炽灯。发射光能的波长覆盖较宽（320～2500nm），但紫外区很弱。通常取其波长大于 350nm 的光为可见区光源。卤钨灯的灯泡内含碘或溴的低压蒸气，与钨灯比，具有更高的发光强度，更长的使用寿命。在近代紫外-可见分光光度计中，作为可见区光源。

② 氢灯或氘灯　为紫外区光源。氢灯和氘灯均是气体放电发光的光源，发射 185nm～400nm 的连续光谱。氢灯是最初的光源，目前已被氘灯替代，因为氘灯的发光强度和使用寿命比氢灯大 3～5 倍。由于玻璃吸收紫外光，故光源必须具有石英窗或用石英灯管制成。气体放电发光需先激发，同时应控制稳定的电流，所以都配有专用的电源装置。

(2) 单色器

单色器的作用是将来自光源的连续光谱按波长顺序色散，并从中分离出一定宽度的谱带。单色器由进口狭缝、准直镜、色散元件、聚焦透镜和出口狭缝组成。

(3) 吸收池

用光学玻璃制成的吸收池，只能用于可见光区。用熔融石英（氧化硅）制的吸收池，适用于紫外光区，也可用于可见光区。用作盛空白溶液的吸收池与盛试样溶液的吸收池应互相匹配，即有相同的厚度与相同的透光性。在测定吸光系数或利用吸光系数进行定量测定时，还要求吸收池有准确的厚度（光程）或用同一只吸收池。吸收池两光面易损蚀，应注意保护。

(4) 检测器

作为紫外-可见光区的辐射检测器，一般常用光电效应检测器，它是将接收到的辐射功率变成电流的转换器，如光电池和光电管。近几年来采用了多光道检测器。

① 光电池 光电池有硒光电池和硅光电池。硒光电池只能用于可见光区。硅光电池能同时适用于紫外区和可见区。光电池是一种光敏半导体，当光照时就产生光电流，在一定范围内光电流大小与照射光强成正比，可直接用微电流计测量。光电池内阻小，电流不易放大，当光强度弱时，不能测量。光电池只能用于谱带宽度较大的低级仪器。

② 光电管 光电管是由一个阳极和一个光敏阴极组成的真空（或充少量惰性气体）二极管，阴极表面镀有碱金属或碱金属氧化物等光敏材料，当它被有足够能量的光照射时，能够发射出电子。当在两极间有电位差时，发射出的电子就向阳极移动而产生电流，电流大小决定于照射光的强度。光电管有很高内阻，所以产生的电流很容易放大。目前国产光电管有：紫敏光电管，为铯阴极，适用于200～625nm；红敏光电管为氧化铯阴极，用于625～1000nm波长。

③ 光电倍增管 光电倍增管的原理和光电管相似，结构上的差别是在光敏金属的阴极和阳极之间还有几个倍增极（一般是九个）。阴极遇光发射电子，此电子被高于阴极90V的第一倍增极加速吸引，当电子打击此倍增极时，每个电子使倍增极发射出几个额外电子。然后电子再被电压高于第一倍增极90V的第二倍增极加速吸引，每个电子又使倍增极发射出多个新的电子。这个过程一直重复到第九个倍增极。从第九个倍增极发射出的电子已比第一倍增极发射出的电子数大大增加，然后被阳极收集，产生较强的电流，再经放大，由指示器显示或用记录器记录下来。光电倍增管检测器大大提高了仪器的灵敏度。

④ 光二极管阵列检测器 近几年光学多道检测器（如光二极管阵列检测器）已经被装配到分光光度计中。光二极管阵列是在晶体硅上紧密排列一系列光二极管检测管，例如HP8452A型二极管阵列，在190～820nm范围内，由316个二极管组成。当光透过晶体硅时，二极管输出的电讯号强度与光强度成正比。每一个二极管相当于一个单色仪的出口狭缝。两个二极管中心距离的波长单位称为采样间隔，因此二极管阵列分光光度计中，二极管数目愈多，分辨率愈高。HP8452A型二极管阵列中，每一个二极管可在0.1s内，每隔2nm测定一次，并采用同时并行数据采集方法，那么HP8452A型二极管阵列可同时并行测得316个数据，在极短时间内，就可获得全光光谱。

(5) 讯号处理和显示器

光电管输出的讯号很弱，需经过放大才能以某种方式将测量结果显示出来，讯号处理过程也会包含一些数学运算，如对数函数、浓度因素等运算及微分、积分等处理。显示器有电表表示、数字显示、荧光屏显示、结果打印及曲线扫描等。显示方式一般都有透光率与吸收度，有的还可转换成浓度、吸光系数等显示方式。

8.2.3 紫外-可见分光光度法的应用

(1) 纯度检测

如果一化合物在紫外区没有吸收峰，而其中的杂质在紫外-可见区有较强的吸收，就可方便地检出该化合物中的痕量杂质。如，检测甲醇或乙醇中的杂质苯，可利用苯在256nm处的B吸收带，因为甲醇或乙醇在此波长处几乎没有吸收。

如果一化合物，在可见区或紫外区有较强的吸收带，有时可用摩尔吸光系数来检查其纯度。如，菲的氯仿溶液在 296nm 处有强吸收（lgε＝4.10）；干性油含有共轭双键，而不干性油是饱和脂肪酸酯或虽不是饱和体，但其双键不相共轭。不相共轭的双键具有典型的烯键紫外吸收带，其所在的波长较短；共轭双键谱带所在波长较长，且共轭双键越多，吸收谱带波长越长。因此饱和脂肪酸酯及不相共轭双键的吸收光谱一般在 210nm 以下。含有两个共轭双键的约在 220nm 处，三个共轭双键的在 270nm 附近，四个共轭双键的则在 310nm 左右，所以干性油的吸收谱带一般都在较长的波长处。工业上要设法使不相共轭的双键变为共轭，以便将不干性油变为干性油，因此使用紫外吸收光度法是判断双键是否移动的一个简便方法。

（2）有机化合物结构的测定

紫外-可见分光光度法可以进行化合物某些特征基团的判别、共轭体系及构型、构象的判断。

① 某些特征基团的判别

有机物的不少基团（生色团），如羰基、苯环、硝基、共轭体系等，都有其特征的紫外或可见吸收带，紫外-可见分光光度法在判别这些基团时，有时是十分有用的。如在 270～300nm 处有弱的吸收带，且随溶剂极性增大而发生蓝移，就是羰基 $n \rightarrow \pi^*$ 跃迁所产生 R 吸收带的有力证据。在 184nm 附近有强吸收带（E_1 带），在 204nm 附近有中强吸收带（E_2 带），在 260nm 附近有弱吸收带且有精细结构（B 带），是苯环的特征吸收。

② 共轭体系的判断

共轭体系会产生很强的 K 吸收带，通过绘制吸收光谱，可以判断化合物是否存在共轭体系或共轭的程度。如果一化合物在 210nm 以上无强吸收带，可以认为该化合物不存在共轭体系；若在 215～250nm 区域有强吸收带，则该化合物可能有两个至三个双键的共轭体系，如 1-3 丁二烯，λ_{max} 为 217nm，ε_{max} 为 $21000L \cdot mol^{-1} \cdot cm^{-1}$；若 260～350nm 区域有很强的吸收带，则可能有三个至五个双键的共轭体系，如癸五烯有五个共轭双键，λ_{max} 为 335nm，ε_{max} 为 $118000L \cdot mol^{-1} \cdot cm^{-1}$。

（3）异构体的判断

包括顺反异构及互变异构两种情况的判断。

a. 顺反异构体的判断

生色团和助色团处在同一平面上时，才产生最大的共轭效应。由于反式异构体的空间位阻效应小，分子的平面性能较好，共轭效应强。因此，吸收带强度大于顺式异构体。例如，肉桂酸的顺、反式的吸收如下：

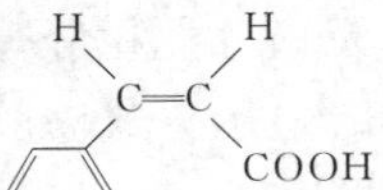

$\lambda_{max}=280nm$　$\varepsilon_{max}=13500L \cdot mol^{-1} \cdot cm^{-1}$　　　$\lambda_{max}=295nm$　$\varepsilon_{max}=27000L \cdot mol^{-1} \cdot cm^{-1}$

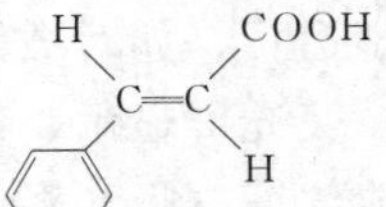

同一化学式的多环二烯，可能有两种异构体：一种是顺式异构体；另一种是异环二烯，是反式异构体。一般来说，异环二烯的吸收带强度总是比同环二烯来的大。

b. 互变异构体的判断

某些有机化合物在溶液中可能有两种以上的互变异构体处于动态平衡中，这种异构体的互变过程常伴随有双键的移动及共轭体系的变化，因此也产生吸收光谱的变化。最常见的是某些含氧化合物的酮式与烯醇式异构体之间的互变。例如乙酰乙酸乙酯就有酮式和烯醇式两种互变异构体：

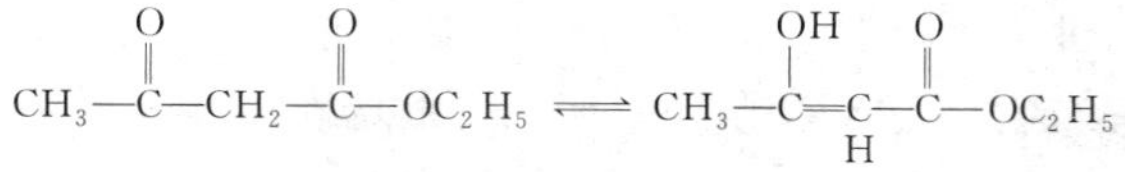

$$CH_3-\overset{O}{\overset{\|}{C}}-CH_2-\overset{O}{\overset{\|}{C}}-OC_2H_5 \rightleftharpoons CH_3-\overset{OH}{\overset{|}{C}}=\underset{H}{\underset{|}{C}}-\overset{O}{\overset{\|}{C}}-OC_2H_5$$

它们的吸收特性不同：酮式异构体在近紫外光区的 λ_{max} 为 272nm（ε_{max} 为 $16L \cdot mol^{-1} \cdot cm^{-1}$），是 $n \to \pi^*$ 跃迁所产生的 R 吸收带；烯醇式异构体的 λ_{max} 为 243nm（ε_{max} 为 $16000L \cdot mol^{-1} \cdot cm^{-1}$），是 $\pi \to \pi^*$ 跃迁共轭体系的 K 吸收带。两种异构体的互变平衡与溶剂有密切关系。在像水这样的极性溶剂中，由于 C═O 可能与 H_2O 形成氢键而降低能量以达到稳定状态，所以酮式异构体占优势

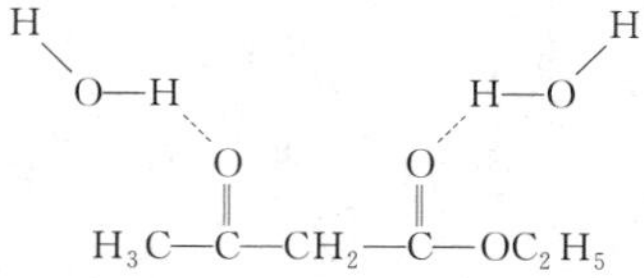

$$\begin{array}{c} H \qquad\qquad\qquad\qquad H \\ O-H \cdots O \qquad O \cdots H-O \\ H_3C-\overset{\|}{C}-CH_2-\overset{\|}{C}-OC_2H_5 \end{array}$$

而像乙烷这样的非极性溶剂中，由于形成分子内的氢键，且形成共轭体系，使能量降低以达到稳定状态，所以烯醇式异构体比率上升

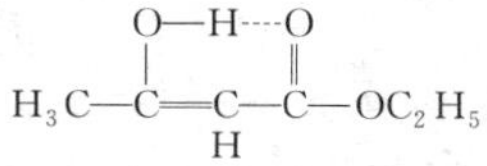

$$\begin{array}{c} O-H\cdots O \\ H_3C-\overset{|}{C}=\underset{H}{\underset{|}{C}}-\overset{\|}{C}-OC_2H_5 \end{array}$$

此外，紫外-可见分光光度法还可以判断某些化合物的构象（如取代基是平伏键还是直立键）及旋光异构体等。

（4）氢键强度测定

溶剂分子与溶质分子缔合生成氢键时，对溶质分子的紫外光谱有较大的影响。对于羰基化合物，根据在极性溶剂和非极性溶剂中 R 带的差别，可以近似测定氢键的强度。

习　题

1. 填空题

（1）已知某有色配合物在一定波长下用 2cm 吸收池测定时其透光度 $T=0.60$。若在相同条件下改用 1cm 吸收池测定，吸光度为________，用 3cm 吸收池测量，T 为________。

（2）测量某有色配合物的透光度时，若吸收池厚度不变，当有色配合物浓度为 c 时的透光度为 T，当其浓度为 $\frac{1}{3}c$ 时的透光度为________。

（3）分子中共轭体系越长，$\pi \to \pi^*$ 跃迁的基态和激发态间的能量差越________，跃迁时所需的能量越________，吸收将出现在更长的波长处。

（4）称取苦味酸胺 0.0250g，处理成 1L 有色溶液，在 380nm 处以 1cm 吸收池测得吸光度 $A=0.760$，已知其摩尔吸光系数 ε 为 $10^{4.13} L \cdot mol^{-1} \cdot cm^{-1}$，则其摩尔质量为________。

（5）多组分分光光度法可用解联立方程的方法求得各组分的含量，这是基于________。

（6）在紫外可见分光光度计中，在可见光区使用的光源是________灯，用的棱镜和比色皿的材质可以是________；而在紫外光区使用的光源是________灯，用的棱镜和比色皿的材质一定是________。

（7）紫外-可见吸收光谱研究的是分子的________跃迁，它还包括了______和________跃迁。

（8）在紫外-吸收光谱中，有机化合物的跃迁类型有________，________，________和________。其中________的跃迁所需能量最大，故出现在小于________nm处。

2. 选择题

（1）下列四种因素中，决定吸光物质摩尔吸光系数大小的是（　　）。

A. 吸光物质的性质　　B. 光源的强度

C. 吸光物质的浓度　　D. 检测器的灵敏度

（2）下列说法正确的是（　　）。

A. 透光率与浓度成直线关系

B. 摩尔吸光系数随波长而改变

C. 比色法测定 $[FeSCN]^{2+}$ 时，选用红色滤光片

D. 玻璃棱镜适用于紫外光区

（3）光度分析中，在某浓度下以1.0cm吸收池测得透光度为 T。若浓度增大1倍，透光度为（　　）。

A. T^2　　B. $T/2$　　C. $2T$　　D. $T^{1/2}$

（4）用普通分光光度法测得标液 c_1 的透光度为20%，试液的透光度为12%；若以示差分光光度法测定，以 c_1 为参比，则试液的透光度为（　　）。

A. 40%　　B. 50%　　C. 60%　　D. 70%

（5）若分光光度计的仪器测量误差 $\Delta T=0.01$，当测得透光度 $T=70\%$ 时，则其测量引起的浓度相对误差为（　　）。

A. 2%　　B. 8%　　C. 6%　　D. 4%

（6）下列化合物中，有 $n\rightarrow\pi^*$、$\sigma\rightarrow\sigma^*$、$\pi\rightarrow\pi^*$ 跃迁的化合物是（　　）。

A. 一氯甲烷　　B. 丙酮　　C. 丁二烯　　D. 二甲苯

（7）下列哪一波长在可见光区（　　）。

A. 1cm　　B. 0.7μm　　C. 10μm　　D. 100nm

（8）指出下列化合物中，哪一个化合物能吸收波长较长的辐射（　　）。

A. $CH_3(CH_2)_5CH_3$　　B. $(CH_3)_2C=CHCH_2CH=C(CH_3)_2$

C. $CH_2=CHCH=CHCH_3$　　D. $CH_2=CHCH=CHCH=CHCH_3$

（9）在化合物的紫外吸收光谱中，K带是指（　　）。

A. $n\rightarrow\pi^*$ 跃迁　　B. 共轭非封闭体系的 $n\rightarrow\pi^*$ 跃迁

C. $\sigma\rightarrow\pi^*$ 跃迁　　D. 共轭非封闭体系的 $\pi\rightarrow\pi^*$ 跃迁

（10）分子的紫外-可见吸收光谱呈带状光谱，其原因是：（　　）。

A. 分子中价电子的离域性质

B. 分子振动能级跃迁伴随着转动能级的跃迁

C. 分子中价电子能级的相互作用

D. 分子的电子能级跃迁伴随着振动转动能级的跃迁

（11）区别 $n\rightarrow\pi^*$ 和 $\pi\rightarrow\pi^*$ 跃迁类型，可以用吸收峰的（　　）。

A. 最大波长　　B. 形状　　C. 摩尔吸收系数　　D. 面积

（12）在苯胺的紫外光谱中，$\lambda_{max}=230nm$（$\varepsilon_{max}=8600L\cdot mol^{-1}\cdot cm^{-1}$）的吸收带属

于（　　）。

A. K 带　　　　B. R 带　　　　C. E_2 带　　　　D. B 带

(13) 下列含有杂原子的饱和有机化合物均有 $n \rightarrow \sigma^*$ 电子跃迁，则出现此吸收带的波长较长的化合物是（　　）。

A. CH_3OH　　　　B. CH_3Cl　　　　C. CH_3NH_2　　　　D. CH_3I

(14) 某化合物的一个吸收带在正己烷中测得 $\lambda_{max}=327nm$，在水中测得 $\lambda_{max}=305nm$，该吸收是由下述哪种跃迁所致（　　）。

A. $n \rightarrow \pi^*$　　　　B. $n \rightarrow \sigma^*$　　　　C. $\pi \rightarrow \pi^*$　　　　D. $\sigma \rightarrow \sigma^*$

3. 简答题

(1) 下列化合物各具几种类型的价电子？在紫外光照射下发生哪几种类型的跃迁？请列表说明。

乙烷　碘乙烷　丙酮　丁二烯　苯乙烯　苯乙酮

(2) 作为苯环的取代基，$—NH_3^+$ 不具有助色作用，$—NH_2$ 却具有助色作用；—OH 的助色作用明显小于$—O^-$。试说明原因。

(3) 4-甲基戊烯酮有两种异构体：

$CH_3—C(CH_3)═CH—CO—CH_3$

$CH_2═C(CH_3)—CH_2—CO—CH_3$

实验发现一种异构体在 235nm 处有一强吸收（$\varepsilon=1000L \cdot mol^{-1} \cdot cm^{-1}$），另一种异构体在 220nm 以后没有吸收。试判断具有前一种紫外吸收特征的是哪种异构体。

(4) 紫罗兰酮有两种异构体，α 异构体紫外吸收峰在 228nm（$\varepsilon=14000L \cdot mol^{-1} \cdot cm^{-1}$），$\beta$ 异构体的紫外吸收峰在 296nm（$\varepsilon=11000L \cdot mol^{-1} \cdot cm^{-1}$）。指出这两种异构体分别属于下面哪一种结构。

(A)　　　　　　(B)

4. 计算题

(1) K_2CrO_4 的碱性溶液在 372nm 处有最大吸收，若碱性 K_2CrO_4 溶液的浓度 $c=3.00\times10^{-5}mol \cdot L^{-1}$，吸收池厚度为 1.0cm，在此波长下测得透光率为 71.6%。计算：

① 该溶液的吸光度；

② 摩尔吸光系数；

③ 若吸收池厚度为 3cm，则透光率为多大？

(2) 已知丙酮的正己烷溶液的两个吸收峰 138nm 和 279nm 分别属于 $\pi \rightarrow \pi^*$ 跃迁和 $n \rightarrow \pi^*$ 跃迁，试计算 π、n、π^* 轨道间的能量差，并分别以电子伏特（eV），焦耳（J）表示。

第9章 荧光光谱法

背景知识

分子发光光谱法（Molecular Luminescence Spectrometry）包括光致发光（Photo-Luminescence）、化学发光（Chemiluminescence）和生物发光（Bioluminescence）等。分子荧光光谱法的灵敏度比紫外-可见吸收光谱法高几个数量级。近些年来，荧光光度计作为高效液相色谱、毛细管电泳的高灵敏度检测器以及激光诱导荧光分析法，在超高灵敏度的生物大分子的分析方面受到广泛关注。

案例分析

重金属汞是易挥发的有毒元素，对人体危害性大，具有微量致害、长期聚集、严重损坏生命健康、无法医治等特征。汞及其化合物在工农业生产中的大量应用，被以各种化学形态排入我们所生活的周围环境中，对土壤也造成了很大的污染。

进入土壤中的汞及其化合物会抑制和破坏土壤中微生物的生命活动，对土壤中酶的活性造成影响，使土壤的理化性质变劣，肥力降低，妨碍农作物根系生长，导致产量和质量下降；而且外界环境条件的变化（如酸雨、土壤添加剂）能够改变土壤根系的微环境，提高土壤中重金属的生物可利用性，使重金属比较容易为植物吸收利用进而进入到食物链，从而对人、动物、昆虫、鸟类等食物链上的生物产生毒害。

微量的汞在人体内不致引起危害，可经尿、粪和汗液等途径排出体外，如数量过多，即可损害人体健康。汞是神经系统毒物，汞不仅通过血-脑屏障进入细胞，还可经轴索逆转运，进一步增加汞金属在神经系统的蓄积。汞易透过血脑脊液屏障而滞留在脑组织中，然后与组织中的某些酶及酶上的巯基、氨基等基团结合而影响酶的活性，从而导致了神经行为功能障碍。尤其是中枢神经系统更易受损，使人四肢麻痹、颤抖等。汞还会降低男女的生殖能力。此外，汞还可以引起肝、肾、肺、皮肤、口腔等部分的病变，如可引起肺肿大、肝肿大、口腔炎、牙齿脱落、腹泻等症状。测定土壤中的汞，手持式X荧光光谱仪就是一个很好的方法。

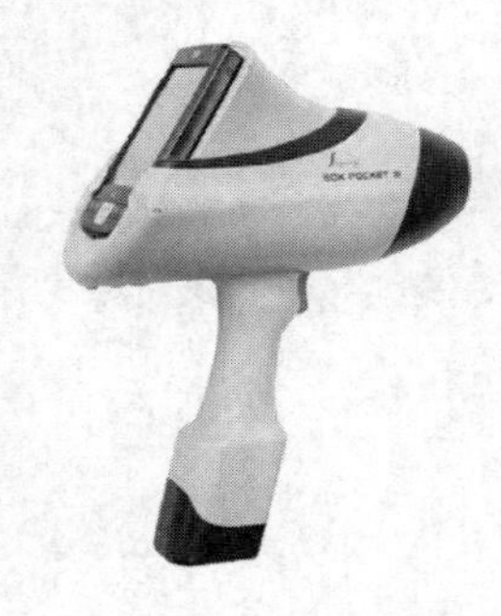
手持式X荧光光谱仪

手持式X荧光光谱仪作为检测土壤中重金属汞的手段之一，具有体积小、重量轻、普通人可手持测量的特点。利用手持式X荧光光谱仪可以快速、实时地进行原位分析土壤中的汞，并能取得很好的效果。

而手持式X荧光光谱仪用的是什么原理呢？这就是本章所介绍的荧光光谱法。

9.1 分子荧光光谱的原理

9.1.1 分子荧光的产生

每种物质分子中都具有一系列紧密相隔的电子能级，而每个电子能级中又包含一系列的振动能级和转动能级。当分子吸收能量（电能、热能、光能或化学能等）后可跃迁到激发态。分子在激发态时是不稳定的，它很快跃迁回到基态。在跃迁回到基态的过程中将多余的能量以光子的形式辐射出来，这种现象称为“发光”。

根据泡利（Pauli）不相容原理，分子内同一轨道中的两个电子必须具有相反的旋转方向，即自旋配对，自旋量子数的代数和 $S=0$，其分子态的多重性 $M=2S+1=1$，该分子就处在单重态，用符号 S 表示。绝大多数有机分子的基态是处于单重态的。倘若分子吸收能量后，在跃迁过程中不发生自旋方向的变化，即分子处在激发单重态。如果在跃迁到高能级的过程中还伴随着电子自旋方向的改变，这时，分子便具有两个不配对的电子，则有 $S=1$，$M=2S+1=3$，该分子处在激发的三重态，用符号 T 表示。S_0、S_1 和 S_2 分别表示分子的基态、第一和第二激发单重态；T_1、T_2 则分别表示分子的第一和第二激发三重态。处在分立的电子轨道的非成对的电子，平行自旋比配对自旋更稳定（洪特规则），因此，三重激发态能量总是比相应的单重激发态的能量略低些。

处在激发态的分子是不稳定的，它可能通过辐射跃迁或非辐射跃迁等去激发过程回到基态。当然，也可能由于分子之间的作用产生去激发过程。辐射跃迁去激发过程有光子的发射时，产生荧光或磷光现象。非辐射跃迁指以热的形式辐射多余的能量，包括振动弛豫、内部转移、系间跨跃、外部转移等。各种跃迁方式发生的可能性及其程度，既和物质分子结构有关，也和激发时的物理和化学环境等因素有关。下面分别说明去激发过程的集中能量传递方式。

① 振动弛豫　在凝聚相体系中，被激发到激发态（如 S_1 和 S_2）的分子能通过与溶剂分子的碰撞，迅速以热的形式把多余的振动能量传递给周围的分子，而自身返回该电子能级的最低振动能级，这个过程称为振动弛豫，振动弛豫过程发生极为迅速，约为 10^{-12}s。

② 内转换　当 S_2 的较低振动能级与 S_1 的较高振动能级的能量相当或重叠时，分子有可能从 S_2 的振动能级以无辐射方式过渡到 S_1 的能量相等的振动能级上，这个过程称为内转换。内转换发生的时间约在 10^{-12}s。内转换过程同样也发生在激发三重态的电子能级间。

由于振动弛豫和内转换过程极为迅速，因此，激发后的分子很快回到电子第一激发单重态 S_1 的最低振动能级，所以高于第一激发态的荧光发射十分少见。

③ 荧光发射　当分子处在单重态的最低振动能级时，去激发过程是在 $10^{-9}\sim10^{-7}$s 的时间内发射一个光子回到基态，这一过程称为荧光发射。

④ 外转换　激发态分子与溶剂和其他溶质分子间的相互作用及能量转移等过程称为外转换。外转换过程是荧光或磷光的竞争过程，因此该过程使发光强度减弱或消失，这种现象称为“猝灭”或“熄灭”。

⑤ 系间跨跃　系间跨跃是不同多重态之间的一种无辐射跃迁。该过程是激发态电子改变其自旋态，分子的多重性发生变化的结果。当两种能态的振动能级重叠时，这种跃迁的概

率增大。

⑥ 磷光发射 激发态分子经过系间跨跃到达激发三重态后，并经过迅速的振动弛豫到达第一激发三重态（T_1）的最低振动能级上，从 T_1 态分子经发射光子返回基态，此过程称为磷光发射。磷光发射是不同多重态之间的跃迁（即 $T_1 \rightarrow S_0$），故属于“禁阻”跃迁，因此磷光的寿命比荧光要长得多，约为 10^{-3}～10s，所以，将激发光从磷光样品移走后，还常可观察到后发光现象，而荧光发射却观察不到该现象。

荧光与磷光的根本区别为荧光是由激发单重态最低振动能级至基态各振动能级间跃迁产生的；而磷光是由激发三重态的最低振动能级至基态各振动能级间跃迁产生的。

9.1.2 荧光光谱

任何荧光化合物都有两个特征光谱：激发光谱和发射光谱，这是定性和定量分析的基本参数和依据。

（1）激发光谱

荧光是光致发光，因此必须选择合适的激发波长，这可由激发光谱曲线来确定。绘制激发光谱曲线时选择荧光的最大发射波长为测量波长，改变激发光的波长，测定荧光强度的变化。以激发光波长为横坐标，荧光强度为纵坐标作图，即可得到荧光化合物的激发光谱。激发光谱的形状与吸收光谱的形状极为相似，经校正后的真实激发光谱与吸收光谱不仅形状相同，而且波长位置也一样，这是因为物质分子吸收能量的过程就是激发过程。区别在于紫外吸收光谱测定对紫外光的吸收度，而荧光激发光谱测定发射的荧光强度。

（2）发射光谱

发射光谱简称荧光光谱。将激发光波长固定在最大激发波长处，然后扫描发射波长，测定不同发射波长处的荧光强度得到荧光发射光谱。

从图 9-1 中可见，在蒽的激发光谱中 350nm 激发峰处有几个小峰，这是由于吸收能量后由基态跃迁到第一电子激发态中各个不同振动能级引起的。在蒽的发射光谱中也有几个小峰，这是由于蒽分子从激发态中各个不同振动能级跃迁到基态中不同振动能级发射出的荧光量子的能量不同引起的。

（3）激光荧光分析

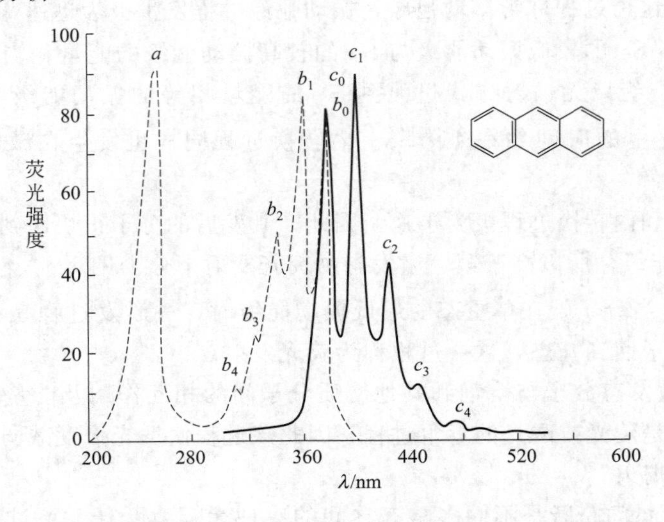

图 9-1 室温下蒽在环已烷溶液中荧光激发光谱（虚线）和发射光谱（实线）

激光荧光分析采用发射光强度大、波长更纯的激光作光源，该光源大大提高了荧光分析方法的灵敏度和选择性。利用激光光源的相干性可以产生非常理想的辐射，以激光为光源可以使仪器仅仅使用一个单色器，加上利用可调谐激光器的可调功能获取激发光谱发射光谱。目前，激光诱导荧光分析法已经成为分析超低浓度物质的灵敏而有效的方法。在分析单细胞核内元素时，最小可以测到 $10^{-16} \sim 10^{-14}$g。

(4) 时间分辨荧光分析

由于不同分子的荧光寿命不同，可以在激发和检测之间延缓一段时间，使具有不同荧光寿命的物质达到分别检测的目的，这就是时间分辨荧光分析。进行这种测量的具体做法是采用带有时间延迟设备的脉冲光源和和带有门控时间电路的检测器件，从而可对光谱重叠但寿命有差异的组分进行分辨和和分别测定。或者是固定发射波长，得到荧光强度随时间的衰变曲线和给定时间下的荧光发射光谱，可用于荧光寿命的测量，溶剂弛豫时间的测量。

时间分辨荧光测定常用的光源是激光器，例如氩离子离子激光器可提供重复频率为76MHz，脉冲宽度为100ps的351nm激光光束。可调谐染料激光器还可以选择所需要的激发波长。在采用激光光源的时间分辨荧光计中由光束分裂器来的一部分激光，作为外触发信号，利用电子延迟电路选择控制一定延迟时间使盒式积分器门控开门，将样品发射并经光电倍增管放大后的信号输至盒式积分器获取信号。利用时间分辨荧光分析，如果选择了合适的延缓时间，可以把待测组分的荧光和其他组分或杂质的荧光以及仪器的噪音分开而不受干扰。该法在测定混合物中某一组分时的选择性比用化学法处理样品更好，而且省去了前处理的麻烦。

(5) 同步荧光光谱分析

根据激发单色器和发射单色器在扫描过程中彼此间保持的关系，同步扫描荧光技术可分为固定波长差、固定能量差和可变角同步扫描三类。固定波长差方法将激发和发射单色器波长维持一定的差值$\Delta\lambda$，得到同步荧光光谱。这时如果 $\Delta\lambda$ 相当于或者大于斯托克斯位移，能够获得尖而窄的荧光峰。荧光物质分子浓度与同步荧光光谱的峰高成线性响应关系。

同步荧光光谱的荧光强度与激发光信号、荧光发射信号的关系为：

$$F_{sp}(\lambda_{em},\lambda_{ex})=KcF_{em}F_{ex}$$

式中，K 为常数；c 为待测物的浓度。

即当物质的浓度一定时，同步荧光信号强度与所用的激发光谱信号和荧光发射光谱信号的乘积成正比。

固定波长差同步扫描中，$\Delta\lambda$ 的选择直接影响同步荧光光谱的形状、带宽和信号强度。

例如，酪氨酸和色氨酸的荧光激发光谱很相似，发射光谱又严重重叠，但$\Delta\lambda<15$nm 的同步光谱只显示酪氨酸的光谱特征，$\Delta\lambda>15$nm 的同步光谱只呈现色氨酸的光谱特征，从而可以实现分别测定。固定能量差同步扫描和可变角同步扫描技术可以进一步提高选择性和最大限度地减少瑞利散射和拉曼散射的干扰。同步扫描技术具有使光谱简化、谱带变窄、提高分辨率、减少光谱重叠、提高选择性、减少散射光影响等优点。

(6) 三维光谱扫描

三维光谱可以同时获得激发波长和发射波长同时变化的荧光强度信息。三维光谱有两种表现形式：等高线图和伪三维投影图。图 9-2 为三维荧光光谱的两种表示。三维光谱能够获得完整的光谱信息，是一种很有价值的光谱指纹技术，在临床中已经用于癌细胞的辅助诊断和不同细菌的表征和鉴别。除此以外，其作为一种快速检测技术，对化学反应的多组分动力学有独特的优点，目前采用三维光谱技术进行多组分混合物的定性定量是分析化学热点之一。

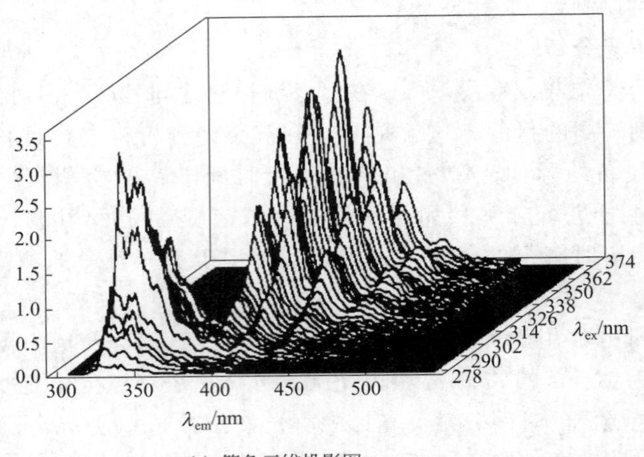

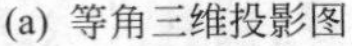
(a) 等角三维投影图

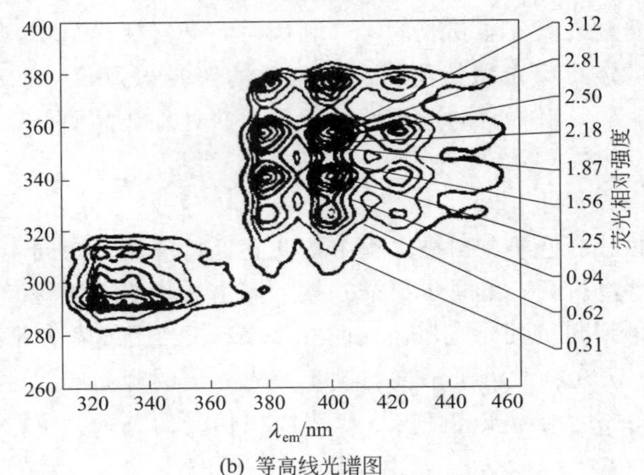

(b) 等高线光谱图

图 9-2　三维荧光光谱的两种表示方式

9.1.3　荧光光谱的特征

（1）Stockes 位移

在溶液荧光光谱中观察到的荧光发射光波长总是大于激发光波长，Stockes 于 1852 年首先观察到这种波长移动现象，因而称之为 Stockes 位移。

激发峰位和发射峰位的波长差称为 Stockes 位移（单位：cm^{-1}），它表示分子回到基态之前，在激发态寿命期间的能量消耗。用公式表示如下：

$$\text{Stockes 位移} = 10^7(1/\lambda_{ex} - 1/\lambda_{em})$$

式中，λ_{ex}、λ_{em} 分别为校正后的最大激发波长和发射波长。

Stockes 位移说明在激发和发射之间存在着一定能量损失，激发态分子通过内转换和振动弛豫过程迅速到达第一激发单线态的最低振动能级，这是产生 Stockes 位移的主要原因。激发态分子与溶剂分子的碰撞也造成能量损失，加大了 Stockes 位移。

（2）荧光发射光谱的形状与激发波长无关

荧光分子吸收了不同波长的激发光后可被激发到不同能级，然后通过振动弛豫和内部能量转换，最终都将回到第一激发单线态的最低振动能级，再发射荧光。因此荧光发射与荧光物质的分子发射到哪个能级无关，即与激发能量无关。一般说来，荧光发射光谱的形状与激发波长的选择无关，激发电子都是从电子第一激发态的最低振动能级返回到基态的各个振动能级，所以荧光发射光谱的形状与激发波长无关。

（3）荧光光谱与激发光谱的镜像关系

荧光物质的荧光发射光谱与激发光谱存在着近似的“镜像对称”关系。图 9-1 是蒽的荧光激发和发射光谱图。蒽的荧光激发光谱左边有一个 a 峰，它是由分子吸收光能后从基态 S_0 跃迁到第二电子激发态 S_2 形成的。在高分辨率的荧光光谱图上可以观察到 b_0、b_1、b_2、b_3、b_4 等小峰组成的一簇，它们分别是由分子吸收光能后从基态 S_0 跃迁到第一电子激发态 S_1 的各个振动能级形成的（见光谱图上方与之对应的能级示意图）。各小峰间波长递减值$\Delta\lambda$ 与振动能级差ΔE 有关，各个小峰的高度与跃迁概率有关（b_1 的跃迁概率最大，b_0 次之，b_2、b_3、b_4 依次递减）。蒽的荧光发射光谱同样包含 c_0、c_1、c_2、c_3、c_4 一簇小峰，它们分别是由分子从第一电子激发态 S_1 的最低振动能级跃迁至基态 S_0 的各个振动能级发出光辐射形成的。由于电子基态的振动能级分布与激发态相似但不相同，b_1 峰与 c_1 峰、b_2 峰与 c_2 峰都是以 λ_{b_2} 为中心基本对称。再加上 c_0、c_1、c_2 等峰的高度也与跃迁概率有关（c_1 的跃迁概率最大，c_0 次之，c_2、c_3、c_4 依次递减），因此形成了激发光谱和荧光发射光谱的对称镜像现象。

9.1.4 影响荧光强度的因素

荧光是由具有荧光结构的物质吸收光后产生的，其发光强度与该物质分子的吸光作用及荧光效率有关，因此荧光与物质分子的化学结构密切相关。发光弱的物质可以转化为强荧光物质，从而提高选择性和灵敏度，所以影响物质荧光强度的因素主要有分子结构和发光分子所处的环境。

（1）分子结构

一般具有强荧光的分子都具有大的共轭 π 键结构、给电子取代基和刚性的平面结构等，这有利于荧光的发射。因此，分子中至少具有一个芳环或具有多个共轭双键的有机化合物才容易发射荧光，而饱和的或只有孤立双键的化合物，不呈现显著的荧光。结构对分子荧光的影响主要表现在以下几个方面。

① 跃迁类型　对于大多数荧光物质，首先经历 $\pi\rightarrow\pi^*$，然后经过振动弛豫或其他无辐射跃迁，再发生 $\pi^*\rightarrow\pi$ 跃迁而得到荧光。$\pi^*\rightarrow\pi$ 跃迁常能发出较强的荧光（较大的量子产率），这是由于 $\pi\rightarrow\pi^*$ 跃迁具有较大的摩尔吸光系数（一般比 $n\rightarrow\pi^*$ 大 100～1000 倍）。其次，$\pi\rightarrow\pi^*$ 跃迁的寿命为 10^{-9}～10^{-7}s，比 $n\rightarrow\pi^*$ 跃迁的寿命 10^{-7}～10^{-5}s 要短。在各种跃迁过程的竞争中，它是有利于发射荧光的。此外，在 $\pi\rightarrow\pi^*$ 跃迁过程中，通过系间窜跃至三重态的速率常数也较小（$S_1\rightarrow T_1$ 能级差较大），这也有利于荧光的发射。总之，$\pi\rightarrow\pi^*$ 跃迁是产生荧光的主要跃迁类型。

② 共轭效应　容易实现 $\pi\rightarrow\pi^*$ 激发的芳香族化合物容易发生荧光，能发生荧光的脂肪族和脂环族化合物极少（少数高度共轭体系化合物除外）。此外，增加体系的共轭度，荧光效率一般也将增大。例如：在多烯结构中，$Ph(CH=CH)_3Ph$ 和 $Ph(CH=CH)_2Ph$ 在苯中的荧光效率分别为 0.68 和 0.28。共轭效应使荧光增强的原因是增大了摩尔吸光系数。

③ 刚性平面结构 多数具有刚性平面结构的有机分子具有强烈的荧光。因为这种结构可以减少分子的振动，使分子与溶剂或其他溶质分子的相互作用减少，也就减少了碰撞去活的可能性。

④ 取代基效应 芳香族化合物苯环上的不同取代基对该化合物的荧光强度和荧光光谱有很大的影响。给电子基团，如—OH、—OR、$—NH_2$、$—NR_2$ 等，使荧光增强，因为产生了 p-π 共轭作用，增强了 π 电子共轭程度，使最低激发单重态与基态之间的跃迁概率增大。吸电子基团，如—COOH、$—NO_2$、—C═O、卤素等，会减弱甚至会猝灭荧光。卤素取代基随原子序数的增加而荧光降低，这可能是由于“重原子效应”使系间窜跃速率增加所致。在重原子中，能级之间的交叉现象比较严重，因此容易发生自旋轨道的相互作用，增加了由单重态转化为三重态的概率。取代基的空间障碍对荧光也有影响。立体异构现象对荧光强度有显著的影响。

(2) 外部因素

分子所处的外界环境如温度、溶剂、酸度、荧光猝灭剂等，都能影响荧光效率，甚至影响分子结构及立体构象，从而影响荧光光谱的形状和强度。了解和利用这些因素的影响，有助于提高荧光分析的灵敏度和选择性。

① 溶剂对荧光强度的影响 增大溶剂的极性，$\pi \rightarrow \pi^*$ 跃迁的能量减小，而导致荧光增强，荧光峰红移。但也有相反的情况，例如，苯胺、萘磺酸类化合物在戊醇、丁醇、丙醇、乙醇和甲醇中，随着醇的极性增大，荧光强度减小，荧光峰蓝移。因此荧光光谱的位置和强度与溶剂极性之间的关系，应根据荧光物质与溶剂的不同而异。如果溶剂和荧光物质形成了化合物，或溶剂使荧光物质的状态改变，则荧光峰位置和强度都会发生较大的变化。

② 温度对荧光强度的影响 温度上升使荧光强度下降，其中一个原因是分子的内部能量转化作用。当激发分子接受额外热能时，有可能使激发能转换为基态的振动能量，随后迅速振动弛豫而丧失振动能量。另一个原因是碰撞频率增加，使外转换的去活几率增加。

③ 溶液 pH 对荧光强度的影响 带有酸性或碱性官能团的大多数芳香族化合物的荧光强度与溶液的 pH 有关。具有酸性或碱性基团的有机物质，在不同 pH 时，其结构可能发生变化，因而荧光强度将发生改变；对无机荧光物质，因 pH 会影响其稳定性，因而也可使荧光强度发生改变。

④ 顺磁性物质的存在，使激发单重态的系间窜越速率增大，因而会使荧光效率降低。

⑤ 荧光的猝灭 荧光物质分子与溶剂分子或其他溶质分子的相互作用引起荧光强度降低的现象叫荧光猝灭。能引起荧光强度降低的物质叫猝灭剂。

a. 碰撞猝灭 是荧光猝灭的主要类型。处于激发单线态的荧光分子 M^* 与猝灭剂分子 Q 相碰撞，使荧光分子以无辐射跃迁的形式回到基态，产生猝灭作用。这一过程可以表示如下：

$$M+h\nu \longrightarrow M^*$$
$$\longrightarrow M+h\nu' \qquad \text{(发生荧光)}$$
$$\longrightarrow M \qquad \text{(非辐射猝灭)}$$
$$\longrightarrow M+Q \qquad \text{(碰撞猝灭)}$$

b. 静态猝灭 由于部分荧光物质分子 M 与猝灭剂分子 Q 生成了本身不发生荧光的配位化合物而产生。这一过程往往还会引起溶液吸收光谱的改变。

c. 转入三线态猝灭　在荧光物质分子中，引入溴和碘后易发生系间跨越，而转变为三线态。转变为三线态的分子在常温下不发光，它们在与其他分子碰撞中消耗能量而引起荧光猝灭。

d. 溶解氧引起的荧光猝灭　溶解氧的存在使荧光物质氧化，或者由于氧分子的顺磁性，促进了荧光物质激发态分子的系间跨越，使激发单线态的荧光分子转变至三线态，从而引起荧光猝灭。

e. 发生电子转移反应的荧光猝灭　某些猝灭剂分子与荧光物质分子相互作用发生了电子转移反应，引起荧光猝灭。如甲基蓝溶液的荧光被 Fe^{2+} 猝灭就是这种情况。其他的 I^-、Br^-、CNS^-、$S_2O_3^{2-}$ 等易给出电子的阴离子，对奎宁、罗丹明及荧光素钠的物质的荧光也会发生猝灭作用。

f. 荧光物质的自猝灭　在浓度较高的荧光物质溶液中往往会发生自猝灭现象。其原因是单线激发态的分子在发生荧光之前和未激发的荧光分子碰撞引起自猝灭，如蒽和苯。有些荧光物质分子在溶液浓度高时会形成二聚体或多聚体，使其吸收光谱发生变化，也引起溶液荧光强度的降低或消失。

g. 内滤光作用和自吸收现象　溶液中如果存在着能吸收激发光或荧光物质所发射的光能的物质，就会使荧光减弱，这种现象称为“内滤光作用”。例如，在 $1ng \cdot mL^{-1}$ 的色氨酸溶液中如果有重铬酸钾存在，由于在色氨酸的激发和发射峰附近正好是重铬酸钾的两个吸收峰，吸收了色氨酸的激发能和色氨酸发射的荧光，使测得的色氨酸荧光大大降低。

内滤光作用的另一种情况是荧光物质的荧光发射光谱短波长一端与该物质的吸收光谱长波长的一端有重叠。

在溶液浓度较大时，一部分荧光发射被自身吸收，产生所谓自吸收现象，也会降低溶液的荧光强度。

9.2 分子荧光光谱的应用

9.2.1 分子荧光光谱仪

分子荧光光谱仪由以下四个部件组成：激发光源、样品池、单色器、检测器（图 9-3）。由光源发出的光经过第一单色器得到所需要的激发光波长，激发光通过样品池，荧光物质被激发后发射荧光。为了消除入射光和散射光的影响，通常在与激发光垂直的方向上测定荧光。为了消除可能存在的其他光的干扰，如激发光产生的反射光、瑞利散射光和拉曼散射以及溶液中杂质产生的荧光，以便获得所需要的荧光，在样品池和检测器之间设置了第二个单色器，荧光作用于检测器上，记录相应的电信号，经过放大被记录下来。图 9-4 为 F-4500 荧光光度计光路图。

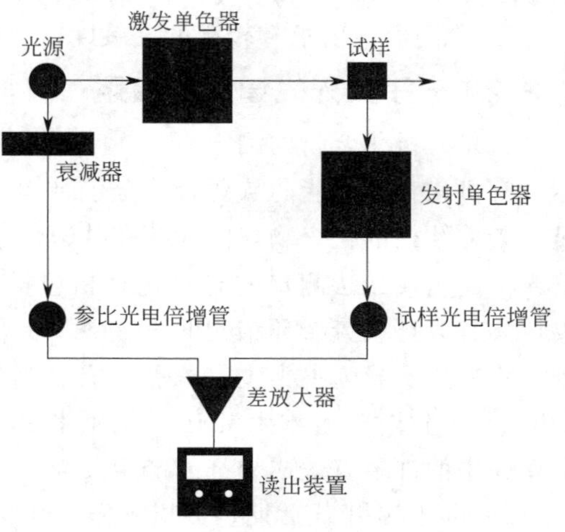

图 9-3　分子荧光光谱仪基本组成框图

① 激发光源　在紫外可见光范围，常用的光源是高压氙灯和高压汞灯。氙灯内装有氙气，

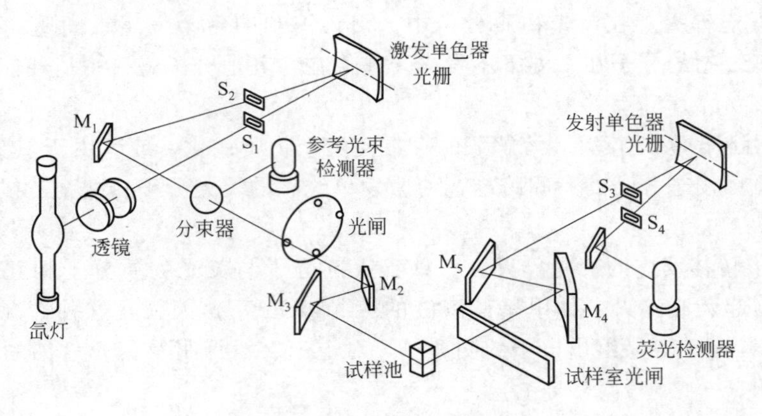

图 9-4　F-4500 荧光光度计光路图

氙灯发射的光谱强度大，而且是连续光谱分布在 200～700nm 范围内，并且在 300～400nm 波长之间的强度几乎相等。目前大多数荧光计使用它作光源。

高压氙灯是一种气体放电灯，外套为石英，内充氙气，室温下压力 0.5MPa（5atm），工作时压力为 2MPa（20atm）。氙灯内充气总是处于高压状态，氙灯寿命约为 2000h，在安装或更换时要戴上防护镜或者严格按照操作规程进行以便防止意外发生。由于氙灯的启动电压在 20～40kV，不仅人体要注意安全，在仪器配有计算机室，应先点着氙灯，待稳定后再开计算机。

② 样品池　液体样品池通常用石英材料制成，形状以方形或者长方形为好，因为这种形状散射光干扰较少。固体样品可用样品架。

③ 单色器　包括色散元件和狭缝。较高级的单色器采用光栅。其优点是所有波长都能够色散而且色散均匀，有相同的分辨率。入射光的 80% 能量在一级光谱中。第一单色器用于选择所需要的激发波长，第二单色器用于分离出荧光发射波长。

狭缝关系到单色器分辨率的优劣，用于控制谱带宽度和光强度。一般说来，狭缝越窄单色性越好，但光强随之减小而灵敏度降低。在实际使用时应该两者兼顾。

④ 检测器　要求有较高的灵敏度，一般用光电倍增管作检测器。

9.2.2　分子荧光光谱法的应用

（1）有机化合物的测定

有机化合物中脂肪族化合物分子结构简单，能够产生荧光的为数不多。芳香族化合物及具有芳香结构的化合物，因为存在共轭体系而容易吸收光能，在紫外光照射下很多能够发射荧光。能用荧光法测定的有机化合物包括多环胺类，萘酚类，嘌呤类，吲哚类，多环芳烃类，具有芳环或芳杂环结构的氨基酸及蛋白质等；药物中的生物碱类如麦角碱，麻黄碱，吗啡，喹啉类，异喹啉类生物碱等，抗生素类，青霉素，四环素；维生素类如维生素 A，维生素 B_1，维生素 B_2，维生素 B_6，维生素 B_{12}，维生素 E，抗坏血酸，叶酸及烟酰胺等。此外中草药中的许多有效成分都能产生荧光，可以用荧光分析法进行初步鉴别和含量测定。

20 世纪 50 年代后期，分析工作者开发了许多适用于各种重要天然化合物荧光分析的衍生化方法。

以下是几种重要的衍生化试剂。

① 荧光胺 能够与脂肪族或芳香族伯胺类形成荧光衍生物。

② 邻苯二甲醛 在二巯基乙醇存在下，在 pH 9～10 的缓冲液中，邻苯二甲醛能与伯胺类除了半胱氨酸、脯氨酸、羟脯氨酸外的 α-氨基酸生成灵敏的荧光产物。

③ 丹酰氯 可与伯胺、仲胺及酚基生物碱类反应生成荧光产物。

(2) 无机物的荧光分析

无机离子中除了铀盐等少数离子外，一般不显荧光。

一些反磁性的金属离子和有机配体生成荧光螯合物，可以成为分析这些金属离子的灵敏和选择性的方法。能用这种方法测定的金属离子有 Al、Au、Ba、Be、Ca、Cd、Cu、Eu、Ga、Gd、Ge、Hf、Mg、Nb、Rh、Ru、Sb、Sn、Ta、Tb、Th、Te、W、Zn、Zr 等。

许多过渡金属离子不能形成荧光化合物。因为这些金属离子是顺磁性的，激发单重态上的电子容易发生向三重态的系间跨越，所以不易发生荧光。此外过渡金属离子形成的配合物，有许多靠得很近的能级，容易发生内转换而使分子失活，不大可能发射荧光。表 9-1 列出了一些无机阳离子的测定方法。

表 9-1 一些无机阳离子的测定方法

离子	试 剂	λ_{ex}	λ_{em}	干扰物
Al	桑色素 pH 3.3	430	500	Fe,Th,U
Ba	二苯乙醇酮,pH 12.8,乙醇中	370	480	Be,Sb
Be	桑色素,0.05mol·L^{-1} NaOH	470	570	CaCr,Li,Zn,稀土
Ca	钙黄绿素 0.4mol·L^{-1} KOH	360	485	Ba,Sr
Ce	Ce(Ⅲ)自身荧光,0.6～2.9mol·L^{-1} 高氯酸	260	365	NO_3
Ga	罗丹明 B,苯萃取,6mol·L^{-1} HCl	365	橙黄	Au,Fe,Sb,Ti,W,NO_3
Ge	二苯乙醇酮,碱性乙醇中	365	黄绿	As(Ⅴ),B,Be,Cr(Ⅵ),NO_2,SiO_3
Hf	黄酮醇,0.1mol·L^{-1} 硫酸中	365～400	460	Al,F^-,Fe,PO_4^{3-},Zr
In	8-羟基喹啉,氯仿萃取,pH 5.1	365	535	Al,Be,Cu,Fe,Zr
Li	8-羟基喹啉,弱碱性乙醇中	370	580	Mg
Mg	8-羟基喹啉磺酸,水溶液	365		Ca,
Ru	5-甲基-1,10-菲咯啉,还原为 Ru(Ⅲ)后在 pH 6.0 萃取	465	577	Ag,Co,Cr(Ⅵ),Fe,Mn(Ⅵ),Pd
Sc	水杨醛缩氨基脲,pH 6.0	370	456	在铜铁灵存在下采用磷酸三丁酯萃取消除干扰
Sn(Ⅱ)	7-氨基-3-硝基萘磺酸,pH 10.6	365	蓝色	Fe,Ti,U,V,联二硫酸根
Sn	桑色素,己烷中	415～420	495	己烷或乙酸乙酯萃取
Th	桑色素,0.01mol·L^{-1} HCl,50%乙醇	420	520	Al,Ca,Fe,La,Zr
Ti	罗丹明 B,2mol·L^{-1} HCl,苯萃取	360	580	Au,Fe,Ga,Hg,Sb
U(Ⅵ)	浓磷酸或硫酸	254	黄绿	
V(Ⅴ)	间苯二酚,10mol·L^{-1} 硫酸	360	红	Ce(Ⅳ)
W(Ⅵ)	罗丹明 B,0.1mol·L^{-1} NaCl,pH 2	365	570～640	As,Au,Cr,F,Fe,Mo,PO_4,Ti V
Y	8-羟基喹啉,氯仿萃取,pH 9.5			Ce La
Zn	8-羟基喹啉,醋酸盐缓冲液	420	绿黄色	Al,Fe,Mg
Zr	桑色素,2mol·L^{-1} HCl,80%乙醇	425	515	Al,Ga,Hf,Sb,Sc,Sn,Th,U

阴离子的荧光测定涉及的反应有 5 种类型：氧化还原反应；配位反应；生成离子对；酶反应；取代反应。

(3) 其他应用

① 基因研究及检测

遗传物质的脱氧核糖核酸（DNA），其自身的荧光效率很低，一般条件下几乎检测不到 DNA 的荧光。因此，人们常选用某些荧光分子作为探针，通过荧光探针标记分子的荧光变化来研究 DNA 与小分子及药物的作用机理，从而探讨致病原因及筛选和设计新的高效低毒药物。目前，典型的荧光分子探针为溴乙啶（EB）。此外也使用 Tb^{3+}、吖啶类染料、钙的配合物等。在基因检测方面，已逐步使用荧光染料作为标记物来代替同位素标记，从而克服了同位素标记物产生的污染、价格昂贵及保存等的不足。

② 溶液中单分子行为的研究

分子荧光方法利用激光诱导产生超高灵敏度，这一技术已能实时检测溶液中单分子的行为。这一研究工作受到了广泛的关注。目前，已观察到溶液中罗丹明 6G 分子、荧光素分子等及其标记的 DNA 分子的单分子行为。

习　题

1. 选择题[(1)～(6)题为单选,(7)～(10)题为多选]

(1) 下列化合物中荧光最强、发射波长最长的化合物是（　　）。

A.　　　　B.

C.　　　　D.

(2) 所谓荧光，即指某些物质经入射光照射后，吸收了入射光的能量，从而辐射出比入射光（　　）。

A. 波长长的光线　　　　B. 波长短的光线

C. 能量大的光线　　　　D. 频率高的光线

(3) 单光束荧光分光光度计的光路图是（　　）。

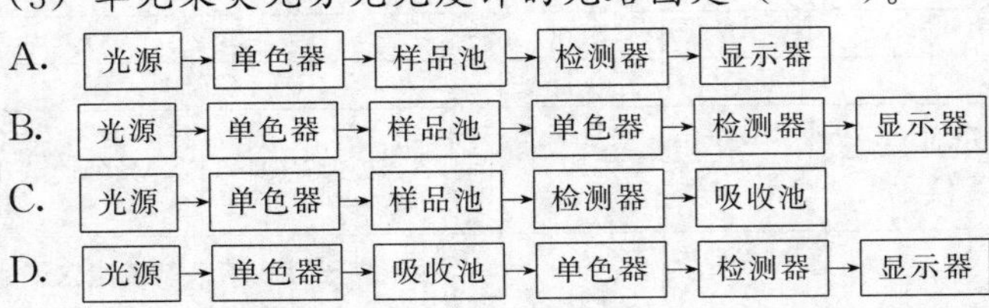

(4) 萘及其衍生物在以下溶剂中能产生最大荧光的溶剂是（　　）。

A. 1-氯丙烷　　B. 1-溴丙烷　　C. 1-碘丙烷　　D. 1,2-二碘丙烷

(5) 下列化合物荧光最强的是（　　），磷光最强的是（　　）。

A. Cl　　　　B. Br

C. I　　　　D.

(6) 下列化合物荧光量子产率最大的是（　　）

A. O　OH　COOH　　　　B. $^{-}$O　O　O^{-}　COO^{-}

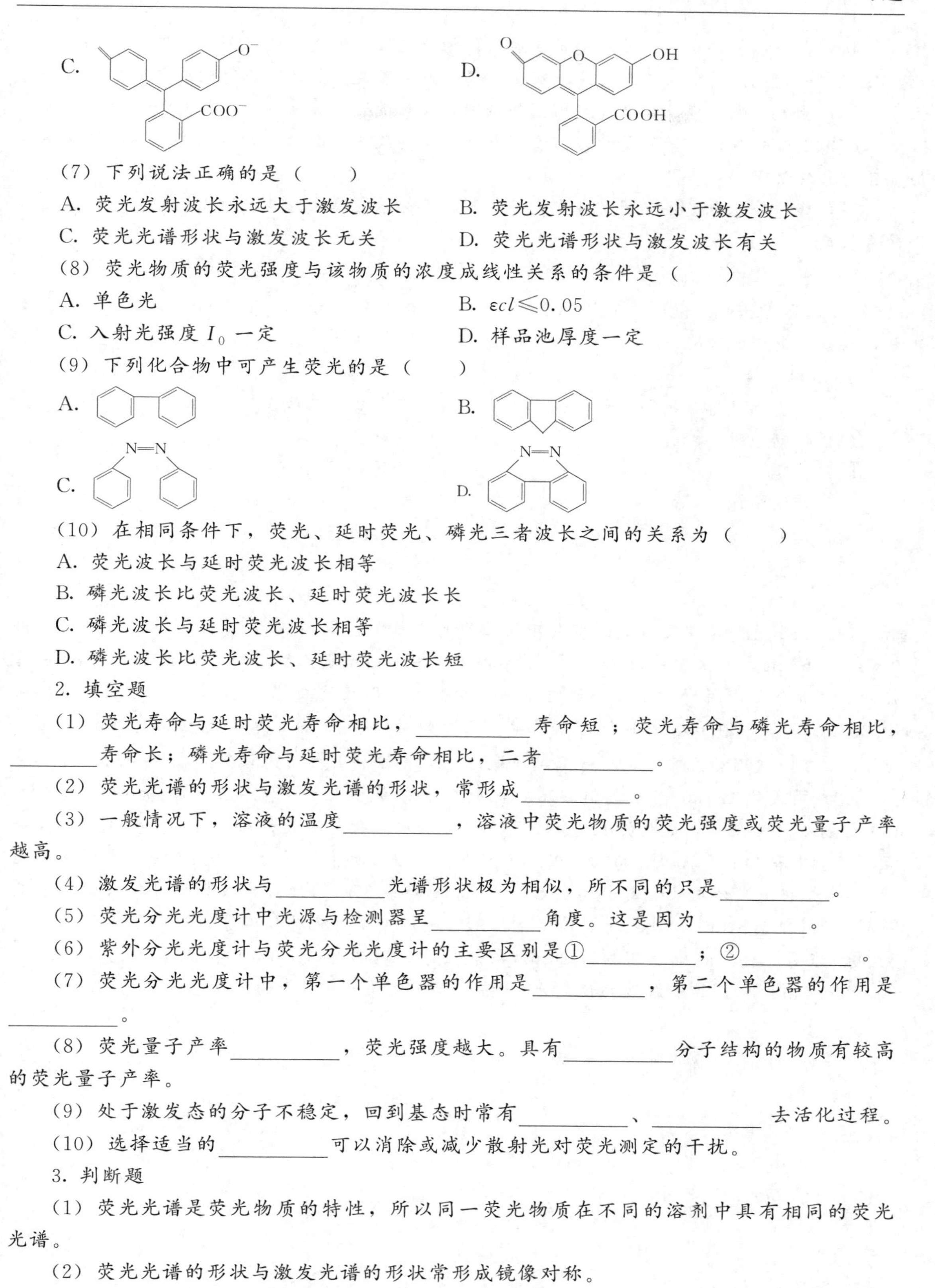

C.

D.

（7）下列说法正确的是（　　）

A. 荧光发射波长永远大于激发波长　　B. 荧光发射波长永远小于激发波长

C. 荧光光谱形状与激发波长无关　　D. 荧光光谱形状与激发波长有关

（8）荧光物质的荧光强度与该物质的浓度成线性关系的条件是（　　）

A. 单色光　　B. $\varepsilon cl \leqslant 0.05$

C. 入射光强度 I_0 一定　　D. 样品池厚度一定

（9）下列化合物中可产生荧光的是（　　）

A.　　B.

C.　　D.

（10）在相同条件下，荧光、延时荧光、磷光三者波长之间的关系为（　　）

A. 荧光波长与延时荧光波长相等

B. 磷光波长比荧光波长、延时荧光波长长

C. 磷光波长与延时荧光波长相等

D. 磷光波长比荧光波长、延时荧光波长短

2. 填空题

（1）荧光寿命与延时荧光寿命相比，__________寿命短；荧光寿命与磷光寿命相比，__________寿命长；磷光寿命与延时荧光寿命相比，二者__________。

（2）荧光光谱的形状与激发光谱的形状，常形成__________。

（3）一般情况下，溶液的温度__________，溶液中荧光物质的荧光强度或荧光量子产率越高。

（4）激发光谱的形状与__________光谱形状极为相似，所不同的只是__________。

（5）荧光分光光度计中光源与检测器呈__________角度。这是因为__________。

（6）紫外分光光度计与荧光分光光度计的主要区别是①__________；②__________。

（7）荧光分光光度计中，第一个单色器的作用是__________，第二个单色器的作用是__________。

（8）荧光量子产率__________，荧光强度越大。具有__________分子结构的物质有较高的荧光量子产率。

（9）处于激发态的分子不稳定，回到基态时常有__________、__________去活化过程。

（10）选择适当的__________可以消除或减少散射光对荧光测定的干扰。

3. 判断题

（1）荧光光谱是荧光物质的特性，所以同一荧光物质在不同的溶剂中具有相同的荧光光谱。

（2）荧光光谱的形状与激发光谱的形状常形成镜像对称。

（3）溶剂的拉曼光波长与被测溶质荧光的激发光波长无关。

(4) 在一定条件下，物质的荧光强度与该物质的任何浓度成线性关系。即：$F=Kc$。

(5) 荧光光谱的形状与激发波长有关。选择最大激发波长，可以得到最佳荧光光谱。

(6) 荧光分光光度计中光源发出光到检测器检测荧光，其光路为一条直线。

(7) 发荧光时，电子能量的转移没有电子自旋的改变；发磷光时，电子能量的转移伴随电子自旋的改变。

(8) 紫外分光光度法和荧光分光光度法都属于分子光谱法范畴，所以两种方法具有相同的灵敏度。

(9) 荧光量子产率 $\varphi_F<1$。

(10) 具有 $\pi\rightarrow\pi^*$ 跃迁共轭的化合物，易产生更强的荧光；具有 $n\rightarrow\pi^*$ 跃迁共轭的化合物，易产生更强的磷光。

4. 名词解释

(1) 单重态或单线态

(2) 三重态或三线态

(3) 振动弛豫

(4) 内转换

(5) 荧光

(6) 外转换

(7) 系间跨越

(8) 磷光

(9) 延时荧光

(10) 激发光谱

(11) 荧光光谱

(12) 荧光效率

5. 计算题

(1) 用荧光法测定复方炔诺酮片中炔雌醇的含量时，取供试品20片（每片含炔诺酮为0.54～0.66mg，含炔雌醇为31.5～38.5μg)，研细，用无水乙醇溶解，转移至250mL容量瓶中，用无水乙醇稀释至刻度，滤过，弃去初滤液，取续滤液5.00mL，稀释至10mL，在λ_{ex}285nm和λ_{em}307nm处测定荧光强度。已知炔雌醇对照品乙醇溶液的浓度为1.4 μg·mL^{-1}，在同样测定条件下，测得荧光强度为65，则合格片的荧光读数应在什么范围内？

(2) 用酸处理1.00g谷物制品试样，分离出核黄素及少量无关杂质，加入少量$KMnO_4$，将核黄素氧化，过量的$KMnO_4$用H_2O_2除去。将此溶液移入50mL容量瓶中，稀释至刻度。吸取25mL放入样品池中以测定荧光强度（核黄素中常含有发生荧光的杂质叫光化黄）。事先将荧光计用硫酸奎宁调至刻度100，测得氧化液的读数为6.0格。加入少量连二亚硫酸钠（$Na_2S_2O_4$），使氧化态核黄素（无荧光）重新转化为核黄素，这时荧光计读数为55格。在另一样品池中重新加入24mL被氧化的核黄素溶液，以及1mL核黄素标准溶液（0.5 μg·mL^{-1}），这一溶液的读数为92格，计算试样中核黄素的质量分数（μg·g^{-1}）。

第10章 红外吸收光谱法

背景知识

1800年，英国天文学家弗里德里希·威廉·赫歇尔（Friedrich Wilhelm Herschel）在分析太阳光谱时发现了红外辐射。利用棱镜色散的原理，使太阳光透过棱镜将其分解为红、橙、黄、绿、青、蓝、紫绚丽的七种颜色的光，他在各种不同颜色的色带位置上放置了温度计，试图测量各种颜色光的加热效应。结果发现，位于红光外侧的温度计升温最快。因此得出结论：太阳光谱中，红光的外侧必定存在看不见的光线，即红外线。

然而直到1903年，才有人研究了纯物质的红外吸收光谱。二次世界大战期间，由于对合成橡胶的迫切需求，红外吸收光谱引起了化学家的重视和研究，并因此而迅速发展。随着计算机的发展，以及红外吸收光谱仪与其他大型仪器的联用，使得红外光谱在结构分析、化学反应机理研究以及生产实践中发挥着越来越重要的作用，是“四大波谱”中应用最多、理论最为成熟的一种方法。

案例分析

红外吸收光谱法主要研究在振动中伴随有偶极矩变化的化合物（没有偶极矩变化的振动在拉曼光谱中出现），因此，除了单原子分子和同核分子如Ne、He、O_2和H_2等之外，几乎所有的有机化合物在红外光区均有吸收。除光学异构体、某些高分子量的高聚物以及在分子量上只有微小差异的化合物外，凡是具有结构不同的两个化合物，一定会有不同的红外光谱。通常，红外吸收带的波长位置与吸收谱带的强度反映了分子结构上的特点，可以用来鉴定未知物的结构组成或确定其化学基团；而谱带的吸收强度与分子组成或化学基团的含量有关，可用于定量分析和纯度鉴定。

由于红外吸收光谱分析特征性强，对气体、液体、固体试样都可测定，并具有用量少、分析速度快、不破坏试样等特点，因此，红外光谱法不仅能进行定性和定量分析，而且是鉴定化合物和测定分子结构的最有效方法之一。例如，图10-1为聚乙烯与聚苯乙烯的红外吸收光谱图，由于两者分子结构的不同，其红外吸收光谱表现出各自的特征性，可用于两种材料的鉴别。

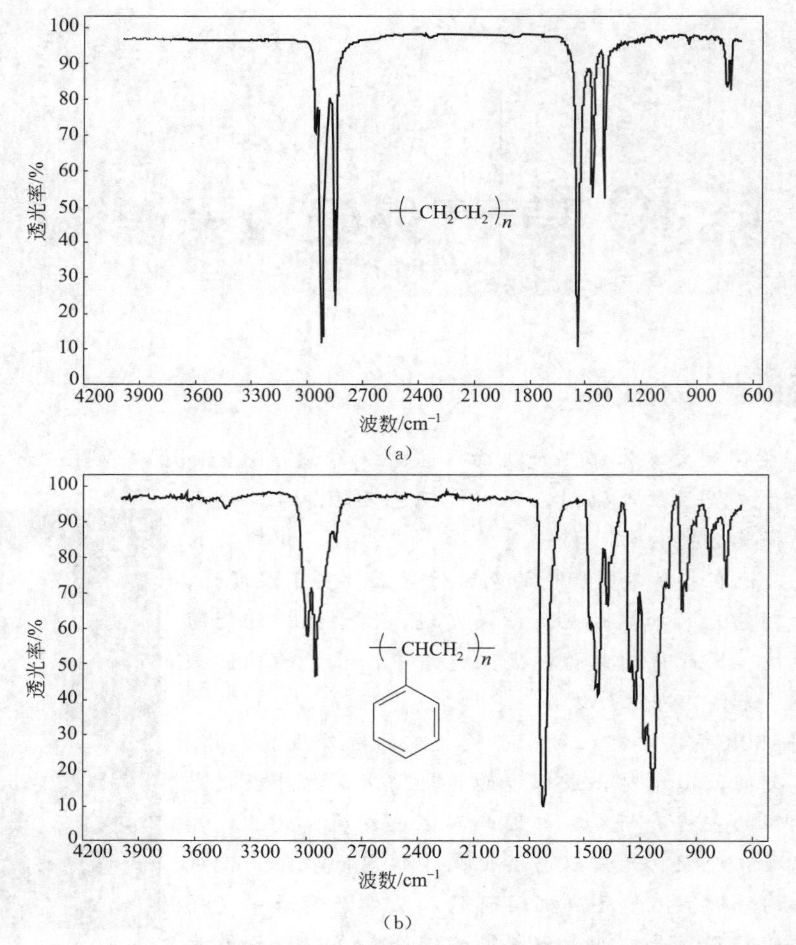

图 10-1　红外吸收光谱法用于聚乙烯[PE,(a)]与聚苯乙烯[PS,(b)]的测定

10.1 红外吸收光谱分析法的基本原理

10.1.1 红外吸收光谱产生的条件

红外吸收光谱是由物质分子选择性吸收一定的电磁辐射产生的，发生这一过程需要满足以下两个条件。

① 辐射应满足物质分子振动跃迁所需要的能量。当用一束连续的红外辐射照射试样分子时，如果分子中某个基团的振动频率与照射辐射的频率相同，即能因获得能量导致分子内部振动而发生能量跃迁。

② 辐射应与物质分子之间有相互偶合作用。任何分子就整体而言是电中性的，但在分子内部，由于构成分子的各个原子本身电负性的不同，故分子会有不同的极性，称为偶极子。只有能使偶极矩发生变化的振动形式才能吸收红外辐射，这是因为使偶极矩发生变化的振动方能建立一个可与外界红外辐射相互作用的电磁场。当外界红外辐射的频率与偶极子本身具有的振动频率相同时，外界提供的红外辐射与物质分子之间产生相互偶合作用，从而使分子振动的振幅发生变化，即分子吸收外界辐射后，分

子由基态振动能级跃迁至较高的振动能级，表现为红外活性。振动过程中偶极矩不发生变化的振动形式，无法接收外界红外辐射的能量，因而不产生吸收，表现为非红外活性，如同核双原子分子为非红外活性。

10.1.2 物质的基本振动形式

10.1.2.1 双原子分子的振动

(1) 谐振子振动

对于双原子分子，可认为分子中的原子以平衡点为中心，以非常小的振幅做周期性的振动，即化学键的振动类似于连接两个小球的弹簧，可按简谐振动模式处理，如图 10-2 所示。

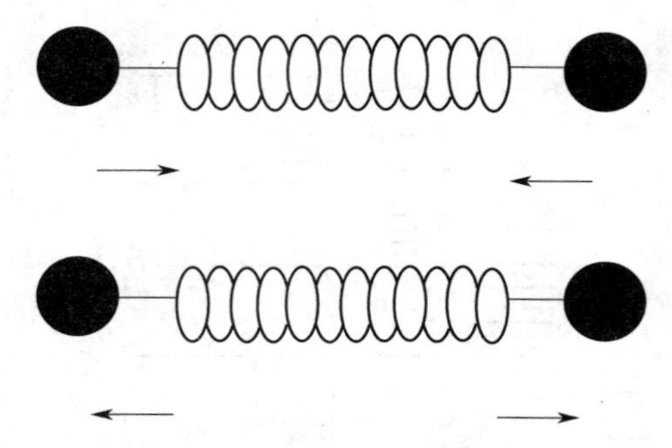

图 10-2 谐振子振动示意图

根据简谐振动模型（胡克定律），有

$$\nu=\frac{1}{2\pi}\sqrt{\frac{k}{\mu}} \tag{10-1}$$

式中，ν 为振动频率，s^{-1}；k 为化学键的力常数，其定义为将两原子由平衡位置伸长单位长度的恢复力，$N \cdot cm^{-1}$；μ 为两个小球的折合质量，g，且有

$$\mu=\frac{m_1 m_2}{m_1+m_2} \tag{10-2}$$

若原子的质量用原子质量单位（u，$1u=1.66\times10^{-24}g$）表示，则成键原子的折合质量为

$$\mu=\frac{m_1 m_2}{(m_1+m_2)\times6.02\times10^{23}} \tag{10-3}$$

若以波数表示，则有

$$\bar{\nu}=\frac{1}{2\pi c}\sqrt{\frac{k}{\mu}} \tag{10-4}$$

式中，c 为真空中的光速，其值为 $3\times10^{10}\ cm \cdot s^{-1}$。

按照量子力学理论，双原子分子的振动能为

$$E_v=(v+\frac{1}{2})h\nu \tag{10-5}$$

式中，ν 为双原子分子内化学键的振动频率；v 为振动量子数，可取 $v=0,1,2,\cdots,n$；h 为普朗克常量，为 6.67×10^{-34} J·s。$v=0$ 时分子处于基态，$v\neq0$ 时分子处于激发态。双原子分子的三种能级跃迁示意如图 11-3 所示。

当吸收外界辐射后，分子由基态跃迁到激发态，振幅增大，其振动能增加为

$$\Delta E=(v_1+\frac{1}{2})h\nu-(v_2+\frac{1}{2})h\nu=\Delta v h\nu \tag{10-6}$$

通常情况下，分子大都处于基态振动，一般极性分子吸收红外光主要属于基态（$v=0$）到第一激发态（$v=1$）之间的跃迁，即 $\Delta v=1$。

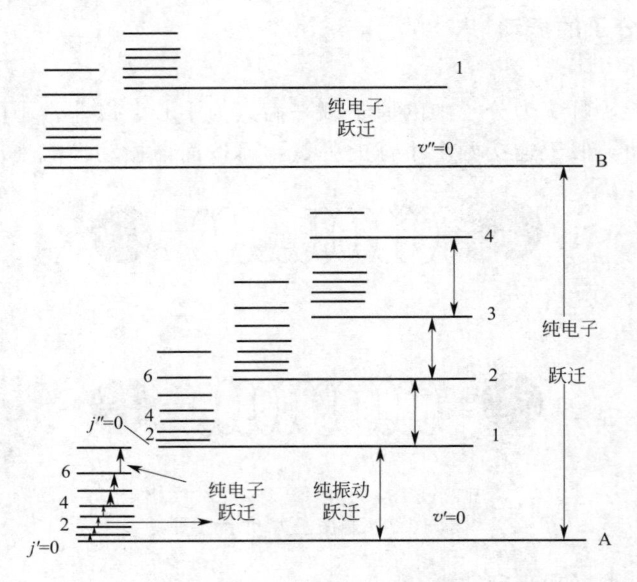

图 10-3 双原子分子的三种能级跃迁示意图

非极性的同核双原子分子在振动过程中，偶极矩不发生变化，故无振动吸收。

根据红外光谱的测量数据，可以测量各种类型的化学键力常数 k。一般来说，单键力常数的平均值约为 $5N \cdot cm^{-1}$，而双键和三键的力常数大约是此值的 2 倍和 3 倍。相反，利用这些实验得到的力常数的平均值通过方程(10-1）或方程(10-4)，即可估算各种键型的基频吸收峰的波数。

化学键的力常数 k 越大，原子折合质量 μ 越小，则化学键的振动频率越高，吸收峰将出现在高波数区；相反，则出现在低波数区。表 10-1 列出了某些化学键的力常数。

表 10-1 某些化学键的力常数（单位：$N \cdot cm^{-1}$）

键	分子	k	键	分子	k
H—F	HF	9.7	H—C	$CH_2=CH_2$	5.1
H—Cl	HCl	4.8	H—C	$CH\equiv CH$	5.9
H—Br	HBr	4.1	C—Cl	CH_3Cl	3.4
H—I	HI	3.2	C—C		4.5～5.6
H—O	H_2O	7.8	C=C		9.5～9.9
H—S	H_2S	4.3	C≡C		15～17
H—N	NH_3	6.5	C—O		12～13
H—C	CH_3X	4.7～5.0	C=O		16～18

（2）非谐振子

双原子分子并非理想的谐振子，因此其振动和谐振子的振动是有差别的。量子力学理论证明，非谐振子的 Δv 可取±1，±2，±3，…，这样，在红外光谱中除了可以观察到基频吸收带外还可以看到弱的倍频吸收峰。

10.1.2.2　多原子分子的振动

双原子分子的振动只有一种形式，即在连接两原子的直线方向上两原子作相对的伸缩振动。但对多原子分子来说，由于组成原子数目增多，加之分子中原子排列情况的不同，即组成分子的键或基团和空间结构不同，其振动光谱远比双原子分子复杂得多。

（1）振动的基本类型

多原子分子的振动不仅包括双原子分子沿其核-核的伸缩振动，还有键角参与的各种可能的变形振动。因此，一般将振动形式分为两类，即伸缩振动与变形振动。亚甲基的振动模式如图 10-4 所示。

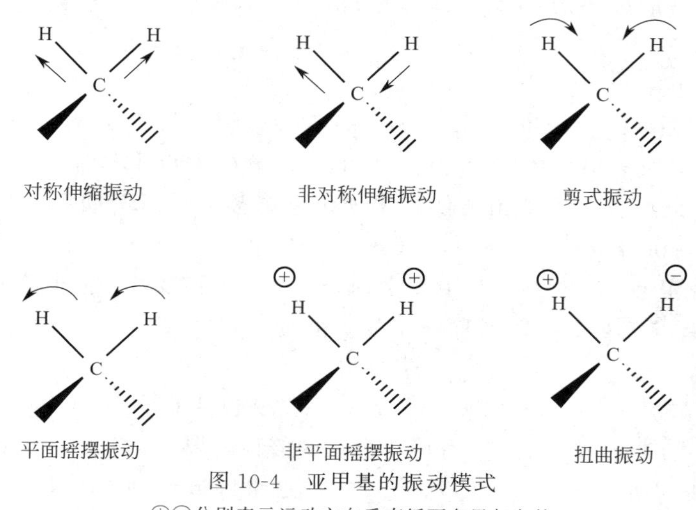

图 10-4　亚甲基的振动模式

⊕⊖分别表示运动方向垂直纸面向里与向外

（2）振动自由度

多原子分子的振动形式的多少可以用振动自由度来描述。有 n 个原子组成的分子，则有 $3n$ 个独立运动，即 $3n$ 个运动自由度。但组成分子的这些原子是被化学键联接成一个整体的。分子作为整体，其运动形式只有平动、转动和振动。而分子有三个平动自由度、三个转动自由度，因此分子的振动自由度为 $3n-6$ 个，即振动自由度 $=3n-$（平动自由度＋转动自由度）。但对于直线型分子，若键轴在 x 方向，整个分子只能绕 y，z 轴转动，故转动的自由度为 $3n-5$。

例如，线性分子 CO_2，通过理论计算其基本振动数为 $3n-5=4$。其具体的振动形式如图 10-5 所示：

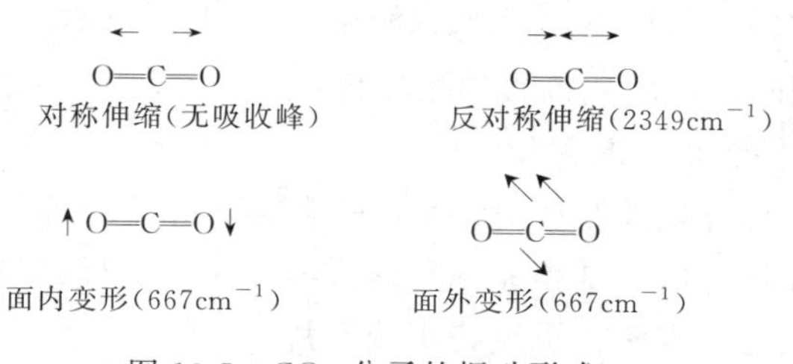

图 10-5　CO_2 分子的振动形式

但在红外谱图上只出现 $667cm^{-1}$ 和 $2349cm^{-1}$ 两个基频吸收峰，这是因为对称伸缩振动偶极矩变化为零，不产生吸收；而面内变形和面外变形振动的吸收频率完全一样，发生简并。

10.1.3 影响基团吸收频率的因素

10.1.3.1 基频区和指纹区

按吸收的特征，可将红外吸收光谱的整个范围划分成 $4000\sim1300\text{cm}^{-1}$ 与 $1300\sim600\text{cm}^{-1}$ 两个区域，即基频区和指纹区。

基频区又称为官能团区，其峰是由伸缩振动产生的吸收带，它是化学键和基团的特征振动频率区，其吸收光谱反映了分子中特征基团的振动。由于基团的特征吸收峰一般位于高频范围，并且在该区域内吸收峰比较稀疏，因此，它是基团鉴定工作最有价值的区域，其特征吸收峰可作为鉴定基团的依据。表10-2列出了红外吸收光谱中一些基团的吸收频率。

(1) 基频区

① X—H伸缩振动区 ($4000\sim2500\text{cm}^{-1}$)　X可以是C、O、N、S原子等。由于波数与折合质量成反比，而氢原于的质量与分子中其余部分相比非常之小，可以认为氢原子是进行着自由振动的。因此，含氢基团的伸缩振动位于高频区域。例如C—H、N—H、O—H的伸缩振动分别在 3000cm^{-1}、$3300\sim3500\text{cm}^{-1}$、$3200\sim3650\text{cm}^{-1}$ 附近。

② 叁键区和累积双键区 ($2500\sim1900\text{cm}^{-1}$)　该区红外谱带较少，主要包括—C≡C—、—C≡N等叁键的不对称伸缩振动和—C═C═C—、—C═C═O等累积双键的不对称伸缩振动。

③ 双键伸缩振动区 ($1900\sim1200\text{cm}^{-1}$)　该区域包括C═O、C═C、C═N、N═O等伸缩振动和苯环的骨架振动以及芳香族化合物的倍频谱带。

④ X—H弯曲振动区 ($1650\sim1350\text{cm}^{-1}$)　这个区域包括C—N、N—H等的弯曲振动。例如，甲基在 $1380\sim1370\text{cm}^{-1}$ 会出现一个很特别的弯曲振动吸收峰，这个吸收峰的位置很少受取代基的影响，干扰也较少，可以作为有无甲基存在的依据。

在 $1300\sim600\text{cm}^{-1}$ 区域中，除单键的伸缩振动外，还有因变形振动产生的复杂光谱。当分子结构稍有不同时，该区的吸收即有细微的差异，正如每个人都有不同的指纹，因而该区被称为指纹区。指纹区对于区别结构类似的化合物很有帮助。

(2) 指纹区

① $1300\sim900\text{cm}^{-1}$ 区。这一区域包括C—O、C—N、C—F、C—P、C—S、P—O、Si—O等所有单键的伸缩振动和一些含重原子的双键(P═O，S═O)的伸缩振动，某些含氢基团的弯曲振动也出现在此区。对于指示官能团而言，特征性不如以前各区域，但信息却十分丰富。

② $900\sim600\text{cm}^{-1}$ 区。这一区域的吸收峰很有用，可以指示 $\text{+CH}_2\text{+}_n$ 的存在、双键取代程度和类型，还是判断苯环取代位置的主要依据。

10.1.3.2 影响基团吸收频率的因素

分子内部结构和外部环境的改变对基团吸收频率的位置会有影响，因而同样的基团在不同的分子和不同的外界环境中，基团频率可能会有一个较大的范围。因此了解影响基团频率的因素，对解析红外光谱和推断分子结构十分有用。

(1) 外在因素

外在因素主要指测定时物质的状态以及溶剂效应等因素。外在因素大多是机械因素，如制备样品的方法、溶剂的性质、样品所处物态、结晶条件、吸收池厚度、仪器光学系统以及测试温度等均能影响基团的吸收峰位置及强度，甚至峰的形状。

表 10-2 红外吸收光谱中一些基团的吸收频率

区域		基团	吸收频率/cm^{-1}	振动形式	吸收强度	说明
基频区	X—H伸缩振动区	—OH	3650～3580	伸缩	m,sh	判断有无醇类、酚类和有机酸的重要依据
		—OH	3400～3200	伸缩	s,b	
		$—NH_2$,—NH(游离)	3500～3300	伸缩	m	
		$—NH_2$,—NH(缔合)	3400～3100	伸缩	s,b	
		—SH	2600～2500	伸缩		
		不饱和 C—H	3000 以上	伸缩	s	末端 ═C—H 在 3085cm^{-1} 附近强度比饱和 C—H 稍弱，但谱带较尖锐
		≡C—H	3300 附近	伸缩	s	
		═C—H	3040～3010	伸缩	s	
		苯环中 C—H	3030 附近	伸缩		
		饱和 C—H	3000～2800	伸缩	s	
		$—CH_3$	2960±5	不对称伸缩	s	三元环中$—CH_2$出现在 3050cm^{-1}，—CH 出现在 2890cm^{-1}，很弱
		$—CH_3$	2870±10	对称伸缩	s	
		$—CH_2$	2930±5	不对称伸缩	s	
		$—CH_2$	2850±10	对称伸缩		
	叁键区	—C≡N	2260～2220	伸缩	s	针状，干扰少
		—N≡N	2310～2135	伸缩	m	
		—C≡C—	2600～2100	伸缩	v	
		═C═C—	1950 附近	伸缩	v	
	双键伸缩振动区	C═C	1680～1620	伸缩	m,w	
		苯环中 C═C	1600,1580 1500,1450	伸缩	v	苯环的骨架振动
		—C═O	1850～1600	伸缩	s	其他吸收谱带干扰少，是判断羰基的特征频率，位置变动大
		$—NO_2$	1600～1500	不对称伸缩	s	
		$—NO_2$	1300～1250	不对称伸缩	s	
		S═O	1200～1040	伸缩	s	
	X—H弯曲振动区	$—CH_3$,$—CH_2$	1640±10	CH_3 不对称弯曲 CH_2 剪式弯曲 对称弯曲	m	大部分有机化合物都含 CH_3、CH_2，故此峰经常出现
		$—CH_3$	1380～1370		s	烷烃中 CH_3 的特征吸收
		$—NH_2$	1650～1560		m～s	
指纹区		C—O	1300～1000	伸缩	s	C—O 键(酯、醚、醇)的极性很强
		C—O—C	1150～900	伸缩	s	
		C—F	1400～1000	伸缩	s	
		C—Cl	800～600	伸缩	s	
		C—Br	800～600	伸缩	s	
		C—I	500～200	伸缩	s	
		═CH_2	910～890	面外摇摆	s	

(2) 内在因素

① 诱导效应　当基团旁连有电负性不同的原子或基团时，通常静电诱导作用会引起分子中电子云密度的变化，从而引起键的力常数变化，使基团频率产生位移。诱导效应分为亲电诱导效应（—I 效应）和供电诱导效应（+I 效应）两种。前者由吸电子基引起，后者由斥电子基引起。例如脂肪酮的羰基，正常的吸收频率为 1715cm^{-1}，但当电负性大的卤原子取代一侧烷基时，使其吸收频率升高。如图 10-6 所示。

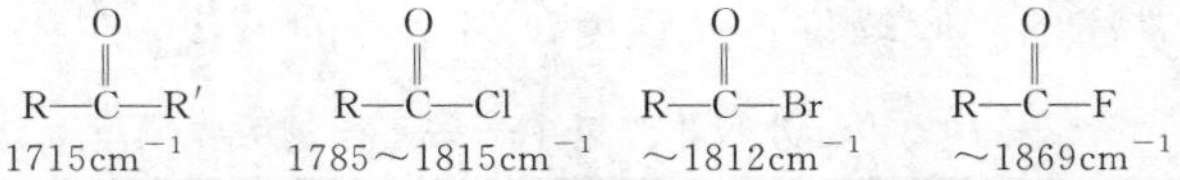

$R-\overset{O}{\overset{\|}{C}}-R'$ 1715cm^{-1}　$R-\overset{O}{\overset{\|}{C}}-Cl$ 1785～1815cm^{-1}　$R-\overset{O}{\overset{\|}{C}}-Br$ ～1812cm^{-1}　$R-\overset{O}{\overset{\|}{C}}-F$ ～1869cm^{-1}

图 10-6　吸电子基团对红外吸收频率的影响

② 共轭效应　共轭效应使共轭体系中的电子云密度平均化，使双键略有伸长、力常数减小，吸收频率向低波数方向移动。例如：酮的 C ═O 因与苯环共轭而使 C ═O 的力常数减小，振动频率降低，如图 10-7 所示。

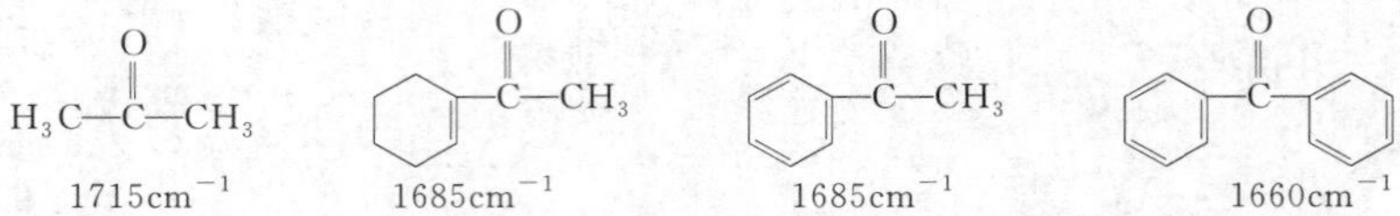

$H_3C-\overset{O}{\overset{\|}{C}}-CH_3$ 1715cm^{-1}　$\overset{O}{\overset{\|}{C}}-CH_3$ 1685cm^{-1}　$\overset{O}{\overset{\|}{C}}-CH_3$ 1685cm^{-1}　1660cm^{-1}

图 10-7　共轭效应对红外吸收频率的影响

③ 空间效应

a. 环张力　一般来说，当环张力加大时，环上有关基团的吸收频率逐渐上升。现以脂环酮的羰基为例，当六元环逐渐变为三元环时，环张力逐渐增大，环上羰基的吸收频率由 1715cm^{-1} 逐渐上升至 1850cm^{-1}，见表 10-3。

表 10-3　环张力对羰基红外吸收频率的影响

六元环	五元环	四元环	三元环
1715cm^{-1}	1745cm^{-1}	1780cm^{-1}	1850cm^{-1}

b. 空间位阻　是指同一分子中各基团之间在空间的位阻作用，由于这种空间位阻作用会导致谱带位移，其中以共轭效应对空间位阻最为敏感。因为当共轭体系的共平面性空间障碍的存在而被偏离或被破坏时，共轭体系就会受到影响和破坏，从而使双键的力常数增大，其吸收频率向高波数移动，如图 10-8 所示，例如，在 2,6-二取代苯乙酮分子中，当取代基 R 增大时，羰基和苯环共轭体系的共平面性受到了破坏，共轭效应减弱，羰基的伸缩振动频率逐渐移向高频，向接近孤立羰基振动频率的方向变化。

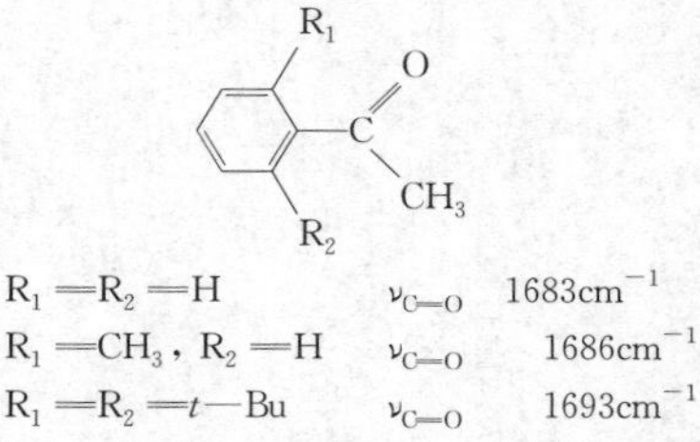

R_1　O　CH_3　R_2

$R_1═R_2═H$　$\nu_{C═O}$　1683cm^{-1}

$R_1═CH_3$, $R_2═H$　$\nu_{C═O}$　1686cm^{-1}

$R_1═R_2═t—Bu$　$\nu_{C═O}$　1693cm^{-1}

图 10-8　空间位阻效应对红外吸收频率的影响

④ 氢键的影响　氢键的形成使电子云密度平均化，从而使伸缩振动频率降低，如图 10-9 所示。例如：羧酸中的羰基和羟基之间容易形成氢键，使羰基的频率降低。游离羧酸的 C ═O 键频率出现在 1760cm^{-1}左右，在固体或液体中，由于羧酸形成二聚体，C ═O 键频率出现在 1700cm^{-1}。分子内氢键不受浓度影响，分子间氢键受浓度影响较大。

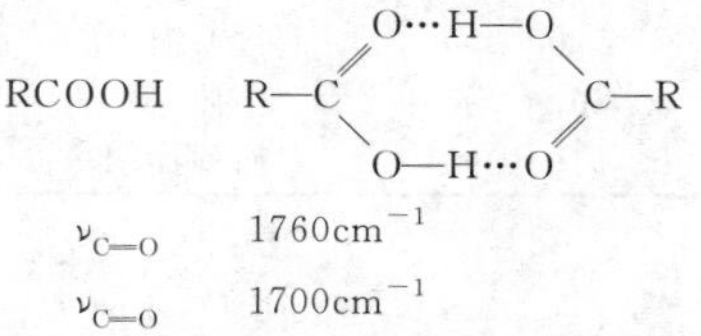

RCOOH　　R—C(═O···H—O)(—O—H···O═)C—R

$\nu_{C═O}$　1760cm^{-1}

$\nu_{C═O}$　1700cm^{-1}

图 10-9　氢键对红外吸收频率的影响

10.2　红外吸收光谱谱图解析的基本步骤与实例

测得样品的红外吸收光谱后，要经过对红外吸收谱图的解析才能推知化合物的结构。通过前几节的介绍，已经掌握了红外吸收光谱与分子结构间的关系、有机物中特征官能团的振动频率以及影响基团频率位移的各种因素，这就为谱图的解析打下了基础。对于简单的化合物，仅用红外吸收光谱就能推测其结构；但对大多数较复杂的化合物，从红外吸收光谱上可获得的主要是各种官能团存在的信息，为了最终确定分子的结构，还必须同时配合其他测试手段，如紫外光谱、核磁共振谱、质谱等的测试结果。本节针对红外光谱的结构解析程序介绍如下。

10.2.1　确定未知物的不饱和度

不饱和度可以提供未知物分子结构中是否含有双键、叁键或芳香环等重要结构信息，估计化合物是否饱和、不饱和程度及可能的类型。

化合物的不饱和度（Ω）可按式(10-7) 计算：

$$\Omega=1+n_4-\frac{n_1-n_3}{2} \tag{10-7}$$

式中，n_4 为四价原子数，如碳原子；n_1 为一价原子数，如氢原子、卤素；n_3 为三价原子数，如氮原子。注意：二价原子（如氧和硫原子）不参与不饱和度的计算。

如经计算得到：

$\Omega=0$，表示分子是饱和的，由单键构成；

$\Omega=1$，表示分子中有一个双键，或者一个环；

$\Omega=2$，表示分子中有一个叁键，或者两个累积双键，或者一个双键一个环，或者两个环。

例 10-1　试计算苯（C_6H_6）的不饱和度。

解　根据式(10-7)，得 $\Omega=1+6-\frac{6}{2}=4$，可知苯的不饱和度为 4。

例 10-2　试计算苯甲酰胺 C_7H_7NO 的不饱和度。

解　根据式(10-7)，得 $\Omega=1+7-\frac{7-1}{2}=5$。该化合物中有一个苯环，占去 4 个不饱和度，还有一个 C=O 占去一个不饱和度，故总的不饱和度为 5。

10.2.2　红外吸收光谱解析程序

红外吸收光谱的谱图解析并无严格的程序和规则。解析谱图时，可先从各区域的特征频率入手，发现某基团后，再根据指纹区进一步核实。在解析过程中单凭某个特征峰下结论是不够的，应尽可能把一个基团的每个相关峰都找到。也就是既有主证，又有佐证才能确定。在实际解谱过程中，可记住口诀“四先，四后，一抓”以助于红外吸收谱图的解析，即先特征，后指纹；先最强峰，后次强峰，再中强峰；先粗查，后细查；先肯定，后否定；一抓一组相关峰。下面对红外吸收谱图的解析程序展开说明。

10.2.2.1　先从官能团区入手

首先考察 $1300cm^{-1}$ 以上的特征官能团区的振动谱带，这些特征谱带大多源于键的伸缩振动吸收，容易归属。要设法判断几个重要的官能团，如 C=O、O—H、C—O、C—C、C≡N 等是否存在。下面介绍一个辨认官能团的方法和次序，供解析谱图时参考。

（1）判断是否存在羰基　羰基在 $1850\sim1650cm^{-1}$ 区间有很强的吸收峰，且羰基峰往往是整个谱图中最强的峰，容易判别。如果有羰基吸收峰，则可进一步考察是否为下列的羰基化合物。

① 是否为酸　考察在3300～2400cm^{-1}区间有无O—H峰，这是一个很宽的吸收谱带。

② 是否为酰胺　考察在3500cm^{-1}附近有无N—H键的中等强度的吸收。

③ 是否为酯类　考察在1300～1000cm^{-1}范围有无中等强度的吸收。

④ 是否为酸酐　如果在1800cm^{-1}和1760cm^{-1}附近存在两个C═O吸收峰，则是酸酐的特征吸收谱带。

⑤ 是否为醛类　醛氢在2900～2700cm^{-1}间有两个尖、弱吸收峰（2820cm^{-1}、2720cm^{-1}）。

⑥ 是否为酮类　如果排除以上五种情形则可判断为酮类化合物。

如果没有羰基吸收峰，则可省去①～⑥的考查，而需查该化合物是否是醇、酚、胺、醚类化合物。

（2）醇和酚的判断　谱图中3700～3200cm^{-1}之间的一个宽的吸收峰是O—H的特征吸收，而1300～1000cm^{-1}间的吸收则是与醇的C—O伸缩振动相关的吸收。

（3）胺类的判断　应在3500cm^{-1}附近存在N—H的伸缩振动吸收峰。

（4）醚类的判断　应在1300～1000cm^{-1}附近有C—O—C的吸收峰，但无O—H的吸收峰。

（5）判断是否含有C═C双键或芳环　C═C双键在1650cm^{-1}附近有一弱的吸收峰。如果在1650～1450cm^{-1}范围内有两个中到强的吸收峰时可能有芳环的存在。然后再用C—H键的伸缩振动吸收进行佐证。芳环和烯基的C—H伸缩振动吸收都在大于3000cm^{-1}的高波数一侧，而饱和烃的C—H伸缩振动吸收则位于3000cm^{-1}的右边。

（6）是否含有叁键　在2150cm^{-1}附近如有弱的尖锐吸收，表明有C≡C存在，此时可再考查C—H的伸缩振动吸收，炔氢的特征伸缩振动位于3300cm^{-1}处。当化合物中含有C≡N基时，则在2250cm^{-1}附近有中等强度的尖锐吸收峰。

（7）硝基化合物　应在1600～1500cm^{-1}和1390～1300cm^{-1}处有两个强吸收峰。

（8）最后考察烃类化合物　烃类C—H伸缩振动吸收位于3000cm^{-1}附近。饱和的C—H伸缩振动与不饱和的C—H伸缩振动的区别是很明显的，饱和的C—H位于3000cm^{-1}右边，不饱和的C—H则位于3000cm^{-1}左边。此外，C—H键唯一可能的其他吸收峰在1450cm^{-1}和1375cm^{-1}处。总之，烃类的红外吸收光谱是最简单的。

10.2.2.2　指纹区谱图的解析

指纹区（1300～600cm^{-1}）的许多吸收峰是官能团区吸收峰的相关峰，可作为化合物中所含官能团的旁证。往往是在官能团区发现某特征基团后，有的放矢地再到指纹区寻找该基团的相关吸收峰，根据指纹区内的吸收情况进一步验证该基团的存在以及与其他基团的结合方式。例如，醇和酚在3350cm^{-1}有羟基伸缩振动吸收，它们的C—O键伸缩振动吸收则出现在1260～1000cm^{-1}，可以此作为旁证。又如，芳环化合物在3100～3000cm^{-1}有吸收，为苯环的C—H伸缩振动，又在1600～1500cm^{-1}处有苯环的骨架振动吸收，而根据在900～600cm^{-1}区的吸收峰能够判断芳环的取代情况等。

10.2.2.3　利用标准谱图进行核对

未知化合物经初步解析判断其结构之后就可查阅标准谱图与样品谱图进行对照，核对推测的结构是否正确。相同的化合物只能有一个谱图。当未知物谱图与标准谱图完全吻合时则可肯定未知物与标准谱图的化合物为同一化合物。要特别注意与指纹区的谱带核对，因为指纹区光谱专一性强，确证化合物的准确性较高。当然，进行光谱的对照和比较时，还要注意两者必须有同样的制样方法和绘制条件。

10.2.3　标准红外吸收谱图的使用

在大量积累红外吸收光谱资料的基础上，已有多种标准红外吸收光谱图集出版。这些红外吸收光谱图可用作确定未知物结构的核对依据。常见的红外吸收光谱集有《萨特勒红外标准谱图集》、《DMS穿孔卡片》、《API红外光谱数据》和《IRDC光谱卡片》等。

(1)《萨特勒红外标准谱图集》　该谱图集由美国费城萨特勒研究实验室编制，分为纯化合物标准谱和商品物质谱两大类，逐年增印，该谱图有四种索引。《萨特勒标准光谱集》共收集有4万幅标准紫外光谱图和2万4千幅核磁共振标准谱图，并备有紫外光谱探知表和核磁共振化学位移索引，这对于综合利用多种光谱资料、解析未知物的结构是非常方便的。一些现代的红外光谱分析仪器也有数据库可以直接检索，使用十分方便。

(2)《API红外光谱数据》　由美国石油研究所（API）收集，其中约80%是烃类的光谱，其他则是卤代烷、硫化物以及少量简单的醛、醇、酮、酯的光谱。它有两种索引、一种为分子式索引；另一种为谱图编号索引。

(3)《DMS穿孔卡片》　由英国与德国编制，分别用英文和德文出版，分为光谱卡和文献卡，有机物光谱卡为粉红色，无机物光谱卡为蓝色，文献卡为黄包，每年增印。卡片正面是化合物的许多重要数据，反面则是红外光谱图。

(4)《IRDC光谱卡片》　由日本红外资料委员会编制的穿孔卡片，光谱图采用线性波数与透过率坐标，波数范围为4000～650cm^{-1}。

10.2.4　红外吸收谱图解析示例

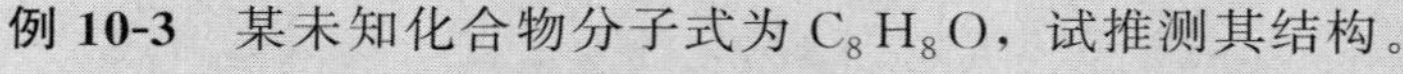

例10-3　某未知化合物分子式为C_8H_8O，试推测其结构。

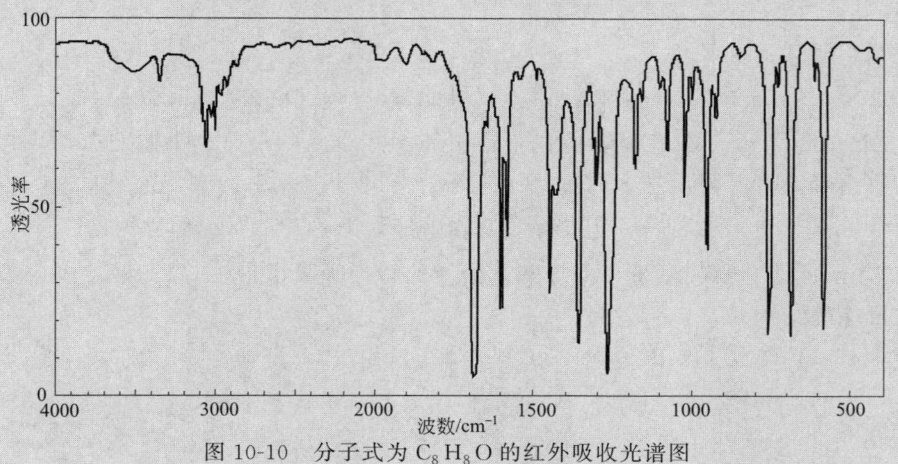

图10-10　分子式为C_8H_8O的红外吸收光谱图

解　(1)$\Omega=1+8-\frac{8}{2}=5$，

(2) 峰归属

① 1820～1660cm^{-1}：可能为—C=O的伸缩振动；

② 1680cm^{-1}：共轭羰基—C=O的伸缩振动（<1700cm^{-1}）；

③ 1650～1430cm^{-1} 处有苯环特征吸收谱带。1600cm^{-1}、1580cm^{-1}、1430cm^{-1} 处有苯环特征吸收谱带；

④ 755cm^{-1} 和 690cm^{-1} 为单取代苯环特征谱带，2962cm^{-1} 为甲基不对称伸缩振动，1450cm^{-1}、1360cm^{-1} 为甲基弯曲振动。

(3) 可能的结构为 $C_6H_5-C(=O)-CH_3$

例 10-4　未知物分子式 $C_3H_6O_2$ 的红外吸收光谱见图 10-11，试推测其结构式。

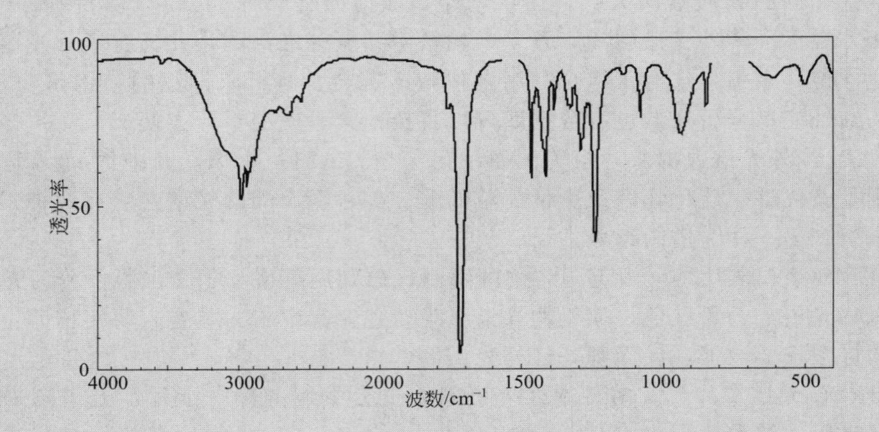

图 10-11　分子式为 $C_3H_6O_2$ 的红外吸收光谱图

解　(1) $\Omega=1+3-\frac{6}{2}=1$，

(2) 峰归属

① 1820～1660cm^{-1} 处有强吸收谱带，可能为—C═O 的伸缩振动；

② 3300～2500cm^{-1} 处有宽吸收谱带，可能为羧基上的—O—H 伸缩振动；1420cm^{-1} 处有强吸收谱带，可能为羧基上的 C—O 伸缩振动频率；

③ 1430cm^{-1} 和 1390cm^{-1} 处有特征吸收谱带，为甲基不对称伸缩振动；

④ 935cm^{-1} 处有吸收谱带，为羧酸二聚体的特征吸收谱带。

(3) 可能的结构为

$H_3C-CH_2-C(=O\cdots H-O)(-O-H\cdots O=)C-CH_2-CH_3$ （羧酸二聚体，两个羧基通过 O…H—O 氢键形成环）

10.3 红外吸收光谱仪与实验技术简介

红外吸收光谱法是鉴别物质和分析物质结构的有用手段，已广泛用于各种物质的定性鉴定和定量分析以及研究分子间和分子内部的相互作用。测定红外吸收的仪器主要有两种类型：色散型红外吸收光谱仪，傅里叶变换红外吸收光谱仪。

10.3.1 色散型红外吸收光谱仪

色散型红外吸收光谱仪由光源、单色器、试样池、检测器与记录仪等组成。由于红外吸收光谱非常复杂，大多数色散型红外吸收光谱仪一般都是采用双光束，这样可以排除 CO_2 和 H_2O 等大气气体的背景吸收，其结构如图 10-12 所示。

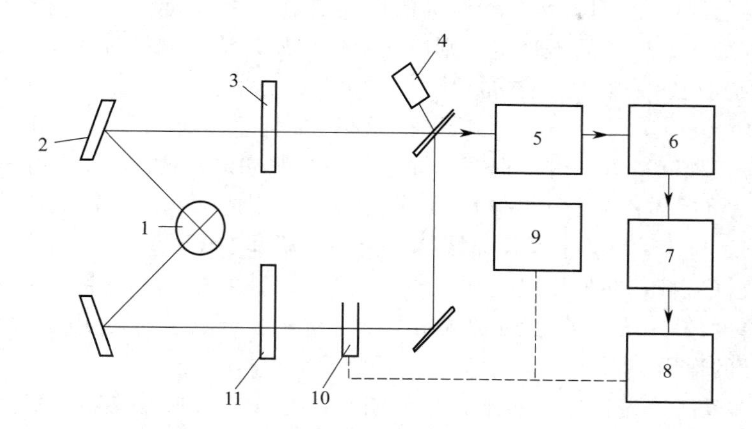

图 10-12 双光束红外吸收光谱仪原理示意图

1—光源；2—反射镜；3—试样池；4—切光器；5—单色器；
6—检测器；7—电子放大器；8—笔和光楔驱动装置；
9—记录仪；10—光楔；11—参比池

10.3.2 傅里叶变换红外吸收光谱仪

傅里叶变换红外吸收光谱仪（Fourier Transform Infrared Spectrometer，FT-IR）是 20 世纪 70 年代问世的。傅里叶变换光谱仪是由红外光源、干涉仪（Michelson 干涉仪）、样品室、检测器、计算机和记录仪等部分构成。图 10-13 给出了傅里叶变换红外光谱仪结构示意图。

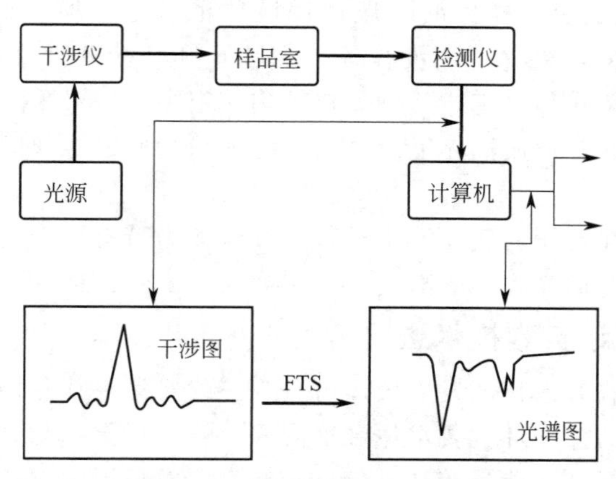

图 10-13 傅里叶变换红外吸收光谱仪结构示意图

傅里叶变换红外光谱仪有如下优点：①多路、扫描速度快；②灵敏度高；③波数准确度高；④杂散光低；⑤研究的光谱范围宽；⑥分辨能力强。此外，傅里叶变换红外光谱仪还适用于微少试样的研究，它是近代化学研究不可缺少的基本设备之一。

10.3.3 红外吸收光谱实验技术简介

红外吸收光谱测定样品的制备，必须按照试样的状态、性质、分析目的、测定条件选择一种最合适的制样方法，这是成功测试的基础。

制样时首先要了解样品纯度。一般要求样品纯度大于99%，否则要提纯（用红外光谱定量分析时不要求纯度）。对含水分和溶剂的样品要进行干燥处理，根据样品的物态和理化性质选择制样方法。如果样品不稳定，则应避免使用压片法。制样过程中还要注意避免空气中水分、CO_2 及其他污染物混入样品。

（1）固体样品

固体样品有四种制备方法可供选择，即压片法、浆糊法、薄膜法和溶液法。

① 压片法　将固体样品与KBr粉末充分混合，压制成薄片。具体做法是将干燥的KBr粉末100～200mg与1～2mg干燥样品混合，用玛瑙研钵在干燥环境中研磨，研细混匀后转移到模具中，放好压杆，在油压机上加$(2\sim10)\times10^7$ Pa的压力，保持3～5min，可得到透明的薄片，其厚度约1mm，直径约10mm。压片法的主要优点是适用于大部分固体样品，并能获得纯样品的谱图。

② 浆糊法　该法是先将样品研细，再与糊剂混合，研磨成浆糊状，然后夹在两窗片之间进行谱图测定。石蜡油是一种精制过的长链烷烃，具有较大的黏度和较高的折射率，它在4个光谱区有明显吸收：3000～2850cm^{-1}、1465cm^{-1}、1380cm^{-1}和720cm^{-1}附近。

③ 薄膜法　多用在高聚物样品的测试上。把固体样品制成薄膜，有两种方法：一种是直接将样品放在盐窗上加热，熔融样品，涂成薄膜；另一种是先把样品溶于挥发性溶剂中制成溶液，然后滴在盐片上，待溶剂挥发后样品遗留在盐片上形成薄膜。

④ 溶液法　对于定量分析或者要求测定结果重复性必须很好时，最好将固样制成溶液。一般是把1g样品溶解在过量的溶剂中，配成10mL溶液，用厚度为0.1mm的液体样品池测定该溶液的光谱。如果样品吸收很强，可将样品减少到0.2 g，液池窗片须用对红外光透明的材料制作，最普通的液池窗片材料是NaCl晶体，其透光范围为$625\sim5\times10^4$ cm^{-1}，考虑到窗片材料的水溶性，液池必须避免接触大气和样品中的湿气。

（2）液体样品　测定液体样品时一般使用液体池，经常使用的液体池厚度为0.01～0.1mm。液体池由两片对红外光透明的盐片（窗片）和与盐片大小相同的方框铅片（作为垫片）构成，分为可拆调式与固定式两种。在结构鉴定中，一般采用可调式液体池，使用时将一滴样品置于窗片之间，形成液体毛细薄膜，配上垫片旋紧螺丝即可在样品室内测量。

（3）气体样品

气体样品的测试需在特制的气体池中进行，气体池为带有两个活塞主管的玻璃管，两端配有红外透明的窗片，普通光程10cm。

10.3.4 红外吸收光谱实验技术进展

迄今为止，红外吸收光谱仪的发展大体可分为三代：第一代是用棱镜作为分光元件，其缺点是分辨率低，仪器的操作环境要求恒温恒湿等；第二代是衍射光栅作为分光元件，与第一代相比，分辨率大大提高、能量较高、价格较便宜、对恒温恒湿的要求不高；第三代是傅里叶变换红外光谱仪（FT-IR），具有光通量高、噪音低、测量速度快、分辨率高、波数准确度高、光谱范围宽等优点，扩展了红外吸收光谱技术的应用领域。

10.3.4.1 红外吸收光谱在硬件技术方面的进展

（1）漫反射（Diffuse Reflectance，DR）傅里叶变换红外光谱技术漫反射傅里叶变换红外吸收光谱技术是一种对固体粉末样品进行直接测量的光谱方法。由于漫反射傅里叶变换红外光谱法不需要制样、不改变样品的形状、不要求样品有足够的透明度或表面光洁度、不会对样品造成任何损坏、可直接将样品放在样品支架上进行测定、可以同时对多种组分进行测试，这些特点很适合催化的原位跟踪研究，也很适合对珠宝、纸币、邮票的真伪进行鉴定。

(2) 衰减全反射（Attenuated Total Reflection ATR）傅里叶变换红外吸收光谱

20 世纪 80 年代初将显微镜技术应用到傅里叶变换红外吸收光谱仪，诞生了全反射傅里叶变换红外吸收光谱（ATR-FTIR）仪，ATR-FTIR 使微量成分的测试和分析变得简单而快捷，检测灵敏度达数纳克（ng），测量显微区直径达数十米。

(3) FTIR 与其他技术联用

近年来，随着仪器制造和计算机硬件、软件技术的发展，仪器的联用技术已成为解决许多分析实际问题的、很受欢迎的技术。

① 与热重分析仪（Thermo Gravimetry，TG）联用

热重分析仪与 FTIR 光谱仪的联用是很好的应用例子。这一联用技术的原理是，将样品置于 TG 分析仪中进行测试，得到试样的 TG 曲线，样品因加热而分解的产物不需要经过任何物理或化学处理而直接进入红外吸收光谱仪，经测试可得到产物的红外吸收光谱，根据试样的 TG 曲线和和分解产物的红外吸收光谱，可以对试样的热分解过程进行定量的评价。与传统的热重分析方法相比，热重-红外吸收光谱联机分析的最大优点是可以直接测出在各个失重过程中分解或降解产物的化学成分。

② 与裂解气相色谱联用

裂解气相色谱（Pyrolysis Gas Chromatography，PYGC）即微量高分子样品在仔细选择并很好控制的条件下，被快速加热，使之迅速生成许多可挥发的裂解产物，即裂解碎片。将裂解碎片导入气相色谱仪分离鉴定，最后根据裂解碎片的特征来判断样品的组成结构和性质。该技术的特点是可以判断不溶、不熔物和交联高聚物的组成结构而无需对样品进行前处理，样品量可以少到几微克，分离效率高，可以获得多种信息，毛细管色谱柱应用于裂解气相色谱后，大大提高了裂解气相色谱的分离能力。

③ 与气相色谱（Gas Chromatography）联用

GC-FTIR 联用技术在各种复杂混合物的实际分析鉴定中得到了广泛的应用。例如：在食品及药物研究方面，有文献报道利用 GC-FTIR 联用技术成功确定共轭亚麻酸同分异构体的双键结构（顺/顺、顺/反或反/反），还有报道提出一种鉴别标准色谱峰的方法，用来检测药物中是否含有刺激物和幻觉剂等污染物；在挥发油、香精香料等天然产物分析方面，使用大口径弹性石英毛细管柱，分析核桃油的组成，讨论利用 CID 分析及差谱技术处理 GC-FT-IR 分析数据的方法，得出多个组分的纯化合物气相红外吸收光谱图，定量分析其中多种物质，约占总色谱峰面积的 90%；在燃料分析方面，GC-FTIR 联用技术能较好地分离鉴定化石燃料中芳烃馏分三甲基菲（TMP）和二甲菲（DMN）等几何异构体。

10.3.4.2 红外吸收光谱软件技术方面的进展

红外吸收光谱硬件和软件技术的协调发展，把红外吸收光谱技术不断推向新的阶段，使这项技术日趋成熟、应用范围更加广泛，得到的信息更多、更准确，适应了多种不同的需求，仪器的操作和谱图的解析越来越简单。

(1) 差谱技术

计算机差谱技术是应用光学随计算机发展而出现的新的研究方法，是对存储的谱图进行

数据处理，以达到溶剂、基体及干扰组分光谱分离等。用漫反射技术或衰减全反射技术测样时，往往是多种物质的混合，这些物质的光谱峰很可能相互重叠，用差谱技术能将重叠的峰分开，得到各种纯物质的红外吸收光谱峰。

（2）红外吸收光谱谱图压缩数据库和网络传输

随着红外吸收光谱数据的迅速积累和信息技术的高速发展，传统的装订成册的谱图集已不适应时代的要求，取而代之的将是谱图数据库和谱图的网络传输。随着谱图量急剧增加，其数据库的管理和数据的网络传输仍存在一定的困难，因此，在保持原红外吸收峰的基本特征不变的前提下，使数据得到压缩，为谱图的存储和处理带来方便，即使在计算机硬盘技术日趋成熟、价格不断下降的今天，仍是十分必要的。

分析-综合编码是新近发展起来的一种数据压缩、重建方法，罗时玮等基于“分析-综合”编码原理，针对红外吸收光谱谱图的特点，筛选了一种类 Gauss 函数作为基函数，从而实现了红外吸收光谱全谱谱图数据的压缩和重现。压缩比达 12.7∶1，失真小，还可用于对数据的加密。

近年来，随着 Internet 和 WWW 技术的发展，使信息服务的概念和方式发生了一场意义深远的革命，网络化的目标是建立实用的红外吸收光谱谱图信息服务系统，用户只需提出问题和需求，不必关心所需连接的数据库类型和数据库存放位置。信息系统将根据问题的种类和要求自动搜索有关数据库，将检索结果汇总成为报告提交用户。

10.4 红外吸收光谱的应用

红外吸收光谱在化学领域的应用是广泛的，不仅用于化合物结构的基础研究，如确定分子的空间构型以及求出化学键的力常数、键长和键角等；而且广泛用于化合物的定性、定量分析和化学反应的机理研究等。

10.4.1 定性分析

（1）鉴别化合物的异同

化合物的红外吸收光谱与熔点、沸点、折射率和比旋光度等物理常数一样是化合物的一种特征。如对同质异晶体的鉴别，由于互为同质异晶体的分子的晶形不同，其对光的散射和折射不相同，致使其红外吸收光谱有差异，而在溶液中测定的红外吸收光谱则是相同的。如：α-联苯双酯有片状（熔点 158℃，B）和棱柱状（熔点 178℃，A）两种同质异晶体，其固相光谱图［图 10-14，(a)］与液相光谱图［图 10-14，(b)］区别明显。

（2）鉴别光学异构体

人工合成光学活性化合物，除用立体专属性的化学反应能得到具有旋光的产物外，通常都是外消旋体，分析需要较大量的产物和较多的时间，如欲迅速简便地确定合成是否成功，可直接对比合成品和天然物的液相红外吸收光谱。

旋光性化合物的左、右对映体的固相红外吸收光谱是彼此不同的，而溶液或熔融的光谱就完全相同。对映体和外消旋体由于晶格中分子的排列不同，使它们的固相光谱彼此不同。如图 10-15 所示可以通过固相红外光谱图区别左旋和右旋樟柳碱。

（3）区分几何（顺、反）异构体

对称反式异构体中的双键处于分子对称中心，在分子振动中键的偶极矩变化极小，因此在光谱中不出现双键吸收峰。顺式异构体无对称中心，偶极矩有改变，故有明显的双键特征峰，以此可区分顺、反异构体。

Cl　　　Cl　　　　　　　Cl　　　H(D)
C═C　　　　　　　　　C═C
H_3C　　　H(D)　　　　　H_3C　　　Cl

	顺式	强度	反式
$\nu_{C=C-H}$	$1614cm^{-1}$	>	$1615cm^{-1}$
$\nu_{C=C-D}$	$1606cm^{-1}$	>	$1605cm^{-1}$

（4）鉴定样品纯度和指导分离操作

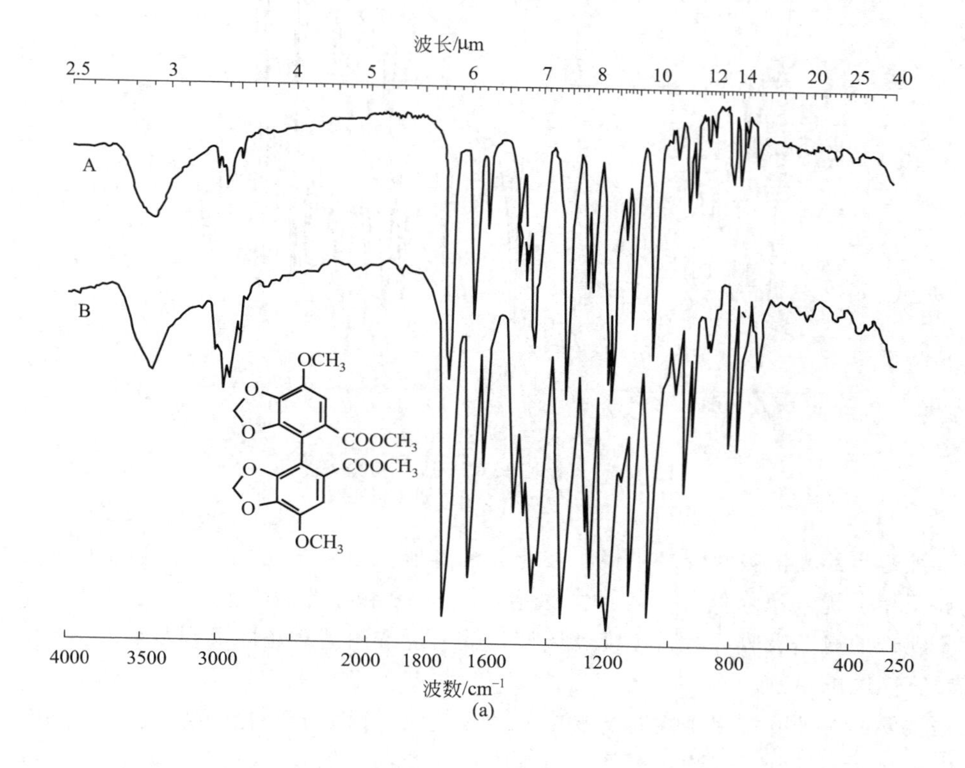

(a)

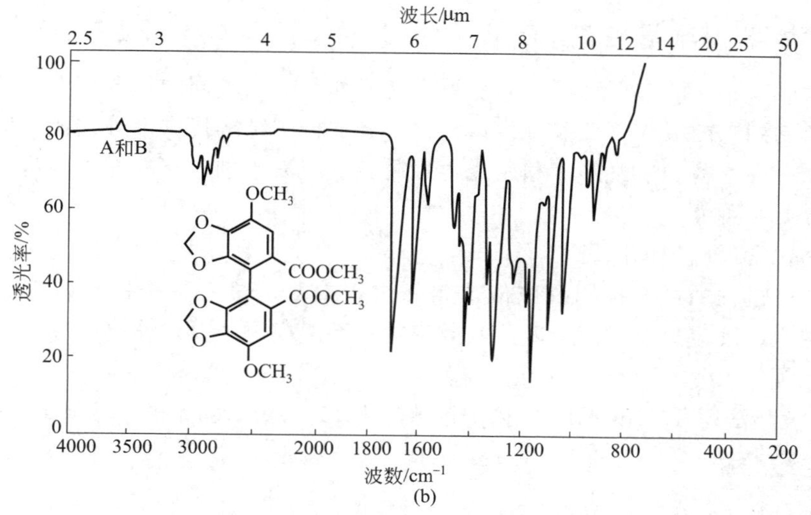

(b)

图 10-14　α-联苯双酯两种同质异晶体光谱图

（a）固相光谱图；（b）液相光谱图

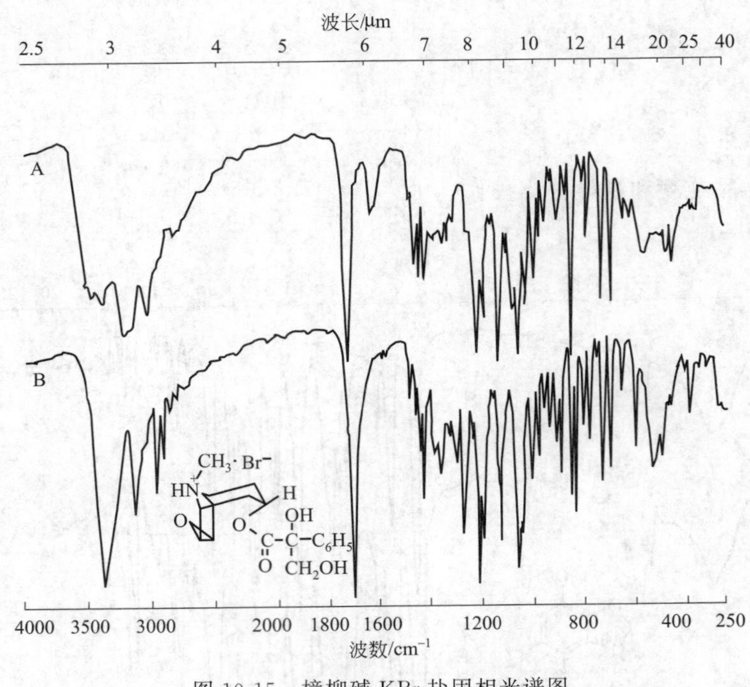

图 10-15　樟柳碱 KBr 盐固相光谱图

A—左旋体；B—消旋体

通常纯样品的光谱吸收峰较尖锐，彼此分辨清晰。如果含 5%以上杂质，由于多种成分的吸收峰互相干扰，常降低每个峰的尖锐度，有的线条会模糊不清。加之有杂质本身的吸收，使不纯物的光谱吸收峰数目比纯物质多，故与标准图谱对比即可判断纯度。

（5）官能团的鉴别

根据主要的特征峰可以确定化合物中所含官能团，以此鉴别化合物的类型。如某化合物的图谱中只显示出饱和 C—H 特征峰，就是烷烃化合物。如有═C—H 和 C═C 等不饱和键的峰，就属于烯类。其他官能团如 H—X、H—N、>C═O 和芳环等也较易认定，从而可以确定化合物为醇、胺、腈或羰基等。同一种官能团如果处在不同的化合物中，就会因化学环境不相同而影响到它的吸收峰位置，为推定化合物的分子结构提供十分重要的信息。以羰基化合物为例，有酯、醛和酸酐等，利用化学性质有的容易鉴别，有的却很困难，而红外吸收光谱就比较方便和可靠。

（6）研究化学反应中的问题

在化学反应过程中可直接用反应液或粗品进行检测，根据原料和产物特征峰的消长情况，对反应进程、反应速度和反应时间与收率的关系等问题能及时作出判断。

（7）其他领域

红外吸收光谱法还可应用于卫星云图的遥感遥测、珠宝玉石的无损分析与真伪辨别等方面。

10.4.2　定量分析

（1）定量基础

朗伯-比尔定律是分光光度法定量的基础，对于红外吸收光谱的定量分析也适用。该定律指出：吸收谱的峰强与样品的浓度成正比，用公式表示为：

$$A=\varepsilon bc \tag{10-8}$$

式中，A 为给定波长（波数）的吸收强度（吸光度）；ε 为摩尔吸光系数（给定波长下的吸收率）；b 为样品池长度（样品装在样品池中）或者样品厚度，cm；c 为样品浓度，$mol \cdot L^{-1}$。

假如吸收峰的 ε 很大，则浓度 c 必须很小以获得合适的吸收峰强度。假如峰强 A 很弱，那么必须增大浓度 c 或者增加样品的厚度 b。

（2）特征峰的测定

基于混合物的光谱是每个纯成分的加和性，因此可以利用光谱中的特定峰测量混合物中各成分的百分含量。有机化合物中官能团中键的力常数有相当大的独立性，故每种成分可选一两个特征峰，测其不同浓度下的吸收强度，得到浓度对吸收强度的工作曲线。

用同一吸收池装混合物，分别在其所含的每个纯成分的特征峰处测定吸收强度，从相应的工作曲线上求取各个纯成分的含量。若杂质在同一处有吸收就会干扰含量，克服这个缺点的方法是对每个成分同时测量两个以上特征峰的强度，并在选择各成分的特征峰时尽可能是它的强吸收峰，而其他成分在其附近吸收很弱或根本无吸收。如：可以通过红外吸收光谱法定量测定工业二甲苯的含量，如图 10-16 所示，因为三者的 C—H 弯曲振动（γ_{C-H}）峰位置不同，邻二甲苯是 $741cm^{-1}$、间位是 $690cm^{-1}$、对位是 $794cm^{-1}$。通过测定工业二甲苯上述三个峰的吸光度，即可从工作曲线上得到三个异构体的百分含量。

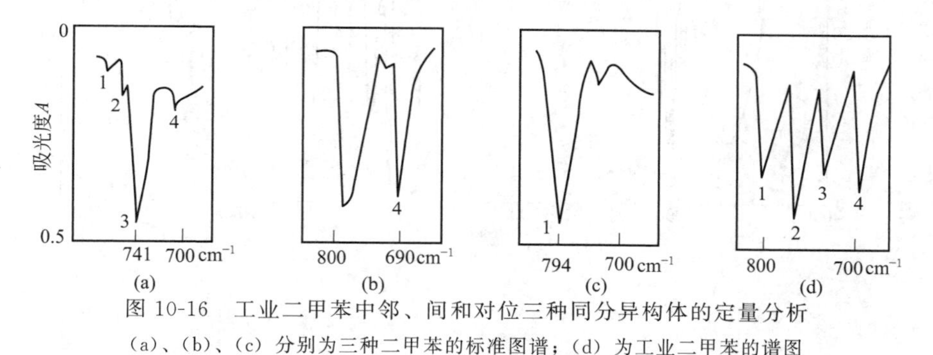

图 10-16　工业二甲苯中邻、间和对位三种同分异构体的定量分析

（a）、（b）、（c）分别为三种二甲苯的标准图谱；（d）为工业二甲苯的谱图

习　题

1. 红外吸收光谱的产生，主要是由于下列哪种能级的跃迁（　　）。

A. 分子中电子、振动、转动能级的跃迁

B. 分子中振动、转动能级的跃迁

C. 分子中转动、平动能级的跃迁

D. 分子中电子能级的跃迁

2. 以下四种物质中，不吸收红外光的是哪一种（　　）。

A. SO_2　　B. CO_2　　C. CH_4　　D. Cl_2

3. 下列数据中，哪一组数据所涉及的红外光区能够包括 CH_3CH_2CHO 的吸收带（　　）。

A. 分子振动时必须发生偶极矩的变化　　B. 分子振动时各原子的振动必须同步

C. 分子振动时各原子的振动必须同相　　D. 分子振动时必须保持对称关系

4. 在不同溶剂中测定羧酸的红外吸收光谱，出现 C═O 伸缩振动频率出现最低者为（　　）。

A. 气体　B. 正构烷烃　C. 乙醚　D. 碱液

5. 能用红外光谱区分下列物质对吗？为什么？

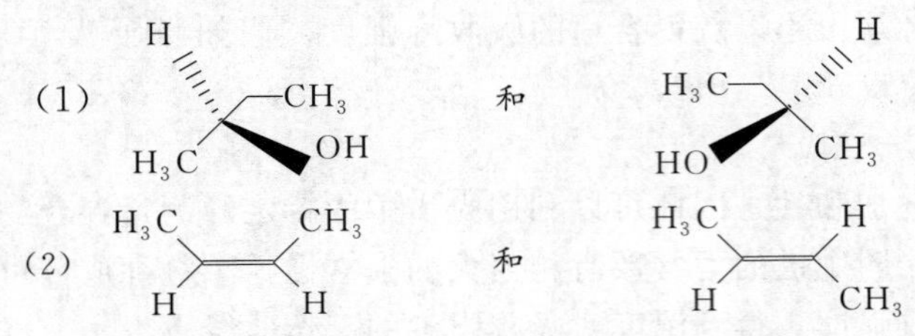

6. 在乙酰乙酸乙酯的红外吸收光谱中，除了发现 $1738cm^{-1}$、$1717cm^{-1}$ 有吸收峰外，在 $1650cm^{-1}$ 和 $3000cm^{-1}$ 也出现了吸收峰，试指出出现后两吸收峰的原因。

7. 化合物 $C_9H_{12}O$ 的红外吸收光谱如下所示，写出其结构式。

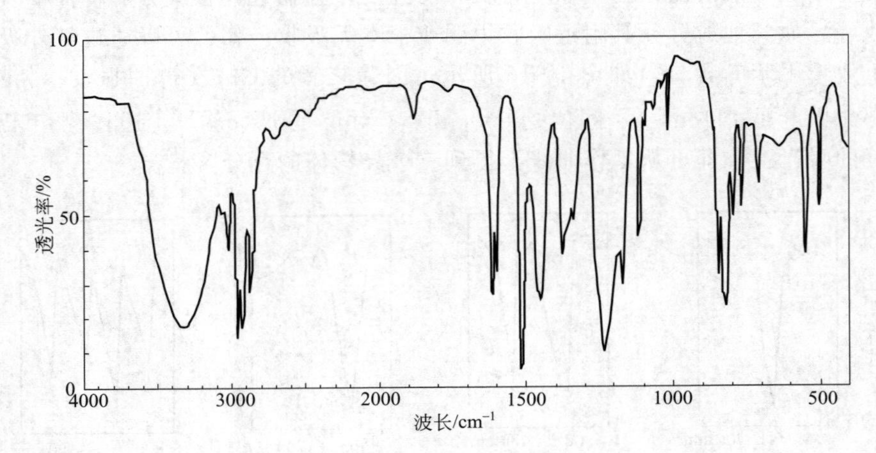

第11章 核磁共振波谱法

背景知识

自1924年Pauli预言核磁共振发生的可能性，到1946年Bloch和Purcell各自发现核磁共振现象以来，随着计算机科学技术的快速发展，核磁共振（Nuclear Magnetic Resonance，NMR）技术已成为石油勘探、食品分析和医学诊断等行业和领域重要的研究分析手段。核磁共振是原子核的磁矩受恒定磁场和相应频率的射频磁场同时作用，且满足一定条件时在它们的磁能级之间所发生的共振吸收现象。具体而言，样品中自旋不为零的原子核，它们的磁矩在静磁场中会发生能级分裂。若用射频电磁波（Radio Frequency，RF）照射样品，当电磁波的能量等于能级分裂的差值时，低能级的原子核会吸收能量发生能级跃迁，产生共振吸收信号。而一旦恢复原状，原子核又会把多余的能量释放出来，同时状态发生变化。因此，它是一种利用原子核在磁场中的能量和状态的变化来获得关于核（及其相关物质）信息的技术。而核磁共振波谱法是研究处于强磁场中的原子核对射频辐射的吸收，从而获得有关化合物分子结构信息的分析方法。以^{1}H核为研究对象所获得的谱图称为氢核磁共振波谱图；以^{13}C核为研究对象所获得的谱图称为碳核磁共振波谱图。核磁共振波谱与红外吸收光谱具有很强的互补性，已成为有机和无机化合物结构分析强有力的工具之一。近年来，核磁共振波谱分析技术发展迅速，超导核磁、二维和三维核磁、脉冲傅里叶变换核磁等技术的应用也日益广泛。核磁共振仪的发现改变了人类认知微观世界结构的方式方法，Bloch和Purcell因为发现核磁共振而获得诺贝尔物理学奖。

Otto Stern

Isidor I. Rabi

Bloch & Purcell

Richard Ernst

Kurt Wuthrich

Paul C.Lauterbur ,Sir Peter Mansfield

案例分析

在非常热门的生物化学领域，特别是结构生物学方面，许多蛋白质与人类健康及疾病相关。人类有 2～3 万个基因，大约 10 万个蛋白质；它们构成了细胞中复杂的蛋白质相互作用网络。蛋白质之间，蛋白质与核酸、脂类、糖类之间及各种配基之间可以形成稳定的复合物和不稳定的动态复合物。由于蛋白质是重要的生命活动载体和生物功能的执行者，因此对蛋白质复杂多样的结构功能、相互作用和动态变化的深入研究，将有助于在分子、细胞水平揭示生命现象的本质。简而言之，在细胞信号转导过程中，为了达到调控的目的，大多数蛋白质的相互作用是动态的，是弱相互作用，许多瞬时存在的复合物是很不稳定的，因而很难得到相应的晶体用于结构研究。核磁共振技术可以在接近生理条件下测定细胞中蛋白质的三维结构来研究蛋白质-蛋白质相互作用。迄今为止，科学家已发现细胞内存在许多大片段的内源性无结构蛋白质（disordered proteins），包括去折叠状态蛋白、熔融球蛋白、折叠中间态、变性蛋白质等。研究这些无结构的蛋白质对于了解蛋白质的折叠、聚合以及纤维化十分重要，它们与 Prion 病、帕金森氏病、埃茨海默病等淀粉状纤维变性有关，估计有三分之一的真核生物蛋白质还用超过连续 30 个氨基酸残基组成的无结构序列。而在与肿瘤相关的信号蛋白质中，比例还要高。一些内源性无结构的蛋白质在蛋白质-蛋白质相互作用过程中则起了关键作用。作为少数能提供无结构或部分结构的蛋白质及蛋白质折叠过程等多方面信息的方法，最近 NMR 技术的进展能使去折叠或部分折叠蛋白质分子的主链共振峰得到完全的认证，并有可能细致地了解这些构象状态的结构和动力学特征，研究人员可根据二级化学位移得到蛋白质的二级结构信息。

随着时代进步，快速、实时、准确的现场检测越来越重要，便携式小型化 NMR 波谱仪一直是磁共振领域的研究热点之一，成为未来的一个发展趋势。在化学、生物学及医学领域中，结合微流控、微探头和 MEMS 技术研制的微型核磁共振（micro-NMR）仪器不仅可以很好地避免高昂的仪器运行成本、而且能够大幅减少样品的使用量，解决样品难以获取或价格昂贵问题。

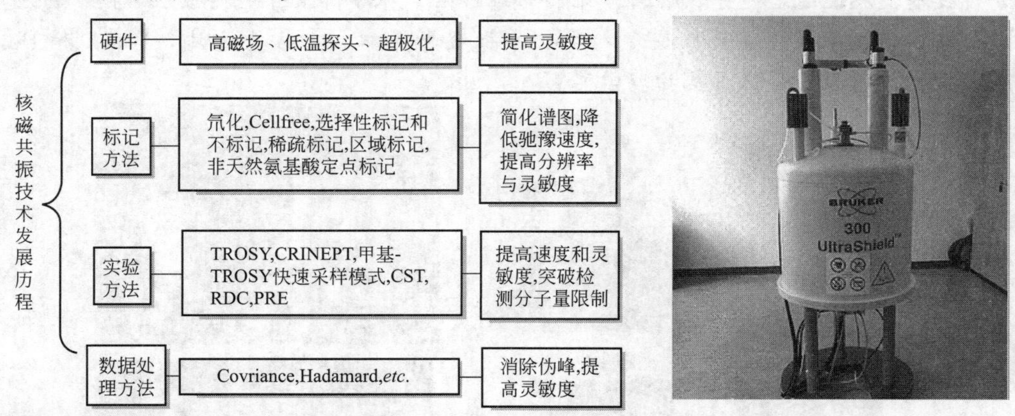

11.1 核磁共振原理

11.1.1 原子核自旋现象

原子核是由带正电荷的原子和中子组成的，它有自旋现象。原子核大都围绕着某个轴作旋转运动，各种不同的原子核自旋方式不同。研究表明，不能自旋的原子核没有磁矩，能自旋的原子核才能产生磁矩。各种不同的原子核，自旋方式是不同的，原子核自旋的方式可用自旋量子数 I 表示，有三种情况。

① $I=0$，这种原子核没有自旋现象，不产生共振吸收［质量数(M)为偶数，质子数(z)为偶数，如^{12}C、^{16}O、^{32}S］。

② $I=1$、2、3、…、n，有核自旋现象，但共振吸收复杂，不便于研究。

③ $I=n/2(n=1$、3、5、…) 有自旋现象，$n>1$ 时，情况复杂，$n=1$ 时，$I=1/2$，这类原子核可看作电荷均匀分布的球体，其核磁共振容易测定，适用于核磁共振光谱分析，其中尤以^{1}H 最合适（见表 11-1）。

表 11-1 各种原子核的自旋量子数

质量数	原子序数(z)	自旋量子数(I)	例子
奇数	奇或偶	$\frac{1}{2},\frac{3}{2},\frac{5}{2},\cdots$	$I=\frac{1}{2}$：$^{1}H_{1}$，$^{13}C_{6}$，$^{19}F_{9}$，$^{15}N_{7}$ $I=\frac{3}{2}$：$^{11}B_{5}$，$^{35}Cl_{17}$ $I=\frac{5}{2}$：$^{17}O_{8}$
偶数	偶数	0	$^{12}C_{6}$，$^{16}O_{8}$，$^{32}S_{16}$
偶数	奇数	1,2,3,…	$I=1$：$^{2}H_{1}$，$^{14}N_{7}$ $I=3$：$^{10}B_{5}$

原子核在循环电流下产生磁场，形成磁矩（μ）。

$$\mu=\gamma P \tag{11-1}$$

式中，P 是角动量矩；γ 是磁旋比（Magnetogyric Ratio），它是自旋核的磁矩和角动量矩之间的比值，因此是各种核的特征常数。当自旋核（Spin Nuclear）处于磁感应强度为 B_0 的外磁场中时，除自旋外，还会绕 B_0 运动，这种运动情况与陀螺的运动情况十分相像，称为拉莫尔进动(Larmor process)。自旋核运动的角速度 ω_0 与外磁场感应强度 B_0 成正比，比例常数即为磁旋比。

式中，ν_0 是进动频率。

$$\omega_0=2\pi\nu_0=\gamma B_0 \tag{11-2}$$

原子核在无外磁场中的运动情况如图 11-1(a)，微观磁矩在外磁场中的取向是量子化的［图 11-1(b)］。

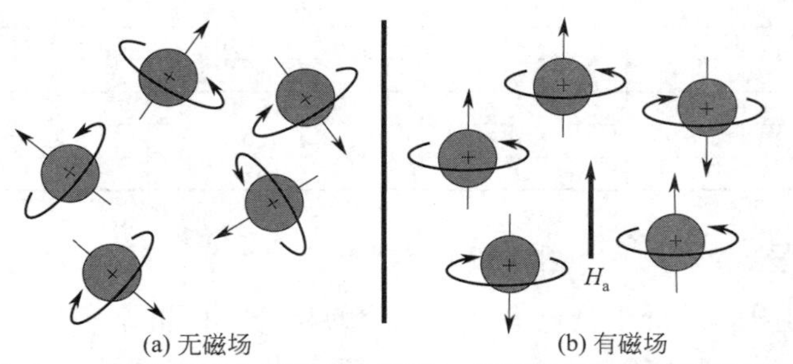

图 11-1 H 质子沿自旋轴方向旋转，在外磁场作用下发生偏转

11.1.2 核磁共振现象

旋转的原子核产生磁场，它遵循右手法则。将旋转的原子核放到一个均匀的磁场中，自旋核在磁场中进行定向排列，排列方向共有 $2I+1$ 种，用（核）磁量子数 m 来表示，

$m=I$、$I-1$、$I-2$、…、$-I$。原子核处于不同的排列方向时能量不同，即在外磁场的作用下，原子核能级分裂成 $2I+1$ 个。

对^{1}H，$I=1/2$、$m=+1/2$、$-1/2$，这两种排列有很小的能级差别。

$$\Delta E=2\mu H_0$$

式中，μ 为自旋核产生的磁矩；H_0 为外磁场强度。

$m=+1/2$ 的能量较低，称低能自旋态（低能态），$m=-1/2$ 的能量较高，称高能自旋态（高能态）。从 $m=+1/2$ 跃迁到 $m=-1/2$，两个能级之差为 ΔE，需吸收一定能量（电磁波），只有当具有辐射的频率和外界磁场达一定关系时，才能产生吸收，满足条件如公式 (11-3) 所示。

$$\Delta E=\gamma \frac{h}{2\pi}H_0 \tag{11-3}$$

式中，γ 为磁旋比，核常数；h 为 Planck 常数，6.626×10^{-34} J・S。

ΔE 与磁场强度（H_0）成正比。给处于外磁场的质子辐射一定频率的电磁波，当辐射所提供的能量恰好等于质子两种取向的能量差（Δ_E）时，质子就吸收电磁辐射的能量，从低能级跃迁至高能级，这种现象称为核磁共振。

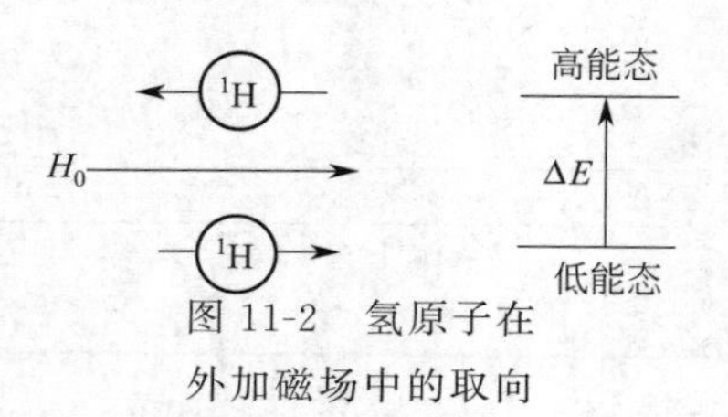

图 11-2　氢原子在外加磁场中的取向

各种有机化合物中都含有能产生核磁共振的原子核，而其中以^{1}H、^{13}C 核最重要。由于^{1}H 核的天然丰度最高，达 99.985%，它对磁场的敏感度最大，因此研究^{1}H 核的核磁共振也最多。而^{13}C 的天然丰度只有 1.11%，它对磁场的敏感度很小，因此检测十分困难。但目前在技术上已有突破，能在很短的时间内检测出^{13}C 的核磁共振谱，其应用也日益增多。其它一些核的丰度和磁矩如表 11-2。

表 11-2　元素的丰度和磁矩

元素	天然丰度/%	自旋(I)	磁矩(核磁子单位)	磁场中的共振频率/MHz	相对敏感度(同一磁场)
^{1}H	99.985	1/2	2.7927	42.577	1.000
^{2}H	0.015	1	0.8574	6.536	0.00964
^{10}B	20.0	3	1.8006	4.575	0.0199
^{11}B	80.0	3/2	2.6880	13.660	0.615
^{13}C	1.11	1/2	0.7022	10.705	0.0159
^{14}N	99.63	1	0.4036	3.076	0.00101
^{17}O	0.04	5/2	−1.8930	5.772	0.02901
^{19}F	100	1/2	2.6273	40.055	0.834
^{29}Si	4.67	1/2	−0.5547	8.460	0.0785
^{31}P	100	1/2	1.1305	17.235	0.064
^{33}S	0.75	3/2	0.6427	3.266	0.00226

11.1.3　弛豫过程

根据量子力学计算，若处于低能级和高能级的粒子数目相等，则不能观测到核磁共振现象，但根据 Boltzman 分配定律，$N_{+1/2}/N_{-1/2}=e^{\Delta E/kT}=1.0000099$，即每一百万个氢核中，处于低能的氢核数仅比激发态多约 10 个左右，故能产生净吸收，但很容易饱和，饱和后就看不到核磁共振现象。为了持续地产生核磁共振现象，原子核就需从激发态回到基态，这一过程称为弛豫过程，遵循指数变化规律，其时间常数称为弛豫时间。

弛豫的方式有两种：①处于高能态的核通过交替磁场将能量转移给周围的分子，即体系往环境释放能量，本身返回低能态，这个过程称为自旋晶格弛豫，其速率用 $1/T_1$ 表示，T_1 称为自旋晶格弛豫时间，自旋晶格弛豫降低了磁性核的总体能量，又称为纵向弛豫；②两个处在一定距离内进动频率相同，进动取向不同的核互相作用而交换能量，改变进动方向的过程称为自旋-自旋弛豫，其速率用 $1/T_2$ 表示，T_2 称为自旋-自旋弛豫时间，自旋-自旋弛豫未降低磁性核的总体能量，又称为横向弛豫。

对于 T_1 弛豫过程，样品中的自旋核与晶格以热辐射的形式相互作用。显然，所研究的对象必须是物质中的自旋核，即自旋不为零的核，到目前为止研究较多的一般是氢核。这是由含氢物质的磁旋比、天然含量和赋存状态决定的，例如生物组织或器官内水的成分占 70%，大部分有机化合物分子中也含有 H，所以在其成像和波谱分析中都是将 ^1H 作为研究对象。晶格一般指自旋核以外的部分，即自旋核的外环境。物质样品一般是由多种化学元素构成的化合物或混合物，于是所测得的 T_1 值是指物质不同分子结构中 ^1H 核 T_1 值的平均值（T_2值也是如此）。如有些病灶在不同阶段含水量不同，这可以表现在 T_1的大小上，利用这一点可以对病灶作病理分期。除此以外，弛豫时间对谱线宽度也有影响，根据测不准原理，有

$$\Delta E \times \Delta t = h$$

$$h \Delta\mu \Delta t = h \tag{11-4}$$

故 $\Delta\mu$（谱线展宽）$=1/\Delta t$

固体样品 T_2 很小，谱线很宽，为得到高分辨率的核磁共振谱图，通常选用液体样品。

11.2 核磁共振波谱仪

核磁共振波谱仪由磁场、射频振荡器、探头、射频接收器和记录处理系统组成，如图 11-3 所示。装有样品的玻璃管放在磁场强度很大的电磁铁的两极之间，用恒定频率的无线电波照射。在扫描发生器的线圈中通直流电，产生一个微小磁场，使总磁场强度逐渐增加，当磁场强度达到一定的值 H_0 时，样品中某一类型的核发生能级跃迁，这时产生吸收，接收器就会收到信号，由记录器记录下来，得到核磁共振谱。

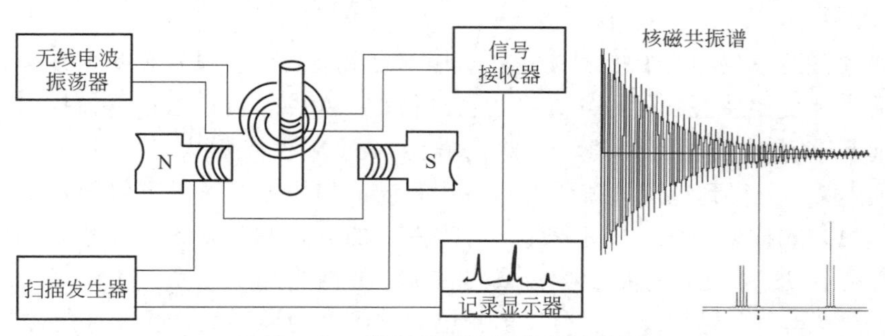

图 11-3　核磁共振波谱仪的结构图

（1）磁场

磁场的作用是使样品中的核自旋体系的磁能级发生分裂。目前，所采用的磁场有三种类型，即永久磁铁、电磁铁、超导磁体，它们各有优缺点。

永久磁铁和电磁铁：永久磁铁和电磁铁的磁场强度小于 25kG。

超导磁体：超导磁体是由铌钛或铌锡合金等超导材料制备的超导线圈，在低温 4K 下，处于超导状态，它的磁场强度大于 100kG 时，大电流一次性励磁后，闭合线圈，产生稳定

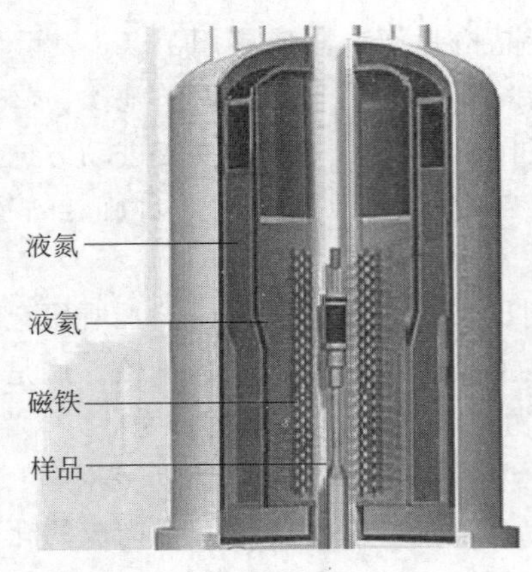

图 11-4　超导磁铁结构图

的磁场，并且长年保持不变（图 11-4）。

（2）射频振荡器

射频振荡器能产生固定的频率，其作用是激发核磁能级之间的跃迁。一般有两种形式：一种是连续波，它连续作用于核自旋体系以产生核磁共振信号；另一种是射频脉冲，即以短而强的射频脉冲作用于核自旋体系，产生自由感应衰减信号，经计算机平均累加进行傅里叶变换后，得到核磁共振波信号。采用后一种形式制成的核磁共振波谱仪，称为脉冲傅里叶变换核磁共振谱仪。

（3）探头

探头是放置样品管的地方，它是核磁共振波谱仪的关键部件。探头中不仅包含样品管，而且还包括扫描线圈和接收线圈。按工作原理可分为单线法和双线法两种，前者适用于连续波核磁共振波谱仪，后者适用于脉冲傅里叶变换核磁共振波谱仪。

（4）射频接收器

射频接收器线圈在试样管的周围，并与振荡器线圈和扫描线圈相垂直，当由接收线圈感应出共振信号之后，接收器接收所产生的微弱信号加以放大、检波，变成直流核磁共振信号。

（5）记录处理系统

通过示波器直接观察核磁共振信号，或用记录器扫描谱图，配以积分仪，可扫描出各谱峰的峰面积之比，即积分高度曲线。

将样品装在样品管中，它由玻璃制成，置于探头的线圈当中。围绕样品管的线圈除射频线圈外，还有射频接收线圈，二者互相垂直，并与扫描发生器线圈三者成互相垂直状态，因而互不干扰。样品管置于样品座上，可以旋转以使样品受到均匀磁场的作用。

核磁共振波谱仪的共振频率是根据^{1}H 的频率来命名的，^{1}H 共振频率＝42.57708×H_0（MHz），其中 H_0 为磁场强度，单位为 T（特斯拉）。例如，当磁场强度为 4.7T 时，共振频率就是 200MHz。

有的核磁共振波谱仪还带有变温装置和双照射去偶装置。在脉冲傅里叶变换核磁共振谱仪上所带的傅里叶变换装置和信号累计平均仪（简称 CAT），可进行重复扫描，使被测组分信号加强，而噪音信号被相互抵消，因此信噪比（S/N 值）加大，使检测灵敏度提高近 100 倍。为了从仪器上得到核磁共振谱，可采用不同的扫描方式。固定射频频率 ν'，而改变磁场强度 H_0 的方式称为扫场。固定 H_0，而改变 ν'的方式称为扫频。一般多采用扫场。此法是固定外加磁场 H_0，通过扫描发生器线圈在 H_0 方向叠加一个小扫描磁场 $H_0{}'$。另外在 H_0 的垂直方向放置一个射频线圈，通以射频电流（频率为 ν'）后产生交变电磁场。

（6）波谱仪种类

核磁共振波谱仪分为连续波核磁共振波谱仪和脉冲傅里叶变换核磁共振波谱仪。最简单的方式是固定电磁波频率，连续扫描静磁感强度。当然也可以固定静磁感强度，连续改变电磁波频率。但不论上述中的哪一种，都称为连续扫描方式，以这样方式工作的谱仪称为连续波谱仪。这样的谱仪效率低，采样慢，难于累加，不能实现核磁共振的新技术，因此连续波谱仪已被脉冲傅里叶变换核磁共振波谱仪取代。

所有的傅里叶变换分析仪器都有以下共同点：首先是在一个很短的时间内激发所有的检

测对象，使它们都产生相应的信号；其次是计算机把所有检测对象同时产生的信号（时域信号，因其变量为时间）转换为按频率分布的信号，即大家所熟悉的频谱。对傅里叶变换核磁共振波谱仪来说，首先就要使不同基团的核同时共振，同时产生各自的核磁共振信号。为达到这点，需要在某一时刻对样品应加一个相当宽的频谱的射频。

频率为 f_0 的连续、等幅的射频波，一旦受到一个脉冲方波序列的调制之后，实际上包含了多个分立的射频分量（这是一个傅里叶分解的问题）。可以这样来理解，连续波谱仪在任一瞬间最多只有一种原子核共振，而现在，几微秒的时间间隔之内，所有的原子核（指所观测的但处于不同官能团的某种同位素）都要共振，它们吸收的能量都来自脉冲，因而脉冲需有足够强。在连续波谱仪中，射频强度是 10^{-6}T 数量级，而在傅里叶变换波谱仪中是几到几十个 10^{-4}T 数量级。

采用脉冲傅里叶变换仪器可方便地对少量样品进行累加测试，使对样品量的要求大为降低并大大改善信噪比。由于采用脉冲，因而可以设计多种脉冲序列，完成多种用连续波谱仪根本无法完成的实验，有人称之为“自旋工程”。多种多样的核磁共振二维谱就是重要的例子。

有的核磁共振波谱仪还带有变温装置和双照射去偶装置。在脉冲傅里叶变换核磁共振波谱仪上所带的傅里叶变换装置和信号累计平均仪（简称 CAT），可进行重复扫描，使被测组分信号加强，而噪音信号被相互抵消。因此信噪比值（S/N 值）加大，使检测灵敏度提高近 100 倍。

11.3 ^1H 核磁共振波谱

11.3.1 化学位移

由核子的共振条件：$\nu_0/H_0=\gamma/(2\pi)$可知，不同原子核，磁旋比 γ 不同，产生共振的条件不同，需要的磁场强度 H_0 和射频频率 ν 不同。固定 H_0，改变 ν（扫频），不同原子核在不同频率处发生共振。也可固定 ν，改变 H_0（扫场）。扫场方式应用较多。对于氢核（^1H），磁场强度为 1.409T 时，共振频率为 60MHz；磁场强度为 2.305T 时，共振频率为 100MHz。磁场强度 H_0 的单位：1 高斯（GS）$=10^{-4}$T（特拉斯）。

假设在理想化条件下，有机化合物的所有质子的共振频率都相同，裸露的氢核在 1.409T 的外加磁场中，所有的质子都将吸收 60MHz 的电磁波能量而发生跃迁，产生共振峰，且峰频率相同。那么，此时核磁共振谱图上只有一个峰，它对有机化合物结构鉴定将毫无意义。实验表明，由于 ^1H 核所处的环境不同，有机化合物中各个 ^1H 核所受的磁场强度不同。发生核磁共振时，所吸收的射频约有百万分之几的差异，这是因为当氢核自旋时，周围的负电荷也随之转动，在外加磁场的影响下，产生一个对抗磁场（H_1），其方向与外加磁场方向相反。这种对抗磁场使核实际受到的外加磁场减小，即 $H_{实}=H_0-H_1$。

而由于各个 ^1H 所处的化学环境不同（即化学结构不同），磁场强度减小的程度不一样。这种原子核由于在分子中所处的化学环境不同造成的在不同的共振磁场下显示吸收峰的现象称为化学位移。化学位移现象表明，共振频率不完全取决于核本身，还与被测核在分子中所处的化学环境有关。

核外电子对抗磁场的作用称为屏蔽效应。屏蔽效应的大小与核外的电子云密度有关，电子云密度越大，屏蔽效应就越强，此时磁场强度要作相应的增加，才能产生核磁共振。此外，屏蔽效应还与外加磁场强度成正比，因此核真正受到的磁场强度 $H_{实}$ 为：

$$H_{实}=H_0-\alpha H_0=H_0(1-\alpha) \tag{11-5}$$

式中，α 是比例常数，称为屏蔽常数。上式可改写为下式：

$$\nu=H_0(1-\alpha) \tag{11-6}$$

由上式可知，在同一射频场（H_0）中，同一化合物中各种不同环境的 ^{1}H 核或不同化合物中的 ^{1}H 核的共振频率，并不在同一位置，而是随核所处的化学环境不同，在不同的位置出现吸收峰，也就是化学位移不同。分子中不同官能团的 ^{1}H 核的化学位移与其结构有关，因而利用这种关系可研究分子的结构。

11.3.2 化学位移的表示方法

从式(11-6) 可以知道，共振频率与外部磁场呈正比。例如，若用 60MHz 仪器测定乙酸乙酯时，其甲基质子的吸收峰与 TMS 吸收峰相隔 132Hz；若用 100MHz 仪器测定时，则相隔 225Hz。为了消除磁场强度变化对共振频率所产生的影响，以使在不同核磁共振仪上测定的数据统一，通常用试样和标样共振频率之差与所用仪器频率的比值 δ 来表示，又称为相对化学位移。由于数值很小，故通常乘以 10^6。这样，δ 就为一固定值：

$$\delta=\frac{\nu_{试样}-\nu_{TMS}}{\nu_0}\times10^6=\frac{\Delta\nu}{\nu_0}\times10^6 \tag{11-7}$$

式中，δ 和 $\nu_{试样}$ 分别为试样中质子的化学位移及共振频率；ν_{TMS} 是 TMS 的共振频率（一般 $\nu_{TMS}=0$）；$\Delta\nu$ 是试样与 TMS 的共振频率差；ν_0 是操作仪器选用的频率。在扫场时，可利用磁场强度的改变来表示化学位移 δ；在扫频时，也可用频率的改变来表示。由于没有完全裸露的氢核，因此化学位移没有绝对的标准，于是需要一个参照物（reference compound）来做对比，常用四甲基硅烷 $(CH_3)_4Si$（tetramethylsilane，简写为 TMS）作为标准物质，并人为将其吸收峰出现的位置定为零。用 TMS 做标准的原因如下：

① 12 个氢处于完全相同的化学环境，只产生一个尖峰；

② 屏蔽强烈，位移最大，与有机物中的质子峰不重叠；

③ 化学惰性，不会与试样反应；

④ 易溶于有机溶剂，沸点低（27℃），易回收。

与裸露的氢核相比，TMS 的化学位移最大，但规定 $\delta_{TMS}=0$。人们规定，在四甲基硅烷峰左边的峰 δ 值为正，位于其右边的峰 δ 值为负。多数有机物中氢的 δ 在 0～15 之间，0 为高场，15 为低场，高场、低场分布如图 11-5 所示。

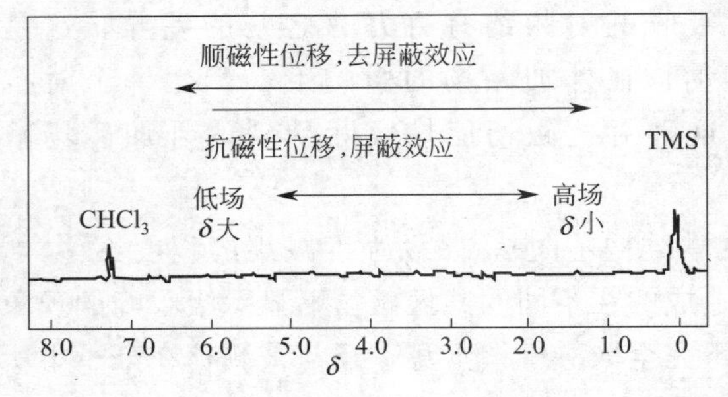

图 11-5　^{1}H 核共振谱图及常用术语

11.3.3 影响化学位移的因素

核磁共振氢谱中影响化学位移的因素可以从官能团本身的性质、空间因素、屏蔽效应、氢键、等价和不等价质子等几个方面来进行讨论。

(1) 官能团性质

不同官能团的化学位移数值有比较大的差别。大体说来，饱和基团的 δ 值较小，不饱和基团的 δ 值较大（苯环的 δ 值则比烯基的

δ 值更大一些)。影响因素如下所示。

① 官能团所在碳原子的 sp^3 电子杂化情况

与氢原子相连的碳原子如果从 sp^3 杂化（碳碳单键）变为 sp^2 杂化（碳碳双键），s 电子的成分从 25%增加到 33%，键电子更靠近碳原子，因而对于相连的氢原子有去屏蔽作用，即该氢原子的化学位移增大。例如，炔氢（对应的是 sp 杂化）的化学位移在烯氢和饱和氢之间。

② 环状共轭体系的环电流效应

以苯环为例，在外加磁场的作用下，环状共轭体系的离域 π 电子将产生环电流。如图 11-6 所示，其磁力线在苯环的上、下方，与外加磁力线的方向相反，但是在侧面与外加磁力线的方向相同，因而对于苯环的氢（在苯环的侧面）有去屏蔽作用。虽然样品分子在溶液中会不断地翻滚，即分子对于磁场的方向在变化，但是平均的结果，苯环上的氢原子仍然受到了较强的去屏蔽作用。由于这个原因，苯环氢的化学位移比烯氢大。

(2) 空间因素

当所研究的氢核和邻近的原子间距小于范德华半径之和时，氢的核外电子被排斥，电子云密度下降，化学位移变大。化学键无论是单键、双键还是叁键，都具有各向异性的屏蔽作用。也就是说它们对于不同方向的屏蔽作用是不同的：某方向是屏蔽作用，某方向是去屏蔽作用。

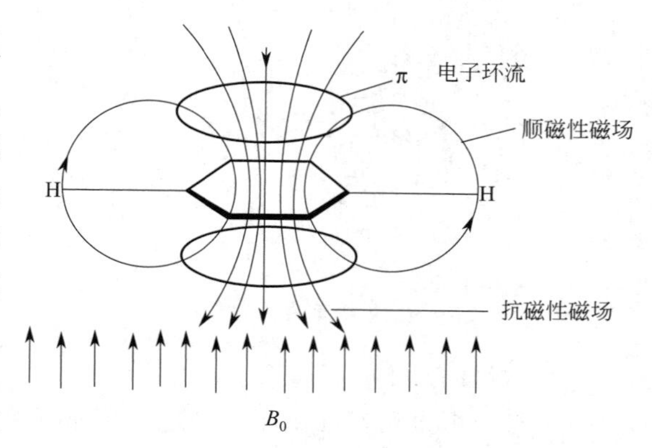

图 11-6 苯环的环电流效应

对环己烷，六元环如果不能快速翻转，亚甲基上面的平伏氢和直立氢的化学位移数值通常有明显的差别，直立氢的化学位移大约比平伏氢的小 0.5，这就是单键各向异性屏蔽作用的结果。碳碳叁键（炔基）中 π 电子只能绕键轴转动，沿键轴方向屏蔽作用很强，因此炔氢在这个区域受到很强的屏蔽作用，所以炔氢相对于烯氢在高场方向出峰。

(3) 屏蔽效应

局部屏蔽效应由成键电子的电子云密度而产生，由两部分组成。逆磁屏蔽：由成键电子在外磁场作用下产生的诱导环电流而产生的与外磁场相反的次级磁场；顺磁屏蔽：化学键限制了成键电子在外磁场作用下的运动。对 ^1H 而言，可略而不计。

影响电子云密度的主要因素有如下三种。

① 诱导效应　与质子相连元素的电负性越强，吸电子作用越强，价电子偏离质子，屏蔽作用减弱，信号峰在低场出现。例如：

—O—CH_3，$\delta=3.24\sim4.02$　　较低场

—N—CH_3，$\delta=2.12\sim3.10$

—C—CH_3，$\delta=0.79\sim1.20$　　较高场

② 共轭效应　影响电子云密度。如，甲氧基苯环上的 H，邻位的化学位移为 6.84，对位的化学位移为 6.99，间位的化学位移为 7.81。

③ 杂化影响　若无其他效应的影响，杂化轨道随 s 成分增加而电子云密度降低，屏蔽作用减小，化学位移增大。

④ 远程屏蔽效应　亦称邻近的逆磁屏蔽或磁各向异性，具有方向性。

当分子中某一原子核外的电子云分布不是球形对称，即为磁各向异性时，它对邻近核就附加了一个各向异性的磁场，使某些位置上的核受屏蔽，而另一些位置上的核去屏蔽，因而改变了一些核的化学位移。

⑤ 不饱和键的各向异性　如叁键化合物乙炔，其氢核位于屏蔽区，如图 11-7 所示。

又如芳环的各向异性。在芳环上、下的 π 电子环流产生的顺磁性磁场，可以抵抗外加磁场影响，使其化学位移移向低场。

⑥ 单键的各向异性　C—C 单键电子产生的各向异性较小，C—C 单键键轴是去屏蔽圆锥的轴，随着甲基的氢被取代，去屏蔽效应增大，信号往低场移动，如图 11-8 所示。

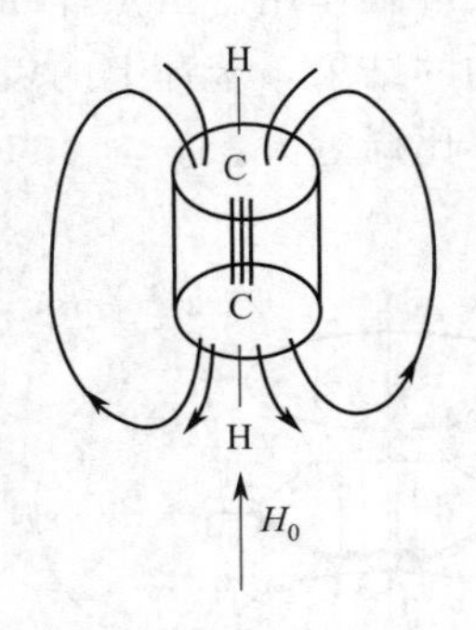

图 11-7　乙炔叁键的各向异性

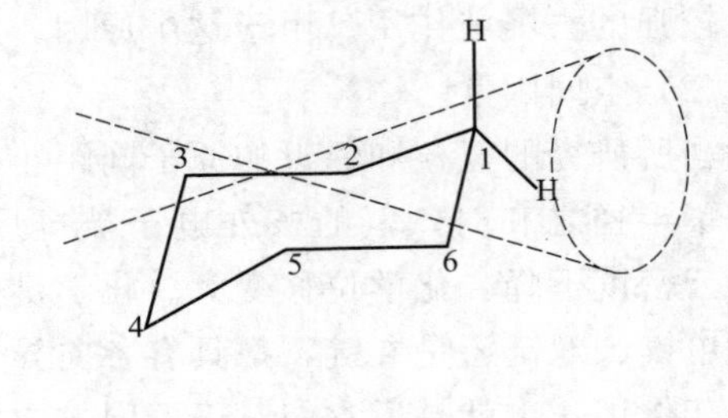

图 11-8　单键的各向异性

(4) 氢键的影响

分子形成氢键后，使质子周围电子云密度降低，产生去屏蔽作用而使化学位移向低场移动，如醇类、胺类和酸类等。氢键使共振吸收移向低场，因为削弱了对氢键质子的屏蔽。分子内氢键受环境影响较小，所以与样品浓度、温度变化关系不大。分子间氢键受环境影响较大，当样品浓度、温度发生变化时，氢键质子的化学位移会发生变化。

—OH 0.5～5.5　　—NH_3 0.5～5　　ArOH 4.5～7.7　　—COOH 10～13

(5) 等价质子和不等价质子

所谓不等价质子是化学位移不同的质子（不同化学环境的质子）。而等价质子是将两个质子分别用试验基团取代，若两个质子被取代后得到同一结构，则它们是化学等价的，有相同的化学位移。

例如：$\overset{1}{C}H_3\overset{2}{C}H_2\overset{3}{C}H_3$

将 C1 上的一个 H 被 Cl 取代得 $ClCH_2CH_2CH_3$

将 C3 上的一个 H 被 Cl 取代得 $CH_3CH_2CH_2Cl$

所以两个甲基上的 6 个 H 是等价的。

将 C2 上的两个 H 分别被 Cl 取代都得 $CH_3CH(Cl)CH_3$

所以 C2 上的 2 个 H 是等价的。

有机分子中有几种质子，在谱图上就出现几组峰。

例如：(Br)(CH_3)C=C(H)(H) 有三种不等价质子，^{1}H NMR 谱图中有 3 组吸收峰。

例如：Br(H)C=CH₂ 有三种不等价质子

例如：甲基环丙烷 有四种不等价质子

11.3.4　积分曲线及常见有机化合物中质子的化学位移

在^{1}HNMR 谱图中，有几组峰表示样品中有几种质子。每一组峰的强度与质子的数目成正比，由各组峰的面积比，可推测各种质子的数目比（因为自旋转向的质子越多，吸收的能量越多，吸收峰的面积越大）。峰面积用电子积分仪来测量，在谱图上通常用阶梯曲线来表示，阶梯曲线就是积分曲线。各个阶梯高度比表示不同化学位移的质子数之比。

化学位移一般规律总结如下。

① 饱和碳原子上质子的化学位移值　叔碳＞仲碳＞伯碳。例如

0.96, 1.33, 1.29, 1.29, 1.33, 0.96　　1.01, 1.01, 1.83, 1.25, 1.29, 1.33, 0.96

OH, 1.21, 3.43, 1.29, 2.11, H 5.70, H 4.97, H 5.03　　I, I, 5.53, 2.43, 0.96

② 不饱和碳原子上质子化学位移值　芳氢＞烯氢＞烷氢。

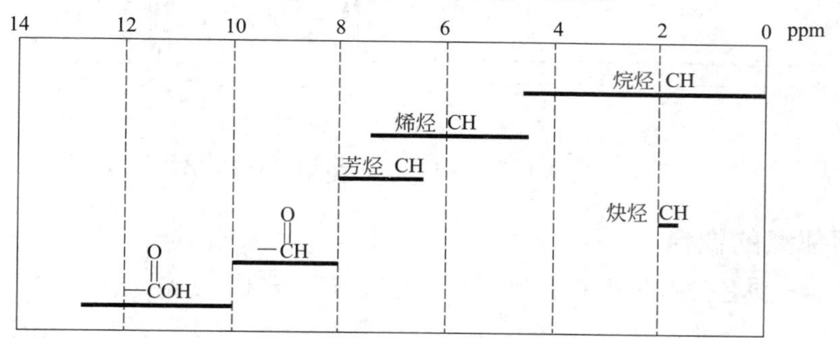

③ 吸电子基团（N，O，X，NO_2，C═O 等）使化学位移变大。电负性越大，吸电子能力越强，化学位移值越大。常见基团的化学位移如图 11-9 所示。

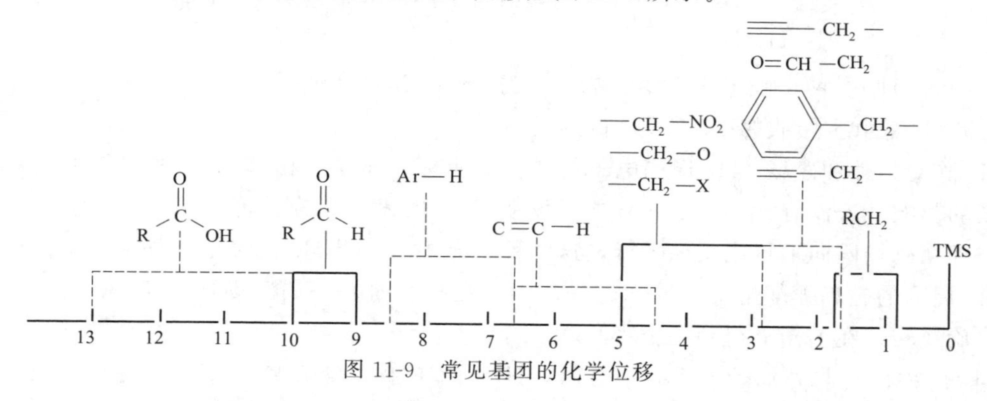

图 11-9　常见基团的化学位移

11.4 自旋偶合与自旋裂分

在有机化合物的高分辨率核磁共振谱中，以乙醇 CH_3CH_2OH 为例，$—CH_3$、$—CH_2$ 的吸收峰都不是单峰，而是复峰。前者是三重峰，后者是四重峰。这种现象的出现是由于$—CH_3$，$—CH_2$ 上的氢原子核之间相互干扰所引起的。这种邻近的氢原子核之间的相互干扰称为自旋偶合。由于自旋偶合而引起的谱线增多的现象称为自旋裂分，并以偶合常数 J 表示其干扰强度的大小，单位以 Hz 表示。如图 11-10 所示是乙醇在不同分辨率下的核磁共振谱图。

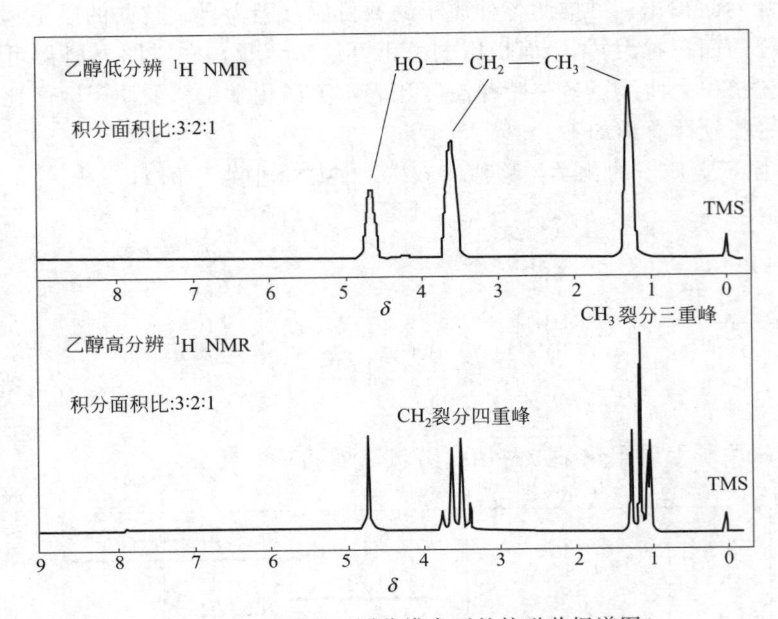

图 11-10　乙醇在不同分辨率下的核磁共振谱图

11.4.1 相邻氢的偶合

例如，1,1-二氯乙烷分子中有 2 种氢，它的谱图中应出现 2 组峰。

$$H_a—C^2(H_a)(H_a)—C^1(Cl)(H_b)—Cl$$

$\delta=5.9$　H_b 的共振吸收峰，四重峰

$\delta=2.1$　H_a 的共振吸收峰，两重峰

C^1 上的 H_b 受两个吸电子基团影响，共振吸收峰出现在低场。

(1) H_a 的共振吸收峰受 H_b 影响发生裂分

H_a 除受到外加磁场、H_b 周围电子的屏蔽效应外，还受到相邻 Cl 上的氢核 b 自旋产生的磁场的影响。若没有 H_b，H_a 在外加磁场强度 H 时发生自旋反转。若有 H_b 时，H_b 的磁矩可与外加磁场同向平行或反向平行，这两种机会相等。当 H_b 的磁矩与外加磁场同向平行时，H_a 周围的磁场强度略大于外加磁场，因此在扫场时，外加磁场强度略小于 H 时，H_a 发生自旋反转，在谱图上得到一个吸收峰。

当 H_b 的磁矩与外加磁场反向平行时，H_a 周围的磁场强度略小于外加磁场，因此在扫

场时，外加磁场强度略大于 H 时，H_a 发生自旋反转，在谱图上得到一个吸收峰。

这两个峰的面积比为 1∶1，H_a 的化学位移按两个峰的中点计算。

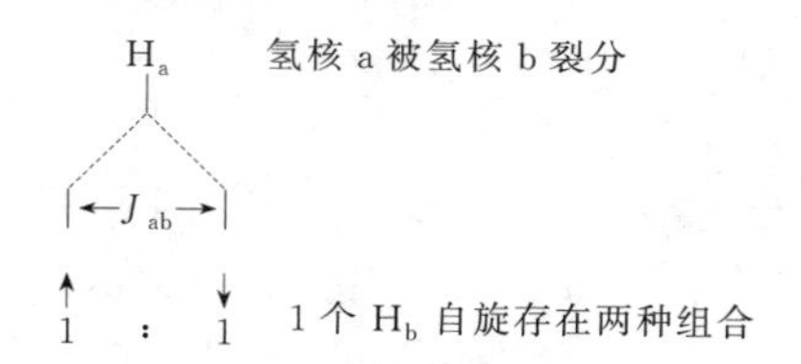

（2）氢核 b 的共振吸收峰受氢核 a 影响发生裂分

若没有 H_a，H_b 在外加磁场强度 H'时发生自旋反转。

若有 H_a 时，H_a 的磁矩可与外加磁场同向平行或反向平行，3 个 H_a 的自旋存在以下 4 种组合方式。

① 3 个 H_a 的磁矩都与外加磁场同向平行；

② 3 个 H_a 的磁矩都与外加磁场反向平行；

③ 2 个 H_a 的磁矩与外加磁场同向平行，1 个 H_a 的磁矩与外加磁场反向平行；

④ 2 个 H_a 的磁矩与外加磁场反向平行，1 个 H_a 的磁矩与外加磁场同向平行。

相邻的 H_b 受它们的影响分裂为 4 重峰。

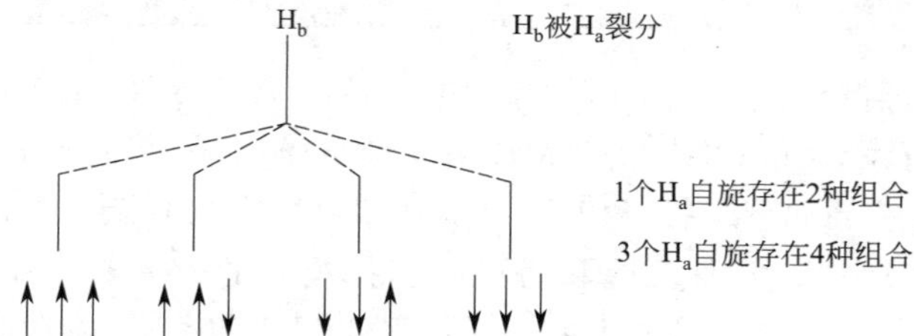

11.4.2 自旋-自旋偶合

把分子中位置相近的质子之间自旋的相互影响称为自旋-自旋偶合。在核磁共振中，一般相邻碳上的不同种的氢才可发生偶合，相间碳上的氢不发生偶合，同种相邻氢也不发生偶合。

—C—C— (H_b H_a)	—C—C— (H_a H_a)	—C—C—C— (H_a H_b)
发生偶合	不发生偶合	不发生偶合

偶合-分裂的一组峰中，两个相邻峰之间的距离称为偶合常数，用字母 J 表示，其单位为赫兹（Hz），H_a 与 H_b 的偶合常数叫 J_{ab}，H_b 与 H_a 的偶合常数叫 J_{ba}，$J_{ab}=J_{ba}$。偶合常数只与化学键性质有关而与外加磁场强度或核磁共振仪所用的射频无关。

与某一质子邻近的质子数为 n 时，该质子核磁共振信号裂分为 $n+1$ 重峰，称为 $n+1$ 规则。

例如：$\underset{b}{CH_3}\underset{a}{CH_2}Br$ 分子中有两种氢：H_a 为四重峰，2H；H_b 为三重峰，3H。

注意，对结构 —C(H_a)—CH_b—C(H_c)— ，H_b 有两种相邻氢，$J_{ba}\neq J_{bc}$，不遵守 $n+1$ 规律，出现多重峰。例如：

$$\underset{(单峰,9H)}{(CH_3)_3C}-\overset{O}{\overset{\|}{C}}-\underset{(四重峰,2H)}{CH_2}\overset{(三重峰,3H)}{CH_3}$$

$$(\underset{(三重峰,6H)}{CH_3}\overset{(多重峰,4H)}{CH_2}\underset{(三重峰,4H)}{CH_2})_2O$$

多重峰的简写如下：

s	singlet	单峰	q	quartet	四重峰
d	doublet	二重峰	m	multiplet	多重峰
t	triplet	三重峰	b	broad	宽峰

分裂的一组峰中各峰相对强度也有一定规律。它们的峰面积比一般等于二项式$(a+b)^m$的展开式各系数之比，m＝分裂峰数－1。

分裂峰数		分裂峰的相对强度
1	$(a+b)^0$	1
2	$(a+b)^1$	1∶1
3	$(a+b)^2$	1∶2∶1
4	$(a+b)^3$	1∶3∶3∶1
5	$(a+b)^4$	1∶4∶6∶4∶1
6	$(a+b)^5$	1∶5∶10∶10∶5∶1

11.5 ^{13}C NMR 谱

^{13}C 核磁共振谱的信号是 1957 年由 P. C. Lauterbur 首先观察到的。碳是组成有机物分子骨架的元素，人们清楚地认识到^{13}C NMR 对于化学研究有着非常重要的意义。由于^{13}C 的信号很弱，加上^{1}H 核的偶合干扰，使^{13}C NMR 信号变得很复杂，难以测得有实用价值的谱图。20 世纪 70 年代后期，质子去偶和傅里叶变换技术的发展与应用，才使^{13}C NMR 的工作迅速发展起来。20 多年来，核磁共振技术取得巨大发展，目前，^{13}C NMR 已广泛用于有机化合物的分子结构测定、反应机理研究、异构体判别、生物大分子研究等方面，成为化学、生物化学、药物化学及其他相关领域的科学研究和生产部门不可缺少的分析测试方法，对相关学科的发展起了极大的促进作用。

11.5.1　^{13}C NMR 谱的特点

（1）灵敏度不高

^{13}C 核的天然丰度很低，只有 1.108%，而^{1}H 的天然丰度为 99.98%。^{13}C 核的磁旋比 γ_C 也很小，只有 γ_H 磁旋比的 1/4。信号灵敏度与核的磁旋比 γ_C 的立方成正比，因此，相同数目的^{1}H 核和^{13}C 核，在同样的外磁场中，相同的温度下测定时，其信噪比为 11.59×10^{-4}，即^{13}C NMR 的灵敏度大约只有^{1}H NMR 的 1/6000。所以，在连续波谱仪上是很难得到^{13}C NMR 谱的，这也是^{13}C NMR 在很长时间内未能得到广泛应用的主要原因。

（2）分辨能力高

^{1}H NMR 的化学位移通常在 0～15，而^{13}C NMR 的常用范围为 0～300，约为^{1}H 谱的 20 倍。同时^{13}C 自身的自旋-自旋裂分实际上不存在，虽然^{13}C—^{1}H 之间有偶合，但可以用质子去偶技术进行控制。因此^{13}C 谱的分辨能力比^{1}H 谱高得多，结构不对称的化合物、化学环境不同的碳原子通常可以得到特征的谱线。

（3）能给出不连氢碳的吸收峰

在^{1}H NMR 中不能直接观察到 C═O、C═C、C≡C、C═N、季碳等不连氢基团的吸收信号，只能通过相应基团的化学位移值、分子式不饱和度等来判断这些基团是否存在，而^{13}C NMR 谱可直接给出这些基团的特征吸收峰。由于碳原子是构成有机化合物的基本元素，因此从^{13}C NMR 谱可以得到有关分子骨架结构的信息。

（4）不能用积分高度来计算碳的数目

^{13}C NMR 的常规谱是质子全去偶谱。对于大多数碳，尤其是质子化碳，它们的信号强度都会由于去偶的同时产生的 NOE 效应而大大增强，在核磁共振中，当分子内有在空间位置上互相靠近的两个核 A 和 B 时，如果用双共振法照射 A，使干扰场的强度增加到刚使被干扰的谱线达到饱和，则另一个靠近的质子 B 的共振信号就会增加，这种现象称为 NOE。如甲酸的去偶谱与偶合谱相比，信号强度净增近 2 倍。季碳因不与质子相连，不能得到完全的 NOE 效应，故碳谱中季碳的信号强度都比较弱。由于碳核所处的环境和弛豫机制不同，NOE 效应对不同碳原子的信号强度影响差异很大，因此不等价碳原子的数目不能通过常规共振谱的谱线强度来确定。

（5）弛豫时间 T_1 可作为化合物结构鉴定的波谱参数

在化合物中，处于不同环境的^{13}C 核，它们的弛豫时间 T_1 数值相差较大，可达 2～3 个数量级，通过 T_1 可以指认结构归属，观测体系运动状况等。

（6）^{13}C 谱化学位移辨识度高

^{13}C NMR 谱化学位移的分布范围约为 400ppm，因此对分子构型和构象的微小差异也很敏感。一般情况下，对于宽带去偶的常规谱，几乎化合物的每个不同种类的碳均能分离开。

11.5.2 ^{13}C NMR 谱的主要影响因素

^{13}C 谱的主要影响因素有碳杂化轨道、诱导效应、空间效应、超共轭效应、重原子效应和氢键及其他影响等。

（1）碳杂化轨道　影响碳化学位移的重要因素，一般说 C 与该碳上的 H 次序基本上平行。

sp^3	CH_3＜CH_2＜CH＜季 C	在较高场	0～50
sp^2	—CH═CH_2	在较低场	100～150
	＞C═O	在最低场	150～220
sp	C≡CH	在中间	50 ～ 80

（2）诱导效应的影响

有电负性取代基、杂原子以及烷基连接的碳，都能使其共振信号向低场位移，位移的大小随取代基电负性的增大而增加，称诱导效应。其中主要基团的化学位移如表 11-3 所示。

表 11-3　不同类型的碳原子的化学位移

碳原子类型		化学位移
＞C═O	酮类	188～228
	醛类	185～208
	酸类	165～182
	酯、酰胺、酰氯、酸酐	150～180
＞C═N－OH	肟	155～165
＞C═N－	亚甲胺	145～165

续表

碳原子类型		化学位移
—N═C═S	异硫氰化物	120～140
—S—C≡N	硫氰化物	110～120
—C≡N	氰	110～130
X X:O S N	芳杂环	115～155
	芳环	110～135
>C═C<	烯	110～150
—C≡C—	炔	70～100
—C—O—	季碳醚	70～85
>CH—O—	叔碳醚	65～75
$—CH_2—O—$	仲碳醚	40～70
$CH_3—O—$	伯碳醚	40～60
—C—N<	季碳胺	65～75
>CH—N<	叔碳胺	50～70
$—CH_2—N<$	仲碳胺	40～60
$CH_3—N<$	伯碳胺	20～45
—C—S—	季碳硫醚	55～70
>CH—S—	叔碳硫醚	40～55
$—CH_2—S—$	仲碳硫醚	25～45
$CH_3—S—$	伯碳硫醚	10～30
—C—X X:Cl,Br,I	季碳卤化物	I　35～75　Cl
>CH—X	叔碳卤化物	I　30～65　Cl
$—CH_2—X$	仲碳卤化物	I　10～45　Cl
$CH_3—X$	伯碳卤化物	I　−35～35　Cl
—C—	季碳烷烃	35～70
>CH—	叔碳烷烃	30～60
$—CH_2—$	仲碳烷烃	25～45
$CH_3—$	伯碳烷烃	−20～30
△	环丙烷	−5～5

若苯环上的氢被—NH 或—OH 取代后，这些基团的孤对电子离域到苯环的电子体系上，增加了邻位和对位碳上的电荷密度，屏蔽增加。

苯环上的氢被拉电子基团—CN 或—NO_2 取代后，苯环上的电子离域到这些吸电子基团上，减少了邻位和对位碳的电荷密度，屏蔽减小。

在不饱和羰基化合物和具有孤对电子的取代基系统中，这些基团使羰基周围的碳正电荷分散，使其共振向高场位移，如下所示。

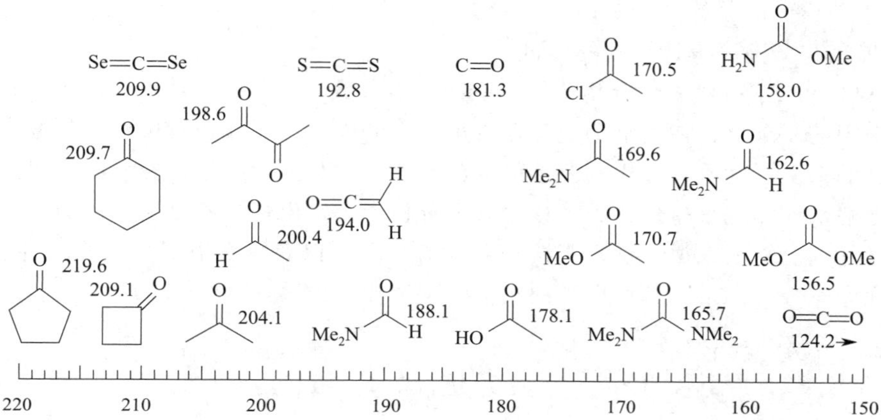

Se=C=Se 209.9
S=C=S 192.8
C=O 181.3
CH_3COCl 170.5
$H_2NCOOMe$ 158.0
$CH_3COCOCH_3$ 198.6
环己酮 209.7
Me_2NCOCH_3 169.6
Me_2NCHO 162.6
$O=C=CH_2$ 194.0
CH_3CHO 200.4
$MeOCOCH_3$ 170.7
$MeOCOOMe$ 156.5
环戊酮 219.6
环丁酮 209.1
CH_3COCH_3 204.1
Me_2NCHO 188.1
$HOCOCH_3$ 178.1
$Me_2NCONMe_2$ 165.7
O=C=O 124.2→

220 210 200 190 180 170 160 150

(3) 空间效应的影响

化学位移对分子的几何形状非常敏感，相隔几个键的碳，如果它们空间非常靠近，则互相发生强烈的影响，这种短程的非成键的相互作用叫空间效应。

(4) 超共轭效应的影响

当第二周期的杂原子 N、O 和 F 处在被观察的碳的 γ 位并且为对位交叉时，则观察到杂原子使 γ 碳的 δ_C 不是移向低场而是向高场位移 2～6。

(5) 重原子效应的影响

卤素取代氢后，除诱导效应外，碘（溴）还存在重原子效应。随着原子序数的增加，重原子的核外电子数增多，抗磁屏蔽增加，δ_C 移向高场。

这主要是由于诱导效应引起的去屏蔽作用和重原子效应的屏蔽作用的综合作用结果。对于碘化物，随着原子数的增大，表现出屏蔽作用。

(6) 氢键及其他影响

氢键的形成使羰基碳原子更缺少电子，共振移向低场。其他影响主要是由于提高浓度、降低温度有利于分子间氢键形成。

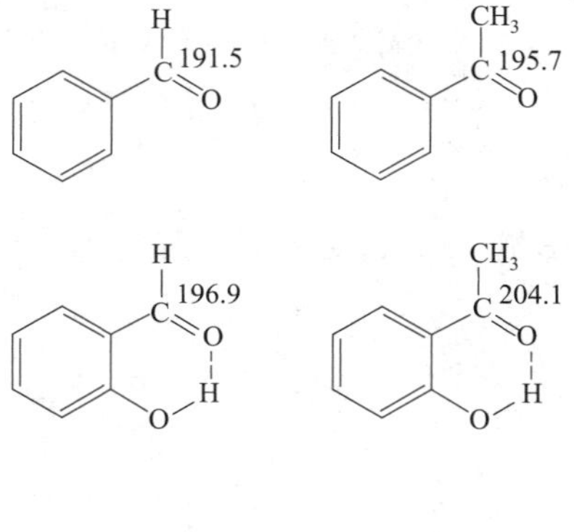

C_6H_5CHO 191.5　$C_6H_5COCH_3$ 195.7

邻羟基苯甲醛（O—H…O 氢键）196.9　邻羟基苯乙酮（O—H…O 氢键）204.1

11.6 谱图解析

核磁共振波谱解析是综合应用核磁共振谱图中的各种信息，对所测定的物质作出正确判断的一种技术。核磁共振碳谱的特点如下：

① 灵敏度低；

② 分辨能力高；

③ 给出不连氢的碳的吸收峰；

④ 不能用积分高度来计算碳的数目；

⑤ 弛豫时间 T_1 可作为化合物特构鉴定的波谱参数。

由于谱图的复杂性，往往给测定工作带来一定的困难。因此在解析核磁共振波谱前，应尽量对样品的来源、性质、分析的要求以及已有的实验数据和结果，做详细了解，这对于快速、准确地解析谱图是很有用的。在核磁共振分析中，常出现一些复杂的谱图，可采用适当的方法进行处理。总的来说，从一张核磁共振谱图上可以获得几方面的信息，即化学位移、偶合、弛豫和积分线。常见解谱所需的氢谱和碳谱化学位移如图 11-11 所示。

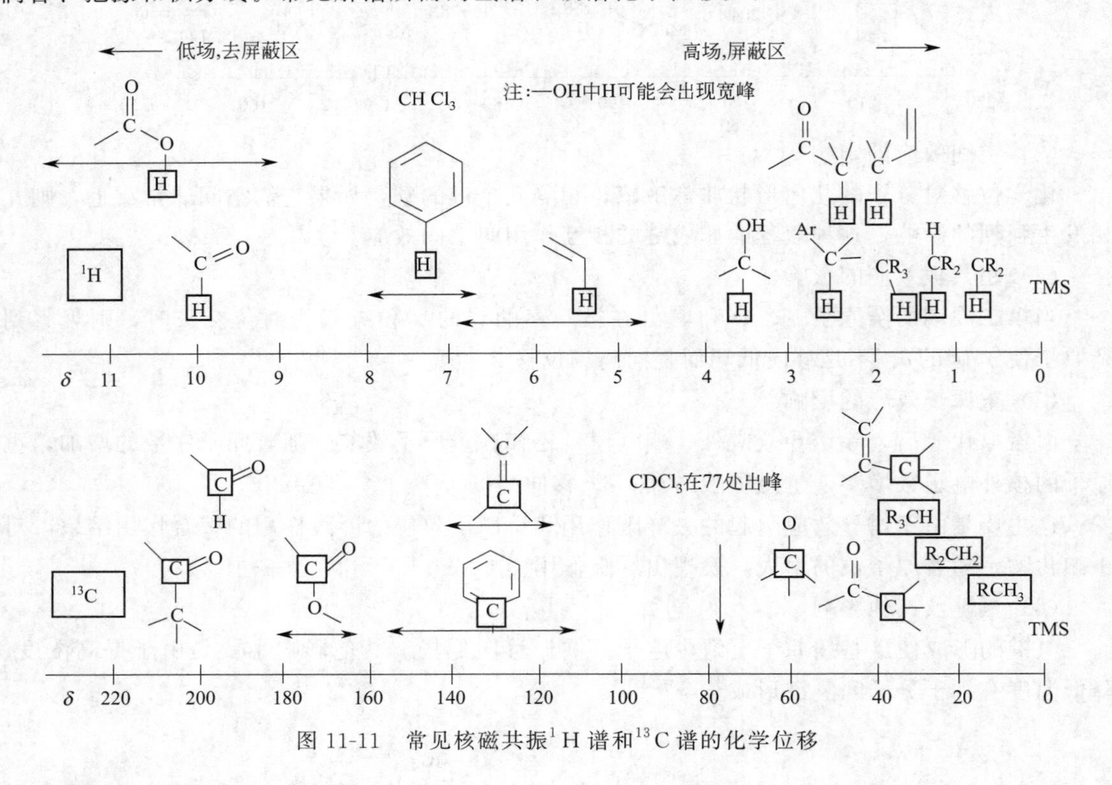

图 11-11　常见核磁共振^{1}H 谱和^{13}C 谱的化学位移

谱图解析步骤如下所示。

(1) 识别干扰峰及活泼氢峰

解析一张未知物的^{1}H NMR 谱，要识别溶剂的干扰峰，识别峰强的旋转边带，识别杂质峰，识别活泼氢的吸收峰。

(2) 推导可能的基团

① 由分子式求不饱合度；

② 找谱图中吸收峰的组数（不同化学环境的氢质子的种类）；

③ 计算各组峰的质子最简比（为积分面积之比）；

④ 判断相互偶合的峰：利用 $n+1$ 规律判断相互偶合的峰。

进而由峰的裂分情况找出相邻碳原子上氢原子的个数，找出邻近无氢核或与 N、O、S 等原子、苯环、双键、叁键等相连多重峰，用 $n+1$ 规律判断邻近氢原子的个数。

⑤ 识别特征基团的吸收峰：根据 δ 值、质子数及一级谱的裂分峰可识别某些特征基团的吸收峰。即首先解析单峰，再解析高 δ 处的峰，最后解析芳烃质子和其他质子。

（3）确定化合物的结构

综合以上分析，根据化合物的分子式、不饱和度、可能的基团及相互偶合情况，导出可能的结构式。

例 11-1 化合物 C_4H_8O 的 NMR 谱图如下，推测其结构。

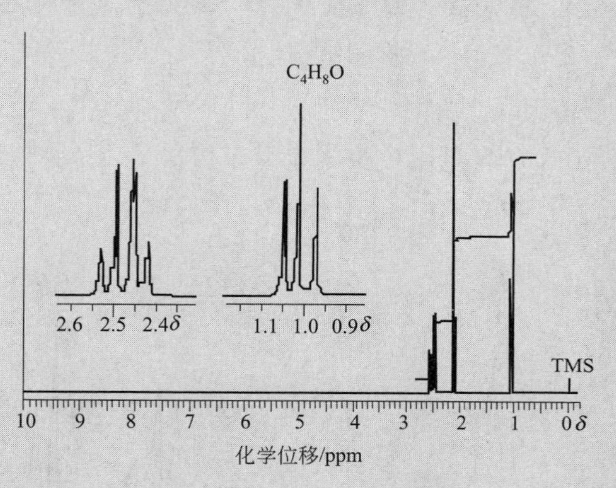

解 （1）$\Omega=4+1-8/2=1$

（2）三组氢，其积分高度比为 2∶3∶3，吸收峰对应的关系：

δ	氢核数	可能的结构	峰裂分数	邻近偶合氢数
2.47	2	CH_2	四重峰	3 个氢核（CH_3）
2.13	3	CH_3	单峰	无氢核
1.05	3	CH_3	三重峰	2 个氢核（CH_2）

从分子式以及不饱和度初步判断。其可能的结构：$CH_3-\overset{\overset{\displaystyle O}{\|}}{C}-CH_2-CH_3$

例 11-2 某化合物 A 分子式为 C_8H_{10}，^1H NMR 为 δ_H：1.2（t，3H），2.6（q，2H），7.1（b，5H），推测 A 的结构。

解 由分子式计算不饱和度为 4，可能有苯环。1.2（t，3H）CH_3 相邻的基团为 CH_2，2.6（q，2H）CH_2 相邻的基团为 CH_3，7.1（b，5H）为苯环上的 5 个 H。

A 结构为：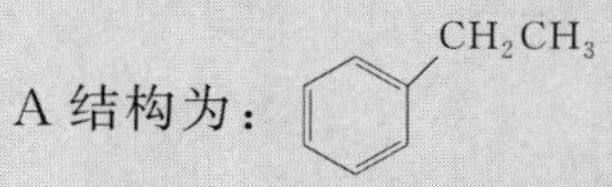

例 11-3 某化合物 A 分子式为 C_6H_{14}，^1H NMR 为 δ_H：0.8（d，12H），1.4（h，2H），推测 A 的结构。

解　由分子式计算不饱和度为 0。

每个碳上最多连 3 个 H，0.8（d，12H）的 12 个 H 可能是 4 个 CH_3。

相邻的基团为 CH，可能为两个 $(CH_3)_2CH—$。

1.4（h，2H）来自 $(CH_3)_2CH—$、$(CH_3)_2CH—$。

A 结构为 $(CH_3)_2CH—CH(CH_3)_2$。

例 11-4　有一化合物，分子式为 $C_9H_{12}O$，^1H NMR 为 δ_H：1.2（t，3H），3.4（q，2H），4.3（s，2H），7.2（b，5H），推测结构。

解　$C_6H_5—CH_2OCH_2CH_3$

例 11-5　化合物分子式为 $C_{10}H_{12}O_2$，推断其结构。

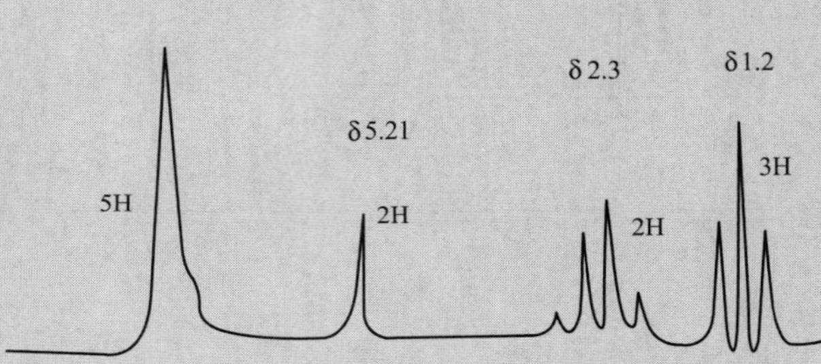

解　首先计算 Ω 值：$\Omega=1+10+1/2\times(-12)=5$

其次看图，δ2.3 和 δ1.2 有四重峰和三重峰，为$—CH_2CH_3$ 相互偶合峰；δ7.3 为芳环上的氢，单峰，烷基单取代；δ5.21 为$—CH_2$ 上的氢，单峰，与电负性基团相连。

所以确定其结构为 $C_6H_5—\overset{a}{C}H_2—O—\overset{O}{\overset{\|}{C}}—\overset{b}{C}H_2CH_3$

例 11-6　化合物 $C_8H_8O_2$，推断其结构。

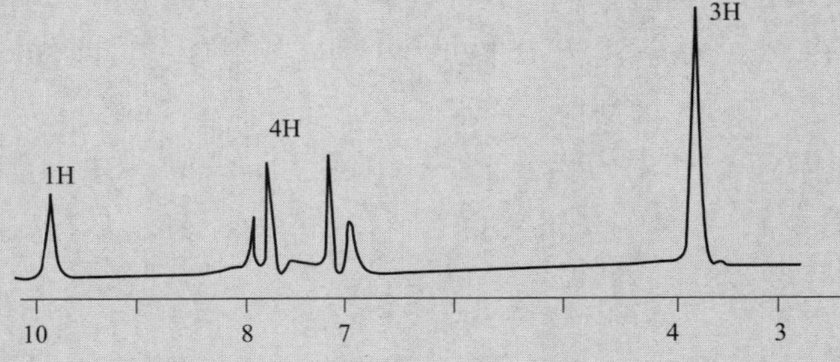

解　化合物 $C_8H_8O_2$，$\Omega=8+1-8/2=5$。

$\delta=7\sim8$，为芳环上的氢，四个峰，对位取代 $—C_6H_4—$。

$\delta=9.87$，醛基上的氢，单峰 $-\overset{O}{\overset{\|}{C}}-H$ 。

$\delta=3.87$，CH_3 上的氢，低场移动，与电负性强的元素相连：$-O-CH_3$。

正确结构：$H_3CO-C_6H_4-\overset{O}{\overset{\|}{C}}-H$

习　　题

1. 液体二烯酮 $C_4H_4O_2$ 的 ^1H NMR 中，有两个强度相等的峰，试推测该化合物的结构。

2. 在某有机酸的钠盐中加入 D_2O，得到的 ^1H NMR 中有两个强度相等的峰，试判断下列两种结构哪种正确。

HOOC—C═CH—COOH（环丙烯，环上 C 连 CH_3）　　HOOC—CH—CH—COOH（环丙烷，环上 C═CH_2）

(1)　　　　(2)

3. 某化合物的分子式为 C_3H_6O，其 ^1H NMR 的三重峰中心处 $\delta=4.73$，四重峰中心处 $\delta=2.72$，试解析该化合物的结构。

4. 某化合物分子式为 $C_4H_8O_2$，在 25.2MHz 磁场中得宽带去偶 ^{13}C NMR 谱图，图中只有 1 个峰，$\delta_C=67.12$，试推断该化合物的结构。

5. 某化合物分子式为 $C_8H_{10}O$，依据下列数据及图谱推测分子结构，并对相应谱图进行解析。

(1) 紫外光谱：260nm 有中等强度吸收；

(2) 红外光谱

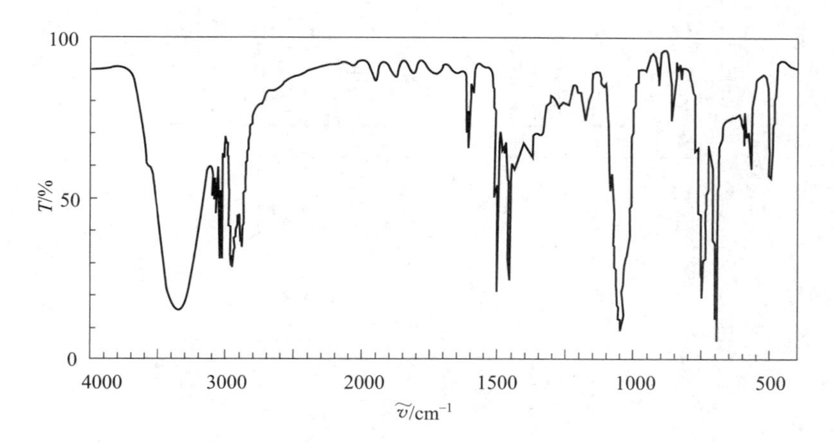

(3) 核磁共振谱

6. 一中性化合物 $C_7H_{13}O_2Br$ 的 IR 谱在 $2850cm^{-1}$ 到 $2950cm^{-1}$ 有一些吸收峰，但在 $3000cm^{-1}$ 以上无吸收峰，另一强吸收峰在 $1740cm^{-1}$ 处；^1H NMR 谱在 δ 为 1.0（三重峰，

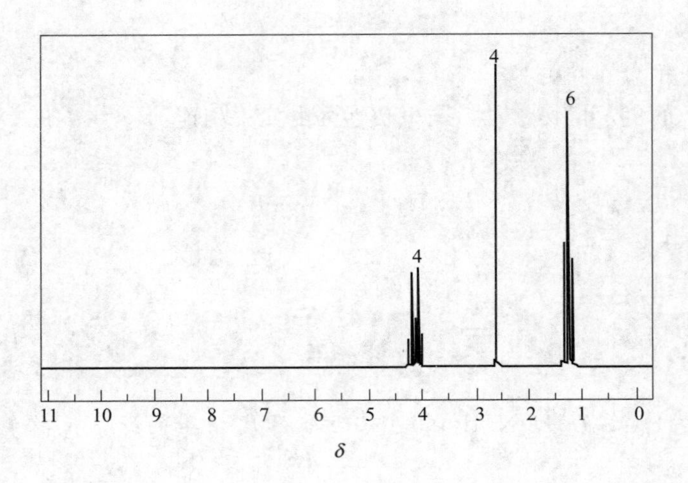

3H)、1.3 (双峰，6H)、2.1 (多重峰，2H) 、4.2 (三重峰，1H)、4.6 (多重峰，1H) 有信号;试推测该化合物的结构,并给出各峰的归属。

7. 某液体化合物，分子式为 $C_5H_7NO_2$，IR 特征吸收峰位置在 $2240cm^{-1}$ 和 $1730cm^{-1}$，^{1}H-NMR 谱 $\delta=2.7$(单峰，4H)和 3.8(单峰，3H)，试推测此化合物的结构并解释 $\delta=2.7$ 处的 4H 单峰是什么基团形成的。

8. 试推断分子式为 $C_{10}H_{14}$，NMR 谱图如下的结构式。

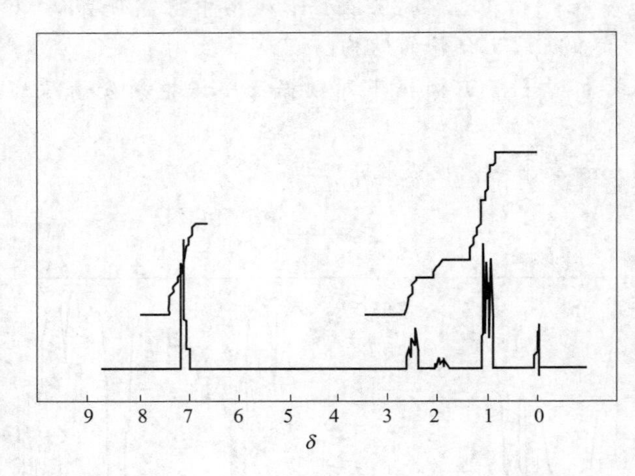

第12章 质谱分析

背景知识

日本科学家田中耕一与美国科学家约翰·芬恩共同发明了“对生物大分子的质谱分析法”，因此获得了2002年的诺贝尔化学奖，这也是质谱相关的工作第三次获得诺贝尔科学奖。

质谱分析法是化学领域中非常重要的一种分析方法。它通过测定分子质量和相应的离子电荷实现对样品中分子的分析。19世纪末科学家已经奠定了这种方法的基础，1912年，科学家第一次利用它获得对分子的分析结果。不过，最初科学家只能将它用于分析小分子和中型分子，随着电子技术的发展，质谱仪日益精确完备。如能进一步降低制造成本，简化操作技术，其发展将更不可限量。

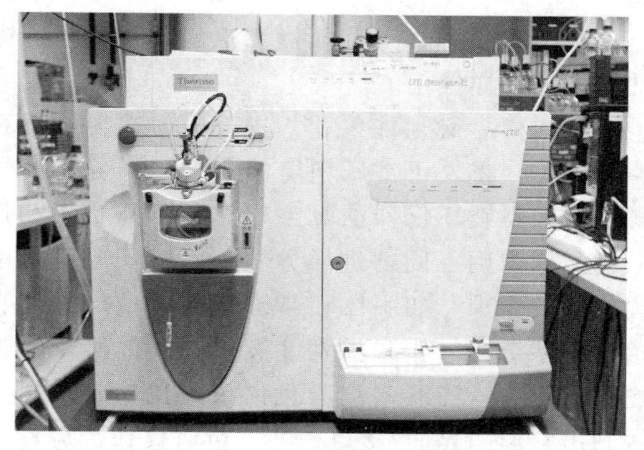

质谱法在一次分析中可提供丰富的结构信息，将分离技术与质谱法相结合是分离科学方法中的一项突破性进展。在众多的分析测试方法中，质谱学方法被认为是一种同时具备高特异性和高灵敏度且得到了广泛应用的普适性方法。

12.1 质谱法原理和仪器

质谱法（Mass Spectrometry，MS）是以热电子撞击气体分子，使其产生碎片及离子，再经磁场分离，依据质荷比来测量分子量。1912年，汤姆逊（J. J Thomson）用以发现质量数为22氖同位素的阳极射线管，这就是质谱仪之前身。1919年，阿斯顿（Aston）与丹麦斯特（Dempster）分别研制曲形轨道质谱仪成功。1943年，美国加州统一工程中心制成第一部商业质谱仪并且售给大西洋炼油公司作为分析石油成分之用。随着电子技术的发展，质谱仪日益精确完备，不但成为化学分析的必备工具，而且广泛应用于核物理、生物医药、地质冶金和环境科学等领域，如能进一步降低制造成本，简化操作技术，其发展将更不可限量。

质谱仪一般由样品进样系统、离子源、质量分析器、检测器、数据处理系统等部分组成，如图12-1所示。根据麦克斯维尔定律，任何带电粒子进入磁场后会发生偏转，其偏转角度和质荷比有关（m/z），因此通过控制磁场大小可实现不同质荷比物质的分离，因此磁场的控制也是质谱分析的基础。

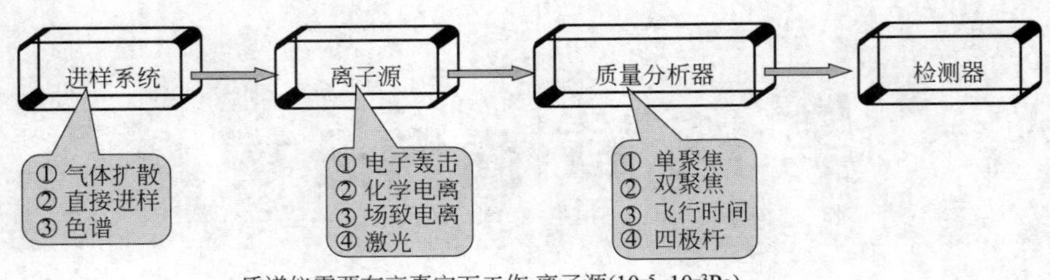

图 12-1　质谱仪的组成

12.1.1　进样系统

① 注射进样　适用于气体或易挥发液体，在低真空（1Pa）下进行，气化温度为 150℃。

② 探针进样　适用于高沸点液体或固体，探针即不锈钢杆带一小铂金坩埚，可调节加热温度使试样气化。

质谱样品必须能气化。进样时，需要在高真空条件下，将处于常压环境的分析试样导入离子源，并且不破坏仪器的真空状态。不同状态和性质的试样需用不同的进样方式，同时还要满足电离方式的要求。如固体和高沸点液体试样采用直接进样系统；气体或挥发性液体和固体可用贮罐进样器引入。当质谱仪与色谱仪联用时，进样系统则由它们的界面/接口代替。色谱仪作为分离工具和质谱仪的进样系统，由色谱柱流出的样品，经过接口装置除去流动相进入质谱仪，质谱仪相当于色谱的检测系统。

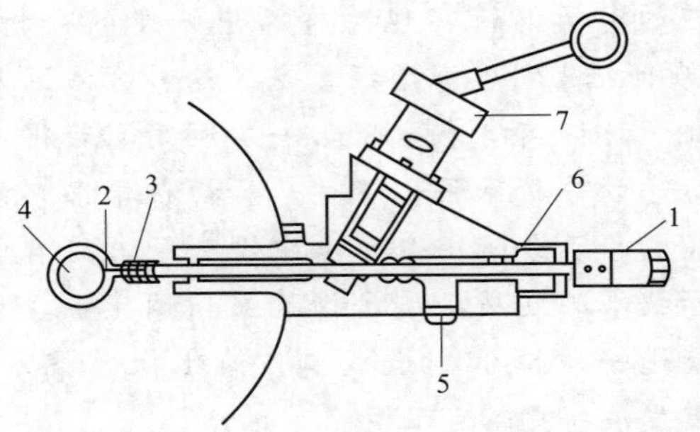

图 12-2　直接探头进样器示意图

1—直接进样杆；2—样品杯；3—加热器；4—电离室；5—接真空泵；6—真空闭锁装置；7—隔断阀

图 12-2 所示的直接探头进样杆可用于电子轰击源（EI）和化学电离源（CI）。而快速原子轰击源（FAB）和场解吸源（FD）所用的进样杆，其探头顶端是探头支架，末端装有千分尺调节器，可控制进样杆的伸展距离。FAB 探头支架是个金属靶，上面涂有甘油等底物，再将试样涂在靶上，当样品受到带有高能量的氩（Ar）原子轰击后就发生电离。FD 探头支架装有经过高温电加热活化或用苯甲腈活化处理过的直径为 10μm 的钨丝，样品可用适当溶剂溶解后涂渍在钨丝的小毛刺上，最后在强电场作用下直接从钨丝上解吸并被电离。

12.1.2　离子化室

质谱能够检测的物质首先必须带有一定的电荷，也即具有一定的质荷比（m/z），因此将中性物质击碎使其具有带电性的离子化室，成为质谱仪的关键部件。离子化水平关乎质谱图的质量，离子化技术的不断革新及相应的新型质量分析器的发展，使有机质谱发生了巨大变化，出现了生物质谱，可以用于多肽、蛋白质和高分子生物聚合物等的测定。而离子化的关键仪器就是离子源，具体可分为：①电子轰击（EI）；②高频火花；③化学电离源（CI），即电子轰击反应气成离子，再与分析分子产生反应；④场致电离（FI），即电场（上万伏）阳极尖端将分子中电子拉出形成离子，主要是分子离子，碎片离子少；⑤激光电离；⑥表面电离。其中用得最多的是电子轰击和化学电离方式。

（1）电子轰击离子源（EI）

采用高速（高能）电子束冲击样品，从而产生电子和正离子 M^+，M^+ 继续受到电子轰击而引起化学键的断裂或分子重排，瞬间产生多种离子，电子轰击离子源如图 12-3 所示。

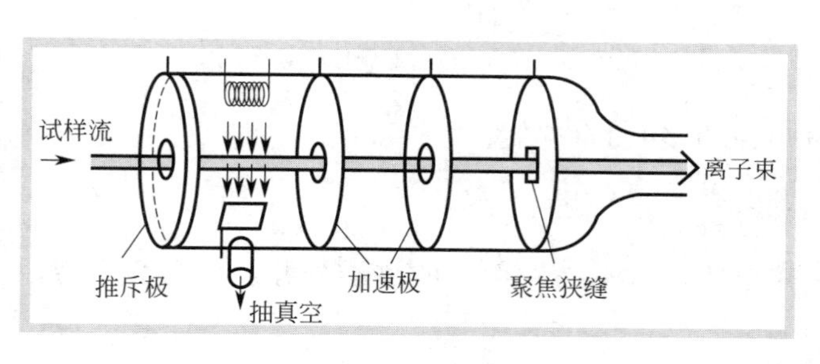

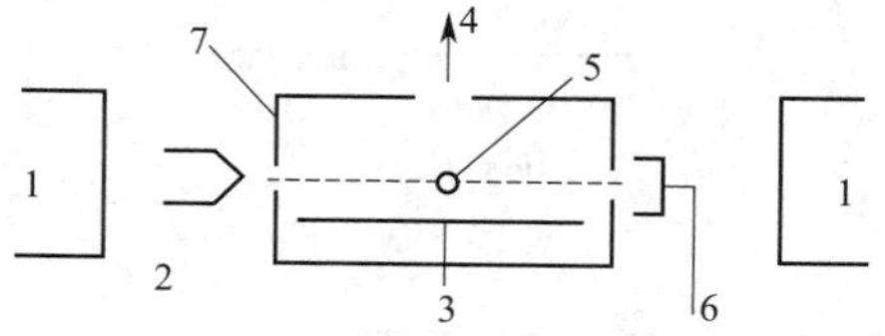

电子轰击离子源示意图

1—源磁铁；2—灯丝；3—推斥极；4—离子束；5—样品入口；6—阳极；7—电离盒

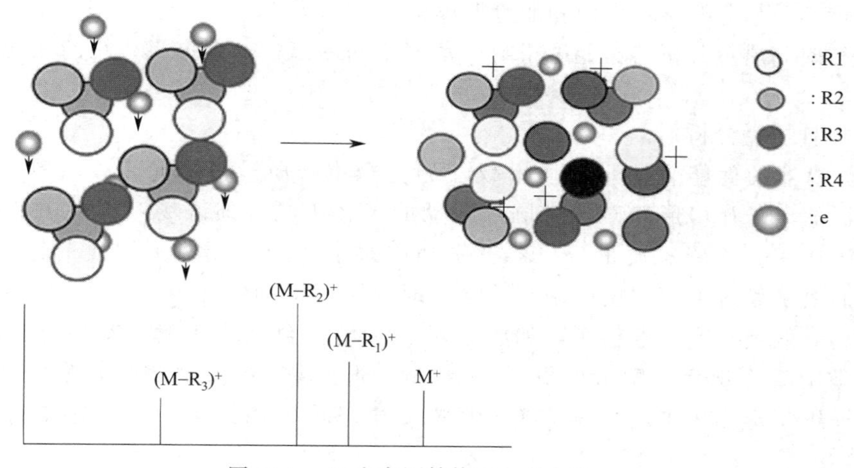

图 12-3　EI 电离源结构和电离产物

EI 作用过程包括两个方向。水平方向：灯丝与阳极间（70eV）——高能电子——冲击样品——正离子。垂直方向：G3-G4 加速电极（低电压）——较小动能——狭缝准直 G4-G5 加速电极（高电压）——较高动能——狭缝进一步准直——离子进入质量分析器。

EI 特点在于：使用最广泛，谱库最完整；电离效率高；结构简单，操作方便；但分子离子峰强度较弱或可能不出现（因电离能量最高）。

（2）化学电离源（CI）

化学电离源（如图 12-4 所示）与电子轰击离子源较为相似，是在其基础上设计的一种电离源。相比电子轰击源，化学电离源增加了甲烷气体作为电离缓冲介质，甲烷气体吸收高能电子束的能量后，通过烷类离子作用到样品分子上。具体过程是在系统抽真空之后，先充入大量甲烷气体（100～1000Pa），与少量样品分子混合，电子束与甲烷气体作用概率大，得到稳定的烷类离子产物 CH_5^+、$C_2H_5^+$，但能量较低，与样品分子结合后，经过一系列反应即可得到样品离子，用于后续实验。因此多用于不稳定的样品分子。

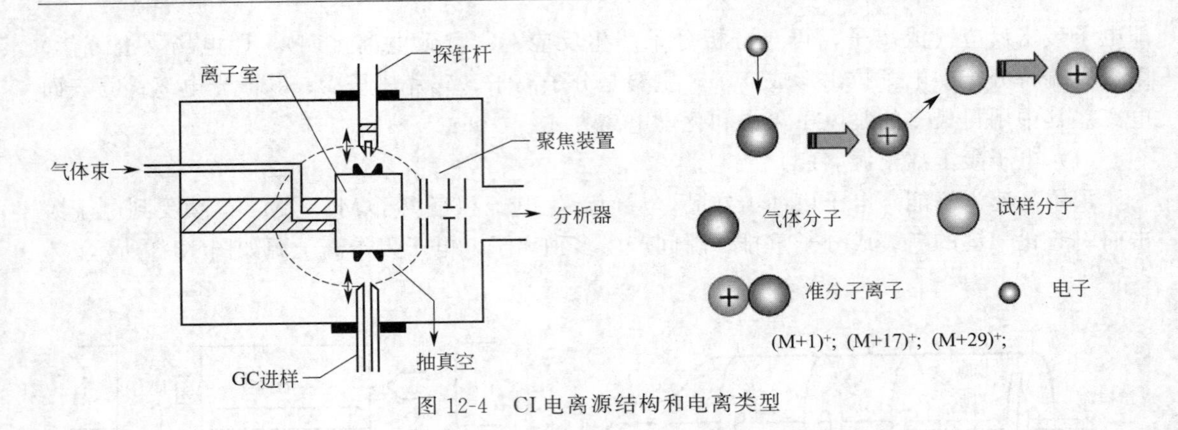

图12-4 CI电离源结构和电离类型

12.1.3 质量分析器

质量分析器是质谱仪的心脏部件，其作用是将不同质荷比的离子分开。根据其作用原理，主要分为以下几种。

① 单聚焦质量分析器：质量色散，方向聚焦；

② 双聚焦质量分析器：方向和能量聚焦；

③ 飞行时间质量分析器：能量相同、m/z 不同的离子，根据飞行距离相同但所需时间不同而分离；

④ 四极杆质量分析器。

质量分析器的性能直接影响质谱仪器的分辨率、质量范围等重要性能和应用范围。不同质荷比的离子在扇形静磁场中圆周运动的半径不同，即磁场对不同质荷比的离子具有质量色散作用，单聚焦质量分析器就是利用这个原理达到对不同质荷比离子的分离。不同能量的离子经过一定强度的扇形静电场时，圆周运动的轨道半径不同，和质量无关，即扇形电场对能量具有色散作用，如将电场和磁场配合使用，就可实现能量和质量双聚焦，这就是所谓的双聚焦质量分析器。上述两种质量分析器曾经是有机质谱仪的主体。根据麦克斯维尔定律，带电的离子在电场中受电场力作用而被加速，加速后动能等于其势能，即：

$$1/2 \times mv^2 = zU \tag{12-1}$$

式中，m 为离子质量；z 为离子电荷；v 为加速后离子速度；U 为电场电压。

经加速后离子进入磁场，运动方向与磁场垂直，受磁场力作用（即向心力）产生偏转，同时受离心力作用。向心力$=zvH$，离心力$=mv^2/R$。离心力和向心力相等，即：

$$zvH = mv^2/R \tag{12-2}$$

式中，H 为磁场强度；R 为离子运动轨道曲率半径。由式(12-1) 和式(12-2) 可得：

$$m/z = H^2R^2/(2U) \tag{12-3}$$

即

$$R = \sqrt{\frac{2U}{H^2} \cdot \frac{m}{z}} \tag{12-4}$$

由式(12-3) 可看出：m/z 正比与R^2、H^2 或 $1/U$。

由式(12-4) 可看出：R 取决于U、H 和 m/z，若 U、H 一定，则 R 正比于$(m/z)^{1/2}$，实际测量时 R、U 一定，通过调节 H（磁场扫描），或 H、R 一定调节 U（电压扫描），就可使各种离子按 m/z 大小顺序到达出口狭缝，进入收集器，经放大后进入记录仪成质谱图。

因此通过测定飞行轨迹半径也即实现了不同目标物的测定，而质量分析器正是用于该目标物检测的关键。

12.1.4　离子检测器

常用的离子检测器有法拉第杯（Faraday Cup）、电子倍增器、闪烁计数器及照相底片等。Faraday 杯是其中最简单的一种，其结构如图 12-5 所示。Faraday 杯与质谱仪的其他部分保持一定电位差以便捕获离子，当离子经过一个或多个抑制电极进入杯中时，将产生电流，经转换成电压后进行放大记录。Faraday 杯的优点是简单可靠，配以合适的放大器可以检测约 10^{-15}A 的离子流，但 Faraday 杯只适用于加速电压小于 1kV 的质谱仪，因为更高的加速电压产生能量较大的离子流，这样离子流轰击入口狭缝或抑制电极时会产生大量二次电子甚至二次离子，从而影响信号检测。

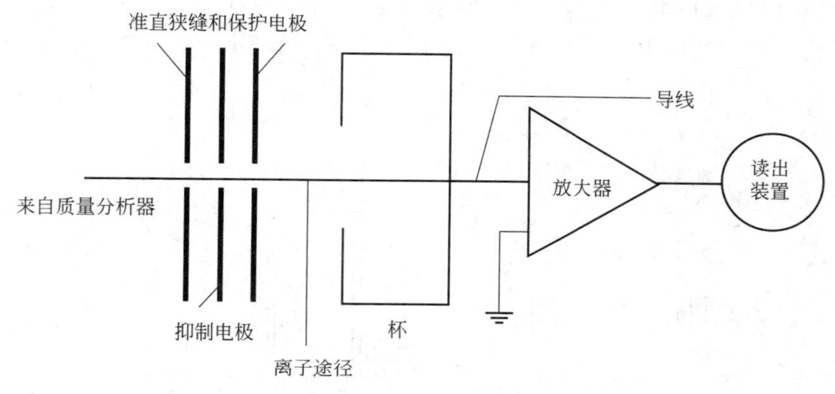

图 12-5　Faraday 杯结构原理图

电子倍增器的种类很多，其工作原理如图 12-6 所示。一定能量的离子轰击阴极导致电子发射，电子在电场的作用下，依次轰击下一级电极而被逐步放大，电子倍增器的放大倍数一般在 10^5～10^8。电子倍增器中电子通过的时间很短，利用电子倍增器可以实现高灵敏、快速测定。但电子倍增器存在质量歧视效应，且随使用时间增加，增益会逐步减小。

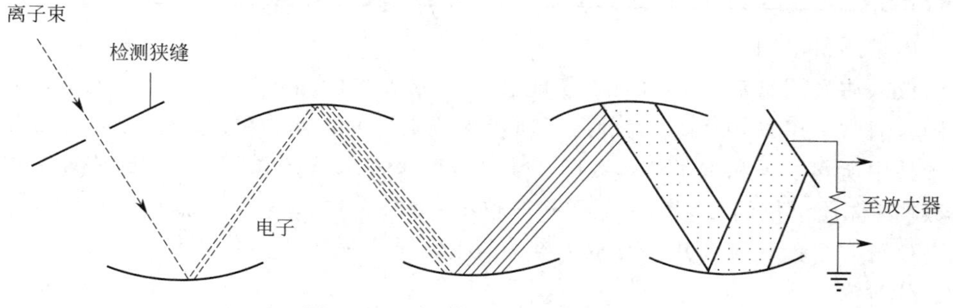

图 12-6　电子倍增器工作原理图

近代质谱仪中常采用隧道电子倍增器，其工作原理与电子倍增器相似，因为体积小，多个隧道电子倍增器可以串列起来，用于同时检测多个 m/z 不同的离子，从而大大提高分析效率。质谱信号非常丰富，电子倍增器产生的信号可以通过一组具有不同灵敏度的检流计检出，再通过镜式记录仪（不是笔式记录仪）快速记录到光敏记录纸上。照相检测是在质谱仪特别是在无机质谱仪中应用最早的检测方式。此法主要用于火花源双聚焦质谱仪，其优点是无需记录总离子流强度，也不需要整套的电子线路，且灵敏度可以满足一般分析的要求，但其操作麻烦，效率不高。现代质谱仪一般都采用较高性能的计算机对产生的信号进行快速接收与处理，同时通过计算机还可对仪器条件等进行严格的监控，从而使精密度和灵敏度都有一定程度的提高。

12.1.5 记录仪

各种 m/z 的离子流，经检测器检测变成电信号，放大后由计算机采集和处理后，记录为质谱图或用示波器显示，该部件称为记录仪。质谱图是以质荷比（m/z）为横坐标，以各 m/z 离子的相对强度（也称丰度）为纵坐标构成。一般把原始图上最强的离子峰定为基峰，并定其为相对强度 100%，其他离子峰以对基峰的相对百分值表示。因而，质谱图各离子峰为一些不同高度的直线条，每一条直线代表一个 m/z 离子的质谱峰。图 12-7 为丙酸的质谱图（质谱数据还可以采用列表的形式，称为质谱表，表中两项为 m/z 及相对强度。质谱表可以准确地给出 m/z 精确值及相对强度，有助于进一步分析）。

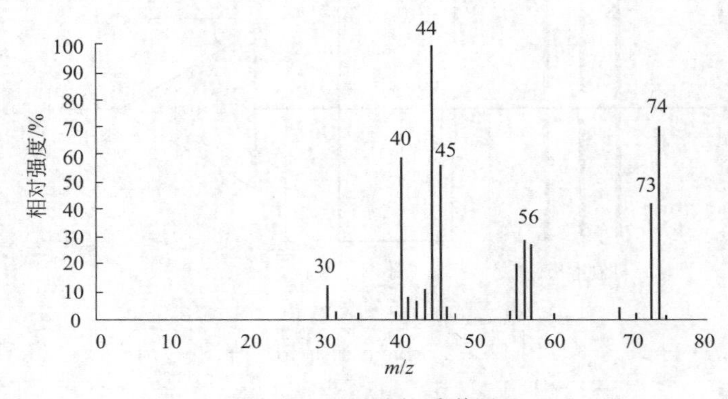

图 12-7　丙酸的质谱图

最高峰质荷比 44，最大 m/z＝75

12.2 质谱仪的性能指标

（1）质量测量范围

质谱仪的质量测量范围表示质谱仪能够进行分析的样品相对原子质量（或相对分子质量）范围，通常采用以 ^{12}C 来定义的原子质量单位来量度。在非精确测定质量的场合中，常采用原子核中所含质子和中子的总数即“质量数”来表示质量的大小，其数值等于相对质量数的整数。气体质谱仪的质量测量范围一般较小，为 2～100，有机质谱仪一般可达几千，而现代质谱仪可测量达几万到几十万质量单位的生物大分子样品。

（2）分辨率

分辨率指质谱仪分开相邻质量数离子的能力，一般定义是对两个相等强度的相邻峰，当两峰间的峰谷不大于其峰高 10%时，则认为两峰已经分开，其分辨率

$$R=\frac{m_1}{m_2-m_1}=\frac{m_1}{\Delta m}$$

其中 m_1，m_2 为质量数，且 $m_1<m_2$，两峰质量数差别越小，要求仪器分辨率也就越大（见图 12-8）。

而在实际工作中，有时很难找到相邻的且峰高相等的两个峰，同时峰谷又为峰高的10%。在这种情况下，可任选一单峰，测其峰高5%处的峰宽$W_{0.05}$，即可当做上式中的Δm，此时分辨率为

$$R=\frac{m}{W_{0.05}}$$

如果该峰是高斯型的，上述两式计算结果是一样的。

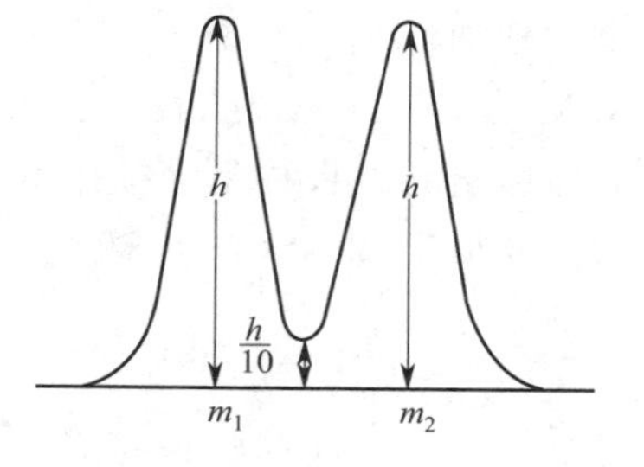

图 12-8　质谱仪10%峰谷分辨率

例 12-1　要鉴别N_2^+（m/z=28.006）和CO^+（m/z=27.995）两个峰，仪器的分辨率至少是多少？在某质谱仪上测得一质谱峰中心位置为245u，峰高5%处的峰宽为0.52u，可否满足上述要求？

解　要分辨N_2^+和CO^+，要求质谱仪分辨率至少为

$$R_{\text{need}}=\frac{27.995}{28.006-27.995}=2545$$

质谱仪的分辨率$R_{\text{sp}}=\frac{245}{0.52}=471$

$R_{\text{sp}}<R_{\text{need}}$，故不能满足要求。

质谱仪的分辨率由下列几个因素决定：①离子通道的半径；②加速器与收集器狭缝宽度；③离子源的性质。质谱仪的分辨率大小几乎决定了仪器的价格。分辨率在500左右的质谱仪可以满足一般有机分析的需要，此类仪器的质量分析器一般是四极杆滤质器、离子阱等，仪器价格相对较低。若要进行准确的同位素质量及有机分子质量的准确测定，则需要使用分辨率大于10000的高分辨率质谱仪，这类质谱仪一般采用双聚焦磁式质量分析器。目前这种仪器分辨率可达100000，其价格几乎是低分辨率仪器的4倍以上。

（3）灵敏度

质谱仪的灵敏度有绝对灵敏度、相对灵敏度和分析灵敏度等几种表示方法。绝对灵敏度是指仪器可以检测到的最小样品量；相对灵敏度是指仪器可以同时检测的大组分与小组分含量之比；分析灵敏度则是指输入仪器的样品量与仪器输出的信号之比。

12.3　常见质谱仪的种类

（1）四极杆质谱仪（QP）

质谱联用仪器的发展及仪器小型化（台式）的需求促进了发展四极杆质量分析器，飞行时间质量分析器，离子阱质量分析器的发展，它们具有体积小、操作简单、分辨率高等特点。其中应用最多的四极杆质谱仪装置示意如图12-9所示，主要由四支圆柱形的电极棒组成，以四方形之对角线形成双曲线排列，电极棒的中央形成一个静电场。其中相对的电极棒以导线连接，将直流电压与射频电压通入其上。y轴方向的一对电极所加入的直流电压为负电；x轴方向的一对电极所加入的直流电压为正电，且射频电压与y轴的相位相差180度。这一直流电压结合射频电压所形成的电场使离子在其中产生一定规则的振动轨迹，在某一固

定的施加电位下，只有某一个质荷比（m/z）的离子呈稳定振动并通过四极圆柱而到达 SEM（secondary electron multiplier）并被检测到，其他质荷比的离子则因轨道振幅越来越大而撞击到四极柱上而被中和。其结构见图 12-9，其中四极杆上的电压大小决定了不同质荷比物质穿过四级杆。

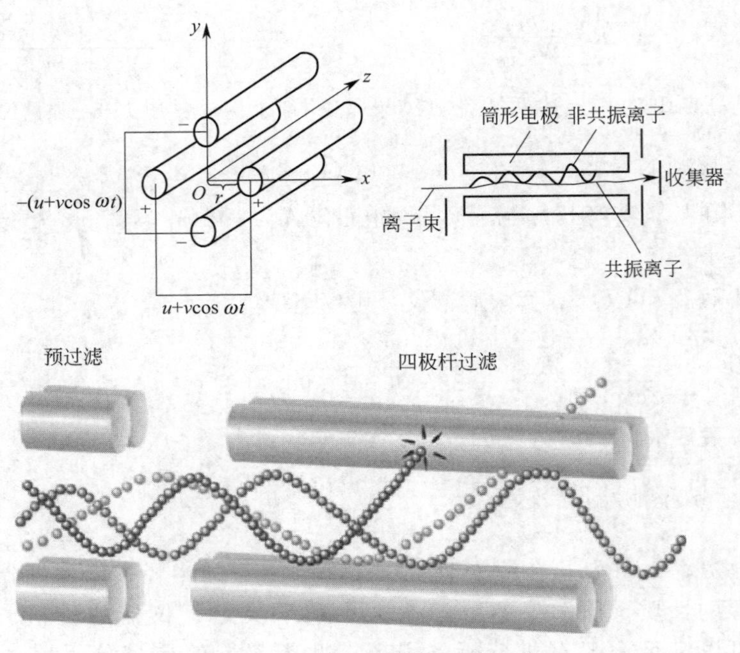

图 12-9　四极杆检测器工作原理

不同质荷比的离子在电场中的解析能力（Mass Resolution）决定于施加在电极柱上直流电压与射频电压的比值，保持该比值一定，并同时改变直流电压与射频电压的数值，则可改变穿过的离子 m/z 值的大小，而使不同质量的离子被检测到，故四极杆式质谱仪亦可称为质量过滤器（mass filter）。因快速改变直流电压和射频电压，使四极杆式质谱仪能在微秒的间距中很快地做质量扫描。这种特性非常适合用来检测 TDS 进行温度变化时热脱附定性及半定量的真实时间扫描。由四极杆质谱仪滤出的离子最后进入检测系统。本检测系统由 17 个分开的电极所构成，电极材料为 Cu-Be。当一个正离子打在第一个电极时会激发出 2～3 个二次电子，而每个被激发的电子又会撞击下一个电极而放出 2～3 个二次电子，所以一个离子经 SEM 后可放出 217～317 个电子，第一个电极可单独检测到入射离子的强度而得到放大因子（Amplification Factor）。最后将这些收集到的电信号经资料处理界面转换成计算机可辨识的数据，完成整个测量过程。

（2）离子阱质谱仪

离子阱（Ion Trap Mass Spectrometer，IT）质谱仪的原理也需要电场给予偏转能量。图 12-10 为离子阱质量分析器的结构示意图，电场是由一个双曲面的中心环形电极和上下两个端帽电极组成的四极电场，直流电压和射频交变电压一般加在环电极上，端帽电极接地。质量扫描条件下，特定质荷比的离子在阱内以稳定的轨道振幅运动，在特定时间由引出电极拉出并被电子倍增器检测，不稳定离子由于振幅增大撞上电极而消失。离子阱质谱仪结构简单，灵敏度较高，质量范围宽，检出限低，质量分辨能力强，这对多级串联质谱的实现非常有利，其缺点是质谱图与常规标准质谱图有所出入，不利于检索和比较，如使用外加离子源情况可得到改善。

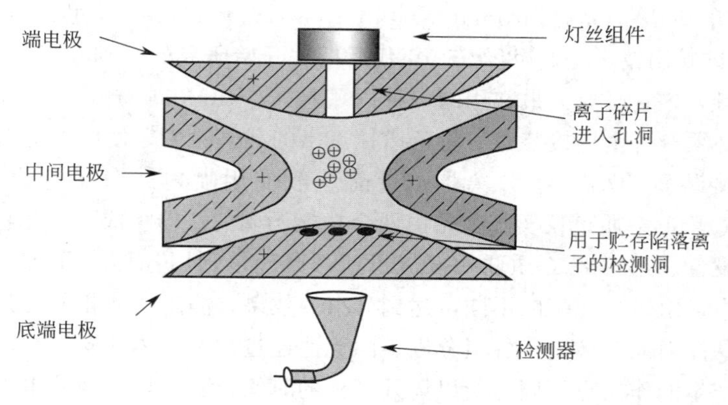

图 12-10 离子阱质量分析器

(3) 飞行时间质谱仪（Time-of-Flight Mass Spectrometer，TOF）

图 12-11 为飞行时间质量分析器的结构示意图，飞行时间质谱仪的核心是个离子漂移管，工作时用一个脉冲将离子源中离子瞬间引出，经电场加速，使它们在相同动能下进入漂移管自由运动，质荷比越小的离子运动速度越快，也就越早到达检测器，因此只要准确地测定飞行时间和信号强度就可得到相应的质谱图，而离子镜技术和延迟技术的使用保证了 TOF 仪器的分辨率。TOF 质谱仪对离子的质荷比上限是没有限制的，特别适合生物大分子的分析。对不同质荷比离子可以同时检测，因此灵敏度高、扫描速度快。TOF 经常与基质辅助激光解吸(MALDI) 联用，或作为串联质谱的二级质谱使用，其缺点是分辨率随质荷比的增加而降低。正交加速 TOF(oa-TOF) 可以很好地解决这个问题，即在原离子流垂直方向附加一个脉冲电场，离子在发生偏转加速后进行漂移，同时使用微通道板检测器进行阵列检测。

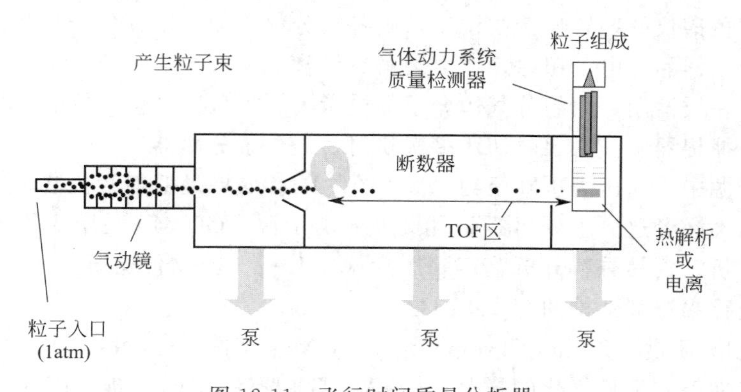

图 12-11 飞行时间质量分析器

12.4 色谱-质谱联用技术

将两种或多种仪器分析方法结合起来的技术称为联用技术，利用联用技术的主要有色谱-质谱联用、毛细管电泳-质谱联用、质谱-质谱联用等，其主要问题是如何解决与质谱相连的接口及相关信息的高速获取与贮存等。其中最重要的是色谱-质谱联用技术。而其发展也必须解决的主要问题有两大方面：①如何实现接口，降低压力使色谱柱的出口与质谱的进样系统连接，达到两部分速度的匹配；②如何除去色谱中大量的流动相分子。

（1）气相色谱-质谱（Gas Chromatography-Mass Spectrometer，GS-MS）

气相色谱-质谱联用技术是 20 世纪 50 年代后期才开始研究的，到 60 年代已经成熟并出现了商品化仪器，目前，它已成为最常用的一种联用技术。GC 在常压下工作，而 MS 在高真空下工作，因此，必须有一个连接装置，将色谱柱流出的载气除去，使压力降低，样品分子进入离子室，这个连接装置叫做分子分离器。目前一般使用喷射式分子分离器，其示意图如图 12-12 所示。气相色谱-质谱仪实际上是由两个功能不同的仪器组成，气相色谱仪是将混合物分离为纯物质的设备。近年来气-质联用发展迅速，原理是利用各种成分在一种固定的液相及一种流动的气相中，由于分配率的不同，达到分离的效果。静止的液相通常是涂抹在固体支持物上，将待测样品注射入气体流，各组分以不同流速通过涂有液体的支持物，由于各组分蒸气压不同，与液体产生的作用也不同，所以离开管柱的时间也不一样，因此得以分离。

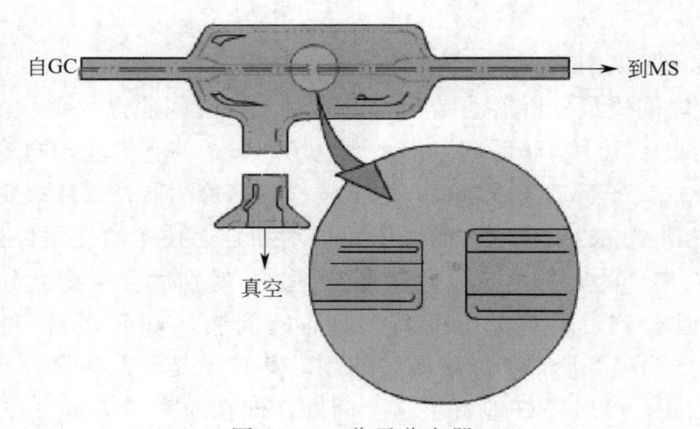

图 12-12　分子分离器

假设将气相色谱仪的装置连接质谱仪，则各组分都可测定出其分子量和结构。因为在质谱仪的游离室中，样品受电子照射，产生裂解、游离，带正电荷的碎片或离子经电场加速、磁场转弯，可得一质谱图。而组分气体分子的质量大，扩散速度慢，依靠其惯性运动，继续向前运动而进入捕捉器中。必要时使用多次喷射，经分子分离器后，50%以上的组分分子被浓缩并进入离子源中，而压力也降至约 1.3×10^{-2} Pa。如果是毛细管色谱，由于毛细管柱的流量极小，可以不必经过分子分离器而直接进入离子源。GC-MS 联用应用十分广泛，可应用于环境污染分析、食品香料分析鉴定到医疗检验分析、药物代谢研究等。GC-MS 联用也是国际奥委会进行兴奋剂药检的有力工具之一。

（2）液相色谱-质谱（Liquid Chromatography-Mass Spectrometer，LC-MS）

对于热稳定性差、不易气化的样品，GS-MS 联用有一定的困难。因此，近年来又发展了液相色谱-质谱联用技术。LC 分离要使用大量的液态流动相，如何有效地除去流动相而不损失样品，是 LC-MS 的应用难题之一。目前应用较多的有两种接口装置，其接口装置如图 12-13 所示。依靠不锈钢或高聚物的传送带将 LC 柱的流出样送入离子源，在传送过程中，溶剂被加热（可用红外线加热）气化并由真空泵抽去，组分进入离子源。这种方法适用于非极性流动相溶剂的除去；而对于极性溶剂，由于其气化速度慢而不适用。简单地说，LC 是质谱仪上游的样品输入器，而 MS 则是液相色谱仪下游的产物检测器。使用 LC-MS 时，我们只需将样品送入液相色谱仪，LC 优越的分离纯化能力，便会把样品内复杂的组分，按时间一一送出。色谱仪流出的产物导入质谱仪作进一步的检测。由于无须收集处理LC析出的成分，节省了许多耗力费时的繁复步骤，避免了处理样品时造成的无谓流失。质谱仪的基本功能是测量各个成分的质量以及它们的相对含量。现今配备较齐全的质谱仪，还具有分析其分子结构的能力，仪器会将受检测的分子作有限度的击碎。由于分子破碎时，有各自特定的模式，经解读这些碎片“指纹”，可以推知原先分子的结构。综合LC与MS的优点，无需对成分复杂的样品作太多的处理，我们便可以在样品种类、数量甚至分子结构上得到丰富而非常有用的信息。

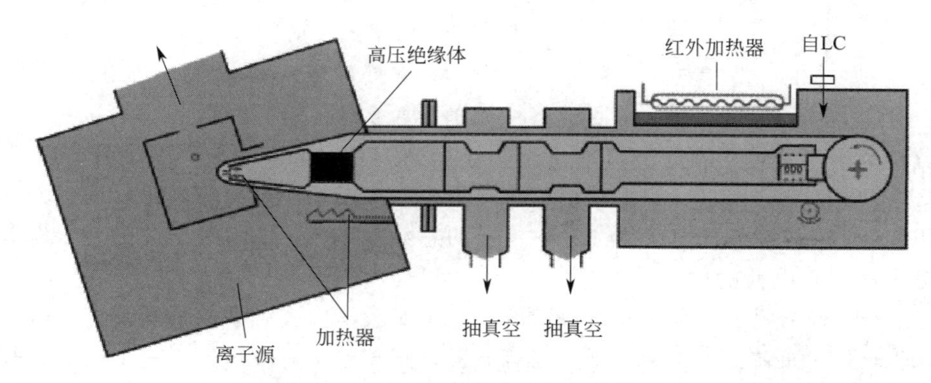

图 12-13　LC-MS用传送带联接装置

由于液质联用仪可以通过解读分子的碎片“指纹”来推知它碎裂前的结构，可将该原理直接应用在分析蛋白质的结构。在送入机器前，通常必须先用蛋白酵素处理蛋白质，将它转成机器能够分析的多肽（Peptides）。经过质谱仪的诱发，这些Peptides会循着一定的模式碎裂，机器随即记录下此碎片质谱，联结计算机数据库可协助来判读质谱。

（3）质谱-质谱联用（MS-MS联用，也称串联质谱）

20世纪80年代初，在传统的质谱仪基础上，发展了MS-MS联用技术。它与色-质联用不同，色-质联用是用色谱将混合组分分离，然后由MS进行分析，而MS-MS联用是依靠第一级质谱MS-Ⅰ分离出特定组分的离子碎片，然后导入碰撞室活化产生碎片离子，再进入第二级质谱MS-Ⅱ进行扫描及定性分析。如图12-14所示。

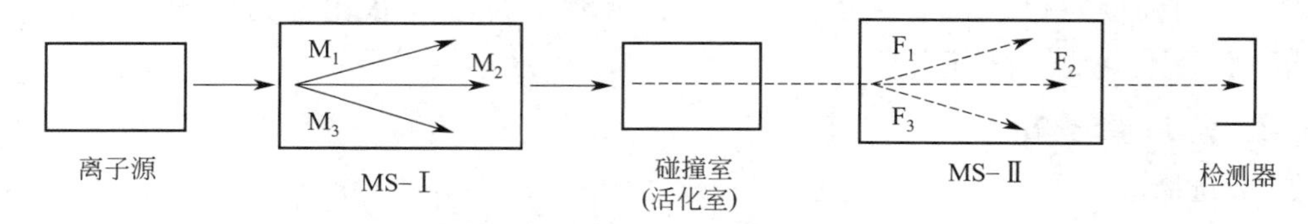

图 12-14　MS-MS联用原理示意图

MS-MS联用的串联形式很多，既有磁式MS-MS串联，也有四极MS-MS串联，也可以混合式MS-MS串联。串联质谱的工作效率比GC-MS、LC-MS更高，目前进一步发展的GC-MS-MS、LC-MS-MS等联用技术在生命科学、环境科学更具应用前景。

12.5 质谱图中的主要离子峰

有机分子经电子轰击电离在质谱图中产生多种离子峰，其中最重要的是分子离子峰、同位素离子峰和碎片离子峰，它们的质荷比及相对强度可以提供有机物结构的多种信息。

12.5.1　分子离子峰

分子离子峰是由分子失去一个价电子生成的，除同位素离子外，质谱图中质荷比最大的离子就是分子离子，其 m/z 就等于化合物的相对分子质量，是质谱图中最重要的离子。通过分子离子峰的确定可得到化合物的相对分子质量，其相对丰度与分子的稳定性相关，由此可以推测化合物的类型。如用电子轰击有机化合物（M），使其产生离子的反应如下：

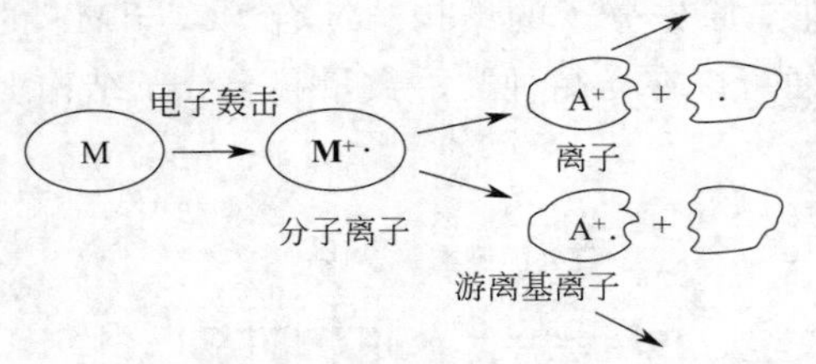

$$M + e^- \longrightarrow M^{+\cdot} + 2e^-$$

分子离子峰有如下特点。

① 分子离子是奇电子离子（$M^{+\cdot}$）

分子离子是样品分子（所有电子都成对）失去一个电子而产生的，所以是一个自由基离子，其中有一个未成对的孤电子，离子中电子的总数是奇数，因此分子离子表示为 $M^{+\cdot}$。

② 分子离子正电荷的位置

如果分子中有杂原子，则其中未成键的 n 电子对较易失去一个电子而带正电荷，所以正电荷在杂原子上；如果分子无杂原子，但有 π 键，则 π 电子对较易失去一个电子，所以正电荷在 π 键上；如果分子中既无杂原子，也无 π 键，则正电荷一般在分支的碳原子上；对于复杂分子，电荷位置不易确定的，则用“$\urcorner^{+\cdot}$”表示。

分子离子是分子失去一个电子所得到的离子，所以其 m/z 数值等于化合物的相对分子质量，是所有离子峰中 m/z 最大的（除了同位素离子峰外），所以若质谱图中有分子离子峰出现，必位于谱图的右端，这在谱图解析中具有特殊意义。同时分子离子必然符合“氮律”（即有机化合物分子中，若含有偶数个氮原子，则其分子量也为偶数；若含有奇数个氮原子，则分子量也为奇数）。质谱中，分子离子峰的强度和化合物的结构关系极大，它取决于分子离子与其裂解后所产生离子的相对稳定性。一般规律是，化合物链越长，分子离子峰越弱，酸类、醇类及高分支链的烃类分子的分子离子峰较弱甚至不出现。共轭双键或环状结构的分子，分子离子峰较强。各类有机化合物分子离子的稳定性（即分子离子峰的强度）顺序如下所示：芳环＞共轭烯＞烯＞环状化合物＞酮＞不分支烃＞醚＞酯＞胺＞酸＞醇＞高分支烃。

12.5.2　碎片离子峰

（1）σ 键断裂

如果化合物中有 σ 键，就可能发生 σ 键断裂，但由于 σ 键断裂所需的能量较大，所以仅当化合物分子中没有 π 电子和 n 电子时，σ 键的断裂才可能成为主要的断裂方法。如烷烃分子离子的断裂，这时一个未成对的电子向一个碎片转移，因此是一种“半异裂”，用“⌒”表示一个电子的转移，产生一个偶电子离子和一个自由基。而且，断裂的产物越稳定，就越易断裂。碳正离子的稳定顺序为叔＞仲＞伯，所以异构烷烃最容易从分支处断裂，且支链大的易以自由基脱去，如：

$$H_3C-\underset{CH_3}{\overset{CH_3}{C}}-C_2H_5 \xrightarrow{-e^-} H_3C-\underset{CH_3}{\overset{CH_3}{C^{+\cdot}}}-C_2H_5 \xrightarrow{\sigma} H_3C-\underset{CH_3}{\overset{CH_3}{C^+}} + \cdot C_2H_5$$

（2）游离基中心引发的断裂（也称 α 断裂）

在奇电子离子中，定域的自由基位置（即游离基中心）由于有强烈的电子配对倾向，它可提供孤电子与毗邻（α 位）的原子形成新的键，导致 α 原子另一端的键断裂。这种断裂通常称为 α 断裂。该键断裂时，两个碎片各得一个电子，因此是均裂。用“⌒ ⌒”表示，也产生一个偶电子离子和一个自由基。其通式可表示为：

$$AB—C—D^{+\cdot} \longrightarrow AB\cdot + C{=}D^{+}$$

α 断裂经常发生在以下几种情况中。

① 烯烃　电离时失去一个 π 电子，则 π 键上的自由基中心引发 α 断裂。如果是端烯则发生烯丙基断裂，形成稳定的典型烯丙基离子（$m/z=41$）

$$R—CH_2—CH{=}CH_2 \xrightarrow{-e^-} R—CH_2—\dot{C}H—\overset{+}{C}H_2 \longrightarrow R\cdot + CH_2{=}CH—\overset{+}{C}H_2 \quad (m/z=41)$$

② 烷基苯的苄基断裂　所产生的苄基离子立即重排为典型的鎓离子 $C_7H_7^+$（$m/z=91$），而且进一步丢失 C_2H_2 而产生 $C_5H_5^+$。

$$C_6H_5CH_2—R \xrightarrow{-e^-} [C_6H_5CH_2—R]^{+\cdot} \xrightarrow{\alpha,\,-R\cdot} C_6H_5CH_2^+ \longrightarrow C_7H_7^+\ (m/z=91) \xrightarrow{-CH{\equiv}CH} C_5H_5^+\ (m/z=65)$$

③ 含饱和官能团的化合物　如胺、醇、醚、硫醇、硫醚、卤代物等。电离后构成杂原子上的自由基中心，引发了 α 断裂。

胺：$R—CH_2—\overset{+\cdot}{N}R'_2 \xrightarrow{\alpha} R\cdot + CH_2{=}\overset{+}{N}R'_2$

醇：$R—CH(R')—\overset{+\cdot}{O}H \xrightarrow{\alpha} R\cdot + HC(R'){=}\overset{+}{O}H$

醚：$R—CH_2—\overset{+\cdot}{O}—R' \xrightarrow{\alpha} R\cdot + H_2C{=}\overset{+}{O}—R'$

卤代物：$H_3C—CH_2—\overset{+\cdot}{Br} \xrightarrow{\alpha} CH_3\cdot + H_2C{=}\overset{+}{Br}$

④ 含不饱和官能团的化合物　如酮、酸、酯、酰胺、醛等也发生 α 断裂。

$$R—C({=}\overset{+\cdot}{O})—R' \xrightarrow{\alpha} R—C{\equiv}\overset{+}{O} + R'\cdot$$

（R′：烷基、—OH、—OR、—NR_2、—H）

α 断裂的一般规律说明如下。

a. 含有饱和或不饱和官能团的化合物发生的 α 断裂，均有两处可能发生（即 α_1，α_2），但一般说来，R 大的基团更易失去，因此失去 R 较大基团后产生的离子峰强度较大。从而，出现一些较特殊的峰，如：

伯醇	$H_2C{=}\overset{+}{O}H$，	$m/z=31$；	伯胺	$H_2C{=}\overset{+}{N}H_2$，	$m/z=30$；
甲基酮	$H_3C—C{\equiv}O^+$，	$m/z=43$；	羧酸	$HO—C{\equiv}O^+$，	$m/z=45$；

伯酰胺 $H_2N—C≡O^+$， $m/z=44$； 醛 $H—C≡O^+$， $m/z=29$。

b. 分子含有多个杂原子时，这些杂原子提供电子形成新键的能力随电负性的增加而减少，即电负性越大，提供电子形成新键的能力越小，不易在其邻位 α 键上发生断裂。形成新键的能力为：N＞S＞O＞Cl。如：

$$CH_2{=}\overset{+}{O}H + {\cdot}CH_2{-}NH_2 \longleftarrow \left[H_2C(OH) \overset{\alpha}{—} CH_2(NH_2) \right]^{+\cdot} \longrightarrow {\cdot}CH_2{-}OH + CH_2{=}\overset{+}{N}H_2$$

（丰度 3.1%）$m/z=31$ $m/z=30$（丰度 57%）

(3) 诱导断裂（也称 i 断裂）

在奇电子（OE）或偶电子（EE）离子中，由于正电荷的诱导效应，吸引了邻键上的一对成键电子而导致该键的断裂，称为诱导断裂。此时，断裂键的一对电子同时转移到一个碎片上，因此属于“异裂”，用“⌒↘”完整的箭号表示。可表达为：

$$BA—C—\overset{+}{D} \xrightarrow{i} AB^+ + C{=}D$$

$$BA—C—\overset{+\cdot}{D} \xrightarrow{i} AB^+ + C{=}D^{\cdot}$$

含有杂原子的化合物，如醇、醚、酮、酸、卤代物等均可可发生 i 断裂。如酮的 i 断裂：

$$RR'C{=}O^{+\cdot} \xrightarrow{i} R^+ + R'C{\equiv}O\cdot$$

注意：与 α 断裂生成的离子不同

诱导断裂的能力随杂原子电负性的增强而增强：X＞O、S≫N＞C（X 为 Cl、Br、I）。一些饱和烃的偶电子离子，也发生 i 断裂，脱去一个烯：

$$R—\underset{H_2}{C}—\overset{+}{C}H_2 \xrightarrow{i} R^+ + H_2C{=}CH_2$$

12.5.3 重排离子峰

(1) 麦氏重排

具有不饱和官能团 C═X （X 为 O、S、N、C 等）及 γ-H 结构的化合物，γ-H 可以通过六元环空间排列的过渡态，向缺电子（ $C{=}X^{+\cdot}$ ）的部位转移，发生 γ-H 的断裂，同时伴随 C═X 的 β 键断裂（属于均裂），这种断裂称为麦克拉弗特（McLafferty）重排，简称麦氏重排，通式为：

$$(\gamma)W(H)—(\beta)Y—Z(\alpha)—C{=}X^{+\cdot} \longrightarrow \dot{W}\cdots H\cdots X^+ \longrightarrow W{=}Y^{+} + H—X^+{=}C—\cdot Z$$

例如，2-戊酮 $m/z=58$ 的峰就来自麦氏重排。

$$H_2C(H)—H_2C—\underset{H_2}{C}—C(=O^{+\cdot})—CH_3 \longrightarrow CH_2{=}CH_2 + H_2\dot{C}—C(={}^{+}OH)—CH_3$$

m/z：58

麦氏重排使其具有 γ-H 甲基酮的特征峰。

γ 位上有氢原子的烯烃也发生麦氏重排，如：

α　β　γ　H　R　$\longrightarrow$　HC　H_2C　R　+　H　H　H　CH_2　$m/z = 92$

（注意与苄基的 α 断裂不同）

麦氏重排是较常见的重排离子峰，在结构分析上很有意义，因为重排后的离子都是奇电子离子，如果谱图上有奇电子离子的峰，而又不是分子离子，说明分子在裂解中发生重排或消去反应。

（2）逆狄尔斯-阿尔德反应（环烯断裂反应）

在有机合成化学中，有狄尔斯-阿尔德（Diels-Alden）环烯反应（DA 反应），即双键与共轭双键发生 1,4-加成得到环己烯型的产物，在质谱的分子离子断裂反应中，正好有此反应的逆反应，故称逆狄尔斯-阿尔德反应（RDA 反应）。

DA 反应　$-e^-$　RDA

（3）饱和分子的氢重排（消除反应）

H　X　$H_2C-(CH_2)_n-CH_2$　$\to HX + \cdot CH_2-(CH_2)_n-\overset{+}{C}H_2$

（一般 $n \geqslant 2$）

X 为卤素原子时，消去 HX；X 为—OH 时，消去 H_2O；X 为—SH 时，消去 H_2S 等。

12.5.4 同位素离子峰

分子离子峰及其他离子峰都没有考虑许多元素具有两种或两种以上同位素的存在，许多元素在自然界中都有一定的丰度即自然丰度，表 12-1 列出某些常见元素的天然同位素丰度。

表 12-1　某些常见元素的天然同位素丰度

元素	最大丰度同位素	相对于最大丰度同位素为 100 的其他同位素及丰度
氢	^{1}H	^{2}H 0.016
碳	^{12}C	^{13}C 1.08
氮	^{14}N	^{15}N 0.37
氧	^{16}O	^{17}O 0.04
		^{18}O 0.20
硫	^{32}S	^{33}S 0.78
		^{34}S 4.40
氯	^{35}Cl	^{37}Cl 32.5
溴	^{79}Br	^{81}Br 98.0

这些元素的同位素也会以一定的丰度出现在质谱的分子离子或其他碎片离子中，这些离子虽然元素相同，但 m/z 却不一样，在质量分析器中不会聚合在一起，而是会出现不同的质谱峰，称为同位素离子峰。在同位素离子中，可能是单一同位素原子的离子，也可能是多种元素的同位素原子组合的离子，故其质量数可能有 M、M+1、M+2，…，其中，M 为

最轻的同位素（一般也是丰度最大的同位素）的分子离子峰，其他碎片离子峰也类似。同位素离子峰的强度与组成该离子的各同位素的丰度有关，可以通过各同位素的丰度估算分子离子峰和其他同位素离子峰的相对强度。对于仅含C、H、N、O的有机化合物$C_wH_xN_yO_z$来说，最大丰度的分子离子峰与其他同位素离子峰的强度比为：

$$\frac{M+1}{M}=1.08w+0.02x+0.37y+0.04z$$

$$\frac{M+2}{M}=\frac{(1.08w+0.02x)^2}{200}+0.20z$$

要特别注意，在同位素丰度表中，有四个元素的重质量同位素丰度比较大，它们是：^{13}C为1.08（^{12}C为100），^{33}S为0.78、^{34}S为4.40（^{32}S为100），^{37}Cl为32.5（^{35}Cl为100），^{81}Br为98（^{79}Br为100）。对于仅含有C、H、O（甚至是N）的化合物，可以从（M+1）与M的丰度比来估算化合物分子中的碳原子数：

$$n_C \approx \frac{M+1}{M}\times 100/1.08$$

如：某仅含C、H、O的化合物，在质谱图中，$\frac{M+1}{M}$为24%，则$n_C \approx \frac{24}{1.08} \approx 22$。

Cl有^{35}Cl、^{37}Cl两种同位素，丰度比为100∶32.5≈3∶1，Br有^{79}Br、^{81}Br，丰度比为100∶98≈1∶1，（F、I为单一同位素），Cl、Br的同位素质量差均为2个质量单位，所以含有多个Cl、Br原子的分子，拥有M、M+2、M+4、M+6、…同位素离子峰。对于分子只含一种卤原子时，其同位素离子峰的强度比等于二项式$(a+b)^n$展开式各项值之比（n为分子中同种卤原子的个数，a为轻质量同位素的丰度比，b为重质量同位素的丰度比）。

如分子中含有3个Cl原子的分子（RCl_3）：

$$(3+1)^3=3^3+3\times 3^2\times 1+3\times 3\times 1^2+1^3=27+27+9+1$$

即 M∶(M+2)∶(M+4)∶(M+6)=27∶27∶9∶1

如分子中含有3个Br原子的分子（RBr_3）：

$$(1+1)^3=1^3+3\times 1^2\times 1+3\times 1\times 1^2+1^3=1+3+3+1$$

即 M∶(M+2)∶(M+4)∶(M+6)=1∶3∶3∶1

同位素离子峰的强度比在推断化合物分子式时很有用处。

12.5.5　亚稳离子峰

当样品分子在电离室生成M_1^+（或$M_1^{+\cdot}$）后，一部分离子被电场加速经质量分析器到达检测器；另一部分在电离室内进一步被裂解为低质量的离子，还有一部分经电场加速进入质量分析器后，在到达检测器前的飞行途中裂解为M_2^+，这种离子称为亚稳离子，由于它是在飞行途中裂解产生的，所以失去一部分动能，因此其质谱峰不在正常的M_2^+位置上，而是在比M_2^+较低质量的位置上，这种质谱峰称为亚稳离子峰，此峰所对应的质量称为表观质量m^*

$$m^*=\frac{m_2^2}{m_1}(m^*\text{一般不为整数,在质谱图中容易被识别})$$

对亚稳离子峰的观测，可以判断分子断裂的途径。如乙酰苯有两种可能的断裂途径：

$$C_6H_5COCH_3^{+\cdot}\ (m/z=120) \xrightarrow{-\dot{C}H_3} C_6H_5C{\equiv}O^+\ (m/z=105) \xrightarrow{-CO} C_6H_5^{+\cdot}\ (m/z=77)$$

$$C_6H_5COCH_3^{+\cdot}\ (m/z=120) \xrightarrow{-CH_3CO\cdot} C_6H_5^{+\cdot}\ (m/z=77)$$

可能有两种亚稳离子峰 $m_1^*=\frac{77^2}{105}=56.5$；$m_2^*=\frac{77^2}{120}=49.4$。从亚稳峰的出现可以判断是哪种途径或两种途径同时发生。

12.5.6 多电荷离子峰

在质谱中，除了占绝对优势的单电荷离子外，某些非常稳定的化合物分子，可以在强能量作用下失去 2 个或 2 个以上的电子，产生多电荷离子，则在谱图的 m/z（z 为失去的电子数）位置上出现弱的多电荷离子峰。m/z 可能为整数或分数。当有多电荷离子峰出现时，表明样品分子很稳定，其分子离子峰很强。

12.6 主要化合物的质谱图

（1）脂肪族化合物

① 饱和烃

直链烷烃的分子离子经常以下列方式断裂：

$$M^{+\cdot} \xrightarrow{-R'\cdot} R^+ \xrightarrow{-CH_2{=}CH_2} \text{产生 } C_nH_{2n+1}]^+ \text{ 系列}$$

得到 m/z：29($C_2H_5^+$)、43($C_3H_7^+$)、57($C_4H_8^+$)、…、15＋14n 的质谱峰，其中 43、57 较强；有时会失去一个 H_2 产生 C_nH_{2n-1} 的链烯系列，得到 m/z 为 13＋14n 的弱峰；支链烷烃的断裂，容易发生在分支处，这是因为碳阳离子的稳定性顺序为：

$$R_3\overset{+}{C} > R_2\overset{+}{C}H > R\overset{+}{C}H_2 > \overset{+}{C}H_3$$

断裂时，通常大的分支链容易先以自由基形式脱去。

② 烯烃

发生烯丙基方式的 α 断裂

$$R'{-}CH_2{-}CH\overset{\cdot+}{=}CHR \longrightarrow R'\cdot + H_2C{=}CH{-}\overset{+}{C}HR$$

产生 m/z 为 41＋14n 系列的质谱峰，端烯基的分子产生 $H_2C{=}CH{-}\overset{+}{C}H_2$ m/z 为 41 的典型峰（常为基峰）；长链烯烃具有 γ-H 原子的可发生麦氏重排。

③ 醛、酮、羧酸、酯、酰胺

羰基位置有 γ-H 的都会发生麦氏重排，且都是强峰；都会发生 α 断裂，而且都有两处 α 断裂。其共同点一般是 R 基团大的容易以自由基的形式先失去，留下酰基阳离

子 $R—C\equiv O^+$ 。

a. 醛　醛基上的 H 不易失去，当属于 $C_1 \sim C_3$ 的醛时，得到稳定的特征离子 $HC\equiv O^+$ ，m/z 为 29；而如果是高碳链醛，则发生 i 断裂而生成（M－29）的离子系列。

b. 酮　R 大的基团易先丢失，得到 m/z 为 43（CH_3CO^+）、57（$C_2H_5CO^+$）、71（$C_3H_7CO^+$）…系列的离子，与饱和烃的 $C_nH_{2n+1}^+$ 系列质量数相同，应注意区分。甲基酮生成稳定的特征离子 CH_3CO^+，m/z 为 43。

c. 羧酸　易丢失 R· 得到特征的 $HO—C\equiv O^+$ 离子，m/z 为 45。

d. 酯　易丢失 R—O · 基，得到与酮相同的离子系列。

e. 酰胺　伯酰胺易丢失 R · 得到特征的 $H_2N—C\equiv O^+$ 离子，m/z 为 44；仲、叔酰胺易脱去胺基，得到与酮相同的离子系列。也都会发生 i 断裂，一般 i 断裂弱于 α 断裂。醛、酮的分子离子峰一般较强。

④ 醇、醚、胺、卤代物

这类化合物的分子离子峰都很弱，有的甚至不出现分子离子峰。都会发生 α 断裂（有的书称为 β 断裂），而各自产生的离子如下所示：

a. 醇　生成鎓离子，对于伯醇 R－OH，则生成 $CH_2{=}\overset{+}{O}H$ 、m/z 为 31 的特征峰。对于仲（或叔）醇 $\mathrm{C(R_1)(H(R))(R_2)—OH}$ ，则其中 R 大的取代基容易以自由基丢失，生成 $\mathrm{(H(R))(R_1)C{=}\overset{+}{O}H}$ 、m/z 为 31＋14n 系列。

b. 醚　生成 $R—\overset{+}{O}{=}CH_2$ 离子，m/z 同样为 31＋14n 系列。

c. 胺　生成亚胺离子，对于伯胺，则生成 $CH_2{=}\overset{+}{N}H_2$ ，m/z 为 30 的特征峰。对于仲、叔胺，则其中 R 大的取代基容易以自由基丢失，生成 $CH_2{=}\overset{+}{N}H(R)(R_1)$ ，m/z 为 30＋14n 系列。

d. 卤代物　X 邻碳上无取代基的生成 $CH_2{=}\overset{+}{X}$ ，邻碳上有取代基的生成 $RCH(R'){=}\overset{+}{X}$ 。

研究这类化合物的质谱时特别注意以下几点。

a. 醇、卤代物会发生消除反应，脱去 H_2O（得到 M－18 的离子）、HX（可发生 1，3 或 1，4 或更远程消除）。

b. 醚还会发生 C—O 的断裂（属于 σ 半断裂，有的书称为 α 断裂）；卤代物也会发生 C—X 键的断裂，正电荷可能留在卤原子上，形成 X^+，也可能留在烷基上，形成 R^+。

（2）芳香族化合物

香族化合物有 π 电子共轭体系，因而容易形成稳定的分子离子。在质谱图上，它们的分子离子峰有时为基峰。

常出现 $C_nH_n^{\rceil+\cdot}$ 系列的峰，m/z 为 78－13n：$C_6H_6^{\rceil+\cdot}$（78）、$C_5H_5^{\rceil+\cdot}$（65）、$C_4H_4^{\rceil+\cdot}$（52）、$C_3H_3^{\rceil+\cdot}$（39）；有时会丢失 1 个 H 甚至 2 个 H，得到 $C_nH_{n-1}^{\rceil+\cdot}$ 、$C_nH_{n-2}^{\rceil+\cdot}$ 系列的峰，其 m/z 为 77－13n（较常见）、76－13n。芳香族化合物的质谱

常见的有下列几种。

① 烷基取代苯 [苯环]—R

易于发生 α 断裂（有的书称 β 断裂），产生苄基苯，重排为草𬭩离子、m/z 为 91 的特征峰，进一步断裂丢失 HC≡CH。

$C_6H_5CH_2-R^{+\cdot} \xrightarrow{-R\cdot}$ [$C_6H_5=CH_2^+$] $\rightarrow$ $C_7H_7^+$ ($m/z = 91$) $\xrightarrow{-HC\equiv CH}$ $C_5H_5^+$ ($m/z = 65$) $\xrightarrow{-HC\equiv CH}$ $C_3H_3^+$ ($m/z = 39$)

苯环取代基 γ 位置上有 H 的，发生麦氏重排，得到 [环己二烯]$=CH_2^{+\cdot}$，m/z 92（注意与上面苄基断裂的区别）。

② 芳酮、芳醛、芳酸、芳酯的分子离子都发生 α 断裂，都产生 m/z 为 105 的苯甲酰阳离子，该峰是强峰，往往是基峰，然后又相继进一步丢失 CO 及 HC≡CH。

$C_6H_5C(=O)-X^{+\cdot} \xrightarrow{-X\cdot} C_6H_5C\equiv O^{+\cdot}$ ($m/z = 105$) $\xrightarrow{-CO}$ $C_6H_5^{+\cdot}$ ($m/z = 77$) $\xrightarrow{-HC\equiv CH}$ $C_4H_3^{+\cdot}$ ($m/z = 51$)

③ 酚、芳胺　酚、芳胺均有很强的分子离子峰，往往是基峰。而分子离子经重排后会分别丢失 CO 及 HCN，都产生 m/z 为 66 的 C_5H_6 离子，然后还将进一步断裂：

$C_6H_5OH(NH_2)^{+\cdot} \xrightarrow{重排\ -CO(HCN)} C_5H_6^{+\cdot}$ ($m/z = 66$) $\xrightarrow{-H\cdot}$ $C_5H_5^{+\cdot}$ ($m/z = 65$) $\xrightarrow{-HC\equiv CH}$ $C_3H_3^{+\cdot}$ ($m/z = 39$)

④ 芳醚　芳醚的分子离子峰发生二个途径的 σ 断裂（有的书上称为 α 断裂），然后进一步断裂：

$C_6H_5OR^{+} \xrightarrow{-R\cdot} C_6H_5O^{+} \xrightarrow{-CO} C_5H_5^{+} \longrightarrow C_3H_3^{+}$

$C_6H_5OR^{+} \xrightarrow{-OR\cdot} C_6H_5^{+} \xrightarrow{-HC\equiv CH} C_4H_3^{+}$（卤代物也有同样的断裂方式）

⑤ 硝基化合物的分子离子

重排之后 $-NO\cdot$ → $O^{\neg+}$（$m/z=93$）$\xrightarrow{-CO}$ $C_5H_5^{\neg+}$（$m/z=65$）→ $C_3H_3^{\neg+}$（$m/z=39$）

$NO_2^{\neg+\cdot}$

$-NO_2\cdot$ → $^{\neg+}$（$m/z=77$）$\xrightarrow{-CH\equiv CH}$ $C_4H_3^{\neg+}$（$m/z=51$）

12.7 化合物相对分子量的测定

质谱法的应用有定性分析（包括化合物相对分子量的测定、化学式的确定、结构分析）、定量分析、同位素研究及热力学方向的研究等。

质谱法是精密测定化合物的相对分子量常用的较好方法，尤其是对于挥发性化合物相对分子量的测定，质谱法是目前最好的方法。

分子离子峰相当的质量数，就是被测化合物的相对分子量。因此，要测定化合物的相对分子量，准确地确认分子离子峰显得十分重要。在确认分子离子峰的过程中，必须注意如下几个问题。

（1）除了同位素离子峰外，分子离子峰是质谱图中 m/z 值最大的离子峰，处于质谱图的右端，而判断质谱图中最右端的峰是否就是分子离子峰，还应注意以下几点：

① 分子离子峰的强弱与物质结构有关，有的化合物因结构原因，分子离子不稳定，容易被进一步碎裂成碎片离子，因此分子离子峰很弱，甚至全部被碎裂，而不出现分子离子峰；

② 有的化合物的热稳定性很差，气化时就被分解，得不到分子离子峰；

③ 有的化合物还可能发生离子-分子反应，生成质量比分子离子大的离子；有时还会出现准分子离子峰（质量为 M+1 或 M−1）。

（2）分子离子峰断裂为质量较小的碎片离子时，应有合理的中性碎片质量丢失。观察待定离子峰与邻近离子峰之间的质量差，如果待定离子峰是分子离子峰的话，则在小于此峰邻近质量 4～14 及 21～25 等质量单位处不应有离子峰出现，否则该峰就不是分子离子峰。换句话说，分子离子峰与左侧离子峰的质量差不可能为 4～14 及 21～25，分子离子可以失去 1～3 个氢，即质量数减少 1～3 个质量单位，也可以失去一个最小的中性碎片 CH_3 而质量减少 15 个质量单位，但不能失去 4～14 个质量单位。同样理由，也不能丢失 21～25 个质量单位。

（3）分子离子峰要符合“氮律”。因为分子离子是分子失去一个电子的自由基离子，为奇电子离子，它的质量数为分子量，所以也应符合“氮律”。之所以有“氮律”，是因为以共价键形式结合成有机物分子的常见元素（如 C、H、O、S、N、Cl、Br 等）中，除 N 原子外，其他元素的价数和该元素最大丰度同位素的质量数同样为偶数或同样为奇数，唯独 ^{14}N 是偶数质量数 14、奇数价数 3，这些元素共价键结合为分子时，分子量的偶、奇值取决于分子中 N 原子的偶、奇值，称为“氮律”。

应该注意的是：分子离子峰一定符合“氮律”，不符合“氮律”的离子一定不是分子离子；而符合“氮律”的离子不一定是分子离子，因为奇电子离子都符合氮律，而重排离子、消去反应所产生的离子也会得到奇电子离子。偶电子离子一定不符合“氮律”。

离子中N原子数、离子的质量数及离子中总电子数的关系如表12-2所示。

表12-2 离子中N原子数、离子的质量数及离子中总电子数的关系

离子组成	离子的质量数	电子数	示例
C、H、O或偶数N	奇数	偶数	$H_2C{=}CH{-}\overset{+}{C}H_2$ $m/z=41$，偶数电子
	偶数	奇数	$H_3C{-}C({=}\overset{+}{O}^{\cdot}){-}CH_3$ $m/z=58$，奇数电子
C、H、O或奇数N	奇数	奇数	$H_3C{-}CH_2{-}\overset{+\cdot}{N}(CH_3)_2$ $m/z=73$，奇数电子
	偶数	偶数	$C_3H_7{-}C{\equiv}\overset{+}{N}H$ $m/z=70$，偶数电子

上面提及有的化合物经电离后分子离子峰很弱，甚至不出现，影响分子离子峰的确定，可采取一些措施加以增强。通常的方法有：降低电子轰击源的能量（降低电离电压），阻止分子离子的进一步断裂电离，以提高分子离子的强度；采用软电离源的电离方式，如化学电离源、场电离源、场解析源或快原子轰击电离源等，也可以加大分子离子峰的强度；对于热不稳定的化合物，可以采用衍生化法电离。

12.8 分子结构的确定

在一定的实验条件下，各种分子都有自己特征的裂解模式和途径，产生各具特征的离子峰，包括其分子离子峰、同位素离子峰及各种碎片离子峰。根据这些峰的质量及强度信息，可以推断化合物的结构。如果从单一的质谱信息还不足以确定化合物的结构或需进一步确证的话，可借助于其他的手段，如红外光谱法、核磁共振波谱法、紫外-可见吸收光谱法等。质谱图的解释，一般要经历以下几个步骤。

① 确定分子量。

② 确定分子式。除了上面阐述的用质谱法确定化合物分子式外，也常用元素分析法来确定。分子式确定之后，就可以初步估计化合物的类型。

③ 计算化合物的不饱和度（不饱和单元）Ω，计算出Ω值后，可以进一步判断化合物的类型。

④ 研究高质量端的分子离子峰及其与碎片离子峰的质量差值，推断其断裂方式及可能脱去的碎片自由基或中性分子，在这里尤其要注意那些奇电子离子，这些离子一定符合“氮律”，因为它们的出现，如果不是分子离子峰，就意味着发生重排或消去反应，这对推断结构很有帮助。

⑤ 研究低质量端的碎片离子，寻找不同化合物断裂后生成的特征离子或特征系列，如饱和烃往往产生$15+14n$质量的系列峰；烷基苯往往产生$91-13n$质量的系列峰。根据特征系列峰同样可以进一步判断化合物的类型。

⑥ 根据上述的解释，可以提出化合物的一些结构单元及可能的结合方式，再参考样品的来源、特征、某些物理化学性质，就可以提出一种或几种可能的结构式。

⑦ 验证　验证有以下几种方式。

a. 由以上解释所得到的可能结构，依照质谱的断裂规律及可能的断裂方式，分解得到可能产生的离子，并与质谱图中的离子峰相对应，考察是否相符合；

b. 与其他的分析手段，如IR、NMR、UV-VIS等的分析数据进行比较、分析、印证；

c. 寻找标准样品，在与待定样品的同样条件下绘制质谱图，进行比较；

d. 查找标准质谱图、表进行比较。

例12-2 某化合物的化学式是$C_8H_{16}O$，其质谱数据如下表，试确定其结构式

m/z	43	57	58	71	85	86	128
相对丰度/%	100	80	57	77	63	25	23

解 (1) 不饱和度$\Omega=1+8+\frac{-16}{2}=1$，即有一个双键（或一个饱和环）；

(2) 不存在烯烃特有的$m/z=41$及$41+14n$系列峰（烯丙基的α断裂所得），因此双键可能为羰基所提供，而且没有$m/z=29$（$HC{\equiv}O^+$）的醛特征峰，所以可能是一个酮；

(3) 根据碎片离子表，m/z为43、57、71、85的系列是$C_nH_{2n+1}{}^{\urcorner+}$及$C_nH_{2n+1}CO^{\urcorner+}$离子，分别是$C_3H_7^+$、$CH_3CO^+$、$C_4H_9^+$、$C_2H_5CO^+$、$C_5H_{11}^+$、$C_3H_7CO^+$、$C_6H_{13}^+$及$C_4H_9CO^+$离子；

(4) 化学式中N原子数为0（偶数），所以m/z为偶数者为奇电子离子，即$m/z=86$、58的离子一定是重排或消去反应所得，且消去反应不可能，所以是发生麦氏重排，羰基的γ位置上有H，而且有两处γ-H。$86=128-42$，42是C_3H_6（丙烯），表明$m/z=86$的离子是分子离子重排丢失丙烯所得；$58=86-26$，26是C_2H_4（乙烯），表明$m/z=58$的离子是$m/z=86$离子又一次重排丢失乙烯所得。从以上信息及分析，可推断该化合物可能为：

$$H_3C—CH_2—CH_2—\overset{O}{\overset{\|}{C}}—CH_2—CH_2—CH_2—CH_3$$（右边端—CH_3也可能在β位）

由碎片裂解的一般规律加以证实：

$CH_3—CH_2—CH_2—\overset{O}{\overset{\|}{C}}—(CH_2)_5—CH_3$

$-e^-$

α1断裂 → $CH_3—CH_2—CH_2—\overset{O^+}{\overset{\|}{C}}$ ($m/z=71$) + $\cdot CH_2—CH_2—CH_2—CH_3$；$-CO$ → $CH_3—CH_2—\overset{+}{C}H_2$ ($m/z=43$)

α2断裂 → $\overset{O^+}{\overset{\|}{C}}—CH_2—CH_2—CH_2—CH_3$ ($m/z=85$) + $\cdot CH_2—CH_2—CH_3$；$-CO$ → $^+CH_2—CH_2—CH_2—CH_3$ ($m/z=57$)

重排，$-C_3H_6$ → ($m/z=86$)

重排，$-C_2H_4$ → $H_2\dot{C}—C(\overset{+}{O}H_2)=CH_2$ ($m/z=58$)

例 12-3　某化合物由 C、H、O 三种元素组成，其质谱图如下所示，测得强度比 M：(M+1)：(M+2)=100：8.9：0.79，试确定其结构式。

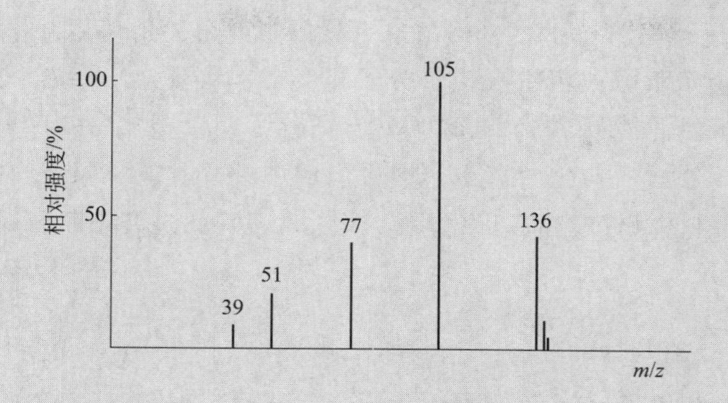

解　(1) 化合物的分子量 M=136，根据 M、M+1、M+2 强度比值及“氮律”，得到最可能的化学式为 $C_8H_8O_2$（从强度比看出不含 S、Cl、Br 原子，且应含有 8 个 C 原子，并由此可推算出 2 个 O 原子，8 个 H 原子）；

(2) 计算不饱和度，$\Omega=1+8+\frac{-8}{2}=5$，谱图有 $m/z=77$、51（及 39）离子峰，所以化合物中有苯环（且可能是单取代），再加上一个双键（分子有两个 O 原子，所以很可能有 C═O 基）；

(3) $m/z=105$ 峰来自 136−31，即分子离子丢失 $\cdot CH_2OH$ 或 $\cdot O—CH_3$；$m/z=77$ 峰来自 105−28，即分子离子丢失 31 个质量单位后再丢失 CO 或 C_2H_4，而因为谱图中无 $m/z=91$ 的峰，故 $m/z=105$ 离子不是 $[C_6H_5—C_2H_4]^{+}$，所以 m/z105 为 $C_6H_5—CO^{+}$。

综上所述化合物可能为：$C_6H_5—C(=O)—OCH_3$ 或 $C_6H_5—C(=O)—CH_2OH$，可以用其他光谱信息确定为哪一种结构。

例 12-4　某化合物的化学式为 $C_5H_{12}S$，其质谱图如下，试确定其结构式。

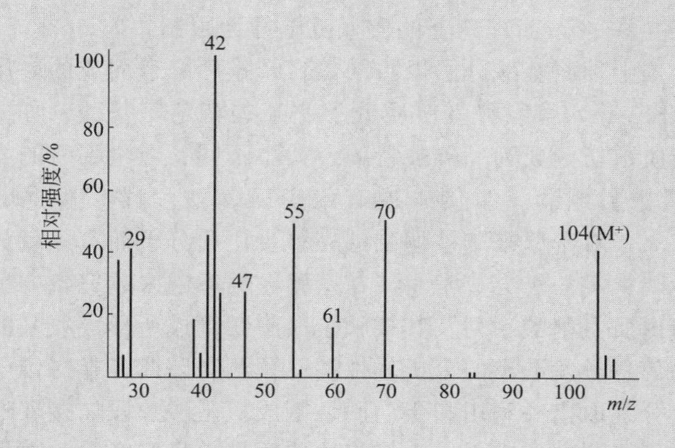

解

（1）计算不饱和度，$\Omega=1+5+\frac{-12}{2}=0$，为饱和化合物；

（2）图中有 $m/z=70$、42 的离子峰，从“氮律”可知，此两峰为奇电子离子峰，可见离子形成过程中发生了重排或消去反应。分子量为 104，则 $m/z=70$ 为分子离子丢失 34 质量单位后生成的离子，查得丢失的是 H_2S 中性分子，说明化合物是硫醇；$m/z=42$ 是分子离子丢失（34+28）后产生的离子，即丢失的中性碎片为（$H_2S+C_2H_4$），$m/z=42$ 应由以下断裂产生（化合物可能的两种结构，通过六元环的过渡态断裂）：

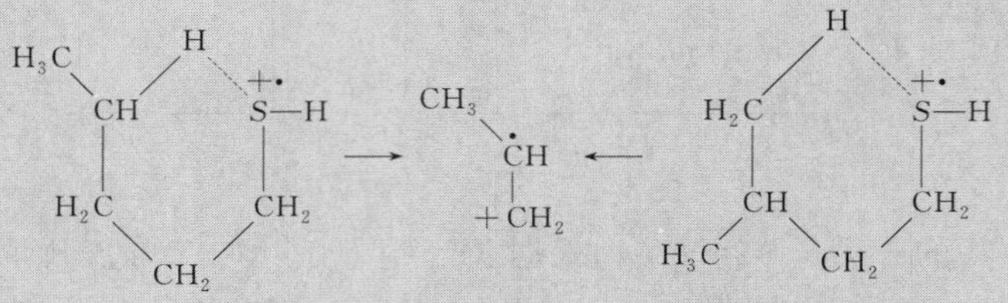

H_3C　H　$\overset{+\cdot}{S}-H$　CH　H_2C　CH_2　CH_2　→　CH_3　$\dot{C}H$　$+CH_2$　←　H　H_2C　$\overset{+\cdot}{S}-H$　CH　CH_2　H_3C　CH_2

（3）$m/z=47$ 是一元硫醇发生 α 断裂产生的离子 $CH_2=\overset{+}{S}H$；

（4）$m/z=61$ 是 $CH_2CH_2SH]^{+}$ 离子，说明有结构为 $R-CH_2-CH_2-SH]^{+}$ 存在；

（5）$m/z=29$ 是 $C_2H_5^+$ 离子，说明化合物是直链结构，$m/Z=55$、41、27 离子系列是烷基键的碎片离子。

综上解释，该化合物最可能结构式为：$CH_3-(CH_2)_3-CH_2SH$。

12.9 质谱法的其他运用和新技术

（1）质谱法在蛋白质结构研究上的应用

在生命科学研究中，有极大部分的努力是用于天然或合成的生物分子结构确定，而质谱是达到此目的的不可或缺的工具之一。在蛋白质的研究方面，传统上决定完整蛋白质分子的质量多使用 SDS-PAGE 技术，其质量正确性极少优于 5%，而使用 Silver Staining 的检测极限也在 1～5ng 之间。现在利用 MALDI-TOF MS 已可进行 pmol 至 fmol 数量级样品量之分析，质量正确性优于 0.05%，而理论上的质量范围并无限制。

由于蛋白质是由二十种氨基酸分子以不同数目及排序聚合而成的，用某些特定蛋白质分解酶（如胰蛋白脢 Trypsin）可以将蛋白质分子中某些特定氨基酸（如 Arginine 及 Lysine）分解，使每一个蛋白质被切割成为一群独特的、大小不同、质量不一的氨基酸片段。将这一群氨基酸片段的质量数目组合，举例来说有六个氨基酸片段，其质量分别为 474、587、652、883、921 及 1034，对于原来未被切割的完整蛋白质分子而言，就如同指纹对于每一个人一样，具有独特性，重复的机会非常小。在基因数据库越来越完备的情况下，几乎每一个基因所制造出来的蛋白质氨基酸序列及其被胰蛋白脢切割成所形成氨基酸片段的质量数目组合，皆可以利用生物信息学发展出的分析软件加以预测。因此，在二维电泳胶片上所分离之上千种蛋白质，可以分别取出并利用胰蛋白脢切割成氨基酸片段，接着送入质谱仪分析这些氨基酸片段的质量。质量测定出来后，直接将这些质量数目组合输入数据库内，立刻可以得知蛋白质的信息。高灵敏度生物质谱仪的高解析能力与高效率大大加速了蛋白质体学的研究脚步。

(2) 介质辅助激光脱附法(MALDI)

介质辅助激光脱附法主要是由传统的激光脱附法(LD)改良而来。传统的激光脱附法于20世纪60年代年代就已被提出,1978年波萨玛斯(M. A. Posthumus)等就将其应用于核苷酸、氨基酸、糖类等较小的生化分子的研究,其方法是将高能量的激光束照射在固体表面上,可从表面脱附出完整的离子,再以质谱仪加以分析。由于激光的能量很高,若将欲分析的化合物打成许多的离子碎片,则质谱图上出现较多的噪声,若将分子量较大的样本加以分析,会因噪声的干扰过大,而无法进行分析。传统的LD离子化的质量上限不超过1000。

1987年,田中耕一于一次学术会议中首次展示了以激光脱附技术成功地分析一个完整的蛋白质分子的图谱,给以LD为基础的离子脱附技术分析大分子量的物质带来了重大的突破。1988年介质辅助激光脱附技术(MALDI)正式被引入。MALDI与传统LD分析上最大的不同处在于离子化时样本处理的方式,MALDI在离子化前,会先将分析样本与小分子量的有机分子(具有高度吸收激光能量特性)基质加以混合,然后将大约1μL的样品-基质混合物置于平滑的样品金属表面上,待其干燥形成固体结晶后,放于质谱仪之离子源中施以激光脉冲,基质便可将所吸收的能量转移给样本分子,使之游离为气相状态并转变为离子。由于基质的辅助,可降低需要离子化大蛋白的激光能量,从而有效避免因激光源太强使待分析的样本断为多个片段,导致噪声过大的困扰。

习　题

1. 选择题

(1) 试指出下面哪一种说法是正确的?(　　)。

A. 质量数最大的峰为分子离子峰　　B. 强度最大的峰为分子离子峰

C. 质量数第二大的峰为分子离子峰　　D. 上述三种说法均不正确

(2) 下列化合物含C、H、O或N,试指出哪一种化合物的分子离子峰为奇数?(　　)

A. C_6H_6　　B. $C_6H_5NO_2$　　C. $C_4H_2N_6O$　　D. $C_9H_{10}O_2$

(3) 在溴己烷的质谱图中,观察到两个强度相等的离子峰,最大可能的是:(　　)

A. m/z 为 15 和 29　　B. m/z 为 93 和 15

C. m/z 为 29 和 95　　D. m/z 为 95 和 93

(4) 在 C_2H_5F 中,F对下述离子峰有贡献的是(　　)

A. M　　B. M+1　　C. M+2　　D. M及M+2

(5) 一个酯的质谱图有 $m/z=74$ (70%) 的强离子峰,下面所给结构中哪个与此观察值最为一致?(　　)

A. $CH_3CH_2CH_2COOCH_3$　　B. $(CH_3)_2CHCOOCH_3$

C. $CH_3CH_2COOCH_2CH_3$　　D. (A) 或 (C)

(6) 某化合物分子式为 $C_6H_{14}O$,质谱图上出现 $m/z=59$ (基峰) $m/z=31$ 以及其他弱峰 $m/z=73$,$m/z=87$ 和 $m/z=102$,则该化合物最大可能为(　　)

A. 二丙基醚　　B. 乙基丁基醚　　C. 正己醇　　D. 己醇-2

(7) 某胺类化合物，分子离子峰 M=129，其强度大的峰为 m/z 58 (100%)、m/z 100 (40%)，则该化合物可能为（　　）。

A. 4-氨基辛烷　　B. 3-氨基辛烷

C. 4-氨基-3-甲基庚烷　　D. (B) 或 (C)

(8) 分子离子峰弱的化合物是（　　）。

A. 共轭烯烃及硝基化合物　　B. 硝基化合物及芳香族

C. 脂肪族及硝基化合物　　D. 芳香族及共轭烯烃

(9) 某化合物的质谱图上出现 m/z31 的强峰，则该化合物不可能为（　　）

A. 醚　　B. 醇　　C. 胺　　D. 醚或醇

(10) 某化合物在一个具有固定狭峰位置和恒定磁场强度 B 的质谱仪中分析，当加速电压慢慢地增加时，则首先通过狭峰的是（　　）。

A. 质量最小的正离子　　B. 质量最大的负离子

C. 质荷比最低的正离子　　D. 质荷比最高的正离子

(11) 下述电离源中分子离子峰最弱的是（　　）。

A. 电子轰击源　　B. 化学电离源

C. 场电离源　　D. 电子轰击源或场电离源

(12) 溴己烷经β均裂后，可产生的离子峰的最可能情况为（　　）。

A. $m/z=93$　　B. $m/z=93$ 和 $m/z=95$

C. $m/z=71$　　D. $m/z=71$ 和 $m/z=73$

(13) 在下列化合物中，何者不能发生麦氏重排？（　　）

A. 　　B.

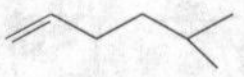

C. 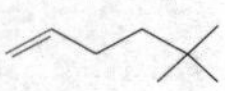　　D.

(14) 某化合物在质谱图上出现 m/z 29、43、57 的系列峰，在红外光谱图官能团区出现如下吸收峰：>3000cm^{-1}、1460cm^{-1}、1380cm^{-1}、1720cm^{-1}，则该化合物可能是（　　）。

A. 烷烃　　B. 醛　　C. 酮　　D. 醛或酮

(15) 某化合物的质谱图中，M 和 (M+2) 的相对强度大致相当，由此，可以确定该化合物含（　　）。

A. 硫　　B. 氯　　C. 溴　　D. 氮

2. 填空题

(1) 质谱计的磁偏转分离器可以将________加以区分，因此它是一种________分析器。而静电偏转分离器可以将________加以区分，因此它是一种________分析器。

(2) CO_2 经过质谱离子源后形成的带电粒子有 CO_2^+、CO^+、C^+、CO_2^{2+} 等，它们经加速后进入磁偏转质量分析器，它们的运动轨迹的曲率半径由小到大的次序为____________。

(3) 质谱仪的分辨本领是指________________的能力。

(4) 高分辨质谱仪一个最特殊的用途是获得化合____________。

(5) 质谱图中出现的信号应符合氮规则，它是指____________。

(6) 丁苯质谱图上 $m/z=134$、$m/z=91$ 和 $m/z=92$ 的峰分别由于____________

和________________________过程产生的峰。

（7）在有机化合物的质谱图上，常见离子有_________________________出现，其中只有________________________是在飞行过程中断裂产生的。

3. 问答题

（1）试述质谱仪的主要部件及其功能。

（2）某化合物分子式为 $C_4H_8O_2$，$M=88$，质谱图上出现 $m/z=60$ 的基峰，分析该化合物最大可能结构式？

（3）某化合物分子式为 $C_{10}H_{12}O$，质谱图上出现 $m/z=105$ 的基峰，另外有 $m/z=51$，$m/z=77$，$m/z=120$ 和 $m/z=148$ 的离子峰，试推测其结构，并解释理由。

（4）欲将摩尔质量分别为 $260.2504g \cdot mol^{-1}$、$260.2140g \cdot mol^{-1}$、$260.1201g \cdot mol^{-1}$ 和 $260.0922g \cdot mol^{-1}$ 的四个离子区分开，问质谱仪需要有多大的分辨本领。

（5）在某烃的质谱图中，$m/z=57$ 处有峰，$m/z=32.5$ 处有一较弱的扩散峰。则 $m/z=57$ 的碎片离子在离开电离室后进一步裂解，生成的另一离子的质荷比应是多少？

（6）在化合物 $CHCl_3$ 的质谱图中，分子离子峰和同位素峰的相对强度比为多少？

（7）在一可能含 C、H、N 的化合物的质谱图上，M∶(M+1) 峰为 100∶24，试计算该化合物的碳原子数。

（8）试计算下列化合物的 (M+2)/M 和 (M+4)/M 的值：

a. 二溴甲苯　　　　b. 二氯甲烷

（9）某化合物 C_4H_8O 的质谱图如下，试推断其结构，并写出主要碎片离子的断裂过程。

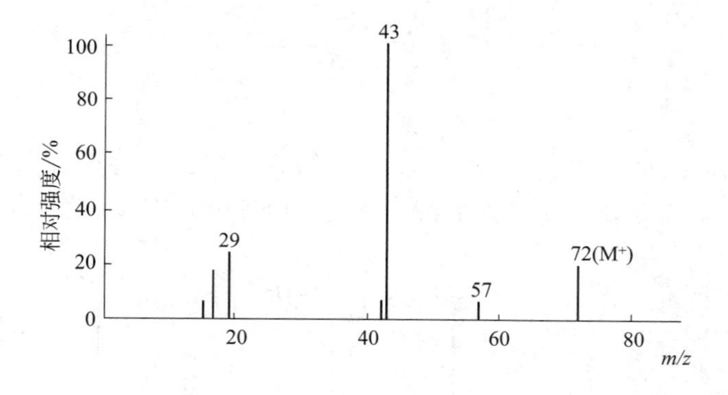

（10）某化合物为 C_8H_8O 的质谱图如下，试推断其结构，并写出主要碎片离子的断裂过程。

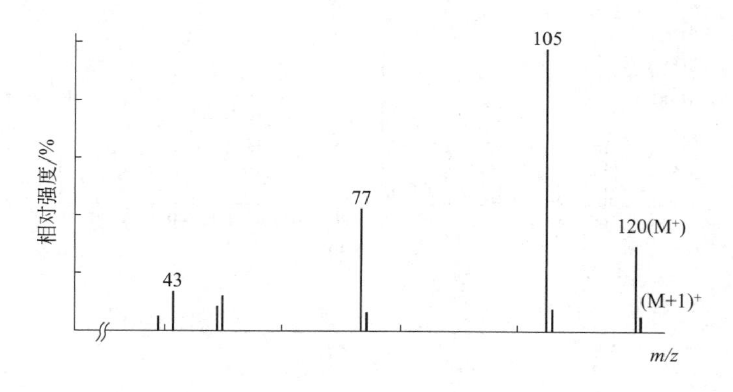

(11) 某一液体化合物 $C_4H_8O_2$，bp 163℃，质谱数据如下图所示，试推断其结构。

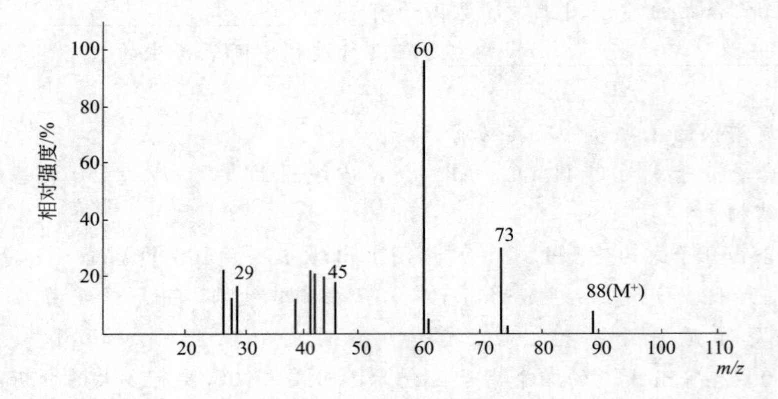

(12) 某一液体化合物 $C_5H_{12}O$，bp 138℃，质谱数据如下图所示，试推断其结构。

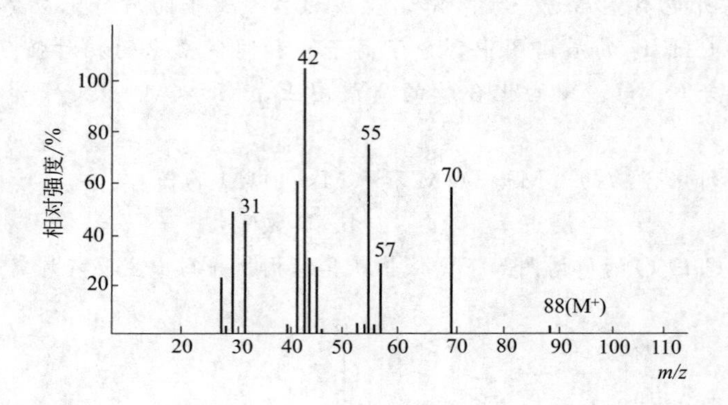

(13) 化合物 A 含 C 47.0%，含 H 2.5%，mp 83℃；化合物 B 含 C 49.1%，含 H 4.1%，bp 181℃，其质谱数据分别如下图 (a)、(b) 所示，试推断它们的结构。

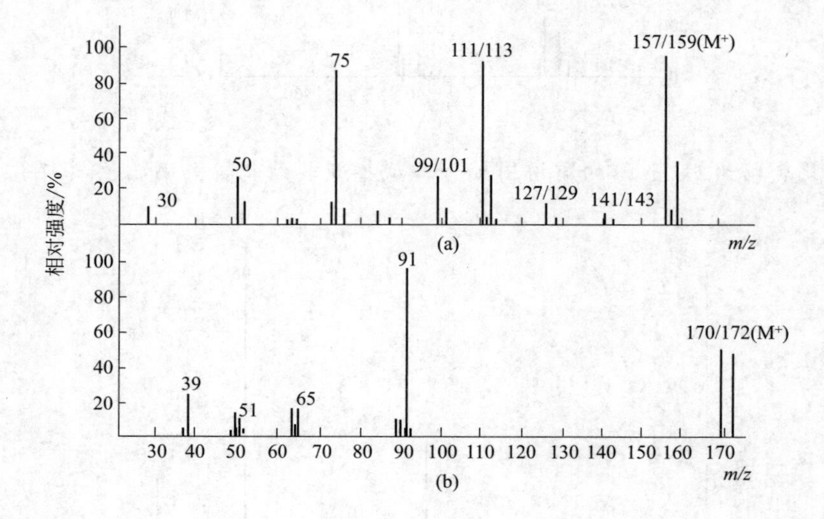

第13章 样品前处理技术和数据的处理

13.1 样品前处理技术

对样品的前处理技术的探索与研究已成为分析化学重要的研究课题和发展方向之一。在一个完整的样品分析过程中，大致可以分为4个步骤：① 样品采集和保存；② 样品前处理；③ 分析测定；④ 数据处理与报告结果。其中样品前处理所需时间最长，约占整个分析时间的三分之二。因此样品的前处理是分析过程中一个重要的步骤，样品前处理过程的先进与否，直接关系到分析方法的优劣。下面着重对样品的采集、保存和分解进行介绍。

13.1.1 样品的采集

（1）液体样品的采集

液体试样的组成一般较均匀，可根据具体情况采用合适的方法采集。如采集江、河、湖中的水样时，须考虑水深和流量，从不同深度和流量处采集多份水样，混合均匀后进行分析。

（2）气体样品的采集

大气的组成受如气象条件、工业布局等诸多因素的影响。须分析短时间内多点采集的多个样品，要根据具体情况选择适宜的采样方法。如在常压下，取样通常用抽吸泵、吸筒，使盛气瓶产生真空，以吸入气体试样。

（3）一般固体样品的采集

固体样品的均匀性较差，因此采样时要根据样品的性质、数量、组分的均匀程度、易破碎程度及分析项目的不同，从样品的不同部位、不同深度、不同区域进行采样。对于土壤样品，如需测定农作物种植所在土壤的农药残留，只需采集0～20cm耕作层土壤，对于种植林木土壤，要采集0～60cm耕作层土壤。

（4）生物样品的采集

生物样品指人或动物的体液、分泌物、排泄物及脏器等，通常包括全血、血浆、血清、尿、粪、毛发和各种组织。其中最常用的生物样品是血液、尿液、唾液和毛发样品等。

① 血样的采集　供测试的血样应具有代表性。若能从心脏或动脉取血最为理想，此方法适用于动物。动物采血可根据不同种类及实验需要采样，如大、小鼠可由尾动脉、静脉、心脏、眼眶取血或断头取血，犬可由前后肢静脉等处取血，家兔可由耳缘静脉、颈部静脉等多处取血。对于受试人群，一般采用静脉取血，如耳垂或手指血。静脉取血一般将注射器插入静脉血管抽取。根据需要选取全血、血浆和血清进行分析。

② 尿液的采集　尿液易于获得，一般可根据测定的需要采集一次性尿、晨尿及24h混

合尿，采样容器为聚乙烯瓶或用稀硝酸浸泡过的玻璃瓶。尿样检测结果因饮水、出汗及尿液排泄量变化等原因变化较大，须进行校正。

③ 唾液的采集　唾液样品采集时无伤害、无痛苦，取样不受时间、地点的限制，因而样品容易获得。唾液的采集应尽可能在刺激少的安静状态下进行，采集前应漱口，除去口腔中的食物残渣，唾液自然分泌流入收集管中。

④ 毛发的采集　毛发是金属元素的蓄积库，其含量能反映元素的积累状况。人体发样通常取距发根1～2cm的发段，取样量1～2g，依次用中性洗涤剂、自来水、去离子水洗净，烘干保存。

13.1.2　样品的保存

采集的样品保存时间越短，分析结果越可靠。能够现场完成的测试项目，应在现场完成分析，避免样品在运输过程中由于挥发、分解和被污染等原因造成损失。若样品需保存，则应根据样品的物理性质、化学性质和分析要求，采取合适的方法进行保存，采用低温、冷冻、真空干燥、加防腐剂、保存剂、稳定剂、通过化学反应使不稳定成分转化成稳定成分等措施，可延长保存期。例如，生物样品一般都具有一定的生物活性，采集后的样品应立即处理加以保存，取好的血样要加入抗凝血剂，取好某些器官组织后要立即加入防腐剂，或加以速冻处理，植物样品通常需进行脱水处理。通常采用袋、桶、普通玻璃瓶、棕色玻璃瓶、石英试剂瓶和聚四氟乙烯瓶等保存样品。

13.1.3　样品的分解

(1) 干灰化法

干灰化法是在一定的温度范围内加热，灼烧破坏有机物和分解样品，使待测元素呈可溶状态的处理方法。干灰化法分为高温灰化法和低温灰化法。

① 高温灰化法

高温灰化法对破坏食品、生化和环境样品中的有机物是切实可行的。预先将样品在100～105℃干燥，目的是除去其中的水分及易挥发性组分。灰化温度宜在450～600℃，分解温度不宜低于此温度，否则会造成灰化不彻底，残存的小炭粒吸附金属元素，很难用稀酸将其溶解，造成结果偏低。灰化温度过高，则造成严重损失。通常是将样品置于坩埚（一般采用铂金坩埚、陶瓷坩埚等）中，于80～150℃低温加热赶去大量有机物，继而放入马弗炉中，根据样品类型的不同升温分解样品，时间通常控制在4～8h。

高温灰化法的主要优点是能处理较大样品量、操作简单、安全。但在高温条件下，汞、铅、镉、锡、硒等易挥发损失，铜、铁、镍、锌等也会以金属、氯化物、氧化物或有机金属化合物的形式挥发损失，损失程度取决于灰化温度和灰化时间，以及元素在样品中的存在形态。例如在测定牛奶、鸡蛋、牛肉等食品中的铅和铬时采用高温干灰化法，灰化温度设置在400～550℃范围内，但对于含氯的试样，在高温下形成易挥发的氯化铅，当温度高于550℃会导致铅的损失。

② 低温灰化法

低温灰化法是借助高频激发的氧气对样品进行灰化，灰化温度低于100℃，是样品灰化处理的一种良好的方法，它可有效防止易挥发元素的损失和试剂的污染。该方法特别适合于处理需测定砷、锑、硒、铅、镉等较易挥发元素的生物样品和有机聚合物。比如测定动物组织中的镉、锑、铍等易挥发元素及面粉等样品的前处理就是采用低温灰化法。

（2）湿法消化法

湿法消化法是用浓无机酸或再加入氧化剂，在消化过程中保持在氧化状态条件下消化处理试样的方法。每一种酸对样品中某一或某些组分的溶解能力，主要取决于酸与样品基体及待测组分相互作用的性质。

常用的消化剂有 HNO_3、HNO_3+HCl、$HNO_3+H_2SO_4$、HNO_3+HClO_4、$HNO_3+HCl+HClO_4$、$HNO_3+HClO_4+H_2SO_4$、$H_2SO_4+H_2O_2$、$HNO_3+HCl+H_2O_2$ 等。特别要指出的是 $HClO_4$ 的氧化性很强，在加热浓缩（沸点 206℃）条件下，会逐渐变色而爆炸，因而不宜单独采用 $HClO_4$ 消化有机物。

传统的湿法消化法在样品的分解过程中操作繁琐、且消化时间冗长，易引入污染，而日渐成熟的微波消解法是一种高效省时的样品分解技术，结合了高压消解和微波辐射快速加热两方面的性能，按照严格的程序控制溶样过程。

通常在微波消解过程中，样品与酸置于聚四氟乙烯压力罐中，微波穿透罐壁作用于样品及酸液。在微波磁场的作用下，极化分子的极化速率与微波的频率相当，电解质偶极的极化通常滞后于微波的作用，使得微波场能量损耗并转化为热能，在恒定强度的微波场中，样品与酸的混合物瞬间吸收微波能量，使分子相互作用，摩擦产生高热，极化分子迅速排列产生张力，样品表面不断搅动并破裂，产生新的表面与酸接触并发生反应，从而实现样品的快速消解。

为提高样品的消解效率，通常采用正交实验方法优化微波消解条件（如微波功率、消解时间和压力、样品粒度、样品量、酸用量等）。

微波消解法常用的酸有 HNO_3、HCl、$HClO_4$、HF、H_2SO_4、H_3PO_4、H_2O_2 等。通常在微波消解时常采用两种或两种以上的混合酸效果更好。常使用的混合酸有 HNO_3+HCl、$HNO_3+H_2SO_4$、HNO_3+HClO_4、HNO_3+HF、$HNO_3+HCl+HClO_4$、$HNO_3+HCl+HF$ 等。例如在消解合金、硅酸盐、玻璃、陶瓷样品时，可以配制 $HNO_3+HCl+HF$（5∶15∶3）使用。

在使用微波消解溶解样品时主要应注意以下几个关键点：a. 一般使用 HNO_3、HCl、HF 无限制，但在使用 H_2SO_4、H_3PO_4 等高沸点的酸时应在低浓度条件下进行，并严格控制温度条件；b. 试样未经预消化，勿直接使用 H_2O_2；c. 禁止单独使用高氯酸，使用时必须控制好用量；d. 由试样和试剂组成的溶液总体积一般不超过 30mL。

目前微波消解法已广泛用于环保、卫生检验、冶金、地质、医药、化工等部门各种试样的消解，特别适用于用原子光谱如原子吸收光谱仪、ICP-发射光谱仪、原子荧光仪、ICP-质谱仪以及阳极溶出仪等对各种试样中的微量、痕量及超痕量元素的准确测定。未来微波消解仪器的发展方向就是高通量样品的处理，实现一机多能，以适应各行业分析测试的需求。

（3）熔融分解法

熔融分解法是用熔剂与试样在坩埚中混合，于 500～900℃高温熔融以分解试样的方法。熔融分解法按所用熔剂的性质可分为酸熔和碱熔。

常用的熔剂有焦硫酸钾、碳酸钠（钾）、氢氧化钠（钾）、无水硼砂、过氧化钠等。焦硫酸钾是一种酸性熔剂。后四种都是碱性熔剂，其中过氧化钠除有很强的碱性外，还有很强的氧化能力。不能被酸分解的硅酸盐试样多采用碱性熔剂熔融。以金属氧化物为主要成分、易被酸分解的试样多用焦硫酸钾为熔剂。熔融时应根据所用熔剂选用适当的坩埚，并控制相应的熔融温度。

13.1.4　待测组分的分离

常用的分离方法有沉淀分离法、溶剂萃取分离法、离子交换分离法和色谱分离法等。在实际试样分析过程中，可根据试样的组成和待测组分的性质及测定的实际要求进行方法的选择。例如溶剂萃取分离法中液-液萃取适用于水中的有机物分析；固-液萃取适用于固体样品中有机成分的分析。为节省时间，减轻劳动强度，减少样品用量，以及尽量减少有机溶剂的使用，实现样品前处理的自动化、在线化，近年来发展起来了多种新型样品前处理技术。

(1) 溶剂萃取

溶剂萃取（SE）是利用物质在水相与有机相中溶解性质的差异，将某些无机离子从水溶液中设法将其亲水性（易溶于水形成水合离子而难溶于有机溶剂的性质）转化为疏水性（难溶于水而易溶于有机溶剂的性质）后，萃取至与水不混溶的有机溶剂中，从而达到分离的目的，也称为液-液萃取。该法主要用于微量组分的分离与富集，也用于除去大量的干扰组分。所需的仪器设备简单，操作简易快速。若萃取物是有色化合物，能直接用吸光光度法侧定该微量组分的含量。

例如，测定树叶表面上的铅时，可先将它放入硝酸溶液中溶解。然后在 pH＝9 的氨性溶液中，加人双硫腙，使 Pb^{2+} 形成疏水性的配合物。以三氯甲烷萃取，用吸光光度法测定。

(2) 固相萃取

固相萃取（SPE）是由液固萃取和液相色谱技术相结合发展而来的，主要通过固相填料对样品组分的选择性吸附及解吸过程，实现对复杂样品中微量或痕量目标化合物的分离、纯化和富集。其应用范围包括空气样品、环境水样以及土壤样品中的有机化合物与无机化合物（发展高选择性和高效涂层的新型填料，使分析对象扩展到无机化合物的分析，主要目的在于降低样品基质干扰，提高检测灵敏度）等。该方法操作时间短，样品量小，无萃取溶剂，重现性好，选择性高，适合于极性和非极性化合物的样品前处理，集采样、萃取、浓集、进样于一体，避免过多的操作误差，还可与 GC、HPLC 等仪器联用。

固相萃取一般包括以下四个步骤：柱预处理（活化）、上样、淋洗、洗脱。

(3) 固相微萃取

固相微萃取（SPME）属于非溶剂型选择性萃取法。该技术具有操作简便、不需溶剂、萃取速度快、便于实现自动化以及易于与色谱、电泳等高效分离检测手段联用，并适用于气体、液体和固体样品分析的新颖样品前处理技术等突出的优点。

固相微萃取装置由在微量进样器中插入一段涂有萃取相的石英纤维构成，当萃取达到平衡时，进入萃取相的分析物的量为

$$N=K_{fs}V_1c_0V_2/(K_{fs}V_1+V_2)$$

式中，c_0 为萃取前分析物在样品中的浓度；K_{fs} 为分析物在萃取相和试样间的分配系数；V_1 为萃取相的体积；V_2 为样品的体积。

固相微萃取分为以下几类。

① 直接萃取

直接萃取法中，涂有萃取固定相的石英纤维被直接插入到样品基质中，目标组分直接从样品基质中转移到萃取固定相中。操作过程中，常用搅拌来加速分析组分从样品基质中扩散到萃取固定相的边缘。对于气体样品，气体的自然对流已经足以加速分析组分在两相之间的平衡。但是对于水样来说，组分在水中的扩散速度要比气体中低 3～4 个数量级，因此需要有效的混匀技术来实现样品中组分的快速扩散。比较常用的混匀技术有加快样品流速、晃动

萃取纤维头或样品容器、转子搅拌及超声。

② 顶空萃取

在顶空萃取模式中，萃取过程可以分为两个步骤：a 被分析组分从液相中先扩散穿透到气相中；b 被分析组分从气相转移到萃取固定相中。这种改型可以避免萃取固定相受到某些样品基质（比如人体分泌物或尿液）中高分子物质和不挥发性物质的污染。在该萃取过程中，步骤 b 的萃取速度总体上远远大于步骤 a 的扩散速度，所以步骤 a 成为萃取的控制步骤。因此挥发性组分比半挥发性组分的萃取速度快。实际上对于挥发性组分而言，在相同的样品混匀条件下，顶空萃取的平衡时间远远小于直接萃取平衡时间。

③ 膜保护萃取

膜保护萃取的主要目的是为了在分析较脏的样品时保护萃取固定相避免受到损伤，与顶空萃取相比，该方法对难挥发性物质组分的萃取富集更为有利。另外，由特殊材料制成的保护膜对萃取过程提供了一定的选择性。

(4) 分散液相微萃取

分散液相微萃取（DLLME）是近年发展起来的一种新型样品前处理技术，该方法操作简单、成本低、富集效率高、所需有机溶剂用量极少，是一种环境友好的液相微萃取新技术。分散液相微萃取可与气相色谱、液相色谱和原子吸收分光光度计等仪器联用，并已在环境样品、食品样品分析中得到了较广泛的应用。

DLLME 技术是基于类似于均质液液萃取（HLLE）和浊点萃取（CPE）的组分溶液体系，在传统的液液萃取（LLE）基础上，加入与萃取剂和水溶液均互溶的分散剂，形成乳浊液，通过离心分离达到快速从水相中萃取出待测物的目的。DLLME 技术适用于非极性或者亲脂性化合物，或者可通过调节 pH 使其处于非离子游离状态的酸碱性物质，而较难应用于强极性或亲水性化合物。

DLLME 技术包含萃取、离心、分离等步骤，具体操作为：①将适量萃取剂与分散剂的混合液通过注射器或移液枪快速地注入含有待测物的水溶液中，轻轻振荡离心管，从而形成一个水/分散剂/萃取剂的乳浊液体系，萃取剂被均匀地分散在水相中，形成细小颗粒，增大水相与萃取剂之间的接触面积，待测物可以迅速从水溶液转移到萃取剂并且达到分配平衡。②通过离心使萃取剂沉积到离心管底部，并用微量注射器将萃取剂转移出来通过处理后或者直接进行分析测定。

DLLME 技术的影响因素有萃取剂和分散剂的种类和体积、水溶液的 pH、离子强度以及萃取时间等。这些因素将影响萃取效率和富集因子，从而影响整个分析过程的准确度和精密度。

(5) 超临界流体萃取

超临界流体萃取（SFE）分离过程是利用其溶解能力与密度的关系，即利用压力和温度对超临界流体溶解能力的影响而进行的。在超临界状态下，流体与待分离的物质接触，使其有选择性地依次把极性大小、沸点高低和分子质量大小的不同成分萃取出来。然后借助减压、升温的方法使超临界流体变成普通气体，被萃取物质则自动完全或基本析出，从而达到分离提纯的目的，并将萃取分离的两个过程合为一体。

超临界流体萃取过程能否有效地分离产物或除去杂质，关键是萃取中使用的溶剂是否具有良好的选择性。目前研究的超临界流体种类很多，主要有二氧化碳、水、甲苯、甲醇、乙烯、乙烷、丙烷、丙酮和氨等。近年来主要还是以使用二氧化碳超临界流体居多，因为二氧化碳的临界状态易达到，它的临界温度（$T_c=30.98$℃）接近室温，临界压力（$p_c=7.377$MPa）也不高，具有很好的扩散性能，较低的表面张力，且无毒、无味、不易燃、价廉、易精制等。

13.2 数据及分析结果的处理

仪器分析的目的就是测定试样组分含量的值。在分析过程中，即使是技术熟练的分析工作人员，采用同一方法对同一试样进行多次分析，也有可能得不到完全相同的结果。也就是说，在分析过程中，误差是客观存在的，误差有时会掩盖和歪曲客观事实的本来面目。如果对误差产生的原因没有正确的认识，有可能得出错误的结论。因此，对分析工作者来说，有必要了解误差产生的原因和规律，熟悉误差的基本理论，掌握实验数据的处理方法。

13.2.1 概述

（1）误差分类

测量或计量中的误差，就是测定值（x）和真值（μ）之差。误差是客观存在的，了解分析过程中误差产生原因及其规律，采取减少误差的有效措施，使测定结果尽量接近真实值是分析工作者的重要任务。按统计学的观点，根据产生的原因不同，误差可分为系统误差、偶然误差和过失误差。

① 系统误差

系统误差是指在一定的实验条件下，由某些确定因素引起的误差。系统误差是由方法、仪器、试剂和操作等方面的原因引起的。系统误差具有单向性、多次重复出现、其大小及正负值基本恒定等特点，可以通过实验或数据分析处理的方法，查明其变化规律，确定其数值，就可以消除系统误差的影响。

② 偶然误差

偶然误差亦称随机误差，是由分析过程中各种无法估计的可变原因引起的。例如由于环境温度、湿度和气压的微小波动而引起的仪器的微小变化，天平和滴定管最后一位读数的不确定性等。偶然误差没有固定的方向，其大小和正负不定。在一定的置信概率下，可以估计出它的变化范围。

③ 过失误差

过失误差是测定及运算过程中由于操作者的粗心大意或非正常原因引起的，按统计规律不应出现。测量结果中有的明显偏离测定系列中的其他数值，这种数据应予剔除。

（2）准确度

准确度是指在一定条件下测量值（x）与真值（μ）符合的程度。准确度的高低常以误差大小来衡量。常用绝对误差、相对误差表示。

绝对误差和相对误差都表示分析结果与真值的偏离程度，数值越小表示测量值和真值越接近，其准确度越高；反之数值越大，分析结果的准确度就越差。若测量值大于真值，误差为正值，称为分析结果偏高；测定值小于真值时误差为负值，称为分析结果偏低。

绝对误差（E）是指测量值（x）与真值（μ）之差，表示为：

$$E=x-\mu \tag{13-1}$$

相对误差（RE）是指绝对误差与真值的比值，表示为：

$$RE=\frac{E}{\mu}\times 100\%=\frac{x-\mu}{\mu}\times 100\% \tag{13-2}$$

（3）精密度

精密度指在同一条件下多次次重复测定结果彼此相符合的程度，表征测定过程中随机误差的大小，常用标准偏差来表示。

标准偏差运用最广泛的精密度表示方法，能精确地反映出测定数据之间的离散特性。好的精密度是保证获得良好准确度的先决条件，测量精密度不好，就不可能有好的准确度；反之，测量精密度好，准确度不一定好，此种情况说明测定中随机误差小，但系统误差大。精密度与被测定的量值和浓度有关。

在一般分析工作中，有限次测定时的标准偏差称为样本标准偏差，用 s 表示。

$$s=\sqrt{\frac{\sum_{i=1}^{n}(x_i-\bar{x})^2}{n-1}} \tag{13-3}$$

式中，x_i 是单次测定量值；$\bar{x}$ 是有限次测量结果的平均值，平均值 $\bar{x}$ 的标准偏差随测定次数 n 增大而减小。与单次测定的标准偏差 s 的关系为

$$s_{\bar{x}}=\sqrt{\frac{s^2}{n}} \tag{13-4}$$

单次测定的标准偏差的统计含义，是指在 n 次测定中平均在每一次测定上的标准偏差，是表征一组测定值离散性的一个特征参数，而不是指单独进行一次测定的标准偏差。

标准偏差的特点：①全部测定值都参与标准偏差的计算，信息得以充分利用；②样本标准偏差的平方是样本偏差，式(13-5) 是总体方差的无偏差估计值，用方差量度精密度是最有效的；③对一组测定值中离散度大的测定值和异常值反应灵敏。

当 n 趋近于无限大时，$\bar{x}$ 趋近于总体平均值或真值（μ），相应地样本标准偏差 s 趋近于总体标准偏差 σ

$$\sigma=\sqrt{\frac{\sum_{i=1}^{n}(x_i-\bar{x})^2}{n}} \tag{13-5}$$

相对标准偏差（RSD）又称变异系数，是指标准偏差在平均值中所占的百分率，总体相对标准偏差以 CV 表示

$$RSD=\frac{s}{\bar{x}}\times 100\% \tag{13-6}$$

$$CV=\frac{\sigma}{\bar{x}}\times 100\% \tag{13-7}$$

由此可见，测定次数越多，平均值的标准偏差就越小，即平均值越可靠。因此，增加测定次数可以提高测定的精密度。在仪器分析中，常用 RSD 表示精密度。

（4）检出限

检出限是指某一分析方法在给定的置信度能够被仪器检出待测物质的最低含量或最小浓度。

设空白信号（即测定仪器的噪声）的平均值为 $\overline{A}_0$，孔壁信号的标准偏差为 $\overline{S}_0$，可与空白信号区别的最小响应信号为 A_t，则

$$A_t=\overline{A}_0+3S_0 \tag{13-8}$$

式中，3 为国际纯粹和应用化学联合会（IUPAC）建议在一定置信度所确定的系数。

能产生净响应信号（$A_t-\overline{A}_0$）的待测物质的浓度或质量即为分析方法对物质的检出限 $D.L$

$$D.L=\frac{A_t-\overline{A}_0}{b}=\frac{3S_0}{b} \tag{13-9}$$

式中，b 为分析方法的灵敏度即标准曲线的斜率。

（5）灵敏度

灵敏度是指待测组分单位浓度或单位质量的变化所引起测定信号的变化程度，以 b 表示。即：

$$灵敏度=\frac{信号变化量}{浓度(质量)变化量}=\frac{\mathrm{d}x}{\mathrm{d}c\ 或(\mathrm{d}m)}=b \tag{13-10}$$

按国际纯粹和应用化学联合会（IUPAC）的规定，灵敏度是指在浓度线性范围内标准曲线的斜率。斜率越大，方法的灵敏度越高。

在仪器分析中，分析灵敏度直接依赖于检测器的灵敏度与仪器的放大倍数。随着灵敏度的提高，噪声也随之增大，而信噪比 S/N 和分析方法的检出能力不一定会改善和提高，如果只给出灵敏度，而不给出获得此灵敏度的仪器条件，则各分析方法之间的检出能力没有可比性。由于灵敏度没有考虑到噪声的影响，因此，现在已不用灵敏度而推荐用检出限来表征分析方法的最大检出能力。

（6）适用性

一个分析方法的适用性，包括含量或浓度范围和对不同类型样品的适用性。含量和浓度的适用性用校正曲线的线性范围来衡量，线性范围越宽越好。样品类型的适用性，一种方法是通过分析不同类型的样品直接进行检验；另一种更为常见的方法是测定抗干扰能力，加入不同的干扰物质，测定回收率，用回收率来表示分析方法的抗干扰能力和确定干扰物质所允许存在的量。在各种干扰物质之间不存在交互效应的情况下，用此方法来评价分析方法的抗干扰能力是可行的。但是，在实际测定过程中，各物质之间经常存在相互作用，产生交互效应，总的干扰效应往往并不等于各个物质单独存在时产生的干扰效应的简单加和，因此，这时用分别加入各干扰物质测定回收率来评价分析方法的抗干扰能力是不可取的。如果要采用加入干扰物质测定回收率来评价分析方法的抗干扰能力，建议在干扰物质共存条件下测定回收率，这时可采用正交试验设计，采用方差分析结果评价抗干扰能力。

（7）标准曲线

标准曲线是待测物质的浓度或含量与仪器响应（测定）信号的关系曲线，因是用标准溶液测定绘制的，则称之为标准曲线。

① 手工绘制 ——一元线性回归法

由于存在随机误差，即使在线性范围内，浓度（或含量）分别为 $c_1,c_2,\cdots,c_n$ 的标准系列，其相应的响应信号的测量值 $A_1,A_2,\cdots,A_n$ 也不一定都在一条直线上。因此，用最简单的方法难以绘制出比较准确反映 A 与 c 的关系式。较常用的是一元线性回归方程：

$$A=a+bc \tag{13-11}$$

$$B=\frac{\sum_{i=1}^{n}(c_i-\overline{c})(A_i-\overline{A})}{\sum_{i=1}^{n}(c_i-\overline{c})^2} \tag{13-12}$$

$$a=\bar{A}-b\bar{c} \tag{13-13}$$

式中，b 为回归系数即回归直线的斜率；a 为直线的截距；$\bar{c}$ 为浓度（或含量）的平均值，$\bar{c}=\sum_{i=1}^{n}c_i/n$；$\bar{A}$ 为响应信号测量值的平均值，$\bar{A}=\sum_{i=1}^{n}A_i/n$

由上式可见，当 $c=0$ 时，$A=a$；当 $c=\bar{c}$ 时，$A=\bar{A}$，因此过（0，a）和（$\bar{c}$，$\bar{A}$）两点在 c 的浓度（或含量）范围内所作的直线即为给定的数据组（c_i，A_i）所确定的一条最为可靠的标准曲线。

A 与 c 之间线性关系的好坏程度的统计参数通常以相关系数 γ 来表征。

$$\gamma=\pm\frac{\sum_{i=1}^{n}(c_i-\bar{c})(A_i-\bar{A})}{\sqrt{\sum_{i=1}^{n}(c_i-\bar{c})^2\sum_{i=1}^{n}(A_i-\bar{A})^2}} \tag{13-14}$$

$\gamma=0$ 时，A 与 c 之间不存在线性关系；$\gamma=1$ 时，A 与 c 之间存在严格的线性关系，所有 A 值都在一条直线上；$0<\gamma<1$ 时，A 与 c 之间存在一定的线性关系。因此 γ 愈接近 1，则 A 与 c 之间的线性关系愈好。

② 计算机绘制

在备有计算机数据处理系统的仪器上，将标准溶液浓度输入，分别测定其响应信号，计算机即可绘出一条回归直线（标准曲线），给出线性回归方程和相关系数。

13.2.2 可疑值的检验

当一组平行测定值中出现离群值（可疑值）时，应对其进行统计学检验，以决定其值的取舍。下面着重对 Grubbs 检验法和 Q 检验法进行介绍。

（1）Grubbs 检验法

Grubbs 检验按以下步骤进行：

① 将一组分析数据由小到大排列：x_1，x_2，…，x_{n-1}，x_n。

② 计算该组数据的平均值和标准偏差，再依据统计量 T 进行判断。

若最大的 x_n 为可疑值，则按下式计算 $T_{计}$

$$T_{计}=\frac{\bar{x}-x}{s} \tag{13-15}$$

若最大的 x_n 为可疑值，则按下式计算 $T_{计}$

$$T_{计}=\frac{\overline{x_n}-x}{s} \tag{13-16}$$

将计算所得 T 值与表 13-1 比较，若 $T_{计}>T_{a,n}$，则可疑值应舍去，否则应保留。

表 13-1 $T_{a,n}$ 值表

测定次数	$T_{a,n}$	$T_{a,n}$	$T_{a,n}$
3	1.15	1.15	1.15
4	1.46	1.48	1.49
5	1.67	1.71	1.75
6	1.82	1.89	1.94
7	1.94	2.02	2.10
8	2.03	2.13	2.22

续表

测定次数	$T_{a,n}$	$T_{a,n}$	$T_{a,n}$
9	2.11	2.21	2.32
10	2.18	2.29	2.41
11	2.23	2.36	2.48
12	2.29	2.41	2.55
13	2.33	2.46	2.61
14	2.37	2.51	2.63
15	2.41	2.55	2.71

（2）Q 检验法

Q 检验按以下步骤进行。

① 先将测量数据由小到大的顺序排列：x_1，x_2，…，x_{n-1}，x_n。

② 计算统计量 Q

若最大的 x_n 为可疑值，则 $Q_{算}$ 表示为：

$$Q_{算}=\frac{x_n-x_{n-1}}{x_n-x_1} \tag{13-17}$$

若最小的 x_1 为可疑值，则 $Q_{算}$ 表示为：

$$Q_{算}=\frac{x_2-x_1}{x_n-x_1} \tag{13-18}$$

③ 根据测定次数和要求的置信度（一般取 90％和 95％），由表 13-2 查得 $Q_{表}$。

表 13-2　Q 值表

测定次数	3	4	5	6	7	8	9	10
$Q_{0.90}$	0.94	0.76	0.64	0.56	0.51	0.47	0.44	0.41
$Q_{0.95}$	1.53	1.05	0.86	0.76	0.69	0.64	0.60	0.58

④ 再以计算值与 Q 表值相比较，若 $Q_{算}>Q_{表}$，则该值需舍去，否则必须保留。

由此可见，较多的实验数据为可疑数据的取舍提供更合理的检验结果。有时，当 $Q_{算}$ 与 $Q_{表}$ 比较接近时，为了使判断更为准确，最好再做一次测定。

13.2.3　准确度的检验和评定方法

（1）标准物质检验法

通常用标准物质检查系统误差，将测定结果与标准物质的量值联系。标准物质通过溯源链可以溯源到 SI 单位，可使测定结果具有溯源性，因此，采用标准物质检查系统误差是最可靠的。具体做法是：在测定样品时，同时经历全分析过程，测定其基体、量值与被测定样品相匹配的标准物质。如果测得标准物质的量值在一定置信度下与标准物质的保证值相符，说明测定方法和测定过程不存在系统误差，测定结果是可靠的；反之，如果测得的标准物质的量值在一定置信度下与标准物质的保证值不相符，表明测定方法或测定过程，或测定方法和测定过程同时存在系统误差。

（2）标准方法对比检查法

用标准物质检查系统误差是最直接、最可靠的方法。但其困难在于测定的样品种类繁多，而标准物质的种类有限，在实际工作中，并不总能找到基体、量值与被测样品相匹配的标准物质。一种比较容易实现的可靠的检查系统误差的方法是用公认的、可溯源的标准分析方法进行对比，验证新分析方法测定结果的可靠性。具体做法：用标准分析方法和新分析方法同时测定同一样品，比较两种方法的测定结果。如果两者的测定结果在一定置信度下没有显著性差异，说明测定方法不存在系统误差，测定结果是可靠的。两个测定结果在一定置信度下是否存在显著性差异，可用成对 t 检验法进行统计检验。检验时使用的统计量是

$$t=\frac{|\bar{d}-\bar{d}_0|}{S_d}\sqrt{n} \tag{13-19}$$

式中，$\bar{d}$ 是两种方法测定同一样品的差值；$\bar{d}_0$是两种方法测定差值的期望值，在测定值遵守正态分布的情况下，$\bar{d}_0=0$；S_d 是两种方法测定值得标准差；n 成对数据的数目。若计算统计量值 t 小于在显著水平 $\alpha=0.05$（置信度 95%）时的临界值 $t_{0.05,f}$，表明两个分析方法的测定结果在一定的置信度下不存在显著性差异，证明新分析方法的测定结果是可靠的。

（3）加标回收评估法

在实际工作中，通常用标准物质或标准方法进行对照试验，在无标准物质或标准方法时，常用加入被测定组分的纯物质进行回收实验来估计与确定准确度。

所谓加标回收率就是将一定量已知浓度的标准物质加入到待测样品中，测定加入前后样品的浓度，加标回收率（P）按下式计算：

$$P=\frac{E-F}{D}\times 100\% \tag{13-20}$$

式中，E 和 F 分别为加标试样和未加标试样测定值；D 为加标量。回收率越趋近于 100%，说明方法的准确度越高。通常规定 95%～105%作为回收率的目标值。

采用加标回收评价准确度时应注意以下两点：a. 加标物质的形态应该和待测物的形态相同；b. 样品中待测物质浓度和加入标准物质的浓度水平相近，一般情况下样品的加标量应为样品浓度的 0.5～2 倍。

要特别指出的是，用加标回收实验的回收率来估计测定的准确度，只适用于系统误差随浓度改变的场合，而不能发现测定中的固定系统误差。

13.2.4 实验数据及分析结果的表示方法

实验数据处理是指从获得数据开始到得出最后结论的一个完整过程，包括数据记录、整理、计算、分析和绘制图表的过程。常用的数据表示方法有列表法、图解法和数学方程式法等。

（1）列表法

列表法是将相关数据计算及计算按一定形式列成表格，使数据表达清晰，具有条理性。

（2）图解法

图解法通常是指在直角坐标系或其他坐标系中，用曲线图描述所研究变量的关系，使实验测得的各数据间的关系直观地表现出来。该法目前通常采用计算机相关处理软件进行绘图。

（3）数学方程式法

仪器分析实验数据的自变量和因变量之间通常呈一定的线性关系，通过相关软件进行处理后得到相应的数学方程式，再计算出待测组分的含量。

13.2.5 有效数字及运算规则

在分析过程中，为了得到准确可靠的结果，不仅要克服实验过程中可能产生的误差，还

要正确的记录数据和计算。这就涉及有效数字的意义及其运算规则。

（1）有效数字的意义

有效数字是指能实际测量到的数字，在构成一个数值的所有数字中，除最末一位允许是可疑、不确定的数字外，其余所有数字都必须是准确可靠的。有效数字反映了所用量器的准确度，有效数位应与量器的准确度一致，不能任意增加或减少有效数字。例如滴定管的最小刻度为 0.1mL，并可估计到 0.01mL，因此在滴定管上读取的 20mL 读数应记为 20.00mL，其准确度为 19.99～20.01mL 之间。

计算有效数字的位数时，若第一位大于或等于 8，其有效数字应多算一位；pH、pK 等其有效数字的位数仅取决于小数部分的位数，例如 pH＝6.00 即为两位有效数字；在计算中，如 3000、100 等以“0”结尾的正整数，需按照实际测量的不确定程度来确定，如果是两位有效数字则分别记录为 3.0×10^{3} 和 1.0×10^{2}。

（2）有效数字的修约规则

对分析数据进行处理时，应按有关运算规则，合理保留有效数字位数，弃去多余的数字。通常采用“四舍六入五成双”的规则修约，具体进舍原则如下：测量值中被修约数等于或小于 4 时，舍弃；大于或等于 6 时，进位。如果这个数字为 5，分两种情况决定取舍。首先视其后面是否有非零数，有则入；如果没有非零数，则视其前一位数是奇数还是偶数，是奇数则入，是偶数则舍。例如将 16.45 修约成三位有效数字时应为 16.4。

（3）有效数字的运算规则

在定量分析中，一般都要经过几个测定步骤获得多个测量数据，再对测量数据进行适当的计算后得出分析结果。因此，必须根据有效数字的运算规则进行计算。

加减法运算规则　计算结果的有效数字位数决定于运算数据中绝对误差最大的数值，即几个数字相加或相减时，和或差的有效数字的保留位数取决于这些数字中小数点位数最少的。

除法运算规则　计算结果的有效数字位数决定于运算数据中相对误差最大的数值，即几个数字相乘或相除时，积或商的有效数字的保留位数取决于这些数值中有效数字位数最少的，而与小数点的位置无关。

习　题

1. 是否可以用样本测定值的平均值和标准偏差表征总体的平均值和标准偏差？
2. 用加标回收实验的回收率来评估系统误差可靠吗？请说明原因。
3. 举例说明有效数字的运算规则。

参 考 文 献

[1] 汪尔康．分析化学进展．北京：科学出版社，2002.
[2] 方惠群，于俊生，史坚．等．仪器分析．北京：科学出版社，2002.
[3] 朱明华，仪器分析．第3版．北京：高等教育出版社，2000.
[4] 武汉大学化学系．仪器分析．北京：高等教育出版社，2001.
[5] 叶宪曾，张新祥，等．仪器分析．第2版．北京：北京大学出版社，2013.
[6] 屠一峰，等．现代仪器分析．北京：科学出版社，2011.
[7] 田丹碧，等．仪器分析，北京：化学工业出版社，2009.
[8] 方肇伦，等．流动注射分析法．北京：科学出版社，1999.
[9] 孙凤霞．仪器分析．北京：化学工业出版社，2004.
[10] 傅献彩．大学化学（上、下）．北京：高等教育出版社，1999.
[11] 浙江大学，无机及分析化学．北京：高等教育出版社，2003.
[12] J. 茹奇卡，E. H. 汉森．方肇伦，徐淑坤，等译．流动注射分析．第2版．北京：北京大学出版社，1991.
[13] 李永生，承慰才．流动注射分析．北京：北京大学出版社，1986.
[14] 林守麟．流动注射分析．武汉：中国地质大学出版社，1991.
[15] 陈兴国，王克太．微波流动注射分析．北京：化学工业出版社，2004.
[16] 刘秀萍，李满秀．催化动力学光度分析法及其应用．北京：兵器工业出版社，2004.
[17] 曾泳淮．分析化学．第3版．北京：高等教育出版社，2010.
[18] 傅小芸，吕建德．毛细管电泳．杭州：浙江大学出版社，1997.
[19] 邓延倬，何金兰．高效毛细管电泳．北京：科学出版社，1996.
[20] 陈义．毛细管电泳技术及应用．第2版．北京：化学工业出版社，2005.
[21] 赵静，薛晓锋等．超高效液相色谱技术在食品与药品分析中的应用．第一版．北京：中国轻工业出版社，2012.
[22] 曾祥林等．超高效/高分离度快速/超快速液相色谱技术在分析领域中的应用．医药导报，2010，29（7）：909.
[23] 姚碧霞等．超高效液相色谱产生的理论和技术背景．福建分析测试，2011，20（2）：15.